# Mathematik für das Lehramt

**Herausgegeben von**
Kristina Reiss, Technische Universität München
Thomas Sonar, Technische Universität Braunschweig
Hans-Georg Weigand, Universität Würzburg

Die Mathematik hat sich zu einer Schlüssel- und Querschnittswissenschaft entwickelt, die in vielen anderen Wissenschaften, der Wirtschaft und dem täglichen Leben eine bedeutende Rolle einnimmt. Studierende, die heute für das Lehramt Mathematik ausgebildet werden, werden in den nächsten Jahrzehnten das Bild der Mathematik nachhaltig in den Schulen bestimmen. Daher soll nicht nur formal-inhaltlich orientiertes Fachwissen vermittelt werden. Vielmehr wird großen Wert darauf gelegt werden, dass Studierende exploratives und heuristisches Vorgehen als eine grundlegende Arbeitsform in der Mathematik begreifen.

Diese neue Reihe richtet sich speziell an Studierende im Haupt- und Nebenfach Mathematik für das gymnasiale Lehramt (Sek. II) sowie in natürlicher Angrenzung an Studierende für Realschule (Sek. I) und Mathematikstudenten (Diplom/BA) in der ersten Phase ihres Studiums. Sie ist grundlegenden Bereichen der Mathematik gewidmet: (Elementare) Zahlentheorie, Lineare Algebra, Analysis, Stochastik, Numerik, Diskrete Mathematik etc. und charakterisiert durch einen klaren und prägnanten Stil sowie eine anschauliche Darstellung. Die Herstellung von Bezügen zur Schulmathematik („Übersetzung" in die Sprache der Schulmathematik), von Querverbindungen zu anderen Fachgebieten und die Erläuterung von Hintergründen charakterisieren die Bücher dieser Reihe. Darüber hinaus stellen sie, wo erforderlich, Anwendungsbeispiele außerhalb der Mathematik sowie Aufgaben mit Lösungshinweisen bereit.

**Mathematik für das Lehramt**

K. Reiss/G. Schmieder[†]: Basiswissen Zahlentheorie

A. Büchter/H.-W. Henn: Elementare Stochastik

J. Engel: Anwendungsorientierte Mathematik: Von Daten zur Funktion

K. Reiss/G. Stroth: Endliche Strukturen

O. Deiser: Analysis 1

O. Deiser: Analysis 2

M. Falk/J. Hain/F. Marohn/H. Fischer/R. Michel: Statistik in Theorie und Praxis

*Herausgeber:*
Kristina Reiss, Thomas Sonar, Hans-Georg Weigand

Gerd Fischer · Matthias Lehner ·
Angela Puchert

# Einführung in die Stochastik

Die grundlegenden Fakten
mit zahlreichen Erläuterungen,
Beispielen und Übungsaufgaben

2., neu bearbeitete Auflage

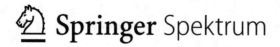
Springer Spektrum

Gerd Fischer
Angela Puchert
Zentrum Mathematik
Technische Universität München
Garching, Deutschland

Matthias Lehner
TUM School of Education
Technische Universität München
München, Deutschland

ISBN 978-3-658-07902-4
DOI 10.1007/978-3-658-07903-1

ISBN 978-3-658-07903-1 (eBook)

Die Deutsche Nationalbibliothek verzeichnet diese Publikation in der Deutschen Nationalbibliografie; detaillierte bibliografische Daten sind im Internet über http://dnb.d-nb.de abrufbar.

Springer Spektrum
Die erste Auflage diese Buches erschien unter dem Titel „Fischer, Stochastik einmal anders".
© Springer Fachmedien Wiesbaden 2005, 2015

Gedruckt auf säurefreiem und chlorfrei gebleichtem Papier.

Springer Fachmedien Wiesbaden GmbH ist Teil der Fachverlagsgruppe Springer Science+Business Media (www.springer.com)

# Vorwort

Es vergeht kaum ein Tag, an dem die Medien nicht über neue Umfragen und Statistiken berichten würden: Politbarometer, Wahlumfragen, Konsumklimaindizes, PISA-Studien, Medizinische Studien und vieles mehr. Grundlage für die Ergebnisse sind meist die Antworten auf Umfragen oder die Werte von Messungen, beides von begrenztem Umfang, in diesen Fällen spricht man von „Stichproben". Daraus werden dann mit mehr oder weniger Berechtigung allgemein gültige Schlüsse gezogen. Die dabei verwendeten theoretischen Hilfsmittel stammen aus der Mathematik – genauer gesagt der „Stochastik", einer Kombination von Statistik und Wahrscheinlichkeitsrechnung. Die Einzelheiten der Verfahren werden selten offen gelegt und sind ohnehin meist nur Experten verständlich; die plakativen Ergebnisse dagegen haben oft deutliche und nicht immer gerechtfertigte Auswirkungen. Zahlreiche Beispiele für irreführende Statistiken finden sich in dem „Klassiker" *So lügt man mit Statistik* von W. KRÄMER [KRÄ].

Innerhalb der Mathematik ist aus der elementaren Wahrscheinlichkeitsrechnung und Statistik im Lauf des 20. Jahrhunderts ein eindrucksvolles theoretisches Gebäude geworden, mit sehr komplexen Anwendungen, etwa in der Finanzmathematik. Wegen der großen Bedeutung dieses Teiles der angewandten Mathematik haben die wichtigsten einfachen Grundlagen auch Eingang gefunden in die Lehrpläne von Schulen aller Art. Um die Lehrkräfte darauf vorzubereiten, ihren Schülern diese Themen in anregender und verständlicher Form zu vermitteln, müssen sie im Lauf ihres Studiums angemessen darauf vorbereitet werden. „Angemessen" bedeutet – ganz kurz gesagt – mathematisch präzise, aber möglichst konkret, auf einem nicht zu hohen Niveau der Abstraktion. Aus Lehrveranstaltungen an der Technischen Universität München für Studierende des Lehramts mit dieser Zielsetzung ist unser Buch entstanden. Darüber hinaus kann es aber allen anderen Interessenten an einer ersten Einführung in die Methoden und Ergebnisse der Stochastik eine gute Hilfe sein.

Die Themen unseres Buches sind nach einem weit verbreiteten Muster angeordnet. Wir beginnen mit der „Beschreibenden Statistik", in der vorliegende Daten oder Messreihen analysiert werden. Das Kapitel handelt von Häufigkeiten, Mittelwerten, Streuungsmaßen und führt bis zum Vergleich von Merkmalen mit Hilfe der Regressionsrechnung. Dieses Vorgehen ermöglicht einen sehr elementaren Einstieg in die Welt der Daten, und ist noch frei vom Begriff der Wahrscheinlichkeit, aber doch eine gute Vorbereitung darauf.

Im längsten Kapitel „Wahrscheinlichkeitsrechnung" wird der Begriff der Wahrschein-lichkeit axiomatisch eingeführt, aber zunächst nur im besonders einfachen Fall endli-cher Ergebnismengen. Dadurch kann man mit relativ geringem theoretischem Aufwand schon viele interessante Beispiele behandeln. Höhepunkt ist die Normalverteilung und ihre Bedeutung als Grenzwert und damit Hilfsmittel für einfache approximative Be-rechnungen. Für Leser mit weitergehenden Interessen werden in den beiden letzten Abschnitten in Form eines „Steilkurses" überabzählbare Ergebnismengen und stetige Verteilungen, sowie Gesetze großer Zahlen behandelt.

Die letzten beiden Kapitel über Schätzungen und Tests geben eine Einführung in die sogenannte „Schließende Statistik", bei der – grob gesprochen – überlegt wird, mit wel-cher Wahrscheinlichkeit die Ergebnisse von Stichproben auf eine Gesamtheit übertragen werden können. Besonders problematisch dabei ist der Begriff einer „repräsentativen" Stichprobe. Als Beispiel aus der aktuellen Praxis kann man sich den Anstich – oder in der üblichen Terminologie das Anzapfen – eines Bierfasses vorstellen: Der Gehalt an Alkohol und Stammwürze in der ersten Maß wird ziemlich genau mit dem entspre-chenden Gehalt im ganzen Fass übereinstimmen. Bei Wahlumfragen ist ein solcher „re-präsentativer Anstich" weit schwieriger. Die Theorie der auf Stichproben gegründeten Schätzungen und Tests ist sicher der für die Anwendungen wichtigste Teil der Stochas-tik, und ihr Verständnis kann dazu dienen, den kritischen Blick auf die vielen Ergebnisse von Umfragen und Studien zu schärfen.

In der Darstellung haben wir versucht, uns an einem bewährten didaktischen Prinzip zu orientieren, das aus mehreren Schritten besteht: Zu Beginn stehen konkrete Frage-stellungen, dazu wird ein passendes mathematischen Gerüst gebaut, dann wird damit ein Ergebnis berechnet. Und schließlich – im letzten Schritt – wird versucht, die berech-neten Zahlenwerte zu verstehen und zu interpretieren. Gerade dieser letzte und beson-ders wichtige Schritt wird in der Schule oft vernachlässigt: Schüler sind meist schon zufrieden, wenn der berechnete Zahlenwert korrekt ist, egal was er bedeutet. Auf diese Weise werden die Ziele eines Unterrichts in Stochastik aber nicht erreicht. Interessant wird es erst dann, wenn man etwa überlegt, wie sich Veränderungen eines Parameters – wie etwa des Stichprobenumfangs – auf den Zahlenwert des Ergebnisses und damit seine Bedeutung auswirken.

Um das Verständnis für die Methoden der Stochastik zu erleichtern, besteht fast die Hälfte des Textes aus Beispielen. Sie werden oft in mehreren Varianten durchgerechnet, damit der Leser ein Gefühl für die Dynamik der verwendeten Formeln erhält. Diesem Zweck dient auch eine große Zahl von Abbildungen: ein Bild zeigt oft mehr als eine Formel. Schließlich soll eine Sammlung von Übungsaufgaben dazu dienen, den Leser zu selbstständiger Arbeit anzuregen und dadurch das Verständnis zu vertiefen. Mit his-torischen Anmerkungen sind wir sehr sparsam umgegangen. Lesern mit Interesse an der Entwicklung der Stochastik von den ersten Anfängen bei der Analyse von Glücks-spielen bis hin zur rasanten Entwicklung auf der Grundlage der Maßtheorie im 20. Jahr-hundert empfehlen wir zum Beispiel das Buch von [SC].

An Texten, aus denen wir selbst viel gelernt haben, seien in erster Linie die Lehrbücher von U. KRENGEL [KRE], N. HENZE [HE] und H.-O. GEORGII [GEO] genannt; diese haben in unserer Darstellung Spuren hinterlassen. Darüber hinaus haben wir bei einigen schwierigeren und hier nicht ausgeführten Beweisen auf diese Bücher verwiesen. Unser besonderer Dank gilt KLAUS JANSSEN, HANNS KLINGER und SILKE ROLLES für wertvolle Hinweise, JUTTA NIEBAUER für die vorzügliche Gestaltung des Textes, KRISTINA REISS und der Telekom-Stiftung für ihre Unterstützung und schließlich ULRIKE SCHMICKLER-HIRZEBRUCH vom Verlag für ihre sorgfältige Betreuung dieses Projekts.

München, im Oktober 2014

Gerd Fischer
*gfischer@ma.tum.de*

Matthias Lehner
*matthias.lehner@tum.de*

Angela Puchert
*puchert@ma.tum.de*

# Inhalt

**1   Beschreibende Statistik**                                                    **1**

1.1   Merkmale und Häufigkeiten . . . . . . . . . . . . . . . . . . . . . . . . .   1

    1.1.1   Merkmale  . . . . . . . . . . . . . . . . . . . . . . . . . . .   1

    1.1.2   Absolute und relative Häufigkeiten . . . . . . . . . . . . . .   3

    1.1.3   Histogramm und Verteilungsfunktion . . . . . . . . . . . .   6

    1.1.4   Aufgaben . . . . . . . . . . . . . . . . . . . . . . . . . . . .   10

1.2   Mittelwerte . . . . . . . . . . . . . . . . . . . . . . . . . . . . . . . .   12

    1.2.1   Arithmetisches Mittel . . . . . . . . . . . . . . . . . . . . .   12

    1.2.2   Median . . . . . . . . . . . . . . . . . . . . . . . . . . . . .   14

    1.2.3   Gestutztes Mittel  . . . . . . . . . . . . . . . . . . . . . . .   17

    1.2.4   Quantile . . . . . . . . . . . . . . . . . . . . . . . . . . . .   19

    1.2.5   Geometrisches Mittel . . . . . . . . . . . . . . . . . . . . .   24

    1.2.6   Aufgaben . . . . . . . . . . . . . . . . . . . . . . . . . . . .   26

1.3   Streuung . . . . . . . . . . . . . . . . . . . . . . . . . . . . . . . . .   29

    1.3.1   Summenabweichungen . . . . . . . . . . . . . . . . . . . .   29

    1.3.2   Abweichungsmaße . . . . . . . . . . . . . . . . . . . . . . .   32

    1.3.3   Variationskoeffizient und Standardisierung . . . . . . . . .   37

    1.3.4   Datenvektoren . . . . . . . . . . . . . . . . . . . . . . . . .   40

    1.3.5   Aufgaben . . . . . . . . . . . . . . . . . . . . . . . . . . . .   44

1.4   Vergleich von Merkmalen . . . . . . . . . . . . . . . . . . . . . . . .   46

    1.4.1   Darstellung der Daten . . . . . . . . . . . . . . . . . . . . .   46

    1.4.2   Die Trendgeraden . . . . . . . . . . . . . . . . . . . . . . .   54

    1.4.3   Korrelation . . . . . . . . . . . . . . . . . . . . . . . . . . .   61

    1.4.4   Unabhängigkeit . . . . . . . . . . . . . . . . . . . . . . . .   66

    1.4.5   Fazit . . . . . . . . . . . . . . . . . . . . . . . . . . . . . . .   70

    1.4.6   Aufgaben . . . . . . . . . . . . . . . . . . . . . . . . . . . .   70


**2   Wahrscheinlichkeitsrechnung**                                                **75**

2.1   Grundlagen . . . . . . . . . . . . . . . . . . . . . . . . . . . . . . . .   75

2.1.1 Vorbemerkungen . . . . . . . . . . . . . . . . . . . . . . . . 75
2.1.2 Endliche Wahrscheinlichkeitsräume . . . . . . . . . . . . . 78
2.1.3 Unendliche Wahrscheinlichkeitsräume * . . . . . . . . . . . 84
2.1.4 Rechenregeln für Wahrscheinlichkeiten . . . . . . . . . . . 87
2.1.5 Zufallsvariable . . . . . . . . . . . . . . . . . . . . . . . . 89
2.1.6 Aufgaben . . . . . . . . . . . . . . . . . . . . . . . . . . . 92
2.2 Bedingte Wahrscheinlichkeit und Unabhängigkeit . . . . . . . . . 93
2.2.1 Bedingte Wahrscheinlichkeit . . . . . . . . . . . . . . . . . 93
2.2.2 Rechenregeln für bedingte Wahrscheinlichkeiten . . . . . . . 96
2.2.3 Unabhängigkeit von Ereignissen . . . . . . . . . . . . . . . 105
2.2.4 Unabhängigkeit von Zufallsvariablen . . . . . . . . . . . . 109
2.2.5 Mehrstufige Experimente und Übergangswahrscheinlichkeiten . . . . 113
2.2.6 Produktmaße . . . . . . . . . . . . . . . . . . . . . . . . . 121
2.2.7 Verteilung der Summe von Zufallsvariablen . . . . . . . . . 124
2.2.8 Aufgaben . . . . . . . . . . . . . . . . . . . . . . . . . . . 127
2.3 Spezielle Verteilungen von Zufallsvariablen . . . . . . . . . . . . 131
2.3.1 Binomialkoeffizienten . . . . . . . . . . . . . . . . . . . . 131
2.3.2 Urnenmodelle . . . . . . . . . . . . . . . . . . . . . . . . . 135
2.3.3 Binomialverteilung . . . . . . . . . . . . . . . . . . . . . . 144
2.3.4 Multinomialverteilung . . . . . . . . . . . . . . . . . . . . 152
2.3.5 Hypergeometrische Verteilung . . . . . . . . . . . . . . . . 154
2.3.6 Geometrische Verteilung* . . . . . . . . . . . . . . . . . . . 159
2.3.7 POISSON-Verteilung * . . . . . . . . . . . . . . . . . . . . . 161
2.3.8 Aufgaben . . . . . . . . . . . . . . . . . . . . . . . . . . . 165
2.4 Erwartungswert und Varianz . . . . . . . . . . . . . . . . . . . . 169
2.4.1 Erwartungswert . . . . . . . . . . . . . . . . . . . . . . . . 169
2.4.2 Erwartungswerte bei speziellen Verteilungen . . . . . . . . . 174
2.4.3 Varianz . . . . . . . . . . . . . . . . . . . . . . . . . . . . 178
2.4.4 Standardisierung und Ungleichung von CHEBYSHEV . . . . . 181
2.4.5 Covarianz . . . . . . . . . . . . . . . . . . . . . . . . . . . 184
2.4.6 Der Korrelationskoeffizient . . . . . . . . . . . . . . . . . . 189
2.4.7 Aufgaben . . . . . . . . . . . . . . . . . . . . . . . . . . . 190
2.5 Normalverteilung und Grenzwertsätze . . . . . . . . . . . . . . . 193
2.5.1 Vorbemerkung . . . . . . . . . . . . . . . . . . . . . . . . . 193
2.5.2 Die Glockenfunktion nach GAUSS . . . . . . . . . . . . . . 194
2.5.3 Binomialverteilung und Glockenfunktion . . . . . . . . . . . 195
2.5.4 Der Grenzwertsatz von DE MOIVRE-LAPLACE . . . . . . . . 202
2.5.5 Sigma-Regel und Quantile . . . . . . . . . . . . . . . . . . . 207
2.5.6 Der Zentrale Grenzwertsatz* . . . . . . . . . . . . . . . . . 210
2.5.7 Aufgaben . . . . . . . . . . . . . . . . . . . . . . . . . . . 215
2.6 Kontinuierliche Ergebnisse und stetige Verteilungen* . . . . . . . 218
2.6.1 Vorbemerkungen . . . . . . . . . . . . . . . . . . . . . . . 218
2.6.2 Sigma-Algebren und Wahrscheinlichkeitsmaße . . . . . . . . 218
2.6.3 Dichtefunktionen und Verteilungsfunktionen . . . . . . . . . 221

2.6.4   Zufallsvariable . . . . . . . . . . . . . . . . . . . . . . . . . . 226

2.6.5   Unabhängigkeit von Zufallsvariablen . . . . . . . . . . . . . . 238

2.6.6   Summen von Zufallsvariablen . . . . . . . . . . . . . . . . . 240

2.7   Gesetze großer Zahlen* . . . . . . . . . . . . . . . . . . . . . . . . 243

2.7.1   Schwaches Gesetz großer Zahlen . . . . . . . . . . . . . . . . 243

2.7.2   Starkes Gesetz großer Zahlen . . . . . . . . . . . . . . . . . 244


**3       Schätzungen**                                                              **247**

3.1   Punktschätzungen . . . . . . . . . . . . . . . . . . . . . . . . . . . 247

3.1.1   Beispiele . . . . . . . . . . . . . . . . . . . . . . . . . . . 247

3.1.2   Parameterbereich und Stichprobenraum . . . . . . . . . . . . 248

3.1.3   Erwartungstreue Schätzer . . . . . . . . . . . . . . . . . . 251

3.1.4   Schätzung von Erwartungswert und Varianz . . . . . . . . . . 257

3.1.5   Aufgaben . . . . . . . . . . . . . . . . . . . . . . . . . . . 260

3.2   Intervallschätzungen . . . . . . . . . . . . . . . . . . . . . . . . . 263

3.2.1   Konfidenz . . . . . . . . . . . . . . . . . . . . . . . . . . . 263

3.2.2   Intervallschätzung für einen Anteil . . . . . . . . . . . . . . 267

3.2.3   Umfang von Stichproben . . . . . . . . . . . . . . . . . . . 270

3.2.4   Aufgaben . . . . . . . . . . . . . . . . . . . . . . . . . . . 273


**4       Testen von Hypothesen**                                                     **277**

4.1   Einführung . . . . . . . . . . . . . . . . . . . . . . . . . . . . . . 277

4.1.1   Beispiele . . . . . . . . . . . . . . . . . . . . . . . . . . . 277

4.1.2   Nullhypothese und Alternative . . . . . . . . . . . . . . . . 278

4.2   Binomialtests . . . . . . . . . . . . . . . . . . . . . . . . . . . . . 280

4.2.1   Einseitiger Binomialtest . . . . . . . . . . . . . . . . . . . 280

4.2.2   Zweiseitiger Binomialtest . . . . . . . . . . . . . . . . . . 291

4.2.3   Aufgaben . . . . . . . . . . . . . . . . . . . . . . . . . . . 297

4.3   GAUSS-Tests . . . . . . . . . . . . . . . . . . . . . . . . . . . . . 300

4.3.1   Allgemeiner Rahmen . . . . . . . . . . . . . . . . . . . . . 300

4.3.2   Einseitiger GAUSS-Test . . . . . . . . . . . . . . . . . . . 301

4.3.3   Zweiseitiger GAUSS-Test . . . . . . . . . . . . . . . . . . 307

4.3.4   $t$-Tests . . . . . . . . . . . . . . . . . . . . . . . . . . . . 311

4.3.5   Aufgaben . . . . . . . . . . . . . . . . . . . . . . . . . . . 321

4.4   Der Chi-Quadrat-Test . . . . . . . . . . . . . . . . . . . . . . . . 323

4.4.1   Einführung . . . . . . . . . . . . . . . . . . . . . . . . . . 323

4.4.2   Eine Testgröße für den $\chi^2$-Test . . . . . . . . . . . . . . . 328

4.4.3   Die $\chi^2$-Verteilungen . . . . . . . . . . . . . . . . . . . . 330

4.4.4   Chi-Quadrat-Test auf Unabhängigkeit . . . . . . . . . . . . 337

4.4.5   Aufgaben . . . . . . . . . . . . . . . . . . . . . . . . . . . 341


**Anhang 1   Die EULERsche Gamma-Funktion**                                           **343**

**Anhang 2**     **Die Teufelstreppe**                                                    345

**Anhang 3**     **Lösungen der Aufgaben**                                              349

**Anhang 4**     **Tabellen**                                                                      373

**Literaturverzeichnis**                                                                    377

**Index**                                                                                           381

# Kapitel 1

# Beschreibende Statistik

## 1.1 Merkmale und Häufigkeiten

Es gibt unzählige Arten von Daten, die etwa durch Messungen, Umfragen oder Bewertungen entstehen: Temperaturen im Laufe der Zeit, Wahlumfragen oder Bewertungen von Klausuren, um nur einige Beispiele zu nennen. Zunächst wird in diesem Abschnitt der Rahmen für eine mathematische Beschreibung aufgezeigt. Dann folgt in einem ersten Schritt eine komprimierte Darstellung der Ergebnisse mit Hilfe des Begriffs der Häufigkeit.

### 1.1.1 Merkmale

**Beispiel**
Bei den Hörern einer Vorlesung kann man durch eine Umfrage folgende Informationen ermitteln:

1) Wohnort

2) Interesse an Stochastik, etwa auf einer Skala von „gar nicht" bis „sehr groß"

3) Semesterzahl

4) Körpergröße

Der abstrakte Hintergrund kann so beschrieben werden: Die $n$ Hörer der Vorlesung sind die Elemente einer Menge

$$M := \{\alpha_1, ..., \alpha_n\}$$

von *Individuen*. Die möglichen Antworten auf die gestellten Fragen sind enthalten in einer Menge $A$ von *Ausprägungen*.

Unter einem *Merkmal* (oder genauer der *Erhebung eines Merkmals*) versteht man nun eine Abbildung

$$X \colon M \to A, \quad \alpha \mapsto X(\alpha),$$

von einer endlichen Menge $M$ von Individuen in eine Menge $A$ von Ausprägungen.

In den Beispielen 1) und 2) nennt man die Merkmale *qualitativ*. Man kann die möglichen Antworten zur Vereinfachung durch Zahlen codieren, etwa die Wohnorte in Beispiel 1) durch Postleitzahlen. Die Größe dieser Zahlen ergibt aber keine sinnvolle Rangordnung der Wohnorte, ein solches qualitatives Merkmal wird *nominal* genannt. In Beispiel 2) kann man die möglichen Antworten von „gar nicht", bis „sehr groß" durch die Zahlen $\{0, \ldots, 5\}$ darstellen. Hier hat man eine natürliche Rangordnung, ein solches qualitatives Merkmal heißt *ordinal*. Dabei muss man allerdings bedenken, dass die Abstände mit der Skala von 0 bis 5 ziemlich unscharf gemessen sind.

Weit klarer ist die Situation in den Beispielen 3) und 4), solche Merkmale nennt man *quantitativ*. Die Semesterzahl in Beispiel 3) ist eine natürliche Zahl, dieses quantitative Merkmal nennt man *diskret*. In Beispiel 4) dagegen kann man theoretisch beliebig genau messen, solche Messungen werden als *kontinuierliche* Merkmale bezeichnet. Da Messungen in der Praxis jedoch nur mit begrenzter Genauigkeit möglich sind, ist der Übergang von diskreten zu kontinuierlichen quantitativen Merkmalen fließend.

Insgesamt kann man also annehmen, dass die Menge $A$ der möglichen Ausprägungen - nach eventueller Codierung - eine Teilmenge der reellen Zahlen ist, also $A \subset \mathbb{R}$.

Zur Vereinfachung der Bezeichnungen kann man die Individuen nummerieren, dann ist

$$M = \{1, \ldots, n\},$$

und die Werte eines Merkmals bezeichnet man mit $x_j := X(j)$. Ist $A \subset \mathbb{R}$, so nennt man die Zahlen $x_1, \ldots, x_n \in \mathbb{R}$ eine *Messreihe*.

Ist $M$ endlich, so ist auch die Menge $X(M) \subset A$ der aufgetretenen verschiedenen Ausprägungen endlich, also

$$X(M) = \{a_1, \ldots, a_m\} \quad \text{mit} \quad m \leqslant n.$$

Ziel der folgenden Abschnitte ist es nun, das Ergebnis einer solchen Umfrage übersichtlich und zusammenfassend darzustellen.

## 1.1.2 Absolute und relative Häufigkeiten

Ist ein Merkmal

$$X: M = \{1, ..., n\} \to A, \quad j \mapsto x_j,$$

gegeben, so kann man zur ersten Vereinfachung der Darstellung all die Individuen $j$ mit dem gleichen Wert $x_j$ zusammenfassen. Ist $a \in A$, so ist dafür die Bezeichnung

$$\{X = a\} := \{j \in M : x_j = a\} \subset M$$

üblich. Das ist das Urbild von $a$ unter der Abbildung $X$. Offensichtlich gilt

$$\{X = a\} \neq \varnothing \quad \Leftrightarrow \quad a \in X(M).$$

Unter der *absoluten Häufigkeit* der Ausprägung $a \in A$ versteht man die Anzahl der Elemente von $\{X = a\}$, in Zeichen

$$h(X = a) := \#\{X = a\}.$$

Die *relative Häufigkeit* von $a$ ist erklärt durch

$$r(X = a) := \frac{1}{n} h(X = a).$$

Ist $X(M) = \{a_1, ..., a_m\}$ mit paarweise verschiedenen $a_j$, so gilt

$$h(X = a_1) + ... + h(X = a_m) = n \quad \text{und}$$
$$r(X = a_1) + ... + r(X = a_m) = 1.$$

Offensichtlich ist $0 \leqslant r(X = a_i) \leqslant 1$ für $i = 1, ..., m$. In der Praxis wird die relative Häufigkeit meist mit 100 multipliziert, und dann in Prozent angegeben. Um das Ergebnis der Erhebung eines Merkmals prägnant darzustellen, gibt es verschiedene Möglichkeiten. Wir geben einige Beispiele dafür.

**Beispiel 1** (*Wahlergebnis Bundestag 2013*)
Am 22. September 2013 wurde in der Bundesrepublik Deutschland der Bundestag gewählt. Etwa 71.5% der wahlberechtigten Bürger sind zu dieser Wahl gegangen. An dieser Stelle ist aber eine andere Größe relevant, nämlich die Menge $M$ der Wähler, die eine gültige Zweitstimme abgegeben haben. Das waren insgesamt $n = 43\,726\,856$ Wähler. Auf dieser Menge $M$ betrachten wir das Merkmal

$$X = \text{gewählte Partei}$$

mit den folgenden Ausprägungen $a_i$ und dem Wahlergebnis [BU]:

| $i$ | $a_i$ | $h(X = a_i)$ | $r(X = a_i)$ | in % |
|---|---|---|---|---|
| 1 | CDU/CSU | 18 465 956 | 0.422 302 | 42.2 |
| 2 | SPD | 11 252 215 | 0.257 329 | 25.7 |
| 3 | Grüne | 3 694 057 | 0.084 480 | 8.4 |
| 4 | Die Linke | 3 755 699 | 0.085 890 | 8.6 |
| 5 | FDP | 2 083 533 | 0.047 649 | 4.8 |
| 6 | AfD | 2 056 985 | 0.047 042 | 4.7 |
| 7 | Sonstige | 2 418 411 | 0.055 307 | 5.5 |
| $\sum$ | Gesamt | 43 726 856 | 0.999 999 | 1.0 |

Dabei sind die Prozentangaben wie bei Wahlen üblich auf nur eine Dezimalstelle gerundet. Da das Merkmal $X$ nur 7 Ausprägungen hat, kann man die Häufigkeitsverteilung gut in einem *Stabdiagramm* oder in einem *Kreisdiagramm* darstellen:

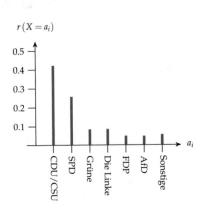 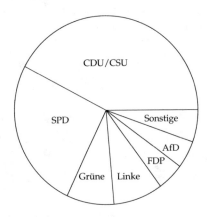

Man beachte, dass bei der Ausprägung $a_7 =$ „Sonstige" bereits eine Klassenbildung vorgenommen wurde.

**Beispiel 2**  (*Körpergrößen*)
Es werden die Körpergrößen aller 61 Kinder der dritten Jahrgangsstufe einer Grundschule gemessen (in cm):

| | | | | | | | | | |
|---|---|---|---|---|---|---|---|---|---|
| 134.5 | 136.7 | 131.4 | 143.8 | 143.3 | 137.1 | 144.8 | 130.0 | 131.3 | 140.3 |
| 140.0 | 131.1 | 133.8 | 134.9 | 134.9 | 140.3 | 134.4 | 134.0 | 135.0 | 135.7 |
| 136.5 | 140.3 | 136.5 | 139.2 | 138.0 | 136.9 | 137.6 | 136.3 | 136.4 | 137.4 |
| 137.8 | 150.9 | 138.0 | 139.5 | 140.7 | 135.8 | 141.7 | 137.5 | 142.2 | 133.0 |
| 134.1 | 142.2 | 138.1 | 140.2 | 145.6 | 131.5 | 133.4 | 137.9 | 133.4 | 145.3 |
| 143.6 | 147.6 | 148.7 | 152.2 | 134.2 | 140.6 | 144.6 | 138.4 | 141.5 | 142.2 |
| 134.3 | | | | | | | | | |

Wie man leicht überprüfen kann, variieren die Ergebnisse zwischen 130.0 cm und 152.2 cm.
Für eine bessere Übersicht trägt man die Körpergrößen in ein *Stamm-Blatt-Diagramm* ein. Ein Stamm-Blatt-Diagramm besteht aus zwei Spalten: Auf der linken Seite werden in den „Stamm"die führenden Ziffern eingetragen, in die „Blätter"auf der rechten Seite die folgenden Ziffern.

Typisch ist eine Trennung nach dem Dezimalpunkt, aber auch andere Unterteilungen sind möglich, zum Beispiel die ersten beiden Ziffern als Stamm zu wählen. Hierbei entsteht die Reihenfolge der Einträge auf der rechten Seite durch die Reihenfolge der Messungen. Bei einer großen Anzahl von Merkmalen ist diese Art der Darstellung jedoch nicht mehr praktikabel.

```
130  |  0
131  |  4   3   1   5
132  |
133  |  8   0   4   4
134  |  5   9   9   4   0   1   2   3
135  |  0   7   8
136  |  7   5   5   9   3   4
137  |  1   6   4   8   5   9
138  |  0   0   1   4
139  |  2   5
140  |  3   0   3   3   7   2   6
141  |  7   5
142  |  2   2   2
143  |  8   3   6
144  |  8   6
145  |  6   3
146  |
147  |  6
148  |  7
149  |
150  |  9
151  |
152  |  2
```

Die Darstellung in einem Stabdiagramm ist hier wenig aussagekräftig, es ergibt sich ein *Datenfriedhof* (fast alle „Grabsteine" sind gleich hoch).

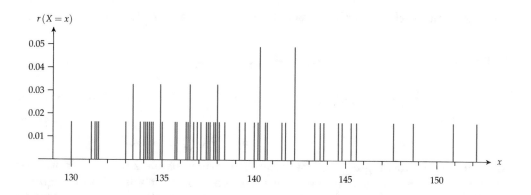

**Beispiel 3** (*Klausurergebnis*)
In einer Semestralklausur mit $n = 19$ Teilnehmern sind maximal 30 Punkte zu erreichen. Nach der Korrektur lässt sich erkennen, dass das Merkmal $X$, welches die Gesamtpunktzahl angebe, $m = 12$ mögliche Ausprägungen hat. Mit $n = 19$ lassen sich auch die

relativen Häufigkeiten berechnen. Diese geben wir nur auf drei Dezimalstellen gerundet an. Dadurch entstehen Rundungsfehler und die Summe der relativen Häufigkeiten hat nicht genau den Wert 1, sondern 1.0001.

| $i$ | 1 | 2 | 3 | 4 | 5 | 6 |
|---|---|---|---|---|---|---|
| $a_i$ | 0 | 7 | 9 | 12 | 15 | 18 |
| $h(X = a_i)$ | 1 | 2 | 1 | 1 | 2 | 1 |
| $r(X = a_i)$ | 0.053 | 0.105 | 0.053 | 0.053 | 0.105 | 0.053 |

| $i$ | 7 | 8 | 9 | 10 | 11 | 12 |
|---|---|---|---|---|---|---|
| $a_i$ | 20 | 21 | 22 | 23 | 25 | 27 |
| $h(X = a_i)$ | 1 | 3 | 1 | 2 | 2 | 2 |
| $r(X = a_i)$ | 0.053 | 0.158 | 0.053 | 0.105 | 0.105 | 0.105 |

Trägt man diese Daten in ein Stabdiagramm ein, so ergibt sich wieder ein wenig aussagekräftiger Datenfriedhof:

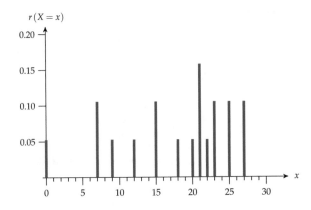

Im folgenden Abschnitt werden bessere Darstellungsmöglichkeiten aufgezeigt.

### 1.1.3   Histogramm und Verteilungsfunktion

Ein Datenfriedhof wie in Beispiel 2 aus 1.1.2 kann vor allem dann auftreten, wenn bei einem Merkmal

$$X: M = \{1,...,n\} \rightarrow A \qquad \text{mit} \quad X(M) = \{a_1,...,a_m\}$$

die Zahl $m$ der Ausprägungen nicht wesentlich kleiner als die Zahl $n$ der Individuen ist. Dann ist es zur Darstellung des Ergebnisses von Vorteil „ähnliche" Ausprägungen zu Klassen zusammenfassen. Bei Wahlergebnissen werden die ganz kleinen Parteien gemeinsam als „sonstige" gezählt, bei Körpergrößen rundet man am besten auf volle Zentimeter. Allgemeiner kann man bei quantitativen Merkmalen, also $A \subset \mathbb{R}$, die Häufigkeiten in gewissen Intervallen zusammenfassen. Dazu erklärt man für $s,t \in \mathbb{R}$ mit $s < t$ die *kumulierten* (d.h. „aufgehäuften") *Häufigkeiten*

$$h(s \leqslant X < t) \quad := \quad \#\{j \in M : s \leqslant x_j < t\} = \sum_{s \leqslant a_i < t} h(X = a_i) \quad \text{und}$$

$$r(s \leqslant X < t) \quad := \quad \frac{1}{n} h(s \leqslant X < t) = \sum_{s \leqslant a_i < t} r(X = a_i).$$

Zur Definition von Merkmalsklassen wählt man die Nummerierung der Merkmale so, dass $a_1 < a_2 < ... < a_m$. Dann wählt man geeignete Schnittstellen $s_0, ..., s_k$ mit

$$s_0 < s_1 < ... < s_k \quad \text{und} \quad s_0 \leqslant a_1, \quad \text{sowie } a_m < s_k,$$

wobei man im Allgemeinen $k$ klein gegenüber $m$ wählt. Für $i = 1, ..., k$ heißt die Teilmenge

$$M_i := \{j \in M : \ s_{i-1} \leqslant x_j < s_i\} \subset M$$

die $i$-te *Merkmalsklasse* von $X$. Ihre absolute und relative Häufigkeit ist erklärt durch

$$h_i := \#M_i = h(s_{i-1} \leqslant X < s_i) \quad \text{und} \quad r_i := \frac{1}{n} h_i.$$

**Vorsicht!** Manchmal werden die Merkmalsklassen erklärt durch die Bedingung

$$s_{i-1} < x_j \leqslant s_i.$$

Der Vorteil der oben gegebenen Definition ist der bessere Zusammenhang mit dem Dezimalsystem: Ist etwa $s_{i-1} = 1$ und $s_i = 2$, so gehören alle $x_j = 1. ...$ zu $M_1$ und alle $x_j = 2. ...$ zu $M_2$. Das passt auch besser zum Stamm-Blatt-Diagramm aus 1.1.2.

Als *Histogramm* von $X$ bezüglich der gewählten Unterteilung $s_0 < s_1 < ... < s_k$ bezeichnet man nun die Treppenfunktion mit dem Wert

$$d_i := \frac{r_i}{s_i - s_{i-1}} \quad \text{auf} \quad [s_{i-1}, s_i[.$$

Das bedeutet, dass die relative Häufigkeit $r_i$ gleich dem Flächeninhalt des Rechtecks der Höhe $d_i$ über dem Intervall $[s_{i-1}, s_i]$ ist.

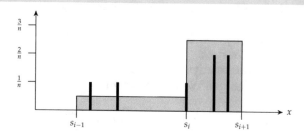

Beim Histogramm wird also die relative Größe von $M_i$ durch die Fläche unterhalb der Treppenfunktion dargestellt. Da

$$M_1 \cup ... \cup M_k = M, \quad \text{folgt} \quad r_1 + ... + r_k = 1.$$

Also ist die gesamte Fläche unterhalb des Histogramms, d.h. das Integral über die Treppenfunktion, gleich 1. Man beachte, dass stets $0 \leqslant r_i \leqslant 1$ ist, dagegen kann $d_i$ bei kleinem $s_i - s_{i-1}$ beliebig groß werden. Der Anblick des Histogramms hängt sehr von der Wahl der Schnittstellen ab, da kann man Unterschiede hervorheben oder verwischen. Im Extremfall $k = 1$ ist die Treppenfunktion zwischen $s_0$ und $s_1$ konstant gleich $d_1$; da ist alles glattgebügelt. Das ist ein erstes Beispiel dafür, wie man Statistiken „frisieren" kann.

Man beachte bei den Bildern, dass die Maßstäbe in horizontaler und vertikaler Richtung meist sehr verschieden gewählt sind.

**Beispiel 1** (*Klausurergebnis*)
Die erreichten Klausurpunktzahlen in Beispiel 3 aus 1.1.2 lassen sich in einem Histogramm darstellen. Hierbei ist die Wahl der Schnittstellen sehr wichtig.

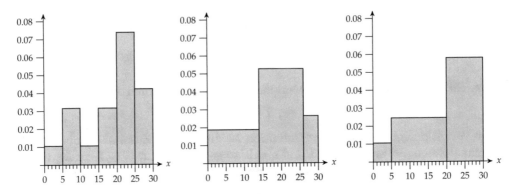

In Darstellung 1 (Schnittstellen bei $0, 5, 10, 15, 20, 25, 30$) ist recht detailliert das tatsächliche Klausurergebnis ersichtlich. In Darstellung 2 (Schnittstellen bei $0, 14, 26, 30$) wurde in „nicht bestanden", „bestanden" und „sehr gut bestanden" eingeteilt und man erkennt eine bei Klausuren oft vorkommende Notenaufteilung. In Darstellung 3 (Schnittstellen bei $0, 5, 20, 30$) erscheint es so, als ob der Großteil der Studenten hervorragend abgeschnitten hätte; das Klausurergebnis ist also verzerrt dargestellt.

Eine andere komprimierte Darstellung der Häufigkeiten eines Merkmals

$$X: M = \{1, ..., n\} \quad \to \quad \mathbb{R}, \quad j \mapsto x_j, \quad \text{mit} \quad X(M) = \{a_1, ..., a_m\}$$

erhält man, indem man die relativen Häufigkeiten von der kleinsten möglichen Ausprägung bis zu einem beliebigen Wert $x \in \mathbb{R}$ kumuliert, das ergibt

$$r(X \leqslant x) := \frac{1}{n} \#\{j \in M : x_j \leqslant x\} \quad = \quad \sum_{a_i \leqslant x} r(X = a_i).$$

Als (*empirische*) *Verteilungsfunktion* von X bezeichnet man die Funktion

$$F_X \colon \mathbb{R} \to [0,1] \quad \text{mit} \quad F_X(x) := r(X \leqslant x).$$

Das ist eine monoton steigende Treppenfunktion, die bei jeder Ausprägung $a_i$ eine Sprungstelle der Höhe $r(X = a_i)$ hat. Der Zusatz „empirisch" kann zur Unterscheidung zu den Verteilungsfunktionen der Wahrscheinlichkeitsrechnung dienen.

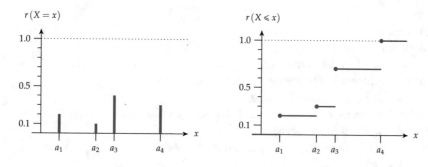

**Beispiel 2** (*Klausurergebnis*)
Betrachtet man wieder das Klausurergebnis aus Beispiel 1, so ergibt sich folgende empirische Verteilungsfunktion:

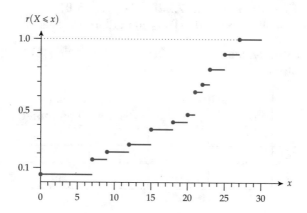

## 1.1.4 Aufgaben

**Aufgabe 1.1** (nach [Bos, Aufgabe A 1.1]) Merkmale können *quantitativ* oder *qualitativ* sein. Quantitative Merkmale können *diskret* oder *kontinuierlich* sein. Nach (sinnvoller) Codierung eines qualitativen Merkmals kann das Merkmal *nominal* (ohne Rangfolge) oder *ordinal* (mit Rangfolge) werden. Gegeben seien nun folgende Merkmale:

(1) Geschlecht,
(2) Beruf,
(3) Konfession,
(4) Körpergröße (auf ganze cm),
(5) Körpergröße (genau gemessen),
(6) Fettanteil einer Wurstsorte (exakt gemessen),
(7) Anzahl der Kinder einer Familie,
(8) Umfrageergebnisse „immer ",„manchmal",„wenig",„nie",
(9) Studiendauer (in Semestern),
(10) Schulnoten „sehr gut", „gut",...,„ungenügend",
(11) Lebensdauer von Glühlampen,
(12) Farbe eines Teppichbodens, für den es 25 Muster gibt,
(13) Gewicht von Äpfeln,
(14) Konzentration von Salzlösungen,
(15) Gehalt von Angestellten in einem Betrieb in €,
(16) Noten einer Klausur $(1.0, 1.3, 1.7, 2.0, \ldots, 4.3, 4.7, 5.0)$,
(17) Punkte einer Klausur (es werden 0 bis 40 Punkte vergeben).

Kreuzen Sie die zutreffenden Eigenschaften der Merkmale (1) bis (17) in einer Tabelle mit folgender Struktur an.

|      | qualitativ | | quantitativ | |
|------|---------|---------|---------|----------------|
|      | nominal | ordinal | diskret | kontinuierlich |
| (1)  |         |         |         |                |
| (2)  |         |         |         |                |
| ⋮    |         |         |         |                |

**Aufgabe 1.2** Gegeben ist ein Merkmal $X$ mit folgenden Ausprägungen:

| $i$          | 1 | 2 | 3  | 4  | 5  |
|--------------|---|---|----|----|----|
| $a_i$        | 1 | 3 | 6  | 10 | 16 |
| $h(X = a_i)$ | 2 | 6 | 8  | 3  | 1  |

(a) Erstellen Sie ein Stabdiagramm.
(b) Zeichnen Sie ein Histogramm mit den Schnittstellen $0, 5, 10, 15, 20$ und ein weiteres Histogramm mit den Schnittstellen $0, 2, 4, 6, 8, 10, 12, 14, 16, 18, 20$ und interpretieren Sie die Ergebnisse.

(c) Skizzieren Sie die empirische Verteilungsfunktion $F_X$.

**Aufgabe 1.3** (nach [L-W-R, Aufgabe 1]) Die Messung der Körpergrößen von 20 männlichen Schülern ergab die folgenden Werte (in cm) [L-W-R, p. 46].

149, 147, 158, 165, 153, 153, 168, 158, 163, 159, 177, 175, 163, 170, 162, 162, 170, 153, 147, 157.

(a) Zeichnen Sie ein Stamm-Blatt-Diagramm.
(b) Erstellen Sie eine Tabelle mit den absoluten und relativen Häufigkeiten.
(c) Zeichnen Sie ein Histogramm mit den Schnittstellen 145,150,...,175,180.
(d) Skizzieren Sie die empirische Verteilungsfunktion $F_X$.

## 1.2   Mittelwerte

Schon beim Übergang vom Stabdiagramm zu einem Histogramm wurde die Beschreibung eines Merkmals mehr oder weniger komprimiert. Dabei gehen zwar Details verloren, aber der Überblick kann verbessert werden. Noch konzentrierter kann man das
Ergebnis durch Angabe von wenigen *Maßzahlen*, etwa für Mittelwerte und Streuung
zusammenfassen. All diese Maßzahlen sind nur für quantitative Merkmale sinnvoll.
Schon für die unscharfen ordinalen Merkmale sind sie problematisch; ein Mittelwert
von codierten nominalen Merkmalen dagegen - etwa von Postleitzahlen - hat keinerlei
Aussagekraft.

### 1.2.1   Arithmetisches Mittel

Unter dem *arithmetischen Mittel* eines Merkmals

$$X\colon \{1,...,n\} \to \mathbb{R}, \quad j \mapsto x_j,$$

versteht man die Zahl

$$\overline{x} := \frac{1}{n}(x_1 + ... + x_n) \in \mathbb{R}.$$

Man kann $\overline{x}$ auch aus den Häufigkeiten berechnen, indem man in obiger Summe gleiche
Summanden zusammenfasst: Sind $a_1,...,a_m \in \mathbb{R}$ die Ausprägungen von $X$, so gilt

$$\overline{x} = \frac{1}{n}\sum_{i=1}^{m} h(X = a_i) \cdot a_i \quad = \quad \sum_{i=1}^{m} r(X = a_i) \cdot a_i.$$

Umgeformt ergibt sich daraus die *Gleichgewichtsbedingung*

$$\sum_{i=1}^{m} h(X = a_i)(a_i - \overline{x}) = 0.$$

Physikalisch gesehen kann man sie so interpretieren: Man betrachtet die reelle Zahlengerade als gewichtslose Stange und befestigt in den Punkten $a_i$ die Gewichte $h(X = a_i)$.

Dann ist $\bar{x}$ der *Schwerpunkt* des Systems. Befestigt man das System in $\bar{x}$, so sind die Faktoren $(a_i - \bar{x})$ Hebelarme, und die Produkte $h(X = a_i) \cdot (a_i - \bar{x})$ Drehmomente. Legt man die Zahlengerade horizontal, so kann man die Gewichte $h(X = a_i)$ auch darauf stellen. Unterstützt man das System in $\bar{x}$, so bleibt es waagerecht stehen und übt auf $\bar{x}$ das gleiche Gewicht aus, wie ein einziger (blau gezeichneter) Stab vom Gewicht $n$.

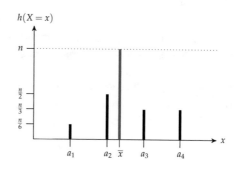

**Beispiel 1** (*Klausurergebnis*)
Das arithmetische Mittel der Klausurergebnisse aus Beispiel 3 aus 1.1.2 erhält man mit $n = 19$ und $m = 12$ zu:

$$\begin{aligned}
\bar{x} &= \frac{1}{19} \sum_{i=1}^{12} a_i \cdot h(X = a_i) \\
&= \frac{1}{19} \cdot (2 \cdot 7 + 1 \cdot 9 + 1 \cdot 12 + 2 \cdot 15 + 1 \cdot 18 + 1 \cdot 20 + \\
&\qquad + 3 \cdot 21 + 1 \cdot 22 + 2 \cdot 23 + 2 \cdot 25 + 2 \cdot 27) \\
&= \frac{1}{19} \cdot 338 = 17.789\,47
\end{aligned}$$

**Beispiel 2** (*Versicherungsschäden*)
Wir betrachten drei Ausprägungen von Schadenhöhen einer Versicherung

$$a_1 = 0, \qquad a_2 = 100, \qquad a_3 = 1\,000$$

mit den relativen Häufigkeiten

$$r(X = a_1) = 0.89, \qquad r(X = a_2) = 0.1, \qquad r(X = a_3) = 0.01 \quad .$$

Das arithmetische Mittel lautet

$$\begin{aligned}
\bar{x} &= r(X = a_1) \cdot a_1 + r(X = a_2) \cdot a_2 + r(X = a_3) \cdot a_3 \\
&= 0.89 \cdot 0 + 0.1 \cdot 100 + 0.01 \cdot 1\,000 = 10 + 10 = 20
\end{aligned}$$

Obwohl bei 100 betrachteten Versicherungsverträgen bei 89 Verträgen keine Schäden aufgetreten sind, schlagen die wenigen Ausreißer im arithmetischen Mittel durch.

**Beispiel 3** (*Alter von Studierenden*)
10 Studierende einer Vorlesung über Kunstgeschichte gehören zu 5 verschiedenen Altersstufen $a_i$:

| $i$ | 1 | 2 | 3 | 4 | 5 |
|---|---|---|---|---|---|
| $a_i$ | 21 | 22 | 24 | 65 | 78 |
| $h(X = a_i)$ | 2 | 4 | 2 | 1 | 1 |

Das arithmetische Mittel des Alters ist $\bar{x} = 32.1$. Dieser Wert hat keinerlei Aussagekraft zur wirklichen Situation und ist somit ziemlich wertlos.

## 1.2.2 Median

Ein Problem bei der Aussagekraft des arithmetischen Mittels sind *Ausreißer*, d.h. extreme Werte. Etwa bei Versicherungsschäden sind sie entscheidend für die Berechnung von Prämien, beim Alter von Studierenden dagegen können die Senioren einen Mittelwert ergeben, der keine rechte Bedeutung hat. Daher wählt man in solchen Fällen auch andere Mittelwerte, etwa den „Median". Zu seiner Definition werden die Werte $x_1, ..., x_n$ der Meßreihe nach ihrer Größe geordnet und dazu umnummeriert zu

$$x_{(1)} \leqslant x_{(2)} \leqslant ... \leqslant x_{(n-1)} \leqslant x_{(n)}.$$

Der *Median* (oder *Zentralwert*) $\tilde{x}$ von $X$ ist nun ein Wert, der möglichst genau in der Mitte der geordneten Meßreihe liegt; daher erklärt man

$$\tilde{x} := x_{\left(\frac{n+1}{2}\right)} \quad \text{für ungerades } n.$$

Dann sind je $\frac{n+1}{2}$ Werte $\leqslant \tilde{x}$ und $\geqslant \tilde{x}$. Ist $n$ gerade, so soll $x_{\left(\frac{n}{2}\right)} \leqslant \tilde{x} \leqslant x_{\left(\frac{n}{2}+1\right)}$ sein. Um die Definition eindeutig zu machen, erklärt man

$$\tilde{x} := \frac{1}{2}\left(x_{\left(\frac{n}{2}\right)} + x_{\left(\frac{n}{2}+1\right)}\right) \quad \text{für gerades } n.$$

**Beispiel 1** (*Prüfungsnoten*)
Bei zwei Prüfungen wurden folgende Schulnoten vergeben:

$$\text{Prüfung A:} \quad 1\,1\,3\,3\,3 \qquad \text{Prüfung B:} \quad 3\,3\,3\,6\,6$$

Wir vergleichen jeweils das arithmetische Mittel und den Median und erhalten:

$$\text{Prüfung A:} \quad \overline{x} = 11/5 = 2.2, \quad \tilde{x} = 3.$$
$$\text{Prüfung B:} \quad \overline{x} = 21/5 = 4.2, \quad \tilde{x} = 3.$$

In diesem Fall verschleiert der Median die sehr verschiedenen Ergebnisse.

Für große $n$ ist die Definition des Medians einer Messreihe $x_1, ..., x_n$ mit Hilfe von Umordnung und Abzählung nicht gut geeignet zur Berechnung. Einfacher wird es, wenn man im Fall einer wesentlich kleineren Zahl $m < n$ von Ausprägungen die Verteilungsfunktion $F_X$ von $X$ benutzt.

Zunächst ein paar Vorbereitungen. Der Median hat die offensichtlichen Eigenschaften

$$\#\{j \in M : x_j \leqslant \tilde{x}\} \geqslant \frac{n}{2} \quad \text{und} \quad \#\{j \in M : x_j \geqslant \tilde{x}\} \geqslant \frac{n}{2}.$$

Bei ungeradem $n$ gilt sogar $\geqslant \frac{n+1}{2}$. In relativen Häufigkeiten ausgedrückt bedeutet das

$$r(X \leqslant \tilde{x}) \geqslant \tfrac{1}{2} \quad \text{und} \quad r(X \geqslant \tilde{x}) \geqslant \tfrac{1}{2}. \qquad\qquad (*)$$

In Worten: Mindestens 50% der $x_j$ sind höchstens gleich $\tilde{x}$ und mindestens 50% der $x_j$ sind mindestens gleich $\tilde{x}$.

Diese Bedingungen sind aber nur notwendig und nicht hinreichend. Dazu zunächst einmal zwei Beispiele mit kleinen $n$.

**Beispiel 2**
a) Sei $n = 5$ und $x_1 = x_2 < x_3 < x_4 = x_5$. Dann ist $\tilde{x} = x_3$. Die Ausprägungen sind $a_1 = x_1$, $a_2 = x_3$ und $a_3 = x_4$, die Verteilungsfunktion hat die Werte

$F_X(a_1) = \tfrac{2}{5}$, $F_X(a_2) = \tfrac{3}{5}$ und $F_X(a_3) = 1$.

Der Median $\tilde{x} = a_2$ ist durch die Bedingung $(*)$ eindeutig bestimmt, denn für $x < a_2$ oder $x > a_2$ ist

$$r(X \leqslant x) = r(X \geqslant x) = \tfrac{2}{5} < \tfrac{1}{2}.$$

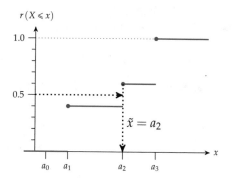

b) Sei $n = 4$ und $x_1 = x_2 < x_3 < x_4$. Dann ist $\tilde{x} = \tfrac{1}{2}(x_2 + x_3)$. Die Ausprägungen sind $a_1 = x_1$, $a_2 = x_3$ und $a_3 = x_4$, die Verteilungsfunktion hat die Werte

$F_X(a_1) = \tfrac{1}{2}$, $F_X(a_2) = \tfrac{3}{4}$ und $F_X(a_3) = 1$.

Der Median ist $\tilde{x} = \tfrac{1}{2}(a_1 + a_2)$; aber wie man leicht nachprüft, ist die Bedingung $(*)$ für $x$ genau dann erfüllt, wenn $x \in [a_1, a_2]$.

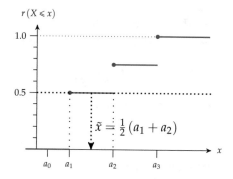

Da $F_X(x) = r(X \leqslant x)$ gilt, ist es wegen Bedingung $(*)$ naheliegend, für die Bestimmung des Medians $\tilde{x}$ nach der Stelle zu suchen, an der $F_X$ den Wert $\tfrac{1}{2}$ überschreitet.

Allgemein gilt folgender

**Satz**  *Sei $X: \{1,...,n\} \to \mathbb{R}$ ein Merkmal mit Ausprägungen $a_1 < ... < a_m$ und sei $a_0 < a_1$, also $F_X(a_0) = 0$. In den meisten Fällen gibt es ein $i \in \{1,...,m\}$ mit*

$$F_X(a_{i-1}) < \tfrac{1}{2} \quad \text{und} \quad F_X(a_i) > \tfrac{1}{2}; \quad \text{dann ist } \tilde{x} = a_i.$$

*Im Ausnahmefall gibt es ein $i \in \{1,...,m-1\}$ mit*

$$F_X(a_i) = \tfrac{1}{2}; \quad \text{dann ist} \quad \tilde{x} = \tfrac{1}{2}(a_i + a_{i+1}).$$

*Der Ausnahmefall kann nur bei geradem $n$ auftreten.*

Mit Hilfe dieses Satzes kann man den Median bestimmen ohne die Zahl $n$ zu benutzen. Es genügen die relativen Häufigkeiten $r(X = a_i)$ für $i = 1,...,m$.

*Beweis* Wir setzen die Messreihe als geordnet voraus, also $x_1 \leqslant x_2 \leqslant ... \leqslant x_n$. Dann betrachten wir zu der in der Voraussetzung ausgezeichneten Ausprägung $a_i$ alle zugehörigen Individuen, d.h. die Menge

$$\{j \in \{1,...,n\} : \; x_j = a_i\} = \{j_1,...,j_k\} \quad \text{mit} \quad 1 \leqslant k \leqslant n \quad \text{und} \quad j_1 < ... < j_k.$$

Das bedeutet, dass die geordnete Messreihe genauer so aussieht:

$$
\begin{array}{ccccccccccc}
x_1 & \leqslant & \cdots & \leqslant & x_{j_1-1} & < & x_{j_1} & = \cdots = & x_{j_k} & < & x_{j_k+1} & \leqslant & \cdots & \leqslant & x_n \\
\| & & & & \| & & & \| & & & \| & & & & \| \\
a_1 & < & \cdots & < & a_{i-1} & & < & a_i & & < & a_{i+1} & < & \cdots & < & a_m
\end{array}
$$

Die Werte der Verteilungsfunktion $F_X$ sind enthalten in $\{0, \tfrac{1}{n},...,\tfrac{n}{n}\}$. Daher kann der Ausnahmefall $r(X \leqslant a_i) = \tfrac{1}{2}$, das heißt $h(X \leqslant a_i) = \tfrac{n}{2}$, nur für gerades $n$ auftreten. Ist das der Fall, so folgt

$$j_k = \frac{n}{2}, \quad \text{also} \quad x_{\frac{n}{2}} = a_i \quad \text{und} \quad x_{\frac{n}{2}+1} = a_{i+1}.$$

In den meisten Fällen ist $h(X \leqslant a_{i-1}) < \tfrac{n}{2}$ und $h(X \leqslant a_i) > \tfrac{n}{2}$. Dann folgt für gerades $n$

$$j_1 \leqslant \frac{n}{2} \quad \text{und} \quad j_k \geqslant \frac{n}{2}+1, \quad \text{also} \quad x_{\frac{n}{2}} = x_{\frac{n}{2}+1} = a_i = \tilde{x}.$$

Für ungerades $n$ folgt

$$j_1 \leqslant \frac{n+1}{2} \quad \text{und} \quad j_k \geqslant \frac{n+1}{2}, \quad \text{also} \quad x_{\frac{n+1}{2}} = a_i = \tilde{x}.$$

■

**Beispiel 3** (*Alter von Studierenden*)
In Beispiel 3 aus 1.2.1 kann man die Altersverteilung noch einmal ausführlich aufschreiben.

| $j$ | 1 | 2 | 3 | 4 | 5 | 6 | 7 | 8 | 9 | 10 |
|-----|----|----|----|----|----|----|----|----|----|----|
| $x_j$ | 21 | 21 | 22 | 22 | 22 | 22 | 24 | 24 | 65 | 78 |

In diesem Fall ist $\tilde{x} = 22$. Das kann man auch mit obigem Kriterium sehen: Es ist $i = 2$, $a_2 = 22$, $k = 4$, $j_1 = 3$ und $j_4 = 6$. Der Median $\tilde{x} = 22$ ist in diesem Fall weit aussagekräftiger als das arithmetische Mittel $\overline{x} = 32.1$.

**Beispiel 4** (*Klausurergebnis*)
Greift man wieder das Beispiel 3 aus 1.1.2 auf, so lautet der Median:

$$\tilde{x} = x_{\left(\frac{19+1}{2}\right)} = 21$$

Grafisch kann man den Median aus der Verteilungsfunktion ablesen. Ab der Gesamtpunktzahl 21 liegt die kumulierte relative Häufigkeit über 0.5.

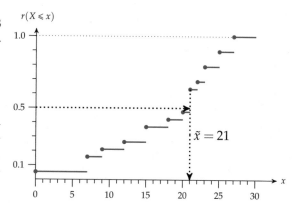

**Beispiel 5** (*Versicherungsschäden*)
Wir vergleichen das arithmetische Mittel $\overline{x} = 20$ aus Beispiel 2 aus Kapitel 1.2.1 mit dem Median. Wir wählen dazu ein beliebiges $a_0 < a_1$. Wegen $F_X(a_0) = 0$ und $F(a_1) > \frac{1}{2}$ gilt $\tilde{x} = a_1 = 0$. Hier ist sehr gut zu sehen, dass bei der Berechnung der Versicherungsprämien die Verwendung des Medians statt des arithmetischen Mittels schnell zu einem Minusgeschäft für die Versicherung würde.

**Beispiel 6** (*Familieneinkommen*)
Im Jahr 2013 wurden 3 565 repräsentativ ausgewählte deutsche Haushalte zu deren Vermögen befragt [H-K]. Sei $M$ die Menge aller Befragten, und gebe das Merkmal $X: M \to \mathbb{R}$ das Bruttovermögen des Haushalts $j \in M$ in € an. Das mittlere Vermögen der untersuchten Haushalte ist

$$\overline{x} = 222\,200.$$

Der Median

$$\tilde{x} = 67\,900$$

ist hingegen deutlich geringer. Dies lässt sich dadurch erklären, dass wenige sehr vermögende Haushalte zwar das arithmetische Mittel $\overline{x}$ nach oben ziehen, jedoch den Median $\tilde{x}$ nicht beeinflussen.

## 1.2.3 Gestutztes Mittel

Der Median hat im Vergleich zum arithmetischen Mittel den Vorteil der Stabilität gegenüber Ausreißern, aber er ignoriert weitgehend die Größenverhältnisse. Ein variabler Kompromiss zwischen Mittel und Median ist ein „gestutztes Mittel", bei dem ein gewisser Anteil der kleinsten und größten Werte ignoriert wird. Die „Variable" dabei ist ein beliebig vorgebbarer Wert $\alpha \in \mathbb{R}$ mit $0 < \alpha < \frac{1}{2}$.

Ist nun $X: \{1,\dots,n\} \to \mathbb{R}$ ein quantitatives Merkmal mit der Größe nach geordneten Werten $x_1 \leqslant \dots \leqslant x_n$, so sei

$$l := \lfloor \alpha n \rfloor \leqslant \alpha n$$

die größte natürliche Zahl $\leqslant \alpha n$. Dem entsprechend werden die Werte $x_j$ in drei Teile aufgeteilt:

$$x_1 \leqslant \dots \leqslant x_l \leqslant x_{l+1} \leqslant \dots \leqslant x_{n-l} \leqslant x_{n-l+1} \leqslant \dots \leqslant x_n.$$

Die ersten und letzten $l$ Werte lässt man weg, und man nennt

$$\overline{x}_\alpha := \frac{1}{n-2l}(x_{l+1} + \dots + x_{n-l})$$

das $\alpha$-gestutzte Mittel von $X$. Im trivialen Fall eines konstanten Merkmals, also $x_1 = \dots = x_n$ gilt

$$\overline{x} = \overline{x}_\alpha = \tilde{x}$$

für alle $\alpha$. Im allgemeinen Fall kommt man durch Vergrößerung von $\alpha$ vom arithmetischen Mittel zum Median:

**Bemerkung**   *Sei $n \geqslant 2$.*

*a) Es gilt   $\overline{x}_\alpha = \overline{x}$   für   $0 < \alpha < \frac{1}{n}$.*

*b) Es gilt   $\overline{x}_\alpha = \tilde{x}$   für*

$$\frac{n-1}{2n} \leqslant \alpha < \frac{1}{2} \quad \text{bei ungeradem } n \quad \text{oder} \quad \frac{n-2}{2n} \leqslant \alpha < \frac{1}{2} \quad \text{bei geradem } n.$$

Das ist ganz einfach zu sehen: In Fall *a)* ist $0 < \alpha n < 1$, also $l = \lfloor \alpha n \rfloor = 0$.

In Fall *b)* hat man bei ungeradem $n$

$$\dots \leqslant x_{\frac{n-1}{2}} \leqslant x_{\frac{n+1}{2}} = \tilde{x} \leqslant x_{\frac{n+3}{2}} \leqslant \dots .$$

Ist $\frac{n-1}{2} \leqslant \alpha n < \frac{n}{2}$,   so folgt   $l = \frac{n-1}{2}$.

Bei geradem $n$ ist

$$\dots \leqslant x_{\frac{n-2}{2}} \leqslant x_{\frac{n}{2}} \leqslant \tilde{x} \leqslant x_{\frac{n+2}{2}} \leqslant x_{\frac{n+4}{2}} \leqslant \dots .$$

Ist $\frac{n-2}{2} \leqslant \alpha n < \frac{n}{2}$,   so folgt   $l = \frac{n-2}{2}$.   ∎

**Beispiel**   (*Haltungsnoten beim Skispringen*)
Die Gesamtpunktzahl eines Skispringers in einem Wettkampf hat drei Bestandteile:
Punkte, die aus der Sprungweite ermittelt werden (Distance Points), die Haltungsnoten

(Judges Marks) und eine Korrektur für Wind etc. (Gate/Wind Compensation Points). Diese drei Werte werden addiert; die Gesamtpunktzahl der beiden Durchläufe wird wiederum addiert. Wir betrachten dies am Beispiel der vier Bestplatzierten des Neujahrsspringens 2013 in Garmisch-Partenkirchen und greifen auf die offiziellen Ergebnisse des Internationalen Skiverbands FIS zurück [FIS]:

| | Distance Points | Gate/Winds Points | Judges Marks | | | | | Judges Points | Round Total | Total |
|---|---|---|---|---|---|---|---|---|---|---|
| | | | A | B | C | D | E | | | |
| Jacobsen | 70.8 | +5.1 | 18.0 | 17.5 | 17.5 | 17.5 | 17.0 | 52.5 | 128.4 | |
| | 92.4 | -1.1 | 19.5 | 19.5 | 19.0 | 19.5 | 19.0 | 58.0 | 149.3 | 277.7 |
| Schlierenzauer | 76.2 | +4.4 | 18.5 | 19.0 | 19.0 | 18.5 | 18.0 | 56.0 | 137.1 | |
| | 80.7 | +3.0 | 18.5 | 19.0 | 18.5 | 19.0 | 18.5 | 56.0 | 139.7 | 276.8 |
| Bardal | 80.7 | -5.9 | 19.0 | 19.0 | 19.0 | 19.0 | 19.0 | 57.0 | 131.8 | |
| | 78.9 | +1.0 | 18.5 | 18.5 | 18.5 | 19.0 | 18.5 | 55.5 | 135.4 | 267.2 |
| Hilde | 75.3 | +4.5 | 17.0 | 18.5 | 18.0 | 18.5 | 18.0 | 54.5 | 134.3 | |
| | 83.4 | -0.8 | 16.5 | 16.5 | 16.5 | 18.0 | 16.5 | 49.5 | 132.1 | 266.4 |

Zur Ermittlung der Judges Points werden zwei der Haltungsnoten A bis E weggestrichen, nämlich die beste und die schlechteste, und die übrigen drei addiert. Anders formuliert: Die Judges Points sind das dreifache des 20%-gestutzten Mittels aller Haltungsnoten A bis E. Gegenüber der Verwendung des arithmetischen Mittels hat dies den Vorteil, dass eine stark abweichende Beurteilung eines Unparteiischen nicht zur Gesamtwertung zählt. Betrachten wir den viertplatzierten Tom Hilde: Dieser hätte im ersten Durchlauf auf Grund der vergleichsweise geringen Haltungsnote von A eine schlechtere Gesamtpunktzahl, nämlich anstatt der tatsächlichen Punktzahl

$$75.3 + 4.5 + 3 \cdot \frac{1}{3}(18.0 + 18.0 + 18.5) = 134.3$$

nur

$$75.3 + 4.5 + 3 \cdot \frac{1}{5}(17.0 + 18.5 + 18.0 + 18.5 + 18.0) = 133.8$$

Punkte.

Für eine gegebene Messreihe haben die verschiedenen Mittelwerte - arithmetisch, gestutzt oder Median - unterschiedliche Aussagekraft. Welchen man wählt, hängt davon ab, was man hervorheben oder auch verschleiern will. Das ist ein weiteres Beispiel dafür, wie man Statistiken „frisieren" kann.

## 1.2.4  Quantile

Es gibt Fragestellungen, bei denen von gegebenen Messwerten $x_1, ..., x_n$ nicht ein möglichst in der Mitte liegender Wert, wie der Median, sondern ein Wert in einer anderen ausgezeichneten Position gesucht ist.

**Beispiel 1** (*Kritische Punktezahl*)
Bei einer Klausur mit einer beliebigen Zahl $n$ von Teilnehmern sind insgesamt 50 Punkte erreichbar. Nachdem die Ergebnisse $x_1, ..., x_n \in \{0, ..., 50\}$ feststehen, soll ein kritischer

Wert $x^*$ festgelegt werden, derart, dass die Klausur mit einer Punktezahl $x \geqslant x^*$ bestanden ist.

Nun sei einerseits vorgegeben, dass höchstens 20% der Teilnehmer durchfallen sollen, das bedeutet

$$h(X < x^*) \leqslant \frac{1}{5}n. \tag{1}$$

Da dies trivialerweise für $x^* = 0$ erfüllt ist, wird zusätzlich gefordert, dass höchstens 80% der Teilnehmer eine Punktezahl $x > x^*$ erreicht haben sollen, also

$$h(X > x^*) \leqslant \frac{4}{5}n. \tag{2}$$

Solche $x^*$ wollen wir nun für einige denkbare Klausurergebnisse bestimmen.

a) Sei $n = 31$, die erreichten Punktzahlen in aufsteigender Anordnung seien

$$0, 5, 8, 17, 20, 21, 21, 23, ..., 49$$

Bedingung (1) lautet dann $h(X < x^*) \leqslant 6.2$, sie ist für $x^* \leqslant 21$ erfüllt. Bedingung (2) lautet $h(X > x^*) \leqslant 24.8$, ist für $x^* \geqslant 21$ erfüllt. Also ist $x^* = 21$ die einzig mögliche kritische Grenze. Damit haben 5 Teilnehmer nicht bestanden, das sind 16.1%; 24 Teilnehmer haben mehr als 21 Punkte, das sind 77.5%.

b) Wieder für $n = 31$ seien die Punktezahlen

$$0, 0, 0, 0, 0, 0, 0, 8, 10, ...., 29$$

Bedingung (1) ist nur für $x^* = 0$ erfüllt, Bedingung (2) für $x^* \geqslant 0$, also kommt nur $x^* = 0$ in Frage. Bei diesem Ergebnis müssten schon nach Vorgabe (1) alle Teilnehmer bestehen. Eine solche Klausur müsste wohl wiederholt werden.

c) Sei nun $n = 30$ mit den Punktezahlen

$$0, 3, 10, 12, 18, 21, 23, 23, 25, ..., 48.$$

Bedingung (1) lautet $h(X < x^*) \leqslant 6$, sie ist für $x^* \leqslant 23$ erfüllt. Bedingung (2) lautet $h(X > x^*) \leqslant 24$, sie ist für $x^* \geqslant 21$ erfüllt. Also kann man $x^* = 21,\ 22$ oder 23 wählen. Bei $x^* = 21$ haben 5 Teilnehmer nicht bestanden, das sind 16.7%. Bei $x^* = 23$ sind es 6 Teilnehmer, das sind 20%.

Die in den Beispielen bestimmten Werte $x^*$ nennt man „Quantile". Bevor wir den allgemeinen Fall betrachten, wollen wir die Bedingungen (1) und (2) noch auf die übliche Form bringen. Die kritische Zahl in obigem Beispiel ist dabei $p := 0.2$. In relativen Häufigkeiten ausgedrückt bedeuten (1) und (2) dann

$$r(X < x^*) \leqslant p \quad \text{und} \quad r(X > x^*) \leqslant 1 - p.$$

Allgemein betrachten wir nun ein quantitatives Merkmal

$$X: M = \{1, ..., n\} \to \mathbb{R} \quad \text{und ein } p \in \mathbb{R} \quad \text{mit } 0 < p < 1.$$

In Analogie zu der Eigenschaft (∗) aus 1.2.2 des Medians nennen wir nun eine Zahl $\tilde{x}_p$ ein *p-Quantil* von $X$, wenn eine der drei folgenden äquivalenten Bedingungen erfüllt ist:

$$r(X \leqslant \tilde{x}_p) \geqslant p \quad \text{und} \quad r(X \geqslant \tilde{x}_p) \geqslant 1 - p, \tag{1}$$

$$r(X < \tilde{x}_p) \leqslant p \quad \text{und} \quad r(X > \tilde{x}_p) \leqslant 1 - p, \tag{2}$$

$$r(X < \tilde{x}_p) \leqslant p \leqslant r(X \leqslant \tilde{x}_p). \tag{3}$$

Die Äquivalenz der drei Bedingungen ist ganz einfach zu sehen, da für alle $x$

$$r(X \leqslant x) = 1 - r(X > x) \quad \text{und} \quad r(X \geqslant x) = 1 - r(X < x).$$

∎

Im Fall $p = \frac{1}{2}$ entspricht Bedingung (1) der notwendigen Bedingung (∗) aus 1.2.2 für den Median, der Median $\tilde{x}$ ist also ein 0.5-Quantil.

Für kleine $n$ kann man $\tilde{x}_p$ wie in den obigen Beispielen direkt durch Abzählen der Messwerte in einer geordneten Reihenfolge

$$x_{(1)} \leqslant x_{(2)} \leqslant ... \leqslant x_{(n)}$$

bestimmen. Für größeres $n$ und eine deutlich kleinere Zahl $m$ von Ausprägungen ist es geschickter - wie schon beim Median - die Verteilungsfunktion $F_X$ zu benutzen. Dafür ist Bedingung (3) besonders geeignet, denn danach muss man wegen $r(X \leqslant \tilde{x}_p) = F_X(\tilde{x}_p)$ nach der Stelle suchen, an der $F_X$ den Wert $p$ erstmals annimmt oder überschreitet. Ganz analog zum Satz über den Median aus 1.2.2 gilt folgender

**Satz**  *Sei $X: \{1, ..., n\} \to \mathbb{R}$ ein Merkmal mit Ausprägungen $a_1 < ... < a_m$ und sei $a_0 < a_1$, also $F_X(a_0) = 0$. In den meisten Fällen gibt es ein $i \in \{1, ..., m\}$ mit*

$$F_X(a_{i-1}) < p \quad \text{und} \quad F_X(a_i) > p.$$

*Dann ist $\tilde{x}_p = a_i$ das einzige p-Quantil.*
*Im Ausnahmefall gibt es ein $i \in \{1, ..., m-1\}$ mit*

$$F_X(a_i) = p.$$

*Dann ist $\tilde{x}_p$ genau dann ein p-Quantil, wenn $\tilde{x}_p \in [a_i, a_{i+1}]$.*

Im Gegensatz zum Median ist es im Ausnahmefall nicht üblich, einen festen Wert aus $[a_i, a_{i+1}]$ auszuwählen, und damit das Quantil $\tilde{x}_p$ eindeutig zu machen.

*Beweis* Wir setzen zur Abkürzung $F = F_X$ und untersuchen, für welche $x \in \mathbb{R}$ die Quantilsbedingung

$$r(X < x) \leqslant p \leqslant r(X \leqslant x) = F(x) \qquad (*)$$

erfüllt ist. Das erfordert eine genaue Betrachtung von Ungleichungen.

1. Sei $F(a_{i-1}) < p < F(a_i)$.

   a) Ein $x < a_i$ ist kein Quantil, denn

   $$F(x) < p.$$

   b) $x = a_i$ ist ein Quantil, denn

   $$r(X < a_i) = r(X \leqslant a_{i-1}) = F(a_{i-1})$$
   $$< p < F(a_i) = r(X \leqslant a_i).$$

   c) Ein $x > a_i$ ist kein Quantil, denn

   $$r(X < x) \geqslant r(X \leqslant a_i) = F(a_i) > p.$$

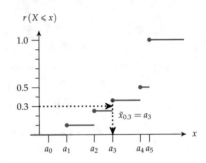

2. Sei $F(a_i) = p$; dann ist $p < F(a_{i+1})$.

   a) Ein $x < a_i$ ist kein Quantil, denn

   $$r(X \leqslant x) = F(x) < p.$$

   b) Jedes $x \in [a_i, a_{i+1}[$ ist ein Quantil,
      denn aus $p = F(x)$ folgt $(*)$.
      Weiter ist $x = a_{i+1}$ ein Quantil, denn

   $$r(X < a_{i+1}) = r(X \leqslant a_i) = p < r(X \leqslant a_{i+1}).$$

   c) Ein $x > a_{i+1}$ ist kein Quantil, denn

   $$r(X < x) \geqslant r(X \leqslant a_{i+1}) > p.$$

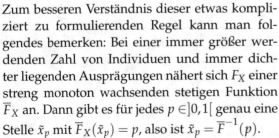

■

Zum besseren Verständnis dieser etwas kompliziert zu formulierenden Regel kann man folgendes bemerken: Bei einer immer größer werdenden Zahl von Individuen und immer dichter liegenden Ausprägungen nähert sich $F_X$ einer streng monoton wachsenden stetigen Funktion $\overline{F}_X$ an. Dann gibt es für jedes $p \in ]0, 1[$ genau eine Stelle $\tilde{x}_p$ mit $\overline{F}_X(\tilde{x}_p) = p$, also ist $\tilde{x}_p = \overline{F}^{-1}(p)$.

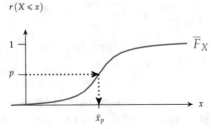

Da aber eine Treppenfunktion $F_X$ keine Umkehrfunktion $F_X^{-1}$ besitzt, ist die Bestimmung von $\tilde{x}_p$ etwas mühsam.

Für spezielle Werte von $p$ haben die Quantile eigene Namen: $\tilde{x}_{\frac{1}{4}}$ bzw. $\tilde{x}_{\frac{3}{4}}$ heißen unteres bzw. oberes *Quartil*, für $p = \frac{k}{10}$ mit $k = 1,\dots,9$ spricht man von *Dezilen*.

Die Bedeutung der Quantile ist klar: Außerhalb des Intervalls $[\tilde{x}_{\frac{1}{4}}, \tilde{x}_{\frac{3}{4}}]$ liegen höchstens die Hälfte der $x_j$, außerhalb $[\tilde{x}_{0.1}, \tilde{x}_{0.9}]$ höchstens 20 %. Man schließt also höchstens 20% der Individuen aus, wenn man die Ausprägung des Merkmals $X$ auf das Intervall $[\tilde{x}_{0.1}, \tilde{x}_{0.9}]$ beschränkt.

Man kann die Lage der Quantile auch näherungsweise an einem Histogramm der relativen Häufigkeiten erkennen: $\tilde{x}_p$ liegt ungefähr an der Stelle, an der die Fläche unterhalb der Treppenfunktion links von $\tilde{x}_p$ den Wert $p$ hat. Die Näherung ist umso genauer, je feiner die Zerlegung $s_0 < s_1 < \dots < s_k$ ist.

Zur vereinfachten Darstellung der Verteilungsfunktion dient oft ein *Boxplot*. Dieser soll schnell einen Eindruck darüber vermitteln, in welchem Bereich die Daten liegen und wie stark sie streuen. Über die Quartile wird eine Box gesetzt; bis zum Minimum $x_{min}$ und zum Maximum $x_{max}$ reichen die sogenannten *Whisker* oder *Antennen*. Ein Boxplot sieht dann so aus:

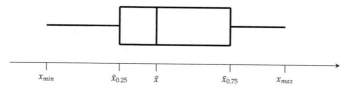

Laut obigem Satz ist das Quantil im Ausnahmefall nicht eindeutig bestimmt. Um die Darstellung eines Boxplots zu ermöglichen, wird ein eindeutiger Wert benötigt. Wir verwenden hier analog zum Median das arithmetische Mittel der Quantil-Intervallgrenzen.

**Beispiel 2** (*Klausurergebnis*)
Zu den Daten aus Beispiel 3 in 1.1.2 wurde in Beispiel 4 in 1.2.2 bereits der Median $\tilde{x} = 21$ berechnet. An der Verteilungsfunktion lesen wir nun die Quantile

$$\tilde{x}_{0.25} = 12 \quad \text{und} \quad \tilde{x}_{0.75} = 23$$

ab.

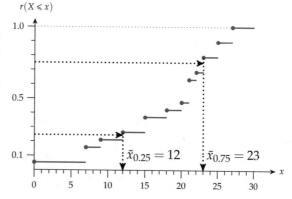

Mit dem kleinsten Wert $x_{min} = 0$ und dem größten Wert $x_{max} = 27$ ergibt sich folgender Boxplot:

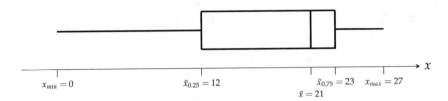

Manchmal ist auch das arithmetische Mittel in einen Boxplot eingetragen. Da der Boxplot ansonsten nur robuste Streuungs- und Lagemaße enthält, die von Ausreißern kaum
beeinflusst werden, sollte das arithmetische Mittel nicht in einen Boxplot aufgenommen
werden.

### 1.2.5 Geometrisches Mittel

Wir beginnen mit einem ganz einfachen

**Beispiel**
Der Wert von Aktien, die zum Preis von $w_0 = 100$ € gekauft werden, entwickelt sich in
zwei Jahren wie folgt:

|         | Wert danach    | Kursänderung | Wertfaktor    |
|---------|----------------|--------------|---------------|
| 1. Jahr | $w_1 = 130$ €  | +30%         | $x_1 = 1.3$   |
| 2. Jahr | $w_2 = 91$ €   | −30%         | $x_2 = 0.7$   |

Will man die Wertfaktoren über die zwei Jahre mitteln, so ist das arithmetische Mittel
$\bar{x} = \frac{1}{2}(x_1 + x_2) = 1.0$ dafür offenbar ungeeignet, da der Wert insgesamt um 9% gefallen
ist.

Bei Wertfaktoren ist ein anderes Mittel angemessen. Sei dazu

$$W: M_0 := \{0,...,n\} \to \mathbb{R}_+, \quad j \mapsto w_j, \quad \text{mit } w_j > 0$$

ein Merkmal, bei dem $w_j$ den Wert zu einer bestimmten Zeit $t_j$ angibt, wobei
$t_0 < t_1 < ... < t_n$. Dazu gehört ein Merkmal

$$X: M := \{1,...,n\} \to \mathbb{R}_+, \quad j \mapsto x_j := \frac{w_j}{w_{j-1}} > 0,$$

das die Wertfaktoren angibt. Zu jedem derartigen Merkmal mit nicht negativen Werten
kann man das *geometrische Mittel*

$$x_{geo} := \sqrt[n]{x_1 \cdot ... \cdot x_n}$$

bilden.

In obigem Beispiel ist $x_{geo} = \sqrt{1.3 \cdot 0.7} = \sqrt{0.91} \approx 0.954$. Multipliziert man den Ausgangswert $w_0$ jedes Jahr mit dem gemittelten Wertfaktor $x_{geo}$, so erhält man

$$w_0 \cdot x_{geo}^2 = 100 \cdot 0.91 = 91 = w_2.$$

Im allgemeinen Fall ist

$$w_n = x_n \cdot w_{n-1} = \dots = x_n \cdot \dots \cdot x_1 \cdot w_0 = x_{geo}^n \cdot w_0.$$

Der Endwert $w_n$ wäre also aus dem Anfangswert genauso entstanden bei einem konstanten jährlichen Wertfaktor $x_{geo}$.

Der Übergang von arithmetischem zu geometrischem Mittel geschieht durch den Logarithmus: Aus einem Merkmal $X$ mit Werten $x_1, \dots, x_n > 0$ erhält man ein Merkmal $Y$ mit Werten

$$y_j = \ln x_j, \quad \text{also} \quad x_j = e^{y_j}.$$

Daraus folgt

$$x_{geo} = \sqrt[n]{x_1 \cdot \dots \cdot x_n} = \left( e^{y_1} \cdot \dots \cdot e^{y_n} \right)^{\frac{1}{n}} = e^{\frac{1}{n}(y_1 + \dots + y_n)} = e^{\overline{y}} \quad \text{und} \quad \ln x_{geo} = \overline{y}.$$

Im obigen Beispiel ist $x_{geo} = 0.954 < 1 = \overline{x}$. Allgemein gilt

$$x_{geo} \leqslant \overline{x} \quad \text{und} \quad x_{geo} = \overline{x} \quad \Leftrightarrow \quad x_1 = \dots = x_n.$$

Der *Beweis* ist klar im Fall $n = 2$:

$$(x_1 + x_2)^2 - 4x_1 x_2 = (x_1 - x_2)^2 \geqslant 0,$$

also folgt $4x_1 x_2 \leqslant (x_1 + x_2)^2$, und die Behauptung ergibt sich aus der Monotonie der Quadratwurzel.

Für allgemeines $n$ wird der Beweis der Ungleichung besonders einfach, wenn man benutzt, dass der Logarithmus eine konkave Funktion ist. Daraus folgt, dass für positive $x_1, \dots, x_n \in \mathbb{R}$ und $\lambda_1, \dots, \lambda_n \in \, ]0,1[$ mit $\lambda_1 + \dots + \lambda_n = 1$ stets

$$\ln(\lambda_1 x_1 + \dots + \lambda_n x_n) \geqslant \lambda_1 \ln x_1 + \dots + \lambda_n \ln x_n$$

gilt (vgl. etwa [BL]).

Setzt man speziell $\lambda_1 = \dots = \lambda_n = \frac{1}{n}$, so gilt

$$\ln \overline{x} = \ln(\tfrac{1}{n}(x_1 + \dots + x_n)) \geqslant \tfrac{1}{n}(\ln x_1 + \dots + \ln x_n) = \overline{y},$$

also folgt wegen der Monotonie der Exponentialfunktion

$$\overline{x} \geqslant e^{\overline{y}} = x_{geo}.$$

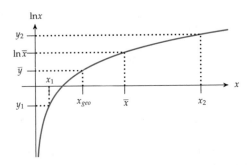

## 1.2.6  Aufgaben

**Aufgabe 1.4**    Ein Arbeitsteam mit 9 Personen hat folgende monatliche Einkünfte in €:

$$1\,160,\ 1\,050,\ 980,\ 1\,200,\ 970,\ 1\,800,\ 6\,600,\ 1\,180,\ 1\,090.$$

Berechnen Sie $\bar{x}$ und $\tilde{x}$ und begründen Sie, welche statistische Größe Sie bevorzugen würden.

**Aufgabe 1.5**    Gegeben sei wieder die Messreihe aus Aufgabe 1.2:

| $i$          | 1 | 2 | 3 | 4  | 5  |
|--------------|---|---|---|----|----|
| $a_i$        | 1 | 3 | 6 | 10 | 16 |
| $h(X = a_i)$ | 2 | 6 | 8 | 3  | 1  |

(a) Berechnen Sie das arithmetische Mittel.
(b) Ermitteln Sie den Median unter Zuhilfenahme der Verteilungsfunktion $F_X$.

**Aufgabe 1.6**    (nach [L-W-R, Aufgabe 1]) Wir betrachten erneut die gemessenen Körpergrößen von 20 männlichen Schülern (in cm) aus Aufgabe 1.3 [L-W-R, p. 46]:

$$149, 147, 158, 165, 153, 153, 168, 158, 163, 159, 177, 175, 163, 170, 162, 162, 170, 153, 147, 157.$$

(a) Berechnen Sie das arithmetische Mittel.
(b) Ermitteln Sie den Median
   (1) anhand der Formel $\tilde{x} = \frac{1}{2}\left(x_{\left(\frac{n}{2}\right)} + x_{\left(\frac{n}{2}+1\right)}\right)$   (für gerades $n$).
   (2) mit dem Satz zum Median aus Kapitel 1.2.2.
   Vergleichen Sie die Vorgehensweisen.

**Aufgabe 1.7**    Studenten wurden nach der Zahl Ihrer Geschwister gefragt. Das Ergebnis ist in folgender Tabelle zusammengefasst:

| Zahl der Geschwister | 0 | 1 | 2 | 3 | 4 |
|---|---|---|---|---|---|
| absolute Häufigkeiten | 5 | 16 | 6 | 2 | 1 |

(a) Berechnen Sie das arithmetische Mittel und den Median.
(b) Betrachten Sie nun die erweiterte Messreihe

| Zahl der Geschwister | 0 | 1 | 2 | 3 | 4 | 14 |
|---|---|---|---|---|---|---|
| absolute Häufigkeiten | 5 | 16 | 6 | 2 | 1 | 1 |

Wie lauten arithmetisches Mittel und Median nun? Berechnen Sie das 3%-gestutzte, das 5%-gestutzte und das 20%-gestutzte Mittel.
(c) Diskutieren Sie die Eigenschaften von arithmetischem Mittel, Median und gestutztem Mittel hinsichtlich Ausreißern. Wie ist der Zusammenhang zwischen Median und gestutztem Mittel?

**Aufgabe 1.8**    Gegeben ist ein Merkmal $X$ mit folgenden Ausprägungen:

| $i$ | 1 | 2 | 3 | 4 | 5 |
|---|---|---|---|---|---|
| $a_i$ | 1 | 3 | 4 | 6 | 10 |
| $h(X = a_i)$ | 3 | 6 | 5 | 2 | 4 |

(a) Skizzieren Sie die empirische Verteilungsfunktion.
(b) Wie lauten das $0.1$-Quantil, das $0.5$-Quantil und das $0.8$-Quantil?
(c) Wie werden folgende Quantile noch bezeichnet:
    (1) $0.5$-Quantil
    (2) $0.25$- bzw. $0.75$-Quantil
    (3) $0.1$- bzw. $0.8$-Quantil?

**Aufgabe 1.9**    (Weiterführung von [L-W-R, Aufgabe 1]) Zurück zu den gemessenen Körpergrößen von 20 männlichen Schülern (in cm) aus den Aufgaben 1.3 und 1.6:

149, 147, 158, 165, 153, 153, 168, 158, 163, 159, 177, 175, 163, 170, 162, 162, 170, 153, 147, 157.

Erstellen Sie einen Boxplot. Benutzen Sie hierzu die bereits in Aufgabe 1.3 erstellte Verteilungsfunktion.

**Aufgabe 1.10**    In nebenstehender Tabelle sind die DAX-Renditen vergangener Jahre laut dem Deutschen Aktieninstitut dargestellt [DA].

| Jahr | Rendite |
|---|---|
| 2005 | 22.0 % |
| 2006 | 22.3 % |
| 2007 | −40.4 % |
| 2008 | 23.8 % |
| 2009 | 16.1 % |

(a) Wie ist die durchschnittliche Rendite für den Zeitraum 2005 bis 2009, wie für den Zeitraum 2008 bis 2009?
(b) Wie lautet das arithmetische Mittel der Renditen für den Zeitraum 2005 bis 2009? Wie aussagekräftig ist dieser Wert?

(c) Interpretieren Sie das geometrische Mittel zweier Zahlen $a, b \in \mathbb{R}$ geometrisch.

Anmerkung: Grundsätzlich ist zu unterscheiden zwischen *Wachstumsfaktoren* und *Wachstumsraten* (bzw. zwischen *Zinsfaktor* und *Zinssatz*). Es gilt

$$\text{Wachstumsfaktor} = 1 + \text{zugehörige Wachstumsrate.}$$

Somit können Wachstumsfaktoren – im Gegensatz zu Wachstumsraten – niemals negativ werden, man kann sie also problemlos geometrisch mitteln.

## 1.3   Streuung

Nachdem im Abschnitt 1.2 verschiedene Arten von Mittelwerten für die reellen Werte $x_1, \ldots, x_n$ einer Messreihe berechnet wurden, ist es wichtig, weitere Kennzahlen für die Streuung der Werte zu ermitteln. Dafür kommen schon Quantilsabstände wie $\tilde{x}_{0.75} - \tilde{x}_{0.25}$ oder $\tilde{x}_{0.9} - \tilde{x}_{0.1}$ in Frage, aber es gibt bessere Maßzahlen.

### 1.3.1   Summenabweichungen

In einem ersten Schritt betrachten wir für ein Merkmal $X$ mit Werten $x_1, \ldots, x_n$ und Ausprägungen $a_1, \ldots, a_m$ sowie für einen beliebigen Bezugspunkt $c \in \mathbb{R}$ folgende von $c$ abhängige Funktionen:

$$\text{sab}_1(X,c) := \sum_{j=1}^{n} |x_j - c| \;=\; \sum_{i=1}^{m} h(X = a_i) \cdot |a_i - c|,$$

$$\text{sab}_2(X,c) := \sum_{j=1}^{n} (x_j - c)^2 \;=\; \sum_{i=1}^{m} h(X = a_i) \cdot (a_i - c)^2.$$

$\text{sab}_1$ bzw. $\text{sab}_2$ nennen wir *absolute* bzw. *quadratische Summenabweichungen*. Es ist klar, dass man bei $\text{sab}_1$ die Absolutbeträge aufsummiert, weil sich Abweichungen in den verschiedenen Richtungen nicht aufheben sollen. Physikalisch interpretiert ist $\text{sab}_2(X,c)$ das von in den Punkten $a_i$ befestigten Gewichten $h(X = a_i)$ verursachte Trägheitsmoment, wenn das System um den Punkt $c$ rotiert.

Bei festem $X$ werden die Werte von $\text{sab}_1$ und $\text{sab}_2$ für sehr kleine oder große $c$ beliebig groß. Daher ist die Frage nach einem Minimum dieser Funktionen berechtigt. Zum besseren Verständnis des folgenden Satzes geben wir zunächst ein einfaches

**Beispiel**
Für $n = 1$ ist $\text{sab}_1$ eine Betragsfunktion und $\text{sab}_2$ eine Parabel.

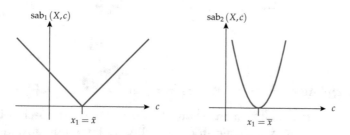

Beide Funktionen haben ein Minimum gleich Null, an der Stelle $x_1 = \tilde{x} = \overline{x}$.

Für $n = 2$ ist $\mathrm{sab}_1$ die Summe von zwei Betragsfunktionen, $\mathrm{sab}_2$ die Summe von zwei Parabeln.

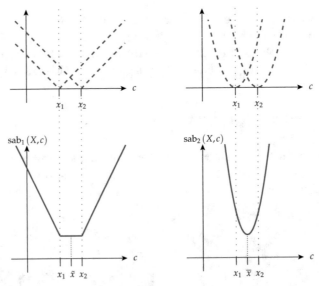

$\mathrm{sab}_1$ hat ein Minimum für alle Werte zwischen $x_1$ und $x_2$, $\mathrm{sab}_2$ an der Stelle $\overline{x}$.

Für $n = 3$, $x_1 = 1$, $x_2 = 2$ und $x_3 = 5$ sehen die Funktionen $\mathrm{sab}_1$ und $\mathrm{sab}_2$ so aus:

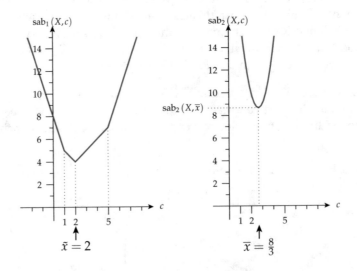

$\mathrm{sab}_1$ hat ein Minimum bei $\tilde{x} = 2$, $\mathrm{sab}_2$ bei $\overline{x} = \frac{8}{3}$ und $\mathrm{sab}_2(X, \overline{x}) = 8\frac{2}{3}$.

An diesen Spezialfällen sieht man schon, dass $\mathrm{sab}_2$ als quadratisches Polynom weit schönere Eigenschaften hat, als die stückweise lineare Funktion $\mathrm{sab}_1$. Im Allgemeinen gilt der folgende

**Satz über die Extremaleigenschaften von Median und arithmetischem Mittel**
*Bei festem Merkmal $X\colon \{1,...,n\} \to \mathbb{R}$ und beliebigem $c \in \mathbb{R}$ ist*

$$\mathrm{sab}_1(X,c) \quad \textit{minimal für} \quad c = \tilde{x}$$

$$\mathrm{sab}_2(X,c) \quad \textit{minimal für} \quad c = \overline{x}.$$

*Beweis* Wir behandeln zunächst den wichtigeren Fall der quadratischen Summenabweichung. Da $\mathrm{sab}_2(X,c)$ ein quadratisches Polynom in $c$ ist, kann man das Minimum durch Ableitung nach $c$ bestimmen, oder durch eine einfache Umformung, wobei wir die Gleichgewichtsbedingung $\sum_{j=1}^{n}(x_j - \overline{x}) = 0$ aus 1.2.1 benutzen:

$$
\begin{aligned}
\mathrm{sab}_2(X,c) &= \sum_{j=1}^{n}(x_j - c)^2 = \sum_{j=1}^{n}(x_j - \overline{x} + \overline{x} - c)^2 \\
&= \sum_{j=1}^{n}(x_j - \overline{x})^2 + 2\sum_{j=1}^{n}(x_j - \overline{x})(\overline{x} - c) + \sum_{j=1}^{n}(\overline{x} - c)^2 \\
&= \mathrm{sab}_2(X,\overline{x}) + n(\overline{x} - c)^2.
\end{aligned}
$$

Da $(\overline{x} - c)^2 \geqslant 0$, folgt die Behauptung. Ein mehr geometrischer Beweis folgt in 1.3.4. Die Formel

$$\mathrm{sab}_2(X,c) = \mathrm{sab}_2(X,\overline{x}) + n(\overline{x} - c)^2 \tag{1}$$

zeigt, dass $\mathrm{sab}_2(X,c)$ eine Parabel mit dem Scheitel an der Stelle $\overline{x}$ und dem Wert $\mathrm{sab}(X,\overline{x})$ an dieser Stelle ist.

Im Fall der absoluten Summenabweichung setzen wir voraus, dass

$$x_1 \leqslant x_2 \leqslant ... \leqslant x_n.$$

Für ungerades $n$ ist $\tilde{x} = x_{\frac{n+1}{2}}$. Daraus folgt für alle $c \in \mathbb{R}$

$$
\begin{aligned}
\mathrm{sab}_1(X,\tilde{x}) &= (\tilde{x} - x_1) + ... + (\tilde{x} - x_{\frac{n-1}{2}}) + 0 + (x_{\frac{n+3}{2}} - \tilde{x}) + ... + (x_n - \tilde{x}) \\
&= -x_1 - ... - x_{\frac{n-1}{2}} + x_{\frac{n+3}{2}} + ... + x_n \\
&= (c - x_1) + ... + (c - x_{\frac{n-1}{2}}) + (x_{\frac{n+3}{2}} - c) + ... + (x_n - c) \\
&\leqslant \sum_{j=1}^{n}|x_j - c| = \mathrm{sab}_1(X,c).
\end{aligned}
$$

Für gerades $n$ ist $\tilde{x} = \frac{1}{2}(x_{\frac{n}{2}} + x_{\frac{n}{2}+1})$, also

$$
\begin{aligned}
\mathrm{sab}_1(X, \tilde{x}) &= (\tilde{x} - x_1) + \ldots + (\tilde{x} - x_{\frac{n}{2}}) + (x_{\frac{n}{2}+1} - \tilde{x}) + \ldots + (x_n - \tilde{x}) \\
&= -x_1 - \ldots - x_{\frac{n}{2}} + x_{\frac{n}{2}+1} + \ldots + x_n \\
&= (c - x_1) + \ldots + (c - x_{\frac{n}{2}}) + (x_{\frac{n}{2}+1} - c) + \ldots + (x_n - c) \\
&\leqslant \sum_{j=1}^{n} |x_j - c| = \mathrm{sab}_1(X, c).
\end{aligned}
$$

Man beachte, dass $\mathrm{sab}_2$ bzw. $\mathrm{sab}_1$ für ungerades $n$ nur an den Stellen $\overline{x}$ bzw. $\tilde{x}$ ein Minimum haben. Für gerade $n$ ist $\mathrm{sab}_1$ zwischen $x_{\frac{n}{2}}$ und $x_{\frac{n}{2}+1}$ konstant. Das sieht man schon an dem obigen Beispiel im Fall $n = 2$. ∎

## 1.3.2 Abweichungsmaße

Ganz offensichtlich sind konstante Merkmale durch verschwindende minimale Summenabweichungen charakterisiert; anders ausgedrückt gilt

$$
x_1 = \ldots = x_n \quad \Leftrightarrow \quad \mathrm{sab}_1(X, \tilde{x}) = 0 \quad \Leftrightarrow \quad \mathrm{sab}_2(X, \overline{x}) = 0.
$$

Nach den Ergebnissen von 1.3.1 ist für ein Merkmal $X$ der Wert

$$
\mathrm{sab}_2(X, \overline{x}) = \sum_{j=1}^{n} (x_j - \overline{x})^2
$$

von besonderem Interesse. Während die Werte $\tilde{x}$ des Medians und $\overline{x}$ des arithmetischen Mittels eine unmittelbare Bedeutung für zentrale Lagen der Werte haben, hängen die Summen von Abweichungen nicht nur von den Maßstäben der Messwerte, sondern auch von ihrer Anzahl $n$ ab.

Wie beim Übergang von absoluter zu relativer Häufigkeit kann man die Abhängigkeit von $n$ beseitigen, in dem man die *mittlere quadratische Abweichung*

$$
\sigma_X^2 := \frac{1}{n}\mathrm{sab}_2(X, \overline{x}) \quad = \quad \sum_{i=1}^{m} r(X = a_i) \cdot (a_i - \overline{x})^2
$$

betrachtet. Wie erst nach Ergebnissen der Schätztheorie in 3.1.4 wirklich zu verstehen ist, dividiert man üblicherweise statt durch $n$ nur durch $n - 1$. Für große $n$ macht das auch kaum einen Unterschied.

Als *Streuungsmaße* erklärt man daher für $n \geqslant 2$ die *(empirische)Varianz* von $X$ als

$$s_X^2 := \frac{1}{n-1} \mathrm{sab}_2(X, \overline{x}) = \frac{1}{n-1} \sum_{j=1}^{n} (x_j - \overline{x})^2 = \frac{n}{n-1} \sigma_X^2,$$

und die *empirische Standardabweichung* oder *Stichprobenvarianz* von $X$ als

$$s_X := \sqrt{s_X^2} = \sqrt{\frac{1}{n-1} \sum_{i=1}^{m} h(X = a_i) \cdot (a_i - \overline{x})^2}.$$

Diese Bezeichnung ist sogar durch die DIN-Norm 13303 festgelegt. Im Gegensatz dazu nennen wir

$$\sigma_X := \sqrt{\sigma_X^2} = \sqrt{\frac{n-1}{n}} \cdot s_X \leqslant s_X$$

die *Normalabweichung* von $X$. Eine einheitliche Bezeichnung dafür gibt es leider nicht.

Die erste Rechtfertigung für die Quadratwurzeln ist der Ausgleich für die Quadrate in der Summenabweichung:

**Beispiel 1**
Wir betrachten die drei Messwerte

$$x_1 = -100\,\mathrm{cm}, \quad x_2 = 0\,\mathrm{cm} \quad \text{und} \quad x_3 = 100\,\mathrm{cm}$$

mit der Maßeinheit cm. Dann ist $\overline{x} = 0\,\mathrm{cm}$ und $\mathrm{sab}_2(X, \overline{x}) = 20\,000\,\mathrm{cm}^2$; das ist ein Flächeninhalt, der keinen geometrischen Bezug zu der Messreihe von Längen hat. Dagegen ist

$$\sigma_X \approx 81.650\,\mathrm{cm} \quad \text{und} \quad s_X = 100\,\mathrm{cm}.$$

Diese Längen haben eine offensichtliche und noch genauer zu untersuchende Beziehung zu den Messwerten. Außerdem sieht man, dass in diesem Beispiel die Standardabweichung $s_X$ einen direkteren Bezug zu den Werten hat als $\sigma_X$.

Sind die Maßstäbe bei den Erhebungen eines Merkmals gleich, so kann man die Varianzen und Standardabweichungen sinnvoll vergleichen.

**Beispiel 2** (*Klausurnoten*)
In vier Klassen einer Jahrgangsstufe mit je $n$ Schülern werden die Ergebnisse von
Klausuren verglichen. Mit $X$ wird die Klausurnote bezeichnet.

| | Klasse A | Klasse B | Klasse C | Klasse D |
|---|---|---|---|---|
| $n$ | 24 | 21 | 25 | 21 |
| $h(X = 1)$ | 1 | 5 | 8 | 1 |
| $h(X = 2)$ | 6 | 2 | 5 | 0 |
| $h(X = 3)$ | 10 | 6 | 10 | 18 |
| $h(X = 4)$ | 5 | 4 | 1 | 2 |
| $h(X = 5)$ | 2 | 4 | 1 | 0 |
| $\overline{x}$ | 3.042 | 3.0 | 2.28 | 3.0 |
| $\mathrm{sab}_2(X, \overline{x})$ | 22.958 | 42.0 | 29.04 | 6.0 |
| $s_X$ | 0.999 | 1.449 | 1.1 | 0.548 |
| $\sigma_X$ | 0.978 | 1.414 | 1.078 | 0.535 |
| $r(|X - \overline{x}| < \sigma_X)$ | 0.625 | 0.571 | 0.6 | 0.857 |

Wie man an dieser Tabelle sieht, sind die Werte von $s_X$ und $\sigma_X$ fast gleich. Sie geben
beide ein quantitatives Maß ab für die offensichtliche Beobachtung, dass die Streuungen
der Noten in den Klassen A und C trotz der verschiedenen Mittelwerte etwa gleich sind.
In den Klassen B bzw. D dagegen sind die Streuungen besonders groß bzw. klein.

Die letzte Zeile der Tabelle zeigt, dass in allen vier Fällen mehr als die Hälfte aller Ergebnisse weniger als $\sigma_X$ von $\overline{x}$ entfernt liegen. Das gleiche gilt für $s_X$.

Zur Berechnung von $s_X$ und $\sigma_X$ vergleiche man Beispiel 5.

Will man eine allgemeine Aussage über die Lage der Werte relativ zum arithmetischen
Mittel $\overline{x}$ für eine beliebige Messreihe machen, so benutzt man dazu am besten die mittlere quadratische Abweichung $\sigma_X^2$.

**Ungleichung von CHEBYSHEV für Messreihen**   *Für ein Merkmal* $X: \{1, ..., n\} \to \mathbb{R}$ *und
ein beliebiges* $c > 0$ *gilt*

$$r(|X - \overline{x}| \geqslant c) \leqslant \frac{\sigma_X^2}{c^2}.$$

Ganz grob und nur qualitativ ausgedrückt: Je größer $c$, desto weniger Werte haben den
Mindestabstand $c$ von $\overline{x}$.

*Beweis* Sind $a_1, ..., a_m$ die Ausprägungen von $X$, so ist

$$\sigma_X^2 = \sum_{i=1}^{m} r(X = a_i) \cdot (a_i - \overline{x})^2 \quad \geqslant \quad \sum_{|a_i - \overline{x}| \geqslant c} r(X = a_i) \cdot (a_i - \overline{x})^2 \quad \geqslant \quad r(|X - \overline{x}| \geqslant c) \cdot c^2.$$

■

Wir fügen noch Varianten dieser Ungleichung an:

a) $r(|X - \overline{x}| < c) \geqslant 1 - \dfrac{\sigma_X^2}{c^2}$

b) Für ein nicht konstantes Merkmal, also $\sigma_X^2 > 0$ gilt:

$$r(|X - \overline{x}|) \geqslant c) < \frac{s_X^2}{c^2} \quad \text{und} \quad r(|X - \overline{x}| < c) > 1 - \frac{s_X^2}{c^2}.$$

a) ist klar und b) folgt aus $s_X^2 > \sigma_X^2$.

Die Ungleichung von CHEBYSHEV gilt für beliebige Messreihen. Dass sie ohne zusätzliche Voraussetzungen nicht verbessert werden kann, zeigt

**Beispiel 3**
Für $n = 2$ sei $x_1 = -1$ und $x_2 = 1$.
Dann ist $\overline{x} = 0$, $\text{sab}_2(X, \overline{x}) = 2$, $\sigma_X^2 = \sigma_X = 1$, also folgt mit $c = \sigma_X$

$$r(|X - \overline{x}| \geqslant \sigma_X) = 1 \quad \text{und} \quad r(|X - \overline{x}| < \sigma_X) = 0.$$

Dagegen ist in diesem Extremfall $s_X = \sqrt{2}$, also gilt mit $c = s_X$

$$r(|X - \overline{x}| \geqslant s_X) = 0 \quad \text{und} \quad r(|X - \overline{x}| < s_X) = 1.$$

Besonders markant sind die Stellen $c = k \cdot \sigma_X$ mit $k = 1, 2, \dots$ . Dort ist

$$\frac{\sigma_X^2}{c^2} = \frac{1}{k^2}, \quad \text{also} \quad r(|X - \overline{x}| < c) \geqslant 1 - \frac{1}{k^2}.$$

In konkreten Fällen sind die Messwerte meist wesentlich besser um $\overline{x}$ konzentriert.

**Beispiel 4** (*Klausurnoten*)
Bei Klasse B in Beispiel 2 hat man folgendes Bild für die Verteilung der relativen Häufigkeiten der Noten:

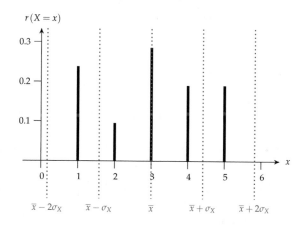

Wie man leicht nachrechnet, ist $\sigma_X = \sqrt{2}$, also

$$r(|X - \overline{x}| < \sigma_X) = 0.571 > 0 \quad \text{und} \quad r(|X - \overline{x}| < 2\sigma_X) = 1 > \frac{3}{4}.$$

Zur Berechnung von $\sigma_X^2$ und $s_X^2$ nach der Definition muss man Quadrate von Differenzen summieren. Das geht etwas einfacher, wenn man neben einem Merkmal

$$X: \{1,...,n\} \to \mathbb{R}, \quad j \mapsto x_j,$$

mit den Ausprägungen $a_1,...,a_m$ auch sein Quadrat

$$X^2: \{1,...,n\} \to \mathbb{R}_+, \quad j \mapsto x_j^2,$$

betrachtet. Dazu gehören die arithmetischen Mittel

$$\overline{x} = \frac{1}{n}\sum_{j=1}^{n} x_j = \sum_{i=1}^{m} r(X = a_i) \cdot a_i \quad \text{und} \quad \overline{x^2} := \frac{1}{n}\sum_{j=1}^{n} x_j^2 = \sum_{i=1}^{m} r(X = a_i) \cdot a_i^2$$

von $X$ und $X^2$. Dann gilt

$$\mathrm{sab}_2(X,\overline{x}) = \sum_{j=1}^{n} x_j^2 - n\overline{x}^2 = n(\overline{x^2} - \overline{x}^2), \quad \text{also} \tag{1}$$

$$\sigma_X^2 = \overline{x^2} - \overline{x}^2 \quad \text{und} \quad s_X^2 = \frac{n}{n-1}(\overline{x^2} - \overline{x}^2) = \frac{n}{n-1}\sigma_X^2 \tag{2}$$

Das folgt sofort aus der einfachen Umformung

$$\mathrm{sab}_2(X,\overline{x}) = \sum_{j=1}^{n}(x_j - \overline{x})^2 = (\sum_{j=1}^{n} x_j^2) - 2\overline{x}(\sum_{j=1}^{n} x_j) + n\overline{x}^2 = n\overline{x^2} - n\overline{x}^2 = n(\overline{x^2} - \overline{x}^2).$$

$\blacksquare$

Ein mehr geometrischer Beweis folgt in 1.3.4.

**Beispiel 5** (*Klausurnoten*)
Bei Klasse B in Beispiel 2 ergibt die Berechnung mit Hilfe der Definition

$$\mathrm{sab}_2(X,\overline{x}) = 5 \cdot (1-3)^2 + 2 \cdot (2-3)^2 + 4 \cdot (4-3)^2 + 4 \cdot (5-3)^2 = 42.$$

Weiter ist

$$n \cdot \overline{x^2} = 5 \cdot 1 + 2 \cdot 4 + 6 \cdot 9 + 4 \cdot 16 + 4 \cdot 25 = 231, \quad \text{also}$$

$$\mathrm{sab}_2(X,\overline{x}) = n\left(\overline{x^2} - \overline{x}^2\right) = 231 - 21 \cdot 9 = 42.$$

Aus beiden Rechnungen folgt $\sigma_X^2 = 2$ und $s_X^2 = 2.1$.

Man beachte bei dieser vereinfachten Rechnung jedoch die Anfälligkeit gegenüber Rundungsfehlern, da eine sehr kleine Differenz großer Zahlen entstehen kann.

**Beispiel 6** (*Rundungsfehler*)
Wir rechnen konsequent mit einer Rundung nach der dritten Dezimalstelle in jedem Schritt. Im Taschenrechner müssen daher die Zwischenergebnisse stets in gerundeter Form neu eingegeben werden. Sei $n = 3$ und

$$x_1 = 1\,000.000, \qquad x_2 = x_3 = 1\,000.100.$$

Gerundet erhält man

$$\bar{x} = 1\,000.067, \quad \overline{x^2} = 1\,000\,134.004 \quad \text{und} \quad \overline{x}^2 = 1\,000\,133.340,$$

also

$$\overline{x^2} - \overline{x}^2 = -0.664 < 0.$$

Der Wert von $\sigma_X^2$ kann aber nicht negativ sein! Eine direkte Rechnung bringt den besseren Wert

$$\sigma_X^2 = \frac{1}{3}(0.067^2 + 2 \cdot 0.033^2) = \frac{1}{3}(0.004 + 0.002) = 0.002.$$

## 1.3.3 Variationskoeffizient und Standardisierung

Wie wir in 1.3.2 gesehen hatten, ist die Standardabweichung geeignet, die Streuungen der Werte in verschiedenen Messreihen zu vergleichen, falls die Werte in den gleichen Maßstäben gemessen sind. Will man dagegen die Streuungen der Preise in Ländern mit verschiedenen Währungen und Preisniveaus vergleichen, liefern die jeweiligen Standardabweichungen keine brauchbaren Werte.

**Beispiel 1** (*Kraftstoffpreise*)
Betrachtet werden die Dieselpreise (exemplarisch) an je 10 Tankstellen in Deutschland, Österreich und Tschechien:

| Deutschland<br>Preis pro l in € | Österreich<br>Preis pro l in € | Tschechien<br>Preis pro l in Kronen |
|:---:|:---:|:---:|
| 1.516 | 1.358 | 34.30 |
| 1.517 | 1.358 | 34.80 |
| 1.517 | 1.375 | 34.82 |
| 1.525 | 1.379 | 35.99 |
| 1.537 | 1.379 | 36.80 |
| 1.537 | 1.384 | 36.90 |
| 1.538 | 1.392 | 36.99 |
| 1.538 | 1.413 | 37.35 |
| 1.543 | 1.446 | 37.98 |
| 1.543 | 1.491 | 38.40 |

Die Merkmale $X$, $Y$ bzw. $Z$ bezeichnen den Preis pro Liter Dieselkraftstoff in der jeweiligen Landeswährung für Deutschland, Österreich bzw. Tschechien. Damit ergeben sich folgende Standardabweichungen:

| $X$ | $Y$ | $Z$ |
|---|---|---|
| $s_X^2 = 0.000123$ | $s_Y^2 = 0.00176206$ | $s_Z^2 = 1.97562333$ |
| $s_X = 0.0111$ | $s_Y = 0.0420$ | $s_Z = 1.4056$ |

Daran sieht man deutlich, dass der Vergleich der Standardabweichungen $s_X$, $s_Y$ und $s_Z$ wegen der verschiedenen Preisniveaus und der verschiedenen Währungen wertlos ist.

Der theoretische Hintergrund des Problems ist folgender: Aus einem Merkmal

$$X: \{1,\dots,n\} \to \mathbb{R}, \quad j \mapsto x_j,$$

und zunächst beliebigen $a,b \in \mathbb{R}$ kann man durch eine lineare Transformation ein neues Merkmal

$$Y = aX + b, \quad \text{also} \quad y_j = ax_j + b$$

konstruieren. Für die arithmetischen Mittel und die Standardabweichungen gilt dann

$$\overline{y} = a\overline{x} + b \quad \text{und} \quad s_Y = |a| \cdot s_X. \tag{$*$}$$

Das ist leicht zu sehen, denn

$$\overline{y} = \frac{1}{n}\sum_{j=1}^{n} y_j = \frac{1}{n}\sum_{j=1}^{n}(ax_j + b) = \frac{a}{n}(\sum_{j=1}^{n} x_j) + b \quad \text{und}$$

$$\mathrm{sab}_2(Y,\overline{y}) = \sum_{j=1}^{n}(y_j - \overline{y})^2 = \sum_{j=1}^{n}(ax_j + b - a\overline{x} - b)^2 = a^2 \cdot \sum_{j=1}^{n}(x_j - \overline{x})^2 = a^2 \cdot \mathrm{sab}_2(X,\overline{x}).$$

Für ein Merkmal $X$ mit $\overline{x} \neq 0$ heißt der Quotient

$$\mathrm{var}_X := \frac{s_X}{\overline{x}}$$

*Variationskoeffizient.* Da $s_X$ und $\overline{x}$ in der gleichen Einheit gemessen werden, hebt sich diese bei der Division weg. Die wichtigste Eigenschaft des Variationskoeffizienten ist folgende:

**Bemerkung**   *Ist $Y = aX$ mit $a > 0$, so folgt* $\mathrm{var}_Y = \mathrm{var}_X$.

Das folgt sofort aus $\mathrm{var}_Y = \dfrac{s_Y}{\overline{y}} = \dfrac{as_X}{a\overline{x}} = \dfrac{s_X}{\overline{x}}.$   ∎

Nun kann man in Beispiel 1 die Variationskoeffizienten vergleichen:

Wir erweitern die Tabelle um die jeweiligen Variationskoeffizienten

| X | Y | Z |
|---|---|---|
| $s_X = 0.0111$ | $s_Y = 0.0420$ | $s_Z = 1.4056$ |
| $\overline{x} = 1.5311$ | $\overline{y} = 1.3975$ | $\overline{z} = 36.433$ |
| $\text{var}_X = 0.0073$ | $\text{var}_Y = 0.0300$ | $\text{var}_Z = 0.0386$ |

und sehen beim Vergleich der Variationskoeffizienten, dass die Streuung der Preise in Tschechien größer als in Österreich ist und die Streuung in Deutschland am kleinsten ist.

Einen anderen Vergleich von Messreihen beginnen wir mit

**Beispiel 2** (*Schulnoten*)
In zwei Parallelklassen wurden unterschiedliche Klausuren gestellt, mit sehr verschiedenen Ergebnissen. Klasse A hat 20 Schüler, Klasse B hat 24 Schüler. Die Ergebnisse der Klausuren werden beschrieben durch

$$X \colon M_A = \{1,\ldots,20\} \to \{1,\ldots,6\} \quad \text{und} \quad Y \colon M_B = \{1,\ldots,24\} \to \{1,\ldots,6\}.$$

Die Häufigkeiten der Noten sind enthalten in der Tabelle

| $a$ | 1 | 2 | 3 | 4 | 5 | 6 |
|---|---|---|---|---|---|---|
| $h(X = a)$ | 5 | 2 | 5 | 5 | 2 | 1 |
| $h(Y = a)$ | 0 | 0 | 8 | 9 | 6 | 1 |

Offensichtlich ist die Klausur in Klasse B viel schlechter ausgefallen, die Noten liegen auch dichter beieinander. Nimmt man an, dass dieser Unterschied nicht an der Leistungsfähigkeit der Schüler, sondern an den sehr unterschiedlichen Klausuraufgaben liegt, so kann man versuchen durch Anpassung der Notenskalen die Leistungen vergleichbar zu machen. Das wird nun zunächst allgemein ausgeführt.

Ist $X \colon M \to \mathbb{R}$ ein beliebiges Merkmal und $\overline{x}$ das arithmetische Mittel, so nennt man

$$X' \colon M \to \mathbb{R} \quad \text{mit} \quad X' = X - \overline{x}, \text{ also } x'_j = x_j - \overline{x}$$

die *Zentrierung* von X. Nach obiger Formel (∗) mit $a = 1$ und $b = -\overline{x}$ ist $\overline{x'} = 0$ und $s_{X'} = s_X$.

In einem zweiten Schritt erklärt man die *Standardisierung* von X im Fall $s_X > 0$ durch

$$X^* := \frac{X'}{s_X} = \frac{X - \overline{x}}{s_X}, \quad \text{also} \quad x_j^* = \frac{x_j - \overline{x}}{s_X}.$$

Wieder nach den Formeln $(*)$ mit $a = \frac{1}{s_X}$ und $b = \frac{-\bar{x}}{s_X}$ ist

$$\overline{x^*} = 0 \quad \text{und} \quad s_{X^*} = 1.$$

In der standardisierten Form kann man nun verschiedene Merkmale besser vergleichen.

In Beispiel 2 muss man zunächst etwas rechnen:

$$\bar{x} = 3, \quad \bar{y} = 4, \quad \overline{x^2} = \frac{224}{20} = 11.2, \quad \overline{y^2} = \frac{402}{24} = 16.75.$$

Daraus folgt

$$\sigma_X^2 = 2.2, \quad s_X^2 = \tfrac{20}{19}\sigma_X^2 = 2.316, \quad s_X = 1.522 \quad \text{und}$$

$$\sigma_Y^2 = 0.75, \quad s_Y^2 = \tfrac{24}{23}\sigma_Y^2 = 0.783, \quad s_Y = 0.885.$$

Das misst quantitativ die verschiedenen Streuungen der Noten. Insgesamt kann man nun die Notenskalen von 1 bis 6 in die dem Klausurergebnis entsprechenden zentrierten und standardisierten Notenskalen umrechnen. Das ergibt die folgende Tabelle:

| $X, Y$ | 1 | 2 | 3 | 4 | 5 | 6 |
|---|---|---|---|---|---|---|
| $X'$ | -2 | -1 | 0 | 1 | 2 | 3 |
| $Y'$ | -3 | -2 | -1 | 0 | 1 | 2 |
| $X^*$ | $-1.314$ | $-0.657$ | 0 | 0.657 | 1.314 | 1.971 |
| $Y^*$ | $-3.390$ | $-2.260$ | $-1.130$ | 0 | 1.130 | 2.260 |

Auf der Grundlage dieser Umrechnung ist die Note 3 in Klasse B mit $-1.130$ besser als die Note 2 in Klasse A mit $-0.657$, und fast so gut wie die Note 1 in Klasse A.

Sicherheitshalber sei es wiederholt: Die Umrechnung ist nur sinnvoll, wenn man voraussetzt, dass die unterschiedlichen Ergebnisse lediglich von den Klausuren und ihren Bewertungen abhängen, nicht von den Schülern!

## 1.3.4   Datenvektoren

Zur Beschreibung von Merkmalen kann man etwas elementare lineare Algebra benutzen. Dadurch lassen sich nicht nur die Rechnungen einfacher beschreiben, sondern auch manche Formeln geometrisch interpretieren. Das wird sich als besonders hilfreich erweisen, wenn in 1.4 die Beziehungen zwischen zwei Merkmalen untersucht werden.

Ausgangspunkt ist die Bemerkung, dass ein Merkmal

$$X: \{1,...,n\} \to \mathbb{R}, \quad j \mapsto x_j,$$

nichts anderes ist als ein Vektor $X = (x_1,...,x_n) \in \mathbb{R}^n$, den wir als Zeile oder Spalte schreiben. In dieser Sichtweise nennt man $X$ einen *Datenvektor*. Ist $Y = (y_1,...,y_n) \in \mathbb{R}^n$, so hat man das *Skalarprodukt*

$$\langle X,Y \rangle := \sum_{j=1}^{n} x_j y_j \in \mathbb{R}$$

und die *Norm*

$$\|X\| := \sqrt{\langle X,X \rangle} = \sqrt{\sum_{j=1}^{n} x_j^2}.$$

Man sagt, dass $X$ und $Y$ *orthogonal* sind, in Zeichen

$$X \perp Y :\Leftrightarrow \langle X,Y \rangle = 0.$$

Wichtig auch für Datenvektoren ist der

**Satz von PYTHAGORAS** *Sind $X,Y \in \mathbb{R}^n$ und ist $X \perp Y$, so gilt*

$$\|X+Y\|^2 = \|X\|^2 + \|Y\|^2.$$

*Insbesondere folgt*

$$\|X\| \leqslant \|X+Y\| \quad und \quad \|Y\| \leqslant \|X+Y\|.$$

Das folgt ganz einfach aus der Rechnung

$$\langle X+Y, X+Y \rangle = \langle X,X \rangle + 2\langle X,Y \rangle + \langle Y,Y \rangle,$$

bei der keine Summenzeichen vorkommen; es genügt, die Bilinearität des Skalarprodukts zu nutzen. ∎

Datenvektoren ohne jede Streuung haben einen konstanten Wert $c \in \mathbb{R}$. Sie sind also von der Form $(c,...,c) \in \mathbb{R}^n$. Setzen wir

$$\mathbf{1} := (1,...,1) \in \mathbb{R}^n, \quad \text{so ist} \quad (c,...,c) = c \cdot \mathbf{1} \in \mathbb{R} \cdot \mathbf{1},$$

also enthalten in der Geraden $\mathbb{R} \cdot \mathbf{1} \subset \mathbb{R}^n$. Für einen beliebigen Datenvektor $X$ kann man nun den Abstand von der „diagonalen" Geraden $\mathbb{R} \cdot \mathbf{1}$ bestimmen. Dazu betrachten wir den *Abweichungsvektor*

$$\delta_X := (x_1 - \overline{x},...,x_n - \overline{x}) = X - \overline{x} \cdot \mathbf{1}.$$

Ganz offensichtlich sind die Beziehungen des Abweichungsvektors zu Standardabweichung und Normalabweichung:

**Bemerkung 1**  $\mathrm{sab}_2(X,\overline{x}) = \|\delta_X\|^2$, *also*

$$s_X = \sqrt{\frac{1}{n-1}} \cdot \|\delta_X\| \quad und \quad \sigma_X = \sqrt{\frac{1}{n}} \cdot \|\delta_X\| \tag{1}$$

**Bemerkung 2**  $\delta_X \perp \mathbf{1}$, *d.h. der Abweichungsvektor steht senkrecht auf der Geraden* $\mathbb{R}\cdot\mathbf{1}$.

Das folgt sofort aus der Rechnung

$$\langle \delta_X, \mathbf{1} \rangle = \langle X - \overline{x}\cdot\mathbf{1}, \mathbf{1} \rangle = \langle X, \mathbf{1} \rangle - \overline{x}\langle \mathbf{1}, \mathbf{1} \rangle = \sum_{j=1}^{n} x_j - n\overline{x} = 0.$$

■

Mit Hilfe von Bemerkung 2 kann man die Formeln (**1**) aus 1.3.1 und (**1**) aus 1.3.2 noch einmal etwas geometrischer beweisen:

**Bemerkung 3**  *Sei* $X \in \mathbb{R}^n$ *ein Merkmal und* $c \in \mathbb{R}$. *Dann gilt:*

*a)* $\mathrm{sab}_2(X,c) = \mathrm{sab}_2(X,\overline{x}) + n(\overline{x} - c)^2$.

*b)* $\mathrm{sab}_2(X,\overline{x}) = n(\overline{x^2} - \overline{x}^2)$.

*Beweis*  Wir betrachten die folgende Skizze im Fall $n = 2$:

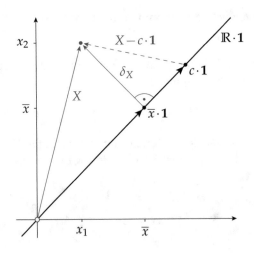

Im allgemeinen Fall sind all diese Vektoren in der Ebene $E = \mathrm{Span}(X,\mathbf{1}) \subset \mathbb{R}^n$ enthalten. Für die Normen der beteiligten Vektoren erhält man

$$\|X - c\mathbf{1}\|^2 = \sum_{j=1}^{n}(x_j - c)^2, \quad \|c\mathbf{1} - \overline{x}\mathbf{1}\|^2 = n(\overline{x} - c)^2,$$

$$\|\delta_X\|^2 = \sum_{j=1}^{n}(x_j - \overline{x})^2,$$

$$\|X\|^2 = \sum_{j=1}^{n}x_j^2, \qquad\qquad \|\overline{x}\mathbf{1}\|^2 = n\overline{x}^2.$$

Nun können wir den Satz von PYTHAGORAS in zwei rechtwinkligen Dreiecken anwenden. Im oberen Dreieck gilt

$$\|X - c\mathbf{1}\|^2 = \|\delta_X\|^2 + \|c\mathbf{1} - \overline{x}\mathbf{1}\|^2, \quad \text{also} \quad \sum_{j=1}^{n}(x_j - c)^2 = \sum_{j=1}^{n}(x_j - \overline{x})^2 + n(\overline{x} - c)^2,$$

und somit *a)*.

Im unteren rechtwinkligen Dreieck erhält man

$$\|X\|^2 = \|\delta_X\|^2 + \|\overline{x}\mathbf{1}\|^2, \quad \text{also} \quad \sum_{j=1}^{n}x_j^2 = \sum_{j=1}^{n}(x_j - \overline{x})^2 + n\overline{x}^2,$$

und somit *b)*. ∎

Die Beziehung aus *b)* kann man auch in der Form

$$\|\delta_X\|^2 = \|X\|^2 - n\overline{x}^2 \tag{2}$$

schreiben.

Zur Vorbereitung für den Vergleich von zwei Merkmalen $X, Y \in \mathbb{R}^n$ in 1.4 bemerken wir zunächst, dass

$$\langle \delta_X, \delta_Y \rangle = \langle X, Y \rangle - n\overline{x}\,\overline{y}. \tag{3}$$

Das folgt sofort aus der Bilinearität des Skalarprodukts:

$$\begin{aligned}
\langle X - \overline{x}\mathbf{1}, Y - \overline{y}\mathbf{1} \rangle &= \langle X, Y \rangle - \overline{x}\langle \mathbf{1}, Y \rangle - \overline{y}\langle X, \mathbf{1} \rangle + n\overline{x}\,\overline{y} \\
&= \langle X, Y \rangle - \overline{x}\cdot n\overline{y} - \overline{y}\cdot n\overline{x} + n\overline{x}\,\overline{y}.
\end{aligned}$$

∎

Die sogenannte *empirische Covarianz* ist erklärt durch

$$s_{XY} := \frac{1}{n-1}\langle \delta_X, \delta_Y \rangle.$$

Offensichtlich ist $s_{XX} = s_X^2$.

Schließlich nennt man

$$r_{XY} := \frac{\langle \delta_X, \delta_Y \rangle}{\|\delta_X\| \cdot \|\delta_Y\|} = \frac{s_{XY}}{s_X \cdot s_Y}$$

den (*empirischen*) *Korrelationskoeffizenten* (oder *Wechselwirkungskoeffizienten*) von $X$ und $Y$. Seine Berechnung erfolgt am einfachsten mit Hilfe der Formeln (2) und (3).

Nach der Ungleichung von CAUCHY-SCHWARZ (vgl. z. B. [FI, 0.3]) gilt

**Bemerkung 4**   $-1 \leqslant r_{XY} \leqslant +1$,   *und*   $r_{XY} = \pm 1$   $\Leftrightarrow$   $\delta_X, \delta_Y$ *linear abhängig.*

Genauer ist $r_{XY} = \cos \varphi$, wenn $\varphi = \angle(\delta_X, \delta_Y) \in [0, \pi]$ den Winkel zwischen den Abweichungsvektoren $\delta_X$ und $\delta_Y$ bezeichnet.

Der Korrelationskoeffizient ist, wie der Variationskoeffizient aus 1.3.3, weitgehend unabhängig von der Wahl der Maßstäbe. Genauer gilt

**Bemerkung 5**   *Sind $X, Y \in \mathbb{R}^n$ und ist*

$$X' := aX + b \cdot \mathbf{1}, \qquad Y' := cY + d \cdot \mathbf{1},$$

*wobei $a, b, c, d \in \mathbb{R}$, $a > 0$ und $c > 0$, so gilt*

$$r_{X'Y'} = r_{XY}.$$

Das folgt sofort aus $\delta_{X'} = a \delta_X$ und $\delta_{Y'} = c \delta_Y$.                                           ∎

Es ist klar, dass der Winkel zwischen $\delta_X$ und $\delta_Y$, und somit auch der Korrelationskoeffizient $r_{XY}$, große Bedeutung hat für die Beziehung zwischen den Datenvektoren $X$ und $Y$. In 1.4.3 wird das genauer untersucht.

## 1.3.5   Aufgaben

**Aufgabe 1.11**   *Wiederholung aus der linearen Algebra mit Bezug zu Datenvektoren.*

(a) Geben Sie die CAUCHY-SCHWARZ-Ungleichung für zwei beliebige Vektoren $x, y \in \mathbb{R}^n$ an.
(b) Wie kann man mit Hilfe der CAUCHY-SCHWARZ-Ungleichung einen Winkel zwischen zwei Vektoren $x, y \in \mathbb{R}^n$ erklären?
(c) Wie hängt die CAUCHY-SCHWARZ-Ungleichung mit zwei Merkmalen $X$ und $Y$ zusammen?

(d) Gegeben seien nun zwei Vektoren

$$X = (1,2,3) \quad \text{und} \quad Y = (5,3,1)$$

Berechnen Sie den Korrelationskoeffizienten $r_{XY}$ mit Hilfe von Datenvektoren und den Winkel $\varphi$ zwischen den beiden Abweichungsvektoren $\delta_X$ und $\delta_Y$. Was lässt sich über die Abweichungsvektoren aussagen?

(e) Betrachten Sie nun die Vektoren

$$X = (3,4,2) \quad \text{und} \quad Y = (1,0,5)$$

Wie lauten $r_{XY}$ und $\varphi$ nun? Was bedeutet dies?

**Aufgabe 1.12**  Betrachtet werden die Schuhgrößen von Frauen in den USA und in Deutschland. Hierzu wurden exemplarisch jeweils 1 000 Frauen befragt. Das Ergebnis ist in den folgenden Tabellen zusammengefasst [BOD, p. 191][DS].

| USA | | USA | | Deutschland | |
|---|---|---|---|---|---|
| Größe | Anzahl | Größe | Anzahl | Größe | Anzahl |
| 4 | 9 | 9 | 130 | 35 | 16 |
| 4.5 | 2 | 9.5 | 45 | 36 | 80 |
| 5 | 18 | 10 | 93 | 37 | 150 |
| 5.5 | 19 | 10.5 | 7 | 38 | 220 |
| 6 | 59 | 11 | 30 | 39 | 220 |
| 6.5 | 58 | 11.5 | 1 | 40 | 150 |
| 7 | 126 | 12 | 8 | 41 | 80 |
| 7.5 | 112 | 12.5 | 1 | 42 | 42 |
| 8 | 160 | 13 | 3 | 43 | 27 |
| 8.5 | 118 | 14.5 | 1 | 44 | 15 |

Die Merkmale $X$ bzw. $Y$ bezeichnen die Schuhgröße in den USA bzw. in Deutschland.

(a) Berechnen Sie die Standardabweichungen $s_X$ und $s_Y$.

(b) Berechnen Sie die Variationskoeffizienten $\text{var}_X$ und $\text{var}_Y$.

(c) Warum bevorzugen Sie den Variationskoeffizienten gegenüber der Standardabweichung, wenn Sie eine Aussage über die Streuung der Schuhgrößen machen möchten?

## 1.4  Vergleich von Merkmalen

Es ist ein beliebtes Thema von Umfragen und Studien, Zusammenhänge zwischen verschiedenen Merkmalen zu erforschen: Studienfach und Anfangsgehalt, soziale Herkunft und Berufschancen, Zigarettenkonsum und Krebsrisiko,... . Für solche einfache Fragestellungen müssen die Werte $x_1, \ldots, x_n$ und $y_1, \ldots, y_n$ zweier Merkmale verglichen werden. Zunächst entwickeln wir in diesem Abschnitt die technischen Hilfsmittel für solch einen Vergleich. Als Ergebnis erhalten wir ein Maß für die wechselseitige Beziehung (oder Korrelation) und es verbleibt die Frage, ob dafür eventuell ein kausaler Zusammenhang besteht.

### 1.4.1  Darstellung der Daten

Sind auf einer Menge $M = \{1, \ldots, n\}$ mehrere Merkmale gegeben, etwa $X, Y$ und $Z$, so sollen die Werte verglichen werden. Dazu benötigt man zunächst übersichtliche Darstellungen.

**Beispiel 1**  (*Erdölpreis und Benzinpreis*)
Als Begründung für die steigenden Benzinpreise in den vergangenen Jahren wurde wiederholt der Rohölpreis genannt. Der Ölkonzern gibt Auskünfte über die Benzinpreise (Super-Benzin). Zum Vergleich ist in folgender Tabelle zusätzlich der Rohölpreis angegeben. Alle Angaben wurden in € umgerechnet [MI] [ECB] [DB] [Ar].

| Jahr | Rohöl € pro Barrel | Benzin Cent pro Liter | Jahr | Rohöl € pro Barrel | Benzin Cent pro Liter |
|------|------|------|------|------|------|
| 1988 | 12.80 | 50.0 | 2000 | 29.88 | 101.6 |
| 1989 | 16.65 | 58.8 | 2001 | 25.82 | 102.5 |
| 1990 | 18.39 | 61.3 | 2002 | 25.76 | 104.9 |
| 1991 | 15.82 | 68.0 | 2003 | 24.84 | 109.3 |
| 1992 | 14.70 | 71.5 | 2004 | 28.98 | 114.0 |
| 1993 | 13.81 | 71.4 | 2005 | 40.66 | 122.2 |
| 1994 | 12.88 | 79.6 | 2006 | 48.58 | 128.7 |
| 1995 | 12.36 | 79.2 | 2007 | 50.38 | 134.4 |
| 1996 | 15.60 | 82.8 | 2008 | 63.98 | 139.5 |
| 1997 | 16.73 | 85.1 | 2009 | 43.63 | 127.9 |
| 1998 | 11.05 | 81.1 | 2010 | 58.37 | 141.2 |
| 1999 | 16.36 | 86.9 | 2011 | 77.20 | 154.2 |

Wir setzen $M = \{1, \ldots, 24\}$ und erklären drei Merkmale auf dieser Menge. Die Werte $x_j$ des Merkmals $X$ bezeichnen das Jahr der $j$-ten Messung. Die Merkmale $Y, Z \colon M \to \mathbb{R}$ ordnen jedem $j \in M$ den durchschnittlichen Rohölpreis $y_i$ beziehungsweise den durchschnittlichen Benzinpreis $z_j$ im Jahr $x_i$ zu.

Zur Veranschaulichung der Daten kann eine graphische Darstellung in Form eines *Punktschwarms* in der Ebene dienen, das ist für zwei Merkmale $X, Y$ mit den Werten $x_1, \ldots, x_n$ beziehungsweise $y_1, \ldots, y_n$ die Menge

$$\{(x_j, y_j) \in \mathbb{R}^2 : \ j = 1, \ldots, n\} \subset \mathbb{R}^2.$$

In Beispiel 1 sieht der Punktschwarm aus, wie im linken Bild dargestellt (Merkmale $Y$ und $Z$). Das rechte Bild illustriert den Punktschwarm, der entsteht, wenn die Merkmale $X$ und $Y$ betrachtet werden.

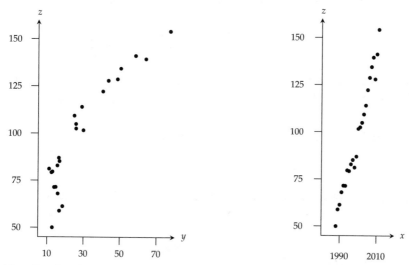

In beiden Punktschwärmen scheint ein nahezu linearer Zusammenhang zu bestehen. Dies wird später genauer diskutiert.

Für größere $n$ werden Punkte von mehreren $j$ belegt sein, das kann man mit einer Grafik nicht mehr klar darstellen. Auch zur quantitativen Behandlung des Problems ist es von Vorteil, die Ausprägungen

$$a_1 < \ldots < a_k \quad \text{von} \quad X, \quad \text{und} \quad b_1 < \ldots < b_l \quad \text{von} \quad Y$$

zu betrachen und eine matrixförmige *Häufigkeitstafel* (oder *Kontingenztafel*) anzulegen, die so aussieht:

| $X$ $\diagdown$ $Y$ | $b_1$ | ... | $b_\lambda$ | ... | $b_l$ | $\Sigma$ |
|---|---|---|---|---|---|---|
| $a_1$ | $h_{1,1}$ | ... | $h_{1,\lambda}$ | ... | $h_{1,l}$ | $h_{1,+}$ |
| $\vdots$ | $\vdots$ | $\vdots$ | $\vdots$ | $\vdots$ | $\vdots$ | $\vdots$ |
| $a_\kappa$ | $h_{\kappa,1}$ | ... | $h_{\kappa,\lambda}$ | ... | $h_{\kappa,l}$ | $h_{\kappa,+}$ |
| $\vdots$ | $\vdots$ | $\vdots$ | $\vdots$ | $\vdots$ | $\vdots$ | $\vdots$ |
| $a_k$ | $h_{k,1}$ | ... | $h_{k,\lambda}$ | ... | $h_{k,l}$ | $h_{k,+}$ |
| $\Sigma$ | $h_{+,1}$ | ... | $h_{+,\lambda}$ | ... | $h_{+,l}$ | $n$ |

Dabei nennt man

$$h_{\kappa,\lambda} := h(X = a_\kappa, Y = b_\lambda) := \#\{j \in M : x_j = a_\kappa \text{ und } y_j = b_\lambda\}$$

die *gemeinsame Häufigkeit* der Ausprägungen $a_\kappa$ und $b_\lambda$. Die letzte Spalte mit den Einträgen

$$h_{\kappa,+} := h(X = a_\kappa) = \sum_{\lambda=1}^{l} h(X = a_\kappa, Y = b_\lambda) = \sum_{\lambda=1}^{l} h_{\kappa,\lambda}$$

und die unterste Zeile mit den Einträgen

$$h_{+,\lambda} := h(Y = b_\lambda) = \sum_{\kappa=1}^{k} h(X = a_\kappa, Y = b_\lambda) = \sum_{\kappa=1}^{k} h_{\kappa,\lambda}$$

heißen *Randverteilungen* (oder *Marginalverteilungen*). Ihre Summen ergeben jeweils die Gesamtzahl $n$ der Individuen.

Entsprechend kann man auch die relativen Häufigkeiten

$$r(X = a_\kappa, Y = b_\lambda) := \tfrac{1}{n} h(X = a_\kappa, Y = b_\lambda)$$

eintragen; dann ergibt die Gesamtsumme rechts unten jeweils 1. Wie man sich leicht überlegt, können höchstens $n$ Einträge in einer Kontingenztafel von Null verschieden sein.

**Beispiel 2**  (*Bücher und Lernen*)
In der Bildungsforschung wird seit 2000 regelmäßig das *Programme for International Student Assesment (PISA)* durchgeführt. Von den sehr umfangreichen Daten der Studie werden hier nur wenige ausgewählt.
In der Erhebung aus dem Jahr 2009 wurden von den Schülern unter anderem folgende zwei Aspekte erfragt [OE$_1$, wörtlich]:

> Wie viele Bücher habt ihr zuhause?
> Wie oft machst du die folgenden Dinge beim Lernen? – Wenn ich lerne, versuche ich neue Informationen auf das zu beziehen, was ich bereits in anderen Fächern gelernt habe.

In diesem Beispiel wird die Korrelation der Antworten auf diese beiden Fragen untersucht. Dabei ist anzumerken, dass die Anzahl der Bücher im Haus als Indikator für die Bildungsnähe gesehen wird, der zweite Aspekt hingegen exemplarisch für den Einsatz von Lernstrategien steht.

In der Studie wurden aus Deutschland 4 979 Schüler befragt. Für die Auswertung dieses Problems werden 4386 Schülerantworten herangezogen, die übrigen waren nicht auswertbar (keine Angabe etc.). Zur Auswertung definieren wir auf der Menge $M$ aller untersuchten Schüler die Merkmale $X\colon M \to \mathbb{R}$ (Bücher im Haus) und $Y\colon M \to \mathbb{R}$ (Häufigkeit der Lernstrategie) mit den in folgenden Tabellen dargestellten Ausprägungen.

| $x \in X(M)$ | |
|---|---|
| 1 | 0-10 Bücher |
| 2 | 11-25 Bücher |
| 3 | 26-100 Bücher |
| 4 | 101-200 Bücher |
| 5 | 201-500 Bücher |
| 6 | mehr als 500 Bücher |

| $y \in Y(M)$ | |
|---|---|
| 1 | fast nie |
| 2 | manchmal |
| 3 | oft |
| 4 | fast immer |

Im Folgenden wird angenommen, dass die Merkmale quantitativ kardinal sind, auch wenn dies aus mathematischer Sicht eine gewagte Annahme ist. Die absoluten Antworthäufigkeiten sind in folgender Kontingenztafel dargestellt [OE$_2$].

| X \ Y | 1 | 2 | 3 | 4 | $\Sigma$ |
|---|---|---|---|---|---|
| 1 | 86 | 199 | 172 | 55 | 512 |
| 2 | 70 | 195 | 227 | 93 | 585 |
| 3 | 125 | 476 | 443 | 233 | 1 277 |
| 4 | 95 | 286 | 315 | 153 | 849 |
| 5 | 67 | 223 | 282 | 152 | 724 |
| 6 | 33 | 124 | 150 | 132 | 439 |
| $\Sigma$ | 476 | 1 503 | 1 589 | 818 | 4 386 |

Die Werte sind in folgendem *dreidimensionalem Stabdiagramm* visualisiert.

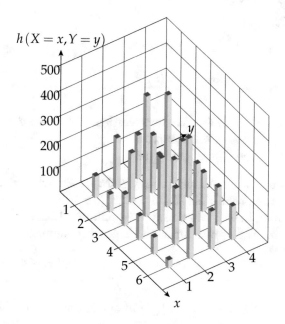

Für die quantitative Analyse empfiehlt sich die Verwendung eines Tabellenkalkulationsprogramms, mit dem folgende Werte aus den Daten ermittelt wurden:

$$\bar{x} = \frac{1}{4\,386} \cdot (1 \cdot 512 + 2 \cdot 585 + 3 \cdot 1\,277 + 4 \cdot 849 + 5 \cdot 724 + 6 \cdot 439) = 3.46,$$

$$\bar{y} = \frac{1}{4\,386} \cdot (1 \cdot 476 + 2 \cdot 1\,503 + 3 \cdot 1\,589 + 4 \cdot 818) = 2.63,$$

$$\overline{x^2} = \frac{1}{4\,386} \cdot (1^2 \cdot 512 + 2^2 \cdot 585 + 3^2 \cdot 1\,277 + 4^2 \cdot 849 + 5^2 \cdot 724 + 6^2 \cdot 439)$$

$$= 14.10 \quad \text{und}$$

$$\overline{y^2} = \frac{1}{4\,386} \cdot (1^2 \cdot 476 + 2^2 \cdot 1\,503 + 3^2 \cdot 1\,589 + 4^2 \cdot 818) = 7.72.$$

Mit Hilfe des Ausdrucks

$$\sigma_X^2 = \overline{x^2} - \bar{x}^2 = \frac{1}{n} \|\delta_X\|^2$$

für die Normalabweichung aus 1.3.2 ergibt sich $\sigma_X^2 = 2.15$ und $\sigma_Y^2 = 0.82$ beziehungsweise $\sigma_X = 1.47$ und $\sigma_Y = 0.90$. Für den Korrelationskoeffizienten ist nach 1.3.4 ferner das Skalarprodukt der Abweichungsvektoren

$$\langle \delta_X, \delta_Y \rangle = \sum_{i=1}^{n} (x_i - \bar{x}) \cdot (y_i - \bar{y})$$

$$= \sum_{\kappa, \lambda} h(X = a_\kappa, Y = b_\lambda) \cdot (a_\kappa - \bar{x}) \cdot (b_\lambda - \bar{y})$$

$$= (1 - 3.457) \cdot (1 - 2.627) \cdot 86 + (1 - 3.457) \cdot (2 - 2.627) \cdot 199 + \ldots +$$

$$+ (6 - 3.457) \cdot (4 - 2.627) \cdot 132$$

$$= 715.33$$

von Bedeutung. Mit der Definition in 1.3.4 und $\sigma_X^2 = \frac{1}{n} \|\delta_X\|^2$ erhalten wir

$$r_{XY} = \frac{\langle \delta_X, \delta_Y \rangle}{\|\delta_X\| \cdot \|\delta_Y\|} = \frac{\langle \delta_X, \delta_Y \rangle}{n \cdot s_X \cdot s_Y} = \frac{715.33}{4\,386 \cdot 1.47 \cdot 0.90} = 0.12.$$

An dieser Stelle kann schon festgehalten werden, dass die Korrelation zwischen den Merkmalen gering ist; man kann kaum davon sprechen, dass ein linearer Zusammenhang zwischen den beiden Variablen besteht.

Sind die Zahlen $k$ und $l$ der Ausprägungen nicht wesentlich kleiner als die Zahl $n$ der Individuen, so werden sehr viele Häufigkeiten $h_{\kappa, \lambda}$ klein (vor allem 0 und 1) sein. In diesem Fall fasst man besser, wie schon in Abschnitt 1.1.3, ähnliche Ausprägungen zu Klassen zusammen. Da dies nun für $X$ und $Y$ geschehen muss, wählt man neben

$$s_0 < s_1 < \ldots < s_m \quad \text{mit } s_0 \leq a_1 \text{ und } a_k < s_m$$

noch

$$t_0 < t_1 < \ldots < t_r \quad \text{mit } t_0 \leq b_1 \text{ und } b_l < t_r,$$

wobei die Schnittstellen $s$ und $t$ so gewählt werden, dass genügend viele und vergleichbar große Klassen entstehen. Daraus erhält man eine *Häufigkeitstafel* für die $m \cdot r$ *Merkmalsklassen*

$$\{j \in M : s_{\mu-1} \leqslant x_j < s_\mu \text{ und } t_{\rho-1} \leqslant y_j < t_\rho\} \subset M \quad \text{für } 1 \leqslant \mu \leqslant m, \ 1 \leqslant \rho \leqslant r$$

mit Einträgen $[s_{\mu-1}, s_\mu[$ und $[t_{\rho-1}, t_\rho[$ in der linken Randspalte und der oberen Randzeile, sowie

$$h_{\mu,\rho} := h(s_{\mu-1} \leqslant X < s_\mu, \ t_{\rho-1} \leqslant Y < t_\rho)$$

in Zeile $\mu$ und Spalte $\rho$. Entsprechend kann man auch die relativen Häufigkeiten eintragen.

**Beispiel 3** (*Körpergröße und Gewicht*)
Kommen wir zurück zu Beispiel 2 aus Kapitel 1.1.2. Neben den dort angegebenen Körpergrößen $X$ in cm von 61 Kindern wurden auch die Körpergewichte $Y$ in kg gemessen. Zur übersichtlicheren Darstellung der Ergebnisse ordnen wir sie nach der Körpergröße. Diese teilen wir vorsorglich schon in 4 Klassen auf.

Größenklasse

| 1 | | 2 | | 3 | | 4 | |
|---|---|---|---|---|---|---|---|
| [130, 136[ | | [136, 140[ | | [140, 146[ | | [146, 153[ | |
| Größe | Gewicht | Größe | Gewicht | Größe | Gewicht | Größe | Gewicht |
| 130.0 | 27.5 | 136.3 | 29.6 | 140.0 | 35.8 | 147.6 | 48.7 |
| 131.1 | 30.7 | 136.4 | 31.8 | 140.2 | 33.7 | 148.7 | 34.7 |
| 131.3 | 29.9 | 136.5 | 35.5 | 140.3 | 31.6 | 150.9 | 37.4 |
| 131.4 | 37.4 | 136.5 | 30.4 | 140.3 | 32.4 | 152.2 | 38.2 |
| 131.5 | 39.8 | 136.7 | 34.2 | 140.3 | 34.3 | | |
| 133.0 | 28.4 | 136.9 | 27.3 | 140.6 | 32.9 | | |
| 133.4 | 50.9 | 137.1 | 28.1 | 140.7 | 39.2 | | |
| 133.4 | 28.8 | 137.4 | 31.0 | 141.5 | 29.1 | | |
| 133.8 | 26.6 | 137.5 | 38.1 | 141.7 | 31.6 | | |
| 134.0 | 30.0 | 137.6 | 32.4 | 142.2 | 33.1 | | |
| 134.1 | 35.3 | 137.8 | 35.2 | 142.2 | 31.2 | | |
| 134.2 | 26.5 | 137.9 | 34.2 | 142.2 | 29.3 | | |
| 134.3 | 33.1 | 138.0 | 33.8 | 143.3 | 46.5 | | |
| 134.4 | 28.4 | 138.0 | 29.5 | 143.6 | 43.3 | | |
| 134.5 | 32.2 | 138.1 | 32.9 | 143.8 | 30.4 | | |
| 134.9 | 37.4 | 138.4 | 34.7 | 144.6 | 36.6 | | |
| 134.9 | 35.5 | 139.2 | 34.8 | 144.8 | 34.9 | | |
| 135.0 | 28.4 | 139.5 | 40.6 | 145.3 | 32.5 | | |
| 135.7 | 24.8 | | | 145.6 | 38.7 | | |
| 135.8 | 35.8 | | | | | | |

Diese Tabelle ergibt den folgenden Punktschwarm:

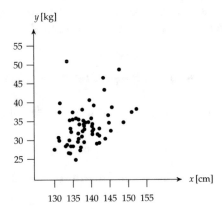

Da alle 61 Wertepaare verschieden sind, hat der Schwarm auch 61 Punkte.
Neben den 4 Größenklassen bilden wir auch 4 Gewichtsklassen. Das ergibt die folgenden Tabellen absoluter Häufigkeiten:

| $i$        | 0   | 1   | 2   | 3   | 4   |
| ---------- | --- | --- | --- | --- | --- |
| $a_i$      | 130 | 136 | 140 | 146 | 154 |
| $h(X = a_i)$ |   | 20  | 18  | 19  | 4   |

| $i$        | 0   | 1   | 2   | 3   | 4   |
| ---------- | --- | --- | --- | --- | --- |
| $b_i$      | 24  | 30  | 36  | 42  | 51  |
| $h(Y = b_i)$ |   | 16  | 31  | 10  | 4   |

Durch Zuordnung der Gewichtsklassen zu den Größenklassen und Auszählung der Ergebnisse erhält man eine Kontingenztafel absoluter Häufigkeiten für Merkmalsklassen:

| X \ Y        | $[24,30[$ | $[30,36[$ | $[36,42[$ | $[42,52[$ | $\Sigma$ |
| ------------ | --------- | --------- | --------- | --------- | -------- |
| $[130,136[$  | 10        | 6         | 3         | 1         | 20       |
| $[136,140[$  | 4         | 12        | 2         | 0         | 18       |
| $[140,146[$  | 2         | 12        | 3         | 2         | 19       |
| $[146,154[$  | 0         | 1         | 2         | 1         | 4        |
| $\Sigma$     | 16        | 31        | 10        | 4         | 61       |

Nun zum Vergleich der Merkmale $X$ und $Y$. Die Tendenz, dass $Y$ mit $X$ ansteigt, ist selbstverständlich und sowohl am Punktschwarm als auch an der Kontingenztafel klar zu erkennen. Da das Gewicht in etwa proportional zum Volumen ist, und das Volumen in der dritten Potenz der linearen Ausdehnung ansteigt, ist eine Beziehung

$$Y \approx a \cdot X^3$$

mit einem maßstabsabhängigen Faktor $a > 0$ zu erwarten. Da die Größen und Gewichte der Kinder einer Jahrgangsstufe jedoch in einem eng begrenzten Bereich liegen, kann die kubische Funktion in diesem Bereich ganz gut linear approximiert werden. Ausreißer dabei sind die kleinen Dicken und die großen Dünnen, die man im Punktschwarm sofort erkennt. Diese Überlegung wird in 1.4.2 weiter verfolgt.

**Beispiel 4** (*Schokolade und Nobelpreise*)
Im Jahr 2012 wurde in einer medizinischen Studie [ME] versucht, den Einfluss des Konsums von Schokolade auf die kognitiven Funktionen des Gehirns nachzuweisen. Dazu wurden die beiden Merkmale $X =$ Schokoladenkonsum in kg pro Jahr und Person und $Y =$ Nobelpreise pro 10 Millionen Einwohnern in einem nicht angegebenem Jahr verglichen. Die Daten $X$ wurden in Jahren ab 2000 erhoben, die Nobelpreise von 1901 bis 2011. Die Ergebnisse für 22 Länder sind in einer Grafik dargestellt:

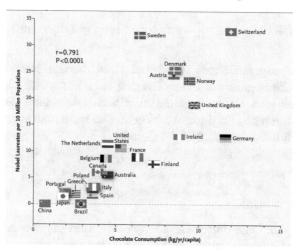

In 1.4.3 kommen wir auf mögliche Folgerungen aus dieser Erhebung zurück. Der Leser kann sich aber schon hier Gedanken machen über den Sinn eines Vergleichs von solchen Daten. Nebenbei bemerkt konsumiert der Autor der Studie nach eigenen Angaben täglich Schokolade.

Aus einer Häufigkeitstafel kann man nun wichtige sogenannte Maßzahlen berechnen. Wir stellen die anschließend benötigten Formeln zusammen:

$$\overline{x} = \frac{1}{n} \sum_{\kappa=1}^{k} h_{\kappa,+} \cdot a_{\kappa}, \qquad \overline{y} = \frac{1}{n} \sum_{\lambda=1}^{l} h_{+,\lambda} \cdot b_{\lambda},$$

$$\|X\|^2 = \sum_{\kappa=1}^{k} h_{\kappa,+} \cdot a_{\kappa}^2, \qquad \|Y\|^2 = \sum_{\lambda=1}^{l} h_{+,\lambda} \cdot b_{\lambda}^2,$$

$$\|\delta_X\|^2 = \|X\|^2 - n\overline{x}^2, \qquad \|\delta_Y\|^2 = \|Y\|^2 - n\overline{y}^2,$$

$$\langle X, Y \rangle = \sum_{\kappa,\lambda} h_{\kappa,\lambda} \cdot a_{\kappa} \cdot b_{\lambda},$$

$$\langle \delta_X, \delta_Y \rangle = \langle X, Y \rangle - n\overline{x}\,\overline{y}.$$

Hat man eine Klasseneinteilung vorgenommen, so ergeben die entsprechenden Formeln nur noch Näherungswerte; sie sind umso besser, je feiner die Einteilung ist.

## 1.4.2  Die Trendgeraden

Nach der Beschreibung von zwei Merkmalen kommen wir nun zu der Frage, ob und was für eine Beziehung zwischen ihnen besteht. Dafür ist auch der Name *Korrelation* üblich. Eine besonders einfache Abhängigkeit des Merkmals $Y$ vom Merkmal $X$ wäre von der Form

$$Y = aX + b{\cdot}\mathbf{1} \quad \text{d.h.} \quad y_j = ax_j + b \quad \text{für} \quad j = 1,...,n \quad \text{mit} \quad a,b \in \mathbb{R}. \tag{1}$$

Eine solche affin lineare Beziehung würde bedeuten, dass der aus $n$ Punkten bestehende Schwarm in der Ebene ganz auf einer Geraden liegt. Für $n > 2$ wird das außerordentlich selten der Fall sein. Daher versucht man, wenigstens eine Gerade zu finden, die „möglichst gut" durch den Punktschwarm geht. Das kann man so präzisieren: Zunächst betrachtet man für beliebige $a,b \in \mathbb{R}$ die Gerade

$$L_{a,b} := \{(x,y) \in \mathbb{R}^2 : \quad y = ax + b\} \subset \mathbb{R}^2.$$

Um die Qualität der Lage dieser Geraden relativ zum gegebenen Punktschwarm zu messen, betrachtet man zu jedem Punkt $(x_j, y_j)$ den darüber oder darunter liegenden Punkt $(x_j, ax_j + b)$ auf der Geraden $L_{a,b}$ und bezeichnet mit

$$v(a,b) := (ax_1 + b - y_1, \; ... \; , ax_n + b - y_n) \in \mathbb{R}^n$$

den zu $(a,b)$ gehörenden *Fehlervektor*. Mit der Notation aus 1.3.4 als Datenvektor geschrieben ist

$$v(a,b) = aX + b{\cdot}\mathbf{1} - Y.$$

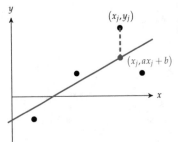

Die Forderung, dass die Koeffizienten $a$ und $b$ „möglichst gut" sein sollen, wird nun ausgedrückt durch die Bedingung, dass

$$\|v(a,b)\|^2 = \sum_{j=1}^{n}(ax_j + b - y_j)^2 = \|aX + b{\cdot}\mathbf{1} - Y\|^2$$

und damit auch der *Fehler* $\|v(a,b)\|$ minimiert wird.

Eine solche *Methode der kleinsten Quadrate* (oder genauer: der kleinsten Summe von Quadraten) wurde von Gauss mit großem Erfolg zunächst in der Himmelsmechanik und später in der Geodäsie zum Ausgleich zwischen verschiedenen voneinander abweichenden Messwerten verwendet. In unserem Fall hat man das folgende Ergebnis:

**Satz über die Trendgerade**   *Seien $X, Y \in \mathbb{R}^n$ zwei Datenvektoren mit $\delta_X \neq \mathbf{0}$ und seien $a, b \in$ $\mathbb{R}$ beliebig. Dann ist der Fehler $\|v(a,b)\|$ minimal für*

$$a = a^* := \frac{\langle \delta_X, \delta_Y \rangle}{\|\delta_X\|^2} \quad und \quad b = b^* := \overline{y} - a^* \cdot \overline{x}.$$

*Die Gerade*

$$R_{Y(X)} := L_{a^*, b^*} = \{(x,y) \in \mathbb{R}^2 : y = a^* x + b^*\}$$

*heißt **Trendgerade** (oder **Regressionsgerade**) für Y in Abhängigkeit von X. Offensichtlich geht sie durch den Schwerpunkt des Punktschwarms, d.h.*

$$(\overline{x}, \overline{y}) \in R_{Y(X)}.$$

*Zur Berechnung von $a^*$ benutzt man am besten, dass*

$$a^* = \frac{\langle X, Y \rangle - n\overline{x}\,\overline{y}}{\|X\|^2 - n\overline{x}^2}.$$

*Beweis*  In der Hoffnung den Beweis dadurch verständlicher zu machen, behandeln wir zunächst den trivialen Fall $n = 2$ in leicht komplizierterer Weise als nötig.

Die Erwartung an die Koeffizienten $a, b$ ist

$$y_j = a x_j + b \quad \text{für} \quad j = 1, 2. \tag{2}$$

Wenn wir die Matrix

$$A := \begin{pmatrix} x_1 & 1 \\ x_2 & 1 \end{pmatrix} \quad \text{und} \quad Y := \begin{pmatrix} y_1 \\ y_2 \end{pmatrix}$$

verwenden, wird aus (**1**) das lineare Gleichungssystem

$$A \cdot \begin{pmatrix} a \\ b \end{pmatrix} = Y. \tag{3}$$

Da $\delta_X \neq \mathbf{0}$  ist $x_1 \neq x_2$, also rang $A = 2$. Somit sind die Lösungen eindeutig; etwa mit Hilfe der CRAMERschen Regel erhält man

$$a = a^* = \frac{y_1 - y_2}{x_1 - x_2} \quad \text{und} \quad b = b^* = \frac{x_1 y_2 - x_2 y_1}{x_1 - x_2}.$$

In diesem Fall ist $v(a^*, b^*) = (0,0)$ und $Y = a^* X + b^* \cdot \mathbf{1}$. Weiter sieht man leicht, dass sich $a^*$ und $b^*$ auch, wie im Satz angegeben, aus

$$\delta_X = \tfrac{1}{2}(x_1 - x_2, \; x_2 - x_1) \quad \text{und} \quad \delta_Y = \tfrac{1}{2}(y_1 - y_2, y_2 - y_1)$$

berechnen lassen. Für allgemeines $n$ kann man analog die Matrix

$$A := \begin{pmatrix} x_1 & 1 \\ \vdots & \vdots \\ x_n & 1 \end{pmatrix} \quad \text{und} \quad Y := \begin{pmatrix} y_1 \\ \vdots \\ y_n \end{pmatrix}$$

verwenden. Die Bedingung $y_j = ax_j + b$ für $j = 1,...,n$ kann man dann wieder in der Form

$$A \cdot \begin{pmatrix} a \\ b \end{pmatrix} = Y \tag{3}$$

schreiben. Außer im Fall $x_1 = ... = x_n$ ist rang $A = 2$, dieses lineare Gleichungssytem hat aber im Allgemeinen keine Lösung $^t(a,b)$, es ist überbestimmt. Geometrisch bedeutet das, dass der Punktschwarm $(x_j, y_j)$ im Allgemeinen nicht auf einer Geraden liegt. Nun verwenden wir die altbewährte Methode der kleinsten Quadrate, um wenigstens eine bestmögliche approximative Lösung $^t(a^*, b^*) \in \mathbb{R}^2$ von (3) zu bestimmen (vgl. etwa [FI]). Das kann man geometrisch so beschreiben. Die Matrix $A \in M(n \times 2; \mathbb{R})$ bewirkt eine lineare Abbildung

$$A \colon \mathbb{R}^2 \ \to \ \mathbb{R}^n, \quad \begin{pmatrix} a \\ b \end{pmatrix} \ \mapsto \ A \cdot \begin{pmatrix} a \\ b \end{pmatrix}.$$

Ist $E := A(\mathbb{R}^2) = \mathrm{Span}(X, \mathbf{1}) \subset \mathbb{R}^n$ das Bild von $\mathbb{R}^2$, so bedeutet die Lösbarkeit von (3), dass $Y \in E$. Nach der Voraussetzung $\delta_X \neq \mathbf{o}$ ist rang $A = 2$ und $E \subset \mathbb{R}^n$ eine Ebene. Wir haben also folgendes Bild.

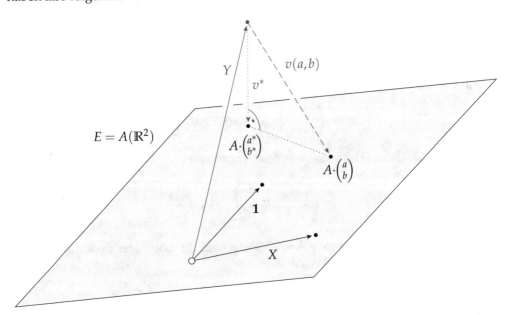

Im Allgemeinen liegt $Y$ nicht in der Ebene $E$. Für beliebiges $^t(a,b) \in \mathbb{R}^2$ und den Fehlervektor $v$ gilt

$$v(a,b) = aX + b\cdot\mathbf{1} - Y = A \cdot \begin{pmatrix} a \\ b \end{pmatrix} - Y.$$

Er verbindet also $Y$ mit dem Bildpunkt $A \cdot \begin{pmatrix} a \\ b \end{pmatrix} \in E$. Die Norm von $v(a,b)$ ist nach dem Satz von PYTHAGORAS minimal, wenn man $a$ und $b$ so wählt, dass

$$v(a,b) \perp E \qquad (4)$$

Da $E = \mathrm{Span}(X, \mathbf{1})$ bedeutet, dass $v(a,b) \perp X$ und $v(a,b) \perp \mathbf{1}$, das heißt

$$0 = \langle aX + b \cdot \mathbf{1} - Y, X \rangle = a\langle X, X \rangle + b \langle \mathbf{1}, X \rangle - \langle Y, X \rangle \quad \text{und}$$

$$0 = \langle aX + b \cdot \mathbf{1} - Y, \mathbf{1} \rangle = a\langle X, \mathbf{1} \rangle + b \langle \mathbf{1}, \mathbf{1} \rangle - \langle Y, \mathbf{1} \rangle, \quad \text{also}$$

$$\|X\|^2 \cdot a + n\overline{x} \cdot b = \langle X, Y \rangle \quad \text{und} \quad n\overline{x} \cdot a + n \cdot b = n\overline{y}.$$

Diese beiden Bedingungen kann man auch mit Matrizen schreiben

$$\begin{pmatrix} \|X\|^2 & n\overline{x} \\ n\overline{x} & n \end{pmatrix} \begin{pmatrix} a \\ b \end{pmatrix} = \begin{pmatrix} \langle X, Y \rangle \\ n\overline{y} \end{pmatrix},$$

oder noch kürzer

$$({}^tA A) \begin{pmatrix} a \\ b \end{pmatrix} = {}^tAY. \qquad (5)$$

Da $\det({}^tA A) = n\|\delta_X\|^2 > 0$, hat das zu (4) äquivalente lineare Gleichungssystem (5) eine eindeutige Lösung. Etwa mit Hilfe der CRAMERschen Regel und der Formeln (2) und (3) aus 1.3.4 erhält man

$$a = \frac{n\langle X, Y \rangle - n^2 \overline{x}\,\overline{y}}{n\|X\|^2 - n^2 \overline{x}^2} = \frac{\langle \delta_X, \delta_Y \rangle}{\|\delta_X\|^2},$$

und aus der zweiten Gleichung $b = \overline{y} - a\overline{x}$. ∎

Es sei noch vermerkt, dass sich das lineare Gleichungssystem (5) auch anders erhalten lässt, wenn man Hilfsmittel aus der Analysis verwendet, genauer die Kriterien für Extremwerte von Funktionen zweier Veränderlichen. In unserem Fall ist das

$$F(a,b) := \|v(a,b)\|^2 = \sum_{j=1}^{n} (ax_j + b - y_j)^2.$$

Notwendig für ein lokales Extremum ist das Verschwinden der partiellen Ableitungen

$$\frac{\partial F}{\partial a} = 2 \sum_{j=1}^{n} x_j (ax_j + b - y_j) \quad \text{und} \quad \frac{\partial F}{\partial b} = 2 \sum_{j=1}^{n} (ax_j + b - y_j).$$

Aus $\frac{\partial F}{\partial a} = \frac{\partial F}{\partial b} = 0$ erhält man sofort das System (5). Um sicher zu stellen, dass ein lokales Minimum vorliegt, muss man zeigen, dass die Hessematrix

$$H = 2 \begin{pmatrix} \|X\|^2 & n\overline{x} \\ n\overline{x} & n \end{pmatrix}$$

positiv definit ist. Das folgt aus

$$2\|X\|^2 > 0 \quad \text{und} \quad \det H = 4n\|\delta_X\|^2 > 0.$$

**Beispiel 1**

Wir betrachten die Messwerte in nebenstehender Tabelle und wollen die dazugehörige Trendgerade $R_{Y(X)}$ berechnen.

Aus der Tabelle lesen wir die beiden Datenvektoren $X = (1,1,4,3,6)$ und $Y = (3,2,1,2,0)$ ab und können die Mittelwerte $\bar{x} = 3$ und $\bar{y} = 1.6$ berechnen.

| $i$ | 1 | 2 | 3 | 4 | 5 |
|-----|---|---|---|---|---|
| $x_i$ | 1 | 1 | 4 | 3 | 6 |
| $y_i$ | 3 | 2 | 1 | 2 | 0 |

Daraus ergeben sich die Abweichungsvektoren

$$\delta_X = (-2,-2,1,0,3), \quad \delta_Y = (1.4,0.4,-0.6,0.4,-1.6)$$

Mit den Formeln aus dem Satz über die Trendgerade erhalten wir

$$a^* = \frac{\langle \delta_X, \delta_Y \rangle}{||\delta_X||^2} = \frac{-2.8 - 0.8 - 0.6 + 0 - 4.8}{4+4+1+9} = \frac{-9}{18} = -0.5$$

$$b^* = \bar{y} - a^*\bar{x} = 1.6 + 0.5 \cdot 3 = 3.1 \quad \text{und}$$

$$R_{Y(X)} = \{(x,y) \in \mathbb{R}^2 : y = -0.5x + 3.1\}$$

Wenn wir obige Messwerte als Punktschwarm und die soeben berechnete Trendgerade in ein Koordinatensystem eintragen, ergibt sich die nebenstehende Grafik.

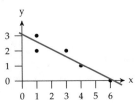

Bevor wir die Bedeutung der Trendgeraden $R_{Y(X)}$ näher erläutern, soll noch eine Variante beschrieben werden. Bei den Geraden $L_{a,b}$ war $Y$ in Abhängigkeit von $X$ untersucht worden. Man kann jedoch auch umgekehrt versuchen, Koeffizienten $c,d \in \mathbb{R}$ zu finden, so dass

$$x_j \approx cy_j + d \quad \text{für alle} \quad j = 1,...,n$$

möglichst gut approximiert wird. Dazu betrachtet man zunächst für beliebige $c,d \in \mathbb{R}$ die Geraden

$$\bar{L}_{c,d} := \{(x,y) \in \mathbb{R}^2 : x = cy + d\}.$$

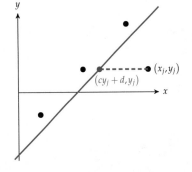

Im Gegensatz zur Geraden $L_{a,b}$ werden nun die waagrechten Abweichungen des Punktschwarms von der Geraden $\bar{L}_{c,d}$ untersucht, dazu dient der *Fehlervektor*

$$\bar{v}(c,d) : = (cy_1 + d - x_1, \; ... \; ,cy_n + d - \bar{x}_n)$$

$$= cY + d\cdot\mathbf{1} - X.$$

Ganz analog zum Fall $L_{a,b}$ kann man beweisen, dass $\|\bar{v}(c,d)\|$ minimal ist für

$$c = c^* := \frac{\langle \delta_X, \delta_Y \rangle}{\|\delta_Y\|^2} = \frac{\langle X, Y \rangle - n\bar{x}\bar{y}}{\|Y\|^2 - n\bar{y}^2} \quad \text{und} \quad d = d^* := \bar{x} - c^*\bar{y}.$$

Die Gerade $R_{X(Y)} := \bar{L}_{c^*,d^*}$ heißt dann *Trendgerade* für $X$ in Abhängigkeit von $Y$. Wir geben einige Beispiele:

**Beispiel 2** (*Körpergröße und Gewicht*)

Wir betrachten erneut die Daten aus Beispiel 3 in 1.4.1 und wollen die Gleichung der Trendgeraden angeben. Da der Punktschwarm aus 61 verschiedenen Punkten besteht, ist die Regressionsrechnung von Hand zu aufwändig; man verwendet besser die Programme von Taschenrechnern oder Excel. Die Ergebnisse sind folgende:

$$\bar{x} = 138.5, \quad \bar{y} = 33.7$$
$$\langle \delta_X, \delta_X \rangle = 1\,438.9$$
$$\langle \delta_Y, \delta_Y \rangle = 1\,601.0$$
$$\langle \delta_X, \delta_Y \rangle = 523.39$$
$$a^* = 0.364, \quad b^* = -16.650$$
$$c^* = 0.327, \quad d^* = 127.480$$
$$r_{XY} = 0.345$$

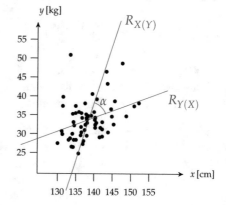

Der Punktschwarm mit den beiden Regressionsgeraden ist rechts dargestellt.

Der Korrelationskoeffizient $r_{XY} = 0.345$ ist deutlich positiv, aber auch deutlich kleiner als 1. Das zeigt einen gewissen, aber nicht ganz klaren Trend von zunehmendem Gewicht bei ansteigender Körpergröße. Die Zahl 0.345 hat keine unmittelbare absolute Bedeutung, kann aber als Vergleichswert zu andersartigen Gruppen von Personen dienen.

Bei einer Gruppe von 53 Studierenden im Alter von etwa 20 Jahren wurde ein Korrelationskoeffizient $r_{XY} = 0.771$ ermittelt. In dieser Altersgruppe ist also der Trend stärker ausgeprägt.

Wie weit sich die beiden Trendgeraden $R_{Y(X)}$ und $R_{X(Y)}$ unterscheiden, untersuchen wir im nächsten Abschnitt. Wir geben ein extremes

**Beispiel 3**

Sei $X = (1,2,1,0)$ und $Y = (0,1,2,1)$. Dann ist $\bar{x} = \bar{y} = 1$ und $\langle \delta_X, \delta_Y \rangle = 0$, also

$$a^* = c^* = 0 \quad \text{und} \quad b^* = d^* = 1.$$

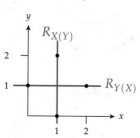

Die beiden Trendgeraden sind also gegeben durch $y = 1$ und $x = 1$. Hier sind keine „Trends" zu erkennen.

**Beispiel 4**  *(Bücher und Lernen)*
Wir kehren zurück zu Beispiel 2 in in Abschnitt 1.4.1. Wir haben bereits berechnet, dass $r_{XY} = 0.12$. Wir werden sehen, dass der Winkel $\alpha$ der beiden Regressionsgeraden ähnlich groß wie im vorhergehenden Beispiel ist. Wir ermitteln die Steigung beider Regressionsgeraden. Es ist

$$a^* = \frac{\langle \delta_X, \delta_Y \rangle}{\|\delta_X\|^2} = \frac{\langle \delta_X, \delta_Y \rangle}{\|\delta_X\| \cdot \|\delta_Y\|} \cdot \frac{\|\delta_Y\|}{\|\delta_X\|} = 0.12 \cdot \frac{0.90}{1.47} = 0.073$$

und entsprechend

$$c^* = \frac{\langle \delta_X, \delta_Y \rangle}{\|\delta_X\| \cdot \|\delta_Y\|} \cdot \frac{\|\delta_X\|}{\|\delta_Y\|} = 0.196.$$

Mit Methoden der Analysis kann man leicht nachrechnen, dass der Schnittwinkel $\alpha$ der beiden Geraden bei gleicher Skalierung der Achsen

$$\alpha = \arctan \frac{|a^* - \frac{1}{c^*}|}{|1 + a^* \cdot \frac{1}{c^*}|} = \arctan \frac{|0.073 - 1/0.196|}{1 + 0.073/0.196} = 75°$$

beträgt. Die beiden Geraden schließen einen Winkel von 75° ein. Zusammenfassend bleibt festzuhalten, dass die Korrelation zwischen den beiden Merkmalen sehr gering ist. Von einem linearen Zusammenhang zu sprechen, ist sehr gewagt.

**Beispiel 5**  *(Erdölpreis und Benzinpreis)*
Wir betrachten erneut die Daten zu den Rohöl- und Benzinpreisen aus Beispiel 1 in Kapitel 1.4.1. Die Illustration des Punktschwarms legt nahe, dass zwischen der Jahreszahl $X$ und dem Benzinpreis $Z$ eine Beziehung der Form $z = a \cdot x + b$ besteht. Die Gleichung der zugehörigen Regressionsgeraden soll im Folgenden bestimmt werden. Nach dem Satz über die Trendgerade ist für

$$a^* = \frac{\langle \delta_X, \delta_Z \rangle}{\|\delta_X\|^2} \quad \text{und} \quad b^* = \bar{z} - a^* \bar{x}$$

die quadratische Abweichung von der Regressionsgeraden minimal. Unter Verwendung des Abweichungsvektors ergeben sich mit den Daten aus obiger Tabelle folgende Werte:

$$
\begin{aligned}
\bar{x} &= 1\,999.5, & \bar{z} &= 98.17, \\
\|\delta_X\|^2 &= 1\,150, & \langle \delta_X, \delta_Z \rangle &= 4\,720.8, \\
a^* &= 4.105, & b^* &= -8\,109.78.
\end{aligned}
$$

Also ist die Regressionsgerade

$$R_{Z(X)} = \{(x,z) \in \mathbb{R}^2 : z = 4.105x - 8\,109.78\}.$$

Ein Benzinpreis von 200 ct wird nach diesem Modell erreicht im Jahr

$$x = \frac{200 + 8\,109.78}{4.105} = 2\,024.3,$$

also im Jahr 2025. An dieser Stelle sei auf mögliche Ungenauigkeiten von Extrapolation hingewiesen. Über die Qualität des Modells wird die Realität urteilen.

Natürlich kann man auch untersuchen, ob zwischen zwei Merkmalen eine andere als eine lineare Beziehung zumindest näherungsweise besteht. In diesem Sinne werden neben der hier beschriebenen *linearen Regression* auch andere, wie quadratische, kubische oder exponentielle Regressionen untersucht. Etwas mehr darüber findet man z.B. in [B-H, 2.6.4].

## 1.4.3 Korrelation

Das Wort Korrelation bedeutet so viel wie „wechselseitige Beziehung"; in diesem Abschnitt geht es dabei um zwei Merkmale $X$ und $Y$.

In 1.4.2 hatten wir schon zwei Trendgeraden $R_{Y(X)}$ und $R_{X(Y)}$ konstruiert, die von verschiedenen Standpunkten aus jeweils optimal durch den von $X$ und $Y$ erklärten Punktschwarm gehen. Nun ist ein gutes quantitatives Maß für die Abweichung des Punktschwarms von den Trendgeraden gesucht. Die Norm des Fehlervektors $v(a,b)$ ist dafür wenig geeignet, da sie stark von der Gesamtzahl $n$ abhängt. Bei dem schon in 1.3.4 eingeführten Korrelationskoeffizienten dagegen sind $X$ und $Y$ gleichberechtigt, er hängt auch nicht von den Maßstäben ab.

**Satz über den Korrelationskoeffizienten**  *Für zwei Datenvektoren $X, Y \in \mathbb{R}^n$ mit $\delta_X \neq 0$ und $\delta_Y \neq 0$ sind folgende Bedingungen gleichwertig:*

*i) Es gibt $a, b \in \mathbb{R}$ mit $a \neq 0$ derart, dass $Y = aX + b \cdot \mathbf{1}$.*

*ii) Es gibt $c, d \in \mathbb{R}$ derart, dass $c \neq 0$ und $X = cY + d \cdot \mathbf{1}$.*

*iii) $r_{XY} = \pm 1$.*

*iv) $R_{Y(X)} = R_{X(Y)}$.*

*Im Fall $r_{XY} = 0$ ist $R_{Y(X)}$ gegeben durch $y = \overline{y}$ und $R_{X(Y)}$ durch $x = \overline{x}$.*

Die wichtigste Aussage ist die Äquivalenz von *i)* und *iii)*. Für die Berechnung des Korrelationskoeffizienten verwendet man am besten die Formel

$$r_{XY} = \frac{\langle X, Y \rangle - n\overline{x}\,\overline{y}}{\sqrt{(\|X\|^2 - n\overline{x})(\|Y\|^2 - n\overline{y})}}.$$

*Beweis des Satzes über den Korrelationskoeffizienten*

$i) \Rightarrow ii)$    Aus    $Y = aX + b\cdot\mathbf{1}$    folgt    $X = \frac{1}{a}Y - \frac{b}{a}\cdot\mathbf{1}$.    Analog folgt $ii) \Rightarrow i)$.

$i) \Leftrightarrow iii)$    Da $\delta_X \neq \mathbf{o}$ und $\delta_Y \neq \mathbf{o}$ gilt nach Bemerkung 4 aus 1.3.4

$$r_{XY} = \pm 1 \quad \Leftrightarrow \quad \delta_Y = \lambda \cdot \delta_X \quad \text{mit} \quad \lambda \neq 0.$$

Daher folgt die Gleichwertigkeit von $i)$ und $iii)$ aus

$$Y - \overline{y}\mathbf{1} = \lambda(X - \overline{x}\mathbf{1}) \quad \Leftrightarrow \quad Y = \lambda X + (\overline{y} - \lambda\overline{x})\cdot\mathbf{1}.$$

Geometrisch ist das klar, da $r_{XY} = \pm 1$ äquivalent ist zu $\varphi := \angle(\delta_X, \delta_Y) = 0$ oder $\pi$.

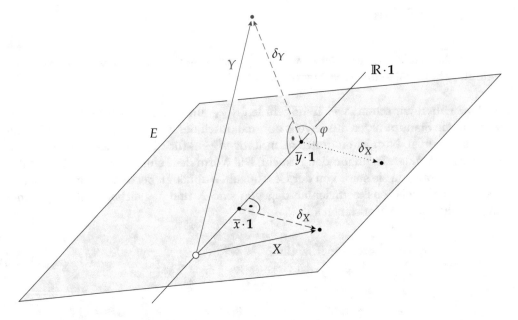

$iii) \Leftrightarrow iv)$    Die zwei Trendgeraden

$$R_{Y(X)} = \{(x,y) \in \mathbb{R}^2 : y = a^*x + b^*\} \quad \text{und} \quad R_{X(Y)} = \{(x,y) \in \mathbb{R}^2 : x = c^*y + d^*\} \quad \text{mit}$$

$$a^* = \frac{\langle\delta_X,\delta_Y\rangle}{\|\delta_X\|^2} \quad \text{und} \quad c^* = \frac{\langle\delta_X,\delta_Y\rangle}{\|\delta_Y\|^2}$$

gehen beide durch den Schwerpunkt $(\overline{x},\overline{y})$.

Ist $r_{XY} = 0$, so folgt $\langle\delta_X,\delta_Y\rangle = 0$, also $a^* = c^* = 0$. In diesem Fall ist, wie im Satz behauptet, $R_{Y(X)}$ gegeben durch $y = \overline{y}$ und $R_{X(Y)}$ durch $x = \overline{x}$.

Im Fall $r_{XY} \neq 0$ ist $a^* \neq 0$ und $c^* \neq 0$. Da $R_{Y(X)}$ und $R_{X(Y)}$ mindestens einen Schnittpunkt haben, sind sie genau dann gleich, wenn sie die gleiche Steigung haben. Also gilt

$$R_{Y(X)} = R_{X(Y)} \quad \Leftrightarrow \quad a^* = \frac{1}{c^*} \quad \Leftrightarrow \quad a^*c^* = 1 \quad \Leftrightarrow \quad \frac{\langle\delta_X,\delta_Y\rangle^2}{\|\delta_X\|^2\|\delta_Y\|^2} = 1 \quad \Leftrightarrow \quad r_{XY}^2 = 1.$$

∎

Der gerade bewiesene Satz behandelt die Extremfälle, bei denen $r_{XY}$ die Werte $-1, 0, +1$ annimmt. Auch alle anderen Werte haben eine Bedeutung. Zunächst Bilder von fünf verschiedenen Fällen. Wir beschränken uns dabei auf den Fall $\delta_X \neq o$ und $R_{Y(X)}$.

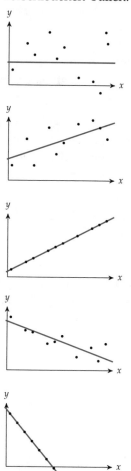

- Bei $r_{XY} = 0$ ist die Trendgerade $R_{Y(X)}$ waagrecht, es ist kein Trend für eine lineare Abhängigkeit zu erkennen.

- Für $r_{XY} > 0$ hat die Trendgerade $R_{Y(X)}$ positive Steigung $a^*$, also hat $Y$ den Trend, mit wachsendem $X$ anzusteigen. Dieser Trend verstärkt sich, wenn $r_{XY}$ gegen $+1$ geht. Für $r_{XY} = 1$ ist $Y$ durch $X$ vollständig festgelegt.

- Für $r_{XY} < 0$ hat die Trendgerade negative Steigung $a^*$, also hat $Y$ den Trend, mit wachsendem $X$ abzufallen. Dieser Trend verstärkt sich, wenn $r_{XY}$ gegen $-1$ geht. Für $r_{XY} = -1$ ist $Y$, wie im Fall $r_{XY} = +1$, durch $X$ vollständig festgelegt.

Mit Hilfe von dynamischer Geometriesoftware können wir uns die Bedeutung des Korrelationskoeffizienten weiter verdeutlichen. Exemplarisch betrachten wir hier das Vorgehen mit GeoGebra [G]. In einem leeren Fenster fügen wir zunächst beispielhaft $n = 5$ Punkte $A_1, A_2, A_3, A_4, A_5$ ein; $n$ kann beliebig gewählt werden. Der Befehl

$$\text{Trendlinie}[\{A_1, A_2, A_3, A_4, A_5\}]$$

gibt nun die Trendgerade und deren Gleichung aus. Mit dem Befehl

$$\text{KorrelationsKoeffizient}[\{A_1, A_2, A_3, A_4, A_5\}]$$

kann zudem der Korrelationskoeffizient ausgegeben werden. Werden nun die Punkte mit der Maus verschoben, so passen sich die Trendgerade und der Korrelationskoeffizient sofort an.

Zur Begründung dieser Zusammenhänge genügt es, sich die Funktion

$$r_{XY} = \frac{\langle \delta_X, \delta_Y \rangle}{\|\delta_X\| \cdot \|\delta_Y\|} = \cos \angle(\delta_X, \delta_Y) =: \cos \varphi \quad \text{und} \quad a^* = \frac{\langle \delta_X, \delta_Y \rangle}{\|\delta_X\|^2}$$

genauer anzusehen:

- $r_{XY}$ und $a^*$ haben das gleiche Vorzeichen, $r_{XY}$ ist nach Bemerkung 5 aus 1.3.4 unabhängig von den Maßstäben, die Steigung $a^*$ von $R_{Y(X)}$ dagegen ist davon abhängig.

- In den Extremfällen $r_{XY} = 1, 0, -1$ ist $\varphi = 0, \frac{\pi}{2}, \pi$. Für $\varphi = 0$ und $\pi$ liegen $\delta_Y$ und $Y$ in der Ebene $E = \text{Span}(X, \mathbf{1})$, da ist $Y$ durch $X$ festgelegt. Für $\varphi = \frac{\pi}{2}$ steht $\delta_X$ senkrecht auf $E$, da ist $Y$ am weitesten entfernt von einer linearen Beziehung zu $X$.

- Im Allgemeinen wird $0 < \varphi < \frac{\pi}{2}$ oder $\frac{\pi}{2} < \varphi < \pi$ gelten. Da $r_{XY} = \cos \varphi$, sieht man, dass der Betrag des Korrelationskoeffizienten zwischen den Extremfällen ein Maß dafür angibt, wie nahe man bei einer linearen Beziehung ist.

Nun ist es naheliegend, von *schwacher Korrelation* zu sprechen, wenn $|r_{XY}|$ klein ist, und von *starker Korrelation*, wenn $|r_{XY}|$ nahe bei 1 liegt. Was „klein" und „nahe bei" quantitativ genau bedeutet, kann nicht einheitlich festgelegt werden, das hängt von den Ansprüchen der Anwendung ab.

In der angewandten Statistik gibt es eine Konvention in drei Stufen:

- $0.0 \leqslant |r_{XY}| \leqslant 0.5$: *schwache Korrelation*

- $0.5 < |r_{XY}| \leqslant 0.8$: *mittlere Korrelation*

- $0.8 < |r_{XY}| \leqslant 1.0$: *starke Korrelation*

In der Praxis wird häufig auch das *Bestimmtheitsmaß* $R^2 := r_{XY}^2$ zur Bestimmung der Qualität der linearen Approximation erwähnt.

Der Winkel zwischen $\delta_X$ und $\delta_Y$ ist durch $r_{XY}$ bestimmt, nach 1.3.4 ist

$$\varphi := \angle(\delta_X, \delta_Y) = \arccos \frac{\langle \delta_X, \delta_Y \rangle}{\|\delta_X\| \cdot \|\delta_Y\|}.$$

Wie $r_{XY}$ ist $\varphi$ unabhängig von den gewählten Maßstäben bei $X$ und $Y$. Für den Winkel zwischen den beiden Trendgeraden gilt

$$\alpha := \angle((1, a^*), (c^*, 1)),$$

dieser Winkel hängt im Allgemeinen von den Maßstäben ab. Ausnahmen sind die Fälle $r_{XY} = \pm 1$ und 0. Im Fall $r_{XY} = \pm 1$ ist nach obigem Satz $\varphi = \alpha = 0$. Der Fall $r_{XY} = 0$ ist geregelt durch die

**Bemerkung**     Es gilt $R_{Y(X)} \perp R_{X(Y)} \;\;\Leftrightarrow\;\; r_{XY} = 0.$
*In diesem Fall sind beide Trendgeraden achsenparallel.*

Der *Beweis* ist einfach:

$$R_{Y(X)} \perp R_{X(Y)} \;\;\Leftrightarrow\;\; (1,a^*) \perp (c^*,1) \;\;\Leftrightarrow\;\; a^* + c^* = 0 \;\;\Leftrightarrow$$

$$\langle \delta_X, \delta_Y \rangle \cdot \left( \frac{1}{\|\delta_X\|^2} + \frac{1}{\|\delta_Y\|^2} \right) = 0 \;\;\Leftrightarrow\;\; \langle \delta_X, \delta_Y \rangle = 0 \;\;\Leftrightarrow\;\; r_{XY} = 0. \qquad \blacksquare$$

**Beispiel 1**

Gegeben seien zwei Paare von Merkmalen $X_1$ und $Y_1$ beziehungsweise $X_2$ und $Y_2$ mit folgenden Datenvektoren:

$$X_1 = (1,3,5,6), \qquad\qquad X_2 = (1,4,4,6),$$
$$Y_1 = (2,4,6,4), \qquad\qquad Y_2 = (2,-1,4,2).$$

Wie leicht nachzurechnen ist, lauten die Gleichungen der Trendgeraden

$$R_{Y_1(X_1)} = \{(x,y) \in \mathbb{R}^2 : y = 0.542x + 1.968\} \quad \text{und}$$
$$R_{Y_2(X_2)} = \{(x,y) \in \mathbb{R}^2 : y = -0.02x + 1.825\}$$

Diese lassen sich in die jeweiligen (getrennten) Koordinatensysteme eintragen.

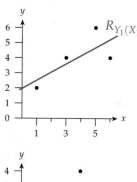

Nun wollen wir uns die beiden Korrelationskoeffizienten

$$r_{X_1Y_1} = 0.736 \quad \text{und} \quad r_{X_2Y_2} = -0.02$$

ansehen. Da $|r_{X_1Y_1}|$ relativ nahe bei 1 liegt, können wir von einer nahezu starken Korrelation sprechen, d.h. es ist anzunehmen, dass ein linearer Zusammenhang zwischen den Merkmalen $X_1$ und $Y_1$ besteht. Aufgrund $|r_{X_2Y_2}| \approx 0$ ist kein linearer Zusammenhang zwischen den Merkmalen $X_2$ und $Y_2$ zu erkennen (extrem schwache Korrelation).

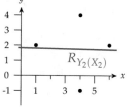

**Beispiel 2**

In Beispiel 3 aus 1.4.2 galt $R_{Y(X)} \perp R_{X(Y)}$ und $< \delta_X, \delta_Y > = 0$. Somit erhält man den Korrelationskoeffizienten $r_{XY} = 0$, d.h. es liegt keine Korrelation vor.

**Beispiel 3**  (*Erdölpreis und Benzinpreis*)

In den Bildern zu Beispiel 1 in 1.4.1 liegen die Punkte nahe an einer Geraden. Die Korrelationskoeffizienten $r_{XZ} = 0.985$ und $r_{YZ} = 0.918$ bestätigen diese Beobachtung.

Zum Schluss dieses Abschnitts zu der höchst problematischen Frage des Zusammenhangs zwischen

*Korrelation und Kausalität.*

In unserem Zusammenhang bedeutet „Kausalität", dass zwischen $X$ und $Y$ ein ursächlicher Zusammenhang besteht. Beispiele sind etwa Körpergröße und Gewicht von Personen oder Durchschnittsgeschwindigkeit und Kraftstoffverbrauch von Autos. Ermittelt man hier Messreihen, so ist eine starke Korrelation zu erwarten. Umgekehrt ausgedrückt: Ergibt eine Messreihe nur sehr schwache Korrelation, so ist kein ursächlicher Zusammenhang zu erwarten. Soweit ist alles korrekt.

**Beispiel 4** (*Schokolade und Nobelpreise*)
Bei den in Beispiel 4 aus 1.4.1 erhobenen Merkmalen $X$ = Schokoladenkonsum und $Y$ = Nobelpreise ergibt sich nach [ME] ein Korrelationskoeffizient $r_{XY} = 0.791$. In der Diskussion dieses Ergebnisses wird bemerkt: „*since chocolate consumption has been documented to improve cognitive function, it seems most likely that in a dose-dependent way, chocolate intake provides the abundant fertile ground needed for the sprouting of Nobel laureates*"[ME]. Diese Nachricht ging sofort nach der Veröffentlichung in *The New England Journal of Medicine* durch alle Medien.

Dies ist ein Beispiel zu der falschen Logik vieler empirischer Untersuchungen. Die positive Wirkung von Kakao auf die kognitiven Fähigkeiten mag durchaus bestehen, aber der starke Korrelationskoeffizient $r_{XY}$ ist keine Spur von Beweis. In diesem Fall ist es höchst plausibel, dass ein *Hintergrundmerkmal* $Z$, wie die Wirtschaftskraft eines Landes, ursächlich dafür ist, dass mehr Schokolade konsumiert und mehr Wissenschaft gefördert wird. Daher ist $r_{ZX} > 0$ und $r_{ZY} > 0$ zu erwarten, aber $r_{XY} > 0$ beweist gar nichts über die positive Wirkung von Schokolade.

Stark komprimiert kann man diese Erläuterungen so zusammenfassen:

$$\textit{Starke Korrelation} \quad \overset{\Longleftarrow}{\underset{\not\Longrightarrow}{}} \quad \textit{Kausalität}$$

Leider ist das Beispiel Schokolade und Nobelpreise kein Einzelfall. Der Leser kann mit dem nun geschärften Blick sicher manche „Beweise von neuen Forschungsergebnissen" als ähnlichen Unsinn entlarven. Eine ganze Reihe von „spurious correlations " findet man im Internet, etwa bei [Vi].

## 1.4.4 Unabhängigkeit

**Beispiel 1** (*Geschlecht und Examensnote*)
Es soll untersucht werden, ob die Examensnoten bei Studierenden eines gemeinsamen Studiengangs in einem bestimmten Jahrgang vom Geschlecht abhängen. Dazu konstruieren wir einen Idealfall. Bei $n = 100$ sei

$$X(j) = \begin{cases} 0, & \text{falls } j \text{ männlich} \\ 1, & \text{falls } j \text{ weiblich} \end{cases}$$

und $Y(j) \in \{1,...,5\}$ die Examensnote. Das Ergebnis in Häufigkeitstafeln sei wie folgt: Absolute Häufigkeiten:

| X \ Y | 1 | 2 | 3 | 4 | 5 | $\sum$ |
|---|---|---|---|---|---|---|
| 0 | 6 | 12 | 24 | 12 | 6 | 60 |
| 1 | 4 | 8 | 16 | 8 | 4 | 40 |
| $\sum$ | 10 | 20 | 40 | 20 | 10 | 100 |

Relative Häufigkeiten:

| X \ Y | 1 | 2 | 3 | 4 | 5 | $\sum$ |
|---|---|---|---|---|---|---|
| 0 | 0.06 | 0.12 | 0.24 | 0.12 | 0.06 | 0.6 |
| 1 | 0.04 | 0.08 | 0.16 | 0.08 | 0.04 | 0.4 |
| $\sum$ | 0.1 | 0.2 | 0.4 | 0.2 | 0.1 | 1 |

Wie man recht direkt erkennt, sind in diesem Beispiel die Ergebnisse im Examen völlig unabhängig vom Geschlecht. Das kann man durch Rechnung so bestätigen, dass in der Tafel der relativen Häufigkeiten jeder Eintrag gleich dem Produkt der zugehörigen Randeinträge ist, etwa

$$r(X=0, Y=3) = 0.24 = 0.6 \cdot 0.4 = r(X=0) \cdot r(Y=3).$$

Anders ausgedrückt: Bei jeder Note entsprechen die Anteile der männlichen und der weiblichen Absolventen ihren Anteilen an der Gesamtheit. In der Realität werden diese insgesamt 10 Bedingungen höchstens annähernd erfüllt sein.

Seien nun allgemein $X$ und $Y$ Merkmale auf $\{1,...,n\}$ mit Ausprägungen

$$a_1,...,a_k \text{ von } X \quad \text{und} \quad b_1,...,b_l \text{ von } Y.$$

Dann heißen $X$ und $Y$ *unabhängig*, wenn für alle $\kappa \in \{1,...,k\}$ und $\lambda \in \{1,...,l\}$ die *Produktregel*

$$r(X=a_\kappa, Y=b_\lambda) = r(X=a_\kappa) \cdot r(Y=b_\lambda) \tag{$*$}$$

gilt. Das sind insgesamt $k \cdot l$ Bedingungen.

Es ist naheliegend, nach dem Zusammenhang zwischen der Unabhängigkeit und dem Korrelationskoeffizienten zu fragen. Die gute Nachricht zuerst:

**Bemerkung**   *Sind X und Y unabhängig, so folgt $r_{XY} = 0$.*

*Beweis* Es genügt, $\langle \delta_X, \delta_Y \rangle = 0$ zu zeigen, das folgt aus der einfachen Umformung

$$
\begin{aligned}
\langle \delta_X, \delta_Y \rangle &= \sum_{j=1}^{n} (x_j - \overline{x}) \cdot (y_j - \overline{y}) = \sum_{\kappa, \lambda} (a_\kappa - \overline{x}) \cdot (b_\lambda - \overline{y}) \cdot h(X = a_\kappa, Y = b_\lambda) \\
&= n \sum_{\kappa, \lambda} (a_\kappa - \overline{x}) \cdot (b_\lambda - \overline{y}) \cdot r(X = a_\kappa, Y = b_\lambda) \\
&= n \sum_{\kappa, \lambda} (a_\kappa - \overline{x}) \cdot r(X = a_\kappa) \cdot (b_\lambda - \overline{y}) \cdot r(Y = b_\lambda) \\
&= n \left( \sum_{\kappa} (a_\kappa - \overline{x}) \cdot r(X = a_\kappa) \right) \cdot \left( \sum_{\lambda} (b_\lambda - \overline{x}) \cdot r(Y = b_\lambda) \right) \\
&= n \cdot 0 \cdot 0 = 0,
\end{aligned}
$$

wobei wir die Gleichgewichtsbedingungen für $\overline{x}$ und $\overline{y}$ aus 1.2.1 benutzt haben.   ■

Aus $r_{XY} = 0$ muss nicht die Unabhängigkeit folgen; der Korrelationskoeffizient kann nicht die $k \cdot l$ Gleichungen der Produktregel kontrollieren.

**Beispiel 2**
Wie im Beispiel 3 aus 1.4.2 wählen wir die Datenvektoren $X = (1,2,1,0)$ und $Y = (0,1,2,1)$. Hier ist $\langle \delta_X, \delta_Y \rangle = 0$, also $r_{XY} = 0$. Die Tafel der relativen Häufigkeiten sieht so aus:

| X \ Y | 0 | 1 | 2 | $\Sigma$ |
|---|---|---|---|---|
| 0 | 0 | 0.25 | 0 | 0.25 |
| 1 | 0.25 | 0 | 0.25 | 0.5 |
| 2 | 0 | 0.25 | 0 | 0.25 |
| $\Sigma$ | 0.25 | 0.5 | 0.25 | 1 |

Von den 9 möglichen Produktregeln ist in diesem Beispiel keine erfüllt, also sind $X$ und $Y$ nicht unabhängig im Sinn der Definition.

**Beispiel 3** (*Münzwurf*)
Man möchte die Vermutung, dass beim zweimaligen Münzwurf die Ergebnisse $x_j$ des ersten und $y_j$ des zweiten Wurfes unabhängig sind durch eine Serie von 20 zweifachen Würfen testen. Ein Ergebnis von Münzwürfen war

$$
\begin{aligned}
X &= (0,1,0,1,1,1,0,0,0,1,0,1,1,0,0,0,0,1,0,0), \\
Y &= (1,0,1,0,1,0,1,0,1,1,1,0,0,0,0,1,0,0,1,1).
\end{aligned}
$$

Die Tafel der relativen Häufigkeiten und rechts daneben mit den Produkten der Rand-
häufigkeiten sehen so aus:

| X \ Y | 0 | 1 | $\Sigma$ |
|---|---|---|---|
| 0 | 0.2 | 0.4 | 0.6 |
| 1 | 0.3 | 0.1 | 0.4 |
| $\Sigma$ | 0.5 | 0.5 | 1 |

| X \ Y | 0 | 1 | $\Sigma$ |
|---|---|---|---|
| 0 | 0.3 | 0.3 | 0.6 |
| 1 | 0.2 | 0.2 | 0.4 |
| $\Sigma$ | 0.5 | 0.5 | 1 |

Da sich die Werte $r(X = a, Y = b)$ und $r(X = a) \cdot r(Y = b)$ nicht sehr unterscheiden, kann
man von einer Tendenz zur Unabhängigkeit sprechen.

Als Variante davon kann man statt der Münzwürfe 20 Personen aus einer Gruppe bitten, hintereinander „zufällig" jeweils eine 0 oder eine 1 zu nennen. Ein konkretes Experiment mit Studierenden in der Vorlesung hat zu folgendem Ergebnis geführt:

$$X' \cdot = \quad (1, 0, 0, 1, 0, 1, 1, 1, 1, 0, 1, 0, 1, 1, 0, 0, 1, 0, 1, 1),$$
$$Y' = \quad (1, 0, 1, 0, 1, 0, 1, 1, 1, 1, 0, 0, 0, 1, 1, 0, 0, 0, 0, 0).$$

In diesem Fall sehen die beiden Tafeln so aus:

| X \ Y | 0 | 1 | $\Sigma$ |
|---|---|---|---|
| 0 | 0.2 | 0.2 | 0.4 |
| 1 | 0.35 | 0.25 | 0.6 |
| $\Sigma$ | 0.55 | 0.45 | 1 |

| X \ Y | 0 | 1 | $\Sigma$ |
|---|---|---|---|
| 0 | 0.22 | 0.18 | 0.4 |
| 1 | 0.33 | 0.27 | 0.6 |
| $\Sigma$ | 0.55 | 0.45 | 1 |

Wie man mit bloßem Auge sieht, sind in diesen beiden Serien von Experimenten die
Ergebnisse 0 und 1 unabhängiger, wenn die Personen „gewürfelt" haben. In anderen
Serien kann das natürlich umgekehrt ausgehen, das hängt von den Zufällen beim Würfeln und dem Verhalten der Personen ab, denen die vorhergehenden Kombinationen
bekannt sind.

Ein naheliegendes quantitatives Maß für die Abweichung von der Unabhängigkeit sind
folgende Summen von Quadraten:

$$(0.2 - 0.3)^2 + (0.4 - 0.3)^2 + (0.3 - 0.2)^2 + (0.1 - 0.2)^2 = 0.04,$$

$$(0.2 - 0.22)^2 + (0.2 - 0.18)^2 + (0.35 - 0.33)^2 + (0.25 - 0.27)^2 = 0.0016.$$

Ein genaueres Maß kann durch einen $\chi^2$-Test ermittelt werden (vgl. 4.4.4).

In diesem Beispiel spielt der Zufall eine große Rolle, hier ist die beschreibende Statistik
an ihre Grenzen gestoßen. Im folgenden Kapitel werden die Methoden der Wahrscheinlichkeitsrechnung entwickelt, und mit deren Hilfe kann man dann in der Testtheorie die
Ergebnisse solch zufälliger Experimente bewerten.

## 1.4.5 Fazit

Beim Vergleich von Merkmalen, insbesondere bei der Interpretation des Korrelations-
koeffizienten, werden die Grenzen der beschreibenden Statistik schon leicht überschritten: man versucht, Beziehungen zu ursächlichen Zusammenhängen zu ergründen.
Dabei ist zu bedenken, dass die zu vergleichenden Merkmale, etwa Geschlecht und
Examensnote, immer nur von einer im Vergleich zu allen Absolventen relativ kleinen
Anzahl von Individuen erhoben und ausgewertet werden können. Da ist der Name
„Stichprobe" üblich. Ihre Auswahl ist vom Zufall abhängig, daher kann eine Verallgemeinerung des Ergebnisses auf alle Examina höchstens mit einer gewissen Wahrscheinlichkeit zutreffen. Um diese Übergänge von Stichproben zu Gesamtheiten untersuchen
zu können, müssen zunächst die grundlegenden Techniken der Wahrscheinlichkeitsrechnung entwickelt werden; das geschieht im folgenden Kapitel.

## 1.4.6 Aufgaben

**Aufgabe 1.13** Es wurden 28 Schüler und Schülerinnen einer vierten Klasse nach ihrem
Lieblingshauptfach befragt. Von den 12 Mädchen bevorzugen 5 Deutsch und 3 HSU.
Bei den Buben ist Mathematik mit 9 Nennungen der Spitzenreiter und Deutsch mit 3
Nennungen der Verlierer. Fertigen Sie eine Kontingenztafel der absoluten Häufigkeiten
und eine Kontingenztafel der relativen Häufigkeiten an.

**Aufgabe 1.14** Die Auswertung von Prüfungsergebnissen in zwei Studiengängen A
und B wurde in folgenden Kontingenztafeln zusammengefasst. Es bezeichne $X$ die Se-
mesteranzahl und $Y$ die Examensnote.

Studiengang A:

| $X$ \ $Y$ | 1 | 2 | 3 | 4 | 5 | $\Sigma$ |
|---|---|---|---|---|---|---|
| 8 | 3 | 1 | 0 | 0 | 0 | 4 |
| 9 | 2 | 15 | 39 | 12 | 0 | 68 |
| 10 | 0 | 1 | 8 | 6 | 5 | 20 |
| 11 | 0 | 0 | 1 | 1 | 2 | 4 |
| 12 | 0 | 0 | 2 | 1 | 1 | 4 |
| $\Sigma$ | 5 | 17 | 50 | 20 | 8 | 100 |

Studiengang B:

| $X$ \ $Y$ | 1 | 2 | 3 | 4 | 5 | $\Sigma$ |
|---|---|---|---|---|---|---|
| 8 | 2 | 1 | 4 | 3 | 0 | 10 |
| 9 | 5 | 2 | 9 | 6 | 1 | 23 |
| 10 | 4 | 2 | 8 | 6 | 0 | 20 |
| 11 | 0 | 1 | 2 | 2 | 1 | 6 |
| 12 | 1 | 2 | 4 | 3 | 1 | 11 |
| $\Sigma$ | 12 | 8 | 27 | 20 | 3 | 70 |

(a) Berechnen Sie die mittleren quadratischen Abweichungen $\sigma_X^2, \sigma_Y^2$ bei Studiengang
A.

(b) Berechnen Sie die mittleren quadratischen Abweichungen $\sigma_X^2, \sigma_Y^2$ bei Studiengang
B.

(c) Wie lautet der Korrelationskoeffizient $r_{XY}$ bei Studiengang A, wie bei Studiengang
B? Interpretieren Sie die Ergebnisse.

**Aufgabe 1.15**  (angelehnt an [G-T, Aufgabe A 1.7])
Gegeben sei nebenstehende Messreihe $(x_i, y_i)$ und
ein unbekannter Wert $u \in \mathbb{R}$.
(a) Bestimmen Sie $\bar{x}$, $\tilde{x}$, $\tilde{x}_{0.25}$ und $\tilde{x}_{0.75}$.
(b) Bestimmen Sie $u$ so, dass $r_{XY} = 1$. (Begründung!)
(c) Bestimmen Sie $u$ so, dass $r_{XY} = 0$. (Begründung!)

| $i$ | 1 | 2 | 3 | 4 | 5 |
|-----|---|---|---|---|---|
| $x_i$ | 1 | 3 | 7 | 9 | 5 |
| $y_i$ | 2 | 4 | $u$ | 10 | 6 |

Sei nun $u = 6$.

(d) Bestimmen Sie die Geradengleichung der Trendgeraden $R_{Y(X)}$.
(e) Zeichnen Sie den Punktschwarm zu den Messdaten und zeichnen Sie die Trendgerade ein.

**Aufgabe 1.16**  Die Werte $(x_i, y_i)$ einer Messreihe und
die zugehörige Trendgerade wurden in nebenstehendes
Koordinatensystem eingetragen.
(a) Berechnen Sie die arithmetischen Mittel $\bar{x}$, $\bar{y}$ und die
Mediane $\tilde{x}$, $\tilde{y}$.
(b) Erstellen Sie eine Kontingenztafel (Häufigkeitstafel)
der relativen Häufigkeiten.
(c) Bestimmen Sie die empirischen Varianzen $s_X^2$ und $s_Y^2$
unter Verwendung von $\sigma_X^2$ und $\sigma_Y^2$.
Seien nun $\sigma_X^2 = 1.76$ und $\sigma_Y^2 = 1.04$.

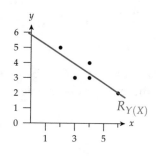

(d) Bestimmen Sie jeweils die Normen der Abweichungsvektoren $\delta_X, \delta_Y \in \mathbb{R}^5$ und
$\langle \delta_X, \delta_Y \rangle$.
(e) Bestimmen Sie den Korrelationskoeffizienten $r_{XY}$ und interpretieren Sie das Ergebnis.
(f) Wie lautet die Gleichung der Trendgeraden $R_{Y(X)}$?

**Aufgabe 1.17**  Sei $M$ eine Menge von Individuen mit $\#M = 5$. Gegeben sei das Merkmal $X: M \to \mathbb{R}$ durch folgende empirische Verteilungsfunktion $F_X(x) = r(X \leqslant x)$.

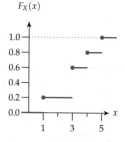

(a) Bestimmen Sie den Median, die Quartile und das
$0.8$-Quantil von $X$.
(b) Welche der folgenden Datenvektoren (i) bis (vi)
passen *nicht* zu den obigen Angaben? Begründen
Sie kurz.

(i) $(1,3,4,5)$,        (iv) $(1,1,3,3,3,3,4,4,5,5)$
(ii) $(1,3,3,4,5)$,     (v) $(1,1,3,4,5)$,
(iii) $(1,3,4,5,3)$,    (vi) $(1,2,3,4,5)$.

(c) Bestimmen Sie das arithmetische Mittel von $X$. Wie lautet die Varianz?

Nun sei $X := (1,3,3,4,5)$. Gegeben sei ein weiteres Merkmal $Y: M \to \mathbb{R}$, festgelegt durch
den Datenvektor $Y := (5,2,4,3,4)$ mit $\bar{y} = 18/5$.

(d) Bestimmen Sie die Abweichungsvektoren $\delta_X$ und $\delta_Y$ sowie jeweils deren Norm.
(e) Bestimmen Sie die Gleichung der Trendgeraden $R_{Y(X)}$ und den Korrelationskoeffizienten $r_{XY}$.
(f) Interpretieren Sie das Ergebnis aus (e).

**Aufgabe 1.18**  Gegeben sei ein Paar von Merkmalen $X \in \mathbb{R}^n$ und $Y \in \mathbb{R}^n$.

(a) Zeigen Sie, dass eine Häufigkeitstafel höchstens $n$ Einträge größer 0 hat.
(b) Wie sieht die Häufigkeitstafel im Fall

$$0 < x_1 < x_2 < \ldots < x_n \quad \text{und} \quad 0 < y_1 < y_2 < \ldots < y_n$$

aus?
(c) Sind die Merkmale $X$ und $Y$ in dem Fall aus (b) unabhängig?

**Aufgabe 1.19**  Gegeben sei ein Merkmal $X \colon M \to \mathbb{R}$ mit den Ausprägungen 1, 2, 3 und 4 durch folgende Tabelle

| $a_i$ | 1 | 2 | 3 | 4 |
|---|---|---|---|---|
| $r(X = a_i)$ | $\frac{c}{2}$ | $\frac{c}{4}$ | $\frac{c}{8}$ | $\frac{c}{16}$ |

Ferner sei $\#M = 15 \cdot 16 = 240$.

(a) Zeigen Sie, dass $c = \frac{16}{15}$ gelten muss.
(b) Skizzieren Sie die empirische Verteilungsfunktion und ermitteln Sie daraus den Median und das obere Quartil.
(c) Bestimmen Sie das arithmetische Mittel und die empirische Varianz $s_X^2$.

Sei $Y \colon M \to \mathbb{R}$ ein weiteres Merkmal, gegeben durch

| $b_i$ | 5 | 6 | 7 | 8 |
|---|---|---|---|---|
| $r(Y = b_i)$ | $\frac{8}{15}$ | $\frac{4}{15}$ | $\frac{2}{15}$ | $\frac{1}{15}$ |

und es gelte $Y = X + 4$.

(d) Begründen Sie ohne explizites Ausrechnen, dass $\bar{y} = \bar{x} + 4$ und $\sigma_X^2 = \sigma_Y^2$.
(e) Wie viele Einträge hat $\delta_X$?
(f) Bestimmen Sie $r_{XY}$.
(g) Geben Sie die Gleichung der Trendgeraden $R_{Y(X)}$ an.
(h) Interpretieren Sie kurz die Ergebnisse aus (f) und (g).

**Aufgabe 1.20**     Sind folgende Aussagen richtig oder falsch? Begründen Sie.

(a) Für $x_1, \ldots, x_n \in \mathbb{R}$ ist $\sum_{i=1}^{n} |x_i - c|$ als Funktion von $c$ stetig.

(b) Ist $r_{XY} = 1$, so hat die Trendgerade $R_{Y(X)}$ die Steigung 1.

(c) Gilt für den Korrelationskoeffizienten $r_{XY} = 0$, so ist die Trendgerade $R_{Y(X)}$ waagrecht.

(d) Für ein Merkmal $X: \{1, \ldots, n\} \to \mathbb{R}, \; j \mapsto x_j$ sei $f: \mathbb{R} \to \mathbb{R}$ erklärt durch $f(x) := \sum_{j=1}^{n} (x_j - x)^2$. Dann hat $f$ kein Extremum.

# Kapitel 2

# Wahrscheinlichkeitsrechnung

## 2.1 Grundlagen

### 2.1.1 Vorbemerkungen

Die Wahrscheinlichkeitsrechnung beschäftigt sich mit den *Gesetzmäßigkeiten des Zufalls*. Das klingt zunächst wie ein Widerspruch, denn das Wesen des Zufalls - etwa beim Münzwurf oder beim Würfeln - ist, dass man die Ergebnisse nicht vorhersagen kann. Wiederholt man jedoch die Würfe, so wird man beobachten, dass die Ergebnisse Kopf und Zahl oder die Augenzahlen annähernd gleich häufig auftreten. Dafür ist die Redeweise „diese Ergebnisse sind gleich wahrscheinlich" üblich und angebracht. Es hat jedoch lange gedauert, bis der Begriff Wahrscheinlichkeit mit der für die Mathematik erforderlichen Strenge gefasst werden konnte.

Einen naheliegenden Ansatz kann man am Beispiel des $k$-fachen Münzwurfs einfach erklären. Man wirft eine Münze sehr oft hintereinander und notiert für jedes $k \geqslant 1$ die relativen Häufigkeiten

$$r_k(i) := \frac{1}{k} \cdot (\text{Anzahl der Ergebnisse } i \text{ in den ersten } k \text{ Würfen}),$$

wobei $i = 0$ (Kopf) und $i = 1$ (Zahl) bedeutet. Dann ist $r_k(0) + r_k(1) = 1$ für alle $k$.

Nun besteht die nicht ganz unbegründete Hoffnung, dass die Folgen $r_k(0)$ und $r_k(1)$ mit wachsendem $k$ konvergieren. Dann könnte man die Grenzwerte

$$p := \lim_{k \to \infty} r_k(0) \quad \text{und} \quad q := \lim_{k \to \infty} r_k(1)$$

mit $p + q = 1$ als die Wahrscheinlichkeiten für die Ergebnisse Kopf und Zahl erklären. Aber diese Hoffnung wird mehr als getrübt durch ernsthafte Probleme.

Mit einem Zufallsgenerator werden drei Serien von insgesamt 500 Münzwürfen simuliert. Die Ergebnisse von $r_k(0)$ sehen so aus [RI, 2.1]:

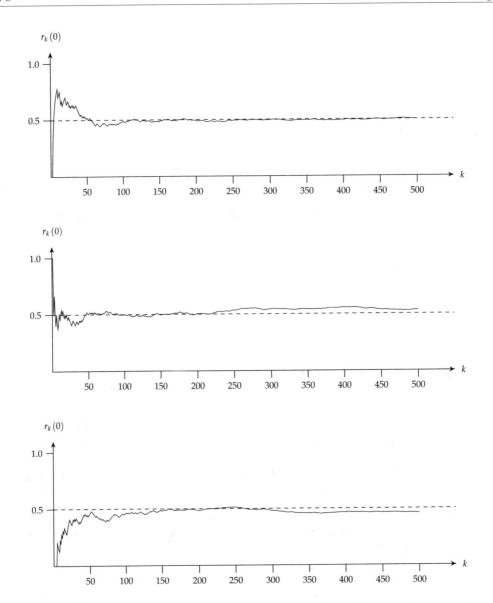

Als Ergebnis kann man bestenfalls eine recht wacklige Tendenz zur Konvergenz gegen $0.5$ erkennen. Von einer straffen Konvergenz, wie man sie aus vielen Beispielen der Analysis kennt, kann keine Rede sein. Auch für weit größere $k$ kann $r_k(0)$ noch immer deutlich verschieden von $0.5$ ausfallen.

Neben diesem mehr praktischen Problem gibt es ein gravierendes Problem für die Theorie. Wenn man von Grenzwerten redet, muss man unendliche Folgen betrachten. Die gibt es nicht in der Realität, sondern nur in Gedanken; damit ist man bei den theoretischen Problemen angekommen. Wollte man Wahrscheinlichkeiten definieren als Grenzwerte relativer Häufigkeiten, so müsste man zur Rechtfertigung für solche gedachte

Folgen von Experimenten und die daraus erhaltenen Folgen von relativen Häufigkeiten folgendes beweisen:

- Jede solche Folge von relativen Häufigkeiten konvergiert.

- Bei je zwei solchen unter gleichen Bedingungen erhaltenen Folgen sind die Grenzwerte gleich.

Die Münze hat kein Gedächtnis, also ist das Ergebnis jedes neuen Wurfes unabhängig von den vorhergehenden Würfen. Daher kann niemand mit absoluter Sicherheit ausschließen, dass extreme Folgen auftreten könnten:

- Es könnte eine nicht konvergente Folge $r_k(0)$ geben.

- Es könnte zum Beispiel mit der gleichen Münze Folgen geben, bei denen nie Kopf oder nie Zahl auftritt, dann wäre

$$\lim_{k \to \infty} r_k(0) = 0 \quad \text{oder} \quad \lim_{k \to \infty} r_k(0) = 1.$$

Bei beiden Folgen existieren die Grenzwerte, sie sind aber verschieden. Ein solches denkbares Beispiel kann in der Realität nur approximiert werden. Dazu ein Artikel aus der FAZ [SI]:

*Denkfehler, die uns Geld kosten*
**Die Tragik von Monte Carlo**
*30.06.2012 Wenn beim Roulette mehrmals hintereinander „Schwarz" gewonnen hat, muss doch auch mal wieder „Rot" dran sein: So denken viele Spieler - und verlieren.*
*Am 18. August 1913 gab es in Monte Carlo ein bemerkenswertes Ereignis. In dem legendären Spielcasino, in dem sich die Oberschicht halb Europas in Frack und Abendgarderobe ein Stelldichein gab, landete die Kugel des Roulette stolze sechsundzwanzig Mal hintereinander auf Schwarz. Ungefähr nach dem 15. oder 16. Mal soll es in der erlesenen Spielerschar zu geradezu „chaotischen Zuständen" und „ungezügeltem Setzen" gekommen sein, wie glaubhaft überliefert ist: Immer mehr Hinzukommende wollten auf Rot setzen, weil sie glaubten, irgendwann müsste diese Serie doch ein Ende haben. Einige waren davon sogar so überzeugt, dass sie alles setzten und kein Geld mehr hatten, als in der 27. Runde endlich Rot kam. Das Casino verdiente an diesem Tag Millionen.*

Schon das einfache Beispiel des Münzwurfes zeigt, dass die im Prinzip gute Idee, Wahrscheinlichkeiten als Grenzwerte relativer Häufigkeiten zu erklären, an technischen Problemen scheitert. In 2.7 werden wir mit „Gesetzen großer Zahlen" zeigen, was sich von der Idee retten lässt: Man kann beweisen, dass wenigstens „fast alle" Folgen relativer Häufigkeiten gegen den gleichen Grenzwert konvergieren. Dazu benötigt man allerdings ein solides Rüstzeug von Wahrscheinlichkeitstheorie.

Ein Ausweg aus dem Dilemma wurde um 1930 gefunden, dabei folgte man dem langen Weg der Geometrie: Während EUKLID versuchte, inhaltlich zu definieren, was ein Punkt oder eine Gerade sein soll, stellte D. HILBERT in seiner 1899 veröffentlichten Axiomatik der Geometrie nur noch die formalen Regeln zusammen, die zwischen Punkten und Geraden gelten sollen. In diesem Sinne legte KOLMOGOROFF [KO] eine axiomatische Definition von Wahrscheinlichkeiten vor, die nur die formalen Eigenschaften festlegt und auf eine inhaltliche Erklärung verzichtet.

In unserem Beispiel des Münzwurfs geht man demnach so vor: Man nimmt an, es handle sich um eine „faire Münze". Demnach erklärt man die Wahrscheinlichkeiten für Kopf oder Zahl durch

$$p(0) := \tfrac{1}{2} \quad \text{und} \quad p(1) := \tfrac{1}{2}.$$

Eine typische Frage der Wahrscheinlichkeitsrechnung ist es nun, ausgehend von dieser Definition, die Wahrscheinlichkeiten für die Gesamtzahlen der Ergebnisse Kopf oder Zahl bei $k$ aufeinanderfolgenden Würfen zu berechnen. Daraus kann man dann schließlich auch Aussagen über die Wahrscheinlichkeit der Konvergenz der Folgen $(r_k(0))$ und $(r_k(1))$ beweisen. Man hat also durch die axiomatische Methode, ganz kurz gesagt, „den Spieß umgedreht".

## 2.1.2  Endliche Wahrscheinlichkeitsräume

Ausgangspunkt der Wahrscheinlichkeitsrechnung sind sogenannte *Zufallsexperimente*. Das sind im Idealfall Experimente, deren Ergebnisse nur vom Zufall gesteuert sind, und die unter gleichen Bedingungen beliebig oft wiederholbar sind. Das ist keine ganz präzise Definition und die geforderten Eigenschaften sind in der Realität höchstens annähernd zu erreichen. Das Gegenteil dazu sind sogenannte „deterministische" Experimente, bei denen die Ergebnisse durch Gesetzmäßigkeiten, etwa der Physik oder der Logik, bestimmt sind. Was zu einem Zufallsexperiment immer gehört ist eine Menge $\Omega$ von möglichen *Ergebnissen*. Man nennt $\Omega$ die *Ergebnismenge*.

Im einfachsten und für die Realität wichtigsten Fall ist $\Omega$ endlich, also

$$\Omega = \{\omega_1, ..., \omega_n\}.$$

**Beispiel 1**  (*Zufallsexperimente*)

a) Das einfachste und in der Wahrscheinlichkeitsrechnung immer wieder verwendete Beispiel ist der Wurf einer Münze. Dann ist

$$\Omega = \{0, 1\} \quad \text{mit} \quad 0 = \text{„Kopf"} \quad \text{und} \quad 1 = \text{„Zahl"}.$$

b) Das zweite stets benutzte Beispiel ist der Wurf eines Würfels, dann ist

$$\Omega = \{1, ..., 6\},$$

wobei das Ergebnis der Augenzahl entspricht.

c) Beim klassischen Roulette ist

$$\Omega = \{0,1,2,...,36\},$$

in der amerikanischen Version ist

$$\Omega' = \{0,1,2,...,36,00\},$$

Bei 0 und 00 gewinnt die Bank.

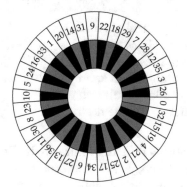 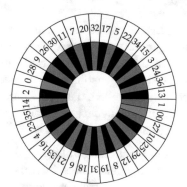

d) Beim Zahlenlotto 6 aus 49 ist das Ergebnis einer Ziehung enthalten in

$$\Omega = \{\{a_1,...,a_6\} \in \{1,...,49\}\}.$$

Wie in 2.3.1 begründet wird, ist $\#\Omega = 13\,983\,816$.

Die Beispiele a) bis d) sind die Grundlage von Glücksspielen. Die Analyse solcher Spiele ist historisch ein entscheidender Antrieb für die Entwicklung der Wahrscheinlichkeitsrechnung gewesen.

e) Das Geschlecht eines Kindes ist weitgehend vom Zufall abhängig. Die Ergebnismenge eines solchen „Zufallsexperiments" ist wie beim Münzwurf

$$\Omega := \{0,1\}, \quad \text{wobei} \quad 0 = \text{„männlich"} \quad \text{und} \quad 1 = \text{„weiblich"}.$$

f) Die Ergebnisse von Fußballspielen sind zumindest teilweise von Zufällen verschiedener Art gesteuert, dazu gibt es mehrere empirische Untersuchungen (vgl. etwa [Q-V]).

Nun soll jedem $\omega \in \Omega$ eine Wahrscheinlichkeit für das Eintreten dieses *Ergebnisses* $\omega$ zugeordnet werden. Wie in 2.1.1 angekündigt, wird das rein formal erklärt.

**Definition** *Eine Wahrscheinlichkeitsfunktion auf einer endlichen Menge* $\Omega = \{\omega_1, ..., \omega_n\}$ *ist eine Funktion*

$$p\colon \Omega \to [0,1] \subset \mathbb{R}$$

*mit der Eigenschaft*

**W0**   $p(\omega_1) + ... + p(\omega_n) = 1.$

*Für ein* $\omega \in \Omega$ *heißt dann* $p(\omega)$ *die* **Wahrscheinlichkeit des Ergebnisses** $\omega$.

Diese Erklärung ist von nicht zu übertreffender Einfachheit, und kann geometrisch interpretiert werden durch ein *Glücksrad*. Es hat den Gesamtumfang 1 und der gesamte Kreisbogen ist aufgeteilt in $n$ Bogenstücke der Längen $p(\omega_1), ..., p(\omega_n)$. Man kann sich nun vorstellen, dass ein Zeiger den Bogen entlang läuft und vom Zufall gesteuert auf einem der Bogenstücke, etwa dem zu $\omega_i$ gehörenden, stehen bleibt.

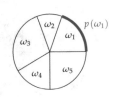

Dem entspricht die Zahl $p(\omega_i)$, die Wahrscheinlichkeit für das Eintreten des Ergebnisses $\omega_i$. Um ganz genau zu sein, muss man noch festlegen, was als Ergebnis zählt, wenn der Zeiger exakt auf der Grenze zwischen zwei Bogenstücken stehen bleibt. In der Praxis ist das wegen der begrenzten Messgenauigkeit nicht überprüfbar, aber in der Theorie ist das denkbar. Dann kann man zu $\Omega$ als weiteres Ergebnis ein $\omega_0$ hinzunehmen, was bedeutet, dass der Zeiger genau auf einem der Grenzpunkte stehen bleibt. Dafür ist $p(\omega_0) = 0$ angemessen. Nun aber der entscheidende Punkt:

*Vorsicht!* *Eine Wahrscheinlichkeit Null bedeutet nicht, dieses Ergebnis wäre völlig unmöglich. Es ist zwar „extrem unwahrscheinlich", aber denkbar.*

**Beispiel 2** (*Münzwurf*)
Beim Münzwurf mit den Ergebnissen 0 = Kopf und 1 = Zahl könnte man noch das denkbare Ergebnis

$$2 = \text{„die Münze bleibt auf dem Rand stehen"}$$

hinzufügen. Auf $\Omega = \{0,1,2\}$ ist dann

$$p(0) = p(1) = \tfrac{1}{2} \quad \text{und} \quad p(2) = 0$$

angemessen.

Oft ist es angebracht, mehrere von irgend einem Standpunkt aus als „günstig" angesehene Ergebnisse zusammenzufassen. In diesem Sinne nennt man jede beliebige Teilmenge $A \subset \Omega$ ein *Ereignis*. Die Begriffe „Ergebnis" und „Ereignis" sind allgemein üblich, aber leider leicht zu verwechseln. Im Englischen ist das besser: Dort ist

$$\text{Ergebnis} = outcome \quad \text{und} \quad \text{Ereignis} = event.$$

Die Ereignisse sind Elemente der Potenzmenge $\mathcal{P}(\Omega)$. Ist $\#\,\Omega = n$, so gilt $\#\mathcal{P}(\Omega) = 2^n$. Für jedes $\omega \in \Omega$ nennt man die einelementige Menge $\{\omega\} \in \mathcal{P}(\Omega)$ ein *Elementarereignis*.

Nun zum grundlegenden Begriff der Wahrscheinlichkeitsrechnung:

**Definition** *Ist $\Omega$ eine endliche Ergebnismenge, so heißt eine Abbildung*

$$P\colon \mathcal{P}(\Omega) \to [0,1], \quad A \mapsto P(A),$$

*ein Wahrscheinlichkeitsmaß auf $\Omega$, wenn folgende Bedingungen erfüllt sind:*

**W1** $P(\Omega) = 1$

**W2** $P(A \cup B) = P(A) + P(B)$ *für* $A, B \subset \Omega$ *mit* $A \cap B = \varnothing$

*Das Paar $(\Omega, P)$ heißt dann endlicher Wahrscheinlichkeitsraum,*
*$P(A)$ heißt Wahrscheinlichkeit des Ereignisses $A$.*

Die Bedingungen **W1** und **W2** sind ein einfacher Spezialfall der KOLMOGOROFF-*Axiome*.

Zwischen Wahrscheinlichkeitsfunktionen und Wahrscheinlichkeitsmaßen besteht ein enger Zusammenhang:

**Lemma** *Sei $\Omega$ eine endliche Ergebnismenge.*

*a) Ist $p\colon \Omega \to [0,1]$ eine Wahrscheinlichkeitsfunktion, so ist durch*

$$P(A) := \sum_{\omega \in A} p(\omega) \quad \text{für } A \subset \Omega$$

*ein Wahrscheinlichkeitsmaß auf $\Omega$ erklärt.*

*b) Ist $P\colon \mathcal{P}(\Omega) \to [0,1]$ ein Wahrscheinlichkeitsmaß, so ist durch*

$$p(\omega) := P(\{\omega\}) \quad \text{für } \omega \in \Omega$$

*eine Wahrscheinlichkeitsfunktion auf $\Omega$ erklärt.*

*Beweis des Lemmas*

a) Axiom **W1** folgt sofort aus **W0**. Zum Nachweis von **W2** wählen wir die Nummerierung so, dass

$$A = \{\omega_1, \ldots, \omega_k\} \quad \text{und} \quad B = \{\omega_{k+1}, \ldots, \omega_{k+l}\}$$

mit $k,l \in \mathbb{N}$ und $k + l \leqslant n$. Dann folgt nach Definition von $P$

$$
\begin{aligned}
P(A \cup B) &= p(\omega_1) + ... + p(\omega_{k+l}) \\
&= p(\omega_1) + ... + p(\omega_k) + p(\omega_{k+1}) + ... + p(\omega_{k+l}) = P(A) + P(B).
\end{aligned}
$$

b) Ist umgekehrt $p$ mit Hilfe von $P$ erklärt, so genügt es wegen **W1** zu zeigen, dass

$$
p(\omega_1) + ... + p(\omega_n) = P(\Omega).
$$

Dazu zeigen wir durch Induktion über $k$, dass

$$
p(\omega_1) + ... + p(\omega_k) = P(\{\omega_1,...,\omega_k\}) \quad \text{für} \quad 1 \leqslant k \leqslant n.
$$

Der Fall $k = 1$ folgt aus der Definition von $p$ und der Induktionsschluss folgt mit **W2** aus

$$
p(\omega_1) + ... + p(\omega_{k-1}) + p(\omega_k) = P(\{\omega_1,...,\omega_{k-1}\}) + P(\{\omega_k\}) = P(\{\omega_1,...,\omega_k\}). \quad \blacksquare
$$

*Als Ergebnis kann man festhalten, dass es zwei gleichwertige Möglichkeiten gibt, Wahrscheinlichkeiten für endliche Ergebnismengen $\Omega$ axiomatisch einzuführen:*

- *Durch eine Wahrscheinlichkeitsfunktion $p\colon \Omega \to [0,1]$ mit Axiom **W0***

- *Durch ein Wahrscheinlichkeitsmaß $P\colon \mathcal{P}(\Omega) \to [0,1]$ mit den Axiomen **W1** und **W2**.*

Es erscheint klar, dass die erste Methode einfacher und für den Schulunterricht besser geeignet ist.

Das einfachste Wahrscheinlichkeitsmaß auf einer endlichen Ergebnismenge

$$
\Omega = \{\omega_1,...,\omega_n\} \quad \text{mit} \quad n \geqslant 1
$$

ist die sogenannte *Gleichverteilung* (oder LAPLACE-*Verteilung*). Sie ist erklärt durch die Wahrscheinlichkeitsfunktion

$$
p\colon \Omega \to [0,1] \quad \text{mit} \quad p(\omega) := \frac{1}{n} \quad \text{für alle} \quad \omega \in \Omega.
$$

Für ein Ereignis $A \subset \Omega$, dessen Elemente man von irgend einem Standpunkt aus als „günstige" Ergebnisse betrachten kann, ist dann

$$
P(A) := \frac{\#A}{\#\Omega} = \frac{\text{Anzahl der günstigen Ergebnisse}}{\text{Anzahl der möglichen Ergebnisse}}.
$$

Ob auf einer Ergebnismenge $\Omega$ die Gleichverteilung angemessen ist, hängt davon ab, wie die Ergebnisse zustande kommen.

**Beispiel 3** (*Fairer Würfel*)

Beim Würfeln ist das Ergebnis die Augenzahl, also $\Omega = \{1,\ldots,6\}$. Ist der Würfel „fair", so ist auf $\Omega$ die Gleichverteilung $P$ angemessen. Mögliche Ereignisse sind für die Augenzahl: sechs, gerade, Primzahl, Quadrat. Dann ist

$$A_1 = \{6\}, \quad A_2 = \{2,4,6\}, \quad A_3 = \{2,3,5\}, \quad A_4 = \{1,4\} \quad \text{und}$$
$$P(A_1) = \tfrac{1}{6}, \quad P(A_2) = \tfrac{1}{2}, \quad P(A_3) = \tfrac{1}{2}, \quad P(A_4) = \tfrac{1}{3}.$$

**Beispiel 4** (*„Stammhalter" bei zwei Kindern*)

Beim „Zufallsexperiment" zwei Kinder ist die Wahrscheinlichkeit für mindestens einen Buben gesucht. Setzt man 0 für Bub und 1 für Mädchen, so kann man die möglichen Ergebnisse verschieden beschreiben. Berücksichtigt man die Reihenfolge der Geburt, so ist

$$\Omega := \{(0,0),(0,1),(1,0),(1,1)\}.$$

Betrachtet man nur das Endergebnis, so ist

$$\Omega' := \{\{0,0\},\{0,1\},\{1,1\}\}, \quad \text{wobei} \quad \{1,0\} = \{0,1\},$$

und zählt man die Anzahl der Buben, so ist

$$\Omega'' = \{0,1,2\}.$$

Unter den ziemlich zutreffenden Annahmen, dass Buben und Mädchen gleich wahrscheinlich sind, und dass das Geschlecht des zweiten Kindes vom ersten unabhängig ist - was im Folgenden noch präziser ausgeführt wird - ist auf $\Omega$ die Gleichverteilung $P$ angemessen. Dann ist das Ereignis „Stammhalter" beschrieben durch

$$A := \{(0,0),(0,1),(1,0)\} \subset \Omega \quad \text{mit} \quad P(A) = \frac{3}{4}.$$

Entsprechend ist

$$A' := \{\{0,0\},\{0,1\}\} \subset \Omega' \quad \text{und} \quad A'' := \{1,2\} \subset \Omega''.$$

Auf $\Omega'$ und $\Omega''$ ist aber keine Gleichverteilung mehr angemessen, da den Ergebnissen $\{0,1\} \in \Omega'$ und $1 \in \Omega''$ jeweils die beiden Ergebnisse $(0,1)$ und $(1,0) \in \Omega$ entsprechen. Angemessen ist auf $\Omega'$

$$P'(\{0,0\}) = P'(\{1,1\}) = \frac{1}{4} \quad \text{und} \quad P'(\{0,1\}) = \frac{1}{2},$$

und entsprechend auf $\Omega''$

$$P''(0) = P''(2) = \frac{1}{4} \quad \text{und} \quad P''(1) = \frac{1}{2}.$$

Mit diesen Wahrscheinlichkeiten ist dann schließlich

$$P(A) = P'(A') = P''(A'') = \frac{3}{4}.$$

Dieses ganz einfache Beispiel zeigt, wie man die Ergebnisse eines Experiments verschieden beschreiben kann, und dass die Annahme einer Gleichverteilung Vorsicht erfordert.

Zum Schluss dieses Abschnitts noch ein Hinweis zu den Bezeichnungen. Streng genommen unterscheidet man zwischen einem Ergebnis $\omega \in \Omega$ und einem Elementarereignis $\{\omega\} \subset \Omega$, also $\{\omega\} \in \mathcal{P}(\Omega)$, es gilt

$$p(\omega) = P(\{\omega\}).$$

Zur Vereinfachung kann man $P(\omega)$ statt $P(\{\omega\})$ schreiben, dann ist auch $p(\omega) = P(\omega)$, und man kann den Buchstaben $P$ sowohl für das Wahrscheinlichkeitsmaß als auch für die Wahrscheinlichkeitsfunktion verwenden. Bei einer endlichen Ergebnismenge $\Omega$ ist das ganz unproblematisch.

## 2.1.3   Unendliche Wahrscheinlichkeitsräume *

**Beispiel 1**   (*Die erste Sechs*)
Man würfelt so lange, bis zum ersten Mal eine Sechs auftritt. Dann kann man als Ergebnismenge

$$\Omega = \{1, 2, 3, ....\}$$

ansehen, wobei das Ergebnis gleich $k \in \Omega$ ist, wenn die Sechs zum ersten Mal beim $k$-ten Wurf aufgetreten ist. Da man keine obere Schranke für $k$ angeben kann - der Zufall könnte wieder verrückt spielen - kommt man nicht mehr mit einem endlichen $\Omega$ aus. Wie wir in 2.3.6 begründen werden, ist als Wahrscheinlichkeitsfunktion $p\colon \Omega \to [0,1]$ bei diesem Experiment

$$p(k) := \frac{1}{6} \cdot \left(\frac{5}{6}\right)^{k-1} \in \,]0,1[$$

angemessen. Mit Hilfe der geometrischen Reihe erhält man

$$\sum_{k=1}^{\infty} p(k) = \sum_{k=1}^{\infty} \frac{1}{6} \cdot \left(\frac{5}{6}\right)^{k-1} = \frac{1}{6} \cdot \sum_{k=0}^{\infty} \left(\frac{5}{6}\right)^{k} = \frac{1}{6} \cdot \frac{1}{1-\frac{5}{6}} = 1.$$

**Beispiel 2**   (*Glücksrad*)
Beim schon in 2.1.2 beschriebenen Glücksrad vom Umfang 1 kann man als Ergebnis $\omega$ des Experiments auch die genaue Position des Zeigers ansehen; dann ist $\Omega = [0,1[$.

In den Beispielen 1 und 2 sind die Ergebnismengen $\Omega$ nicht mehr endlich, sondern unendlich. Es besteht aber ein grundlegender Unterschied: In Beispiel 1 ist $\Omega = \mathbb{N}$ abzählbar unendlich, in Beispiel 2 ist $\Omega = [0,1[$ überabzählbar. In diesem Abschnitt soll erläutert werden, dass der abzählbar unendliche Fall eine einfache Variante des endlichen Falls ist, der überabzählbare Fall dagegen erfordert weit kompliziertere Techniken.

Zunächst einmal der Fall, dass $\Omega$ abzählbar unendlich ist, also

$$\Omega = \{\omega_1, \omega_2, ...\}.$$

Dann nennt man eine Abbildung

$$p\colon \Omega \to [0,1] \subset \mathbb{R}, \quad \omega \mapsto p(\omega),$$

eine *Wahrscheinlichkeitsfunktion* auf $\Omega$, wenn

**W0'** $$\sum_{i=1}^{\infty} p(\omega_i) = 1.$$

Für ein $\omega \in \Omega$ nennt man $p(\omega)$ die Wahrscheinlichkeit von $\omega$. Damit kann man auch für jedes Ereignis $A \subset \Omega$ eine Wahrscheinlichkeit erklären durch

$$P(A) := \sum_{\omega \in A} p(\omega).$$

Als Teilsumme einer absolut konvergenten Summe ist diese Summe wieder konvergent und $0 \leqslant P(A) \leqslant 1$ für alle $A \subset \Omega$. Die so erklärte Abbildung

$$P\colon \mathcal{P}(\Omega) \to [0,1], \quad P \mapsto P(A),$$

hat die folgenden Eigenschaften:

**W1** $\qquad P(\Omega) = 1$

**W2'** $\qquad$ *Für paarweise disjunkte* $A_1, A_2, ... \in \mathcal{P}(\Omega)$ *gilt* $\quad P\left(\bigcup_{i=1}^{\infty} A_i\right) = \sum_{i=1}^{\infty} P(A_i).$

*Beweis* **W1** ist nur eine andere Formulierung von **W0'**, und **W2'** folgt aus dem Umordnungs-Satz für absolut konvergente Reihen (vgl. etwa [FO₁, § 7]). ∎

Eine Abbildung $P\colon \mathcal{P}(\Omega) \to [0,1]$ heißt *Wahrscheinlichkeitsmaß* auf $\Omega$, wenn die Bedingungen **W1** und **W2'** erfüllt sind. Die Eigenschaft **W2'** wird *σ-Additivität* genannt. Wie im Lemma aus 2.1.2 kann man nun ganz einfach zeigen, dass auf einem abzählbaren $\Omega$ die Vorgaben von einer Wahrscheinlichkeitsfunktion und einem Wahrscheinlichkeitsmaß gleichwertig sind. Dabei ist die Wahrscheinlichkeitsfunktion sicher der einfacher zu verstehende Begriff. Das Paar $(\Omega, P)$ heißt wieder *Wahrscheinlichkeitsraum*, er heißt *diskret*, wenn $\Omega$ abzählbar, d.h. endlich oder abzählbar unendlich ist.

Beim Übergang von abzählbaren zu überabzählbaren Ergebnismengen $\Omega$ entstehen gravierende theoretische Probleme; an dieser Stelle kann man den Übergang von Wahrscheinlichkeits**rechnung** zu Wahrscheinlichkeits**theorie** sehen. Bleiben wir bei unserem

Beispiel 2 des Glücksrads vom Umfang 1. Betrachtet man als Ergebnis die genaue Stelle $\omega$, an der der Zeiger stehen bleibt, so ist $\omega \in [0,1[= \Omega$. Wollte man hier eine Wahrscheinlichkeitsfunktion $p$ einführen, so käme für jedes genaue Ergebnis $\omega \in [0,1[$ nur $p(\omega) = 0$ in Frage. Betrachtet man jedoch als Ereignis ein Intervall $A = [a,b[ \subset [0,1[$ mit $a < b$, so wäre als Wahrscheinlichkeitsmaß der Wert $P(A) = b - a$ angemessen. Dagegen hätte die Summe

$$\sum_{\omega \in A} p(\omega)$$

mit überabzählbaren Summanden keinen Sinn mehr; überdies wären alle Summanden gleich Null.

Als Ausweg muss man versuchen, für möglichst viele Teilmengen $A \subset [0,1[$ ein brauchbares Längenmaß $P(A)$ zu erklären, genauer das auf Intervallen erklärte Maß $P([a,b[) = b - a$ geeignet auszudehnen. Hier hat KOLMOGOROFF an die vor allem von HAUSDORFF Anfang des 20. Jahrhunderts entwickelte Maßtheorie angeknüpft. Entscheidend ist, dass schon in $\Omega = [0,1[$ - wenn auch mit etwas Mühe - die Existenz von Teilmengen $A \subset \Omega$ bewiesen werden kann, für die es kein brauchbares Längenmaß gibt. Der Ausweg ist eine möglichst große, aber echte Teilmenge $\mathcal{A} \subset \mathcal{P}(\Omega)$ von „messbaren" Mengen, die eine „$\sigma$-Algebra" bilden. Dies wird in 2.6 näher ausgeführt. Als Ergebnis erhält man dann eine Abbildung

$$P: \mathcal{A} \;\rightarrow\; [0,1]$$

mit folgenden Eigenschaften:

**W1**$^*$ $\quad P(\Omega) = 1$

**W2**$^*$ $\quad$ *Für paarweise disjunkte Mengen $A_1, A_2, \ldots \in \mathcal{A}$ gilt* $P\left(\bigcup_{i=1}^{\infty} A_i\right) = \sum_{i=1}^{\infty} P(A_i)$.

Ganz allgemein nennt man eine Abbildung $P$ mit den Eigenschaften **W1**$^*$ (*Normiertheit*) und **W2**$^*$ (*$\sigma$-Additivität*), definiert auf einer $\sigma$-Algebra $\mathcal{A} \subset \mathcal{P}(\Omega)$ für eine beliebige Ergebnismenge $\Omega$ ein *Wahrscheinlichkeitsmaß* auf $\Omega$. Die Bedingungen **W1**$^*$ und **W2**$^*$ werden KOLMOGOROFF-*Axiome* genannt. Das Tripel

$$(\Omega, \mathcal{A}, P)$$

nennt man dann einen *Wahrscheinlichkeitsraum*. Mehr dazu in 2.6.

Nun aber zurück zum Anfang. Solange man sich auf endliche oder abzählbar unendliche Ergebnismengen $\Omega$ beschränkt, genügen als Axiome für die Wahrscheinlichkeitsrechnung die ganz einfachen Bedingungen **W0** oder **W0'** an die Wahrscheinlichkeitsfunktion $p$. Denn in diesen Fällen kann man $\mathcal{A} = \mathcal{P}(\Omega)$ wählen, und die Bedingungen **W1** und **W2'** sind dann ganz einfache Spezialfälle der Axiome von KOLMOGOROFF.

## 2.1.4 Rechenregeln für Wahrscheinlichkeiten

Mit Hilfe der Axiome **W0**, **W1** und **W2** aus 2.1.2 kann man einige weitere oft nützliche Regeln ableiten.

**Rechenregeln** *In einem endlichen Wahrscheinlichkeitsraum* $(\Omega, P)$ *gelten für Ereignisse* $A, B, A_1, ..., A_r \subset \Omega$ *die Regeln:*

1) $P(\overline{A}) = 1 - P(A)$, *wobei* $\overline{A} = \Omega \setminus A$.

2) $P(\varnothing) = 0$.

3) $P(A_1 \cup ... \cup A_r) = P(A_1) + ... + P(A_r)$, *falls* $A_i \cap A_j = \varnothing$ *für* $i \neq j$.

4) $A \subset B \Rightarrow P(A) \leqslant P(B)$.

5) $P(A \cup B) = P(A) + P(B) - P(A \cap B)$.

6) $P(A_1 \cup ... \cup A_r) \leqslant P(A_1) + ... + P(A_r)$.

*Beweis 1)* folgt aus $\Omega = A \cup \overline{A}$ und $A \cap \overline{A} = \varnothing$ nach **W1** und **W2**.

*2)* folgt sofort aus *1)*.

*3)* folgt durch Induktion aus **W2**, da wegen $A_i \cap A_j = \varnothing$ auch

$$(A_1 \cup ... \cup A_{r-1}) \cap A_r = \varnothing.$$

*4)* folgt aus der disjunkten Zerlegung $B = A \cup (B \setminus A)$ und **W2**:

$$P(B) = P(A) + P(B \setminus A) \geqslant P(A).$$

*5)* Wir benutzen die disjunkten Zerlegungen

$$A = (A \setminus B) \cup (A \cap B), \ B = (B \setminus A) \cup (B \cap A) \quad \text{und}$$

$$A \cup B = (A \setminus B) \cup (A \cap B) \cup (B \setminus A).$$

Aus **W2** folgt $P(A \setminus B) = P(A) - P(A \cap B)$ und $P(B \setminus A) = P(B) - P(B \cap A)$. Mit Hilfe von Regel *3)* erhält man daraus

$$
\begin{aligned}
P(A \cup B) &= P(A \setminus B) + P(A \cap B) + P(B \setminus A) \\
&= P(A) - P(A \cap B) + P(A \cap B) + P(B) - P(B \cap A) \\
&= P(A) + P(B) - P(A \cap B).
\end{aligned}
$$

*6)* folgt wieder durch Induktion aus *4)* ∎

All diese formal bewiesenen Regeln kann man geometrisch interpretieren, das ist auch ein Hinweis auf die Zusammenhänge zwischen Wahrscheinlichkeitstheorie und Maßtheorie. Anstelle von $\Omega$ betrachtet man ein Quadrat mit der Fläche 1, anstelle des Ergebnisses $A$ einen Teil von $\Omega$ mit dem Flächeninhalt $P(A)$. Damit können wir einige der Regeln veranschaulichen:

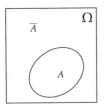

$$P\left(\overline{A}\right) = 1 - P(A)$$

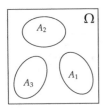

$$P(A_1 \cup A_2 \cup A_3) = P(A_1) + P(A_2) + P(A_3)$$

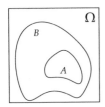

$$P(A) \leqslant P(B)$$

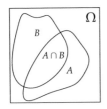

$$P(A \cup B) = P(A) + P(B) - P(A \cap B)$$

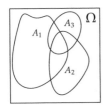

$$P(A_1 \cup A_2 \cup A_3) \leqslant P(A_1) + P(A_2) + P(A_3)$$

Noch eine Bemerkung zu Regel 2): Aus $P(A) = 0$ folgt nicht $A = \emptyset$. Das hatten wir schon in 2.1.2 beim Beispiel des Glücksrades bemerkt. In der geometrischen Interpretation kann man für $A \subset \Omega$ einen Teil vom Flächeninhalt 0, etwa einen Punkt oder eine Kurve ansehen.

## 2.1.5   Zufallsvariable

In Kapitel 1 hatten wir ein quantitatives Merkmal als eine Abbildung

$$X: \{1,...,n\} \to \mathbb{R}$$

erklärt, gleichbedeutend mit einem Datenvektor $X \in \mathbb{R}^n$.

Ist nun $(\Omega, P)$ ein endlicher Wahrscheinlichkeitsraum, so nennt man eine beliebige Abbildung

$$X: \Omega \to \mathbb{R}, \quad \omega \mapsto X(\omega),$$

eine *Zufallsvariable* (oder auch *Zufallsgröße*). Eine mögliche Interpretation ist, dass jedes Ergebnis $\omega$ eines Zufallsexperiments eine Zahl $X(\omega)$ bestimmt, etwa einen Gewinn oder einen Verlust.

Die Menge $X(\Omega) \subset \mathbb{R}$ ist für endliches $\Omega$ wieder endlich. Wie bei Merkmalen betrachtet man für jedes $a \in \mathbb{R}$ die Menge von Ergebnissen

$$\{X = a\} := \{\omega \in \Omega : X(\omega) = a\} \subset \Omega.$$

Offensichtlich ist $\{X = a\} \neq \emptyset \Leftrightarrow a \in X(\Omega)$. Aus $(\Omega, P)$ und $X$ erhält man nun einen neuen Wahrscheinlichkeitsraum $(X(\Omega), P_X)$.

**Bemerkung**   *Ist $(\Omega, P)$ ein endlicher Wahrscheinlichkeitsraum und $X: \Omega \to \mathbb{R}$ eine Zufallsvariable, so ist durch*

$$P_X(a) := P(\{X = a\}) \quad \text{für} \quad a \in X(\Omega)$$

*eine Wahrscheinlichkeitsfunktion auf $X(\Omega)$ erklärt. Das zugehörige Wahrscheinlichkeitsmaß erhält man daraus durch*

$$P_X(A) = P(\{\omega \in \Omega : X(\omega) \in A\}) \quad \text{für} \quad A \subset X(\Omega).$$

*Beweis*  Sei $X(\Omega) = \{a_1,...,a_m\}$. Dann ist zu zeigen, dass

$$P_X(a_1) + ... + P_X(a_m) = 1.$$

Das folgt aber sofort aus der Tatsache, dass

$$\{X = a_1\} \cup ... \cup \{X = a_m\} = \Omega$$

eine disjunkte Zerlegung ist und mit Rechenregel *3)* aus 2.1.4. ∎

Der Wahrscheinlichkeitsraum $(X(\Omega), P_X)$ wird das *Bild* von $(\Omega, P)$ unter der Abbildung $X$ genannt. Statt $P(\{X = a\})$ schreibt man einfacher $P(X = a)$. Die Wahrscheinlichkeitsfunktion

$$P_X \colon X(\Omega) \to [0,1], \quad a \mapsto P(X = a) = P_X(a),$$

wird auch *Verteilung der Zufallsvariablen* $X$ genannt. Als *Verteilungsfunktion* von $X$ bezeichnet man dagegen analog zur beschreibenden Statistik die Funktion

$$F_X \colon \mathbb{R} \to [0,1] \quad \text{mit} \quad F_X(x) := P(X \leqslant x) = \sum_{a \leqslant x} P_X(a).$$

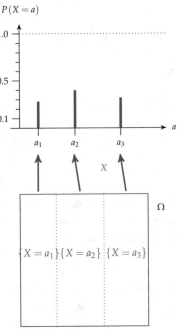

Diese Terminologie kann etwas verwirrend sein, ist aber allgemein üblich.

Wenn man wieder Wahrscheinlichkeiten als Flächen interpretiert, kann man das wie rechts dargestellt illustrieren.

Eine für die Theorie manchmal nützliche Zufallsvariable ist die *Indikatorfunktion* (oder „charakteristische" Funktion) einer Teilmenge $A \subset \Omega$. Sie ist erklärt durch

$$\mathbf{1}_A(\omega) := \begin{cases} 1 & \text{für} \quad \omega \in A, \\ 0 & \text{für} \quad \omega \notin A. \end{cases}$$

Dann ist offensichtlich $P(A) = P(\mathbf{1}_A = 1)$ und $P(\overline{A}) = P(\mathbf{1}_A = 0)$.

Setzt man noch $\mathbf{1} := \mathbf{1}_\Omega$, so ist die Bezeichnung der Indikatorfunktion verträglich mit dem konstanten Merkmal $\mathbf{1}$ aus 1.3.4.

**Beispiel** (*Zweimal Würfeln*)
Das Ergebnis von zweimal Würfeln ist enthalten in

$$\Omega := \{1,\dots,6\}^2 \;=\; \left\{ \begin{matrix} (1,1) & (1,2) & (1,3) & (1,4) & (1,5) & (1,6) \\ (2,1) & (2,2) & (2,3) & (2,4) & (2,5) & (2,6) \\ (3,1) & (3,2) & (3,3) & (3,4) & (3,5) & (3,6) \\ (4,1) & (4,2) & (4,3) & (4,4) & (4,5) & (4,6) \\ (5,1) & (5,2) & (5,3) & (5,4) & (5,5) & (5,6) \\ (6,1) & (6,2) & (6,3) & (6,4) & (6,5) & (6,6) \end{matrix} \right\}$$

$$= \{\omega = (i,j) : i,j \in \{1,\dots,6\}\}.$$

Wie wir in 2.2.6 begründen werden, ist auf $\Omega$ Gleichverteilung angemessen, wenn man voraussetzt, dass die Ergebnisse der beiden Würfe unabhängig sind. Also ist

$$P(i,j) = \frac{1}{36} \quad \text{für alle} \quad (i,j) \in \Omega.$$

Eine naheliegende Zufallsvariable ist die Augensumme, also

$$X(i,j) = i + j \in \{2, \ldots, 12\} = X(\Omega).$$

Durch Abzählen erhält man für die Verteilung von $X$ folgende Werte:

| $k$ | 2 | 3 | 4 | 5 | 6 | 7 | 8 | 9 | 10 | 11 | 12 |
|---|---|---|---|---|---|---|---|---|---|---|---|
| $P(X = k)$ | $\frac{1}{36}$ | $\frac{2}{36}$ | $\frac{3}{36}$ | $\frac{4}{36}$ | $\frac{5}{36}$ | $\frac{6}{36}$ | $\frac{5}{36}$ | $\frac{4}{36}$ | $\frac{3}{36}$ | $\frac{2}{36}$ | $\frac{1}{36}$ |

Es gibt eine wichtige Beziehung zwischen beschreibender Statistik und Wahrscheinlich-keitsrechnung. Rein formal kann man jede beliebige Menge als Menge von Ergebnissen ansehen, auch eine Menge $M = \{\alpha_1, \ldots, \alpha_n\}$ von Individuen wie in 1.1.1, dann ist

$$\Omega := M = \{\alpha_1, \ldots, \alpha_n\}, \quad \text{also} \quad \omega_j := \alpha_j \quad \text{für} \quad j = 1, \ldots, n.$$

Stellt man sich vor, dass ein „Individuum" zufällig ausgewählt werden kann, so hat die Bezeichnung „Ergebnismenge" auch einen inhaltlichen Sinn. Als Wahrscheinlich-keitsmaß auf $\Omega$ kann man die Gleichverteilung wählen. Hintergrund ist die Vorstel-lung, dass jedes Individuum mit der gleichen Wahrscheinlichkeit gewählt wird. Da wir $\Omega := \{\alpha_1, \ldots, \alpha_n\}$ gewählt haben, können wir jedes Merkmal

$$X: M \to \mathbb{R}$$

auch als Zufallsvariable

$$X: \Omega \to \mathbb{R}$$

auffassen. Nun ist für ein $a \in X(\Omega)$ nach der Definition der relativen Häufigkeit in 1.1.2

$$r(X = a) = \frac{1}{n} \cdot \#\{X = a\}.$$

Andererseits gilt nach Wahl der Gleichverteilung $P$ auf $\Omega$ für die Verteilung der Zufalls-variable $X$

$$P(X = a) = \frac{1}{n} \cdot \#\{X = a\},$$

also folgt aus diesen beiden Gleichungen, dass

$$P(X = a) = r(X = a). \qquad (*)$$

Das ist kein Widerspruch zu dem in 2.1.1 erläuterten Problem, dass man Wahrschein-lichkeiten nicht einfach durch relative Häufigkeiten definieren kann. Sowohl $P(X = a)$ als auch $r(X = a)$ sind für sich genommen präzise definiert, und es stellt sich heraus, dass sie in diesem speziellen Fall gleich sind. Die Gleichung $(*)$ hat aber nicht nur eine formale Bedeutung: Greift man aus $M = \Omega$ zufällig ein Individuum $\omega$ heraus, so ist für ein $a \in X(M)$ die relative Häufigkeit $r(X = a)$ ein geeignetes Maß der Wahrscheinlich-keit dafür, dass $X(\omega) = a$. Das setzt aber voraus, dass jedes Individuum mit gleicher Wahrscheinlichkeit ausgewählt wird. Das heißt, dass das Wahrscheinlichkeitsmaß auf $\Omega$ die Gleichverteilung $P$ ist.

Mit diesen Konventionen könnte man die beschreibende Statistik formal als Teil der Wahrscheinlichkeitsrechnung ansehen, obwohl dabei inhaltlich gar keine Wahrschein-lichkeiten auftreten.

## 2.1.6  Aufgaben

**Aufgabe 2.1**  Wir betrachten erneut das „Stammhalter"-Problem aus Beispiel 4 in Abschnitt 2.1.2. Nun habe das Paar $n$ Kinder.

(a) Geben Sie $\Omega$, $P$, $A$ und $P(A)$ an.
(b) Geben Sie $\Omega''$, $P''$, $A''$ und $P''(A'')$ an.

**Aufgabe 2.2**  (nach [BOS, Beispiel B 4.1]) Es seien die endliche Ergebnismenge $\Omega = \{\omega_1, \ldots, \omega_{10}\} = \{1, 2, \ldots, 10\}$ eines Zufallsexperiments und eine Abbildung

$$p(\omega_i) := \frac{c}{2^i}, \qquad i = 1, \ldots, 10, \qquad c \in \mathbb{R}$$

gegeben.

(a) Wie ist die Konstante $c$ zu wählen, so dass die Abbildung $p \colon \Omega \to [0,1]$ eine Wahrscheinlichkeitsfunktion ist?
(b) Ermitteln Sie die Wahrscheinlichkeiten der Ereignisse
  $G$: *gerade Zahl* und $U$: *ungerade Zahl*.

**Aufgabe 2.3**  Für eine Zwischenprüfung im Studiengang A muss ein Student in einem Fach zwei Klausuren und eine mündliche Prüfung ablegen. Die Zwischenprüfung gilt als nicht bestanden, wenn er entweder beide Klausuren nicht besteht oder die mündliche Prüfung nicht besteht.
Für eine Zwischenprüfung im Studiengang B muss ein Student in zwei Fächern jeweils eine Klausur und eine mündliche Prüfung ablegen. Die Zwischenprüfung gilt als nicht bestanden, wenn er ein Fach nicht besteht, was der Fall ist, wenn er in diesem Fach sowohl die Klausur als auch die mündliche Prüfung nicht besteht.
Das (Nicht-)Bestehen von Prüfungen (mündlich oder schriftlich) werde als unabhängig angenommen. Die Wahrscheinlichkeit, eine Prüfung nicht zu bestehen, sei $p$ ($0 < p < 1$).

(a) Sei $A$ das Ereignis „Nicht-Bestehen der Zwischenprüfung im Studiengang A". Berechnen Sie die Wahrscheinlichkeit $P(A)$ in Abhängigkeit von $p$.
(b) Sei $B$ das Ereignis „Nicht-Bestehen der Zwischenprüfung im Studiengang B". Berechnen Sie die Wahrscheinlichkeit $P(B)$ in Abhängigkeit von $p$.
(c) Berechnen Sie $P(A)$ und $P(B)$ jeweils für $p = 0.1, 0.3, 0.5, 0.9$. Was lässt sich nun bzgl. der Durchfallquoten zu den Studiengängen A und B sagen?

**Aufgabe 2.4**  (nach [BOS, Beispiel B 4.3]) Gegeben seien ein endlicher Wahrscheinlichkeitsraum $(\Omega, P)$ und drei Ereignisse $A$, $B$ und $C$, wobei $A \cap B = \emptyset$. Weiterhin sind folgende Wahrscheinlichkeiten gegeben:

$$P(A) = 0.3, \; P(B) = 0.2, \; P(C) = 0.4, \; P(A \cap C) = 0.1.$$

Ermitteln Sie daraus die Wahrscheinlichkeiten

$$P(A \cup B), \; P(A \cup C), \; P(A \setminus B), \; P(C \setminus A), \; P(\overline{A} \cup \overline{B}), \; P(\overline{A} \cap \overline{B}).$$

## 2.2 Bedingte Wahrscheinlichkeit und Unabhängigkeit

Das Wort „unabhängig" war in den vorhergehenden Abschnitten schon öfter vorgekommen: Bei Merkmalen wurde in 1.4.4 die Unabhängigkeit durch Produktregeln erklärt, beim Münzwurf wurde angenommen, dass die Münze kein Gedächtnis hat, und dass daher das Ergebnis eines jeden Wurfes unabhängig ist von allen vorherigen Würfen. Bei zwei Kindern hatten wir ebenfalls angenommen, dass das Geschlecht des zweiten Kindes unabhängig ist vom Geschlecht des ersten Kindes. Solche Annahmen bedeuten im Grunde, dass es zwischen diesen Ergebnissen keinen ursächlichen Zusammenhang gibt. Das ist nach allen Erfahrungen recht gut belegt, aber kaum streng beweisbar. In der axiomatischen Wahrscheinlichkeitsrechnung umgeht man dieses inhaltliche Problem wieder durch eine recht plausible formale Definition der Unabhängigkeit. Auf dieser Grundlage kann man dann interessante Folgerungen streng beweisen.

### 2.2.1 Bedingte Wahrscheinlichkeit

Zunächst einmal betrachten wir eine allgemeine Beziehung zwischen zwei Ereignissen.

**Beispiel 1** (*Blonde Frauen*)
Bei einer Menge $M = \{\alpha_1, ..., \alpha_n\}$ von Personen betrachten wir die Merkmale

$$G = \text{Geschlecht} \quad \text{und} \quad H = \text{Haarfarbe}$$

sowie die Ausprägungen $w = weiblich$ von $G$ und $b = blond$ von $H$. Weiter seien

$$W := \{G = w\} \subset M \quad \text{und} \quad B = \{H = b\} \subset M$$

die Teilmengen der Frauen und der Blonden.

Wie in 2.1.5 erläutert, kann man auf $M$ formal die Gleichverteilung als Wahrscheinlichkeitsmaß einführen, und die relativen Häufigkeiten als Wahrscheinlichkeiten ansehen. Dann ist

$$r(H = b) = \frac{1}{n} \cdot \#B = P(B) \quad \text{und} \quad r(G = w) = \frac{1}{n} \cdot \#W = P(W).$$

Nur noch die Haarfarbe der weiblichen Personen zu betrachten bedeutet, die Beschränkung $H'$ des Merkmals $H$ auf $W$ zu betrachten. Ist $W \neq \varnothing$, so folgt wegen

$$P(W \cap B) = \frac{1}{n} \cdot \#(W \cap B), \quad \text{dass} \quad r(H' = b) = \frac{\#(W \cap B)}{\#W} = \frac{n \cdot P(W \cap B)}{n \cdot P(W)} = \frac{P(W \cap B)}{P(W)}.$$

Die relative Häufigkeit von $b$ kann man als eine durch $W$ *bedingte* relative Häufigkeit von $B$ ansehen. Die Erfahrung zeigt, dass $r(H' = b)$ bei den meisten Gruppen von Personen größer ist als $r(H = b)$. Ursache dafür scheint die Friseurkunst zu sein.

Man beachte, dass bei dieser Überlegung $B$ und $W$ nicht gleichberechtigt sind. Selbst wenn alle Frauen blond wären, müssten nicht alle Blonden weiblich sein.

Die in Beispiel 1 beschriebene bedingte relative Häufigkeit kann als Motivation dienen für folgende

**Definition**  *Sei $(\Omega, P)$ ein endlicher Wahrscheinlichkeitsraum mit Ereignissen $A, B \subset \Omega$. Ist $P(B) > 0$, so nennt man*

$$P_B(A) := \frac{P(A \cap B)}{P(B)}$$

*die bedingte Wahrscheinlichkeit von $A$ unter der Hypothese $B$.*

Diese Definition kann man so interpretieren: Man ersetzt $\Omega$ durch die Teilmenge $B$, und $A$ durch $A \cap B$. Dann kann man $P_B$ als neues Wahrscheinlichkeitsmaß auf $\Omega$ ansehen, das auf $B$ „konzentriert" ist, oder aber als Wahrscheinlichkeitsmaß auf $B$. Genauer gilt:

**Bemerkung**  *Sei $(\Omega, P)$ ein endlicher Wahrscheinlichkeitsraum und $B \subset \Omega$ mit $P(B) > 0$. Nach Definition von $P_B$ ist*

$$P_B(\omega) = \begin{cases} \frac{P(\omega)}{P(B)} & \text{für} \quad \omega \in B, \\ 0 & \text{für} \quad \omega \notin B. \end{cases}$$

*Dann ist einerseits durch $P_B \colon \Omega \to [0,1], \;\; \omega \mapsto P_B(\omega)$, eine Wahrscheinlichkeitsfunktion auf $\Omega$ erklärt mit*

$$P_B(A) = \frac{P(A \cap B)}{P(B)} \quad \text{für alle} \quad A \subset \Omega.$$

*Andererseits ist durch $P_B \colon B \to [0,1], \;\; \omega \mapsto P_B(\omega)$, eine Wahrscheinlichkeitsfunktion auf $B$ erklärt mit*

$$P_B(A') = \frac{P(A')}{P(B)} \quad \text{für alle} \quad A' \subset B.$$

Kurz gesagt: Außerhalb von $B$ werden die Wahrscheinlichkeiten zu Null gemacht, auf $B$ mit dem Faktor $1/P(B)$ vergrößert. Das kann man so illustrieren:

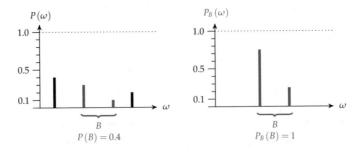

*Beweis* Ist $\Omega = \{\omega_1, ..., \omega_n\}$, so können wir $B = \{\omega_1, ..., \omega_k\}$ mit $k \leqslant n$ annehmen. Dann ist

$$P_B(\omega_1) + ... + P_B(\omega_n) = \frac{P(\omega_1) + ... + P(\omega_k)}{P(B)} + 0 = \frac{P(B)}{P(B)} = 1,$$

also ist $P_B$ eine Wahrscheinlichkeitsfunktion auf $\Omega$, und wegen

$$P_B(\omega_1) + ... + P_B(\omega_k) = \frac{P(B)}{P(B)} = 1$$

auch auf $B$. ∎

Um die bedingte Wahrscheinlichkeit $P_B(A)$ mit der *totalen* Wahrscheinlichkeit $P(A)$ zu vergleichen, genügt es, die Definition von $P_B(A)$ anzusehen. Daraus folgt sofort:

$$P_B(A) < P(A) \quad \Leftrightarrow \quad P(A \cap B) < P(A) \cdot P(B),$$
$$P_B(A) = P(A) \quad \Leftrightarrow \quad P(A \cap B) = P(A) \cdot P(B),$$
$$P_B(A) > P(A) \quad \Leftrightarrow \quad P(A \cap B) > P(A) \cdot P(B).$$

Diese verschiedenen Fälle kann man geometrisch illustrieren, indem man $\Omega$ als Quadrat der Kantenlänge 1 zeichnet und für eine Teilmenge $A \subset \Omega$ als $P(A)$ den Flächeninhalt von $A$ wählt. In dieser Analogie halten wir nun ein $B \subset \Omega$ mit $P(B) = \frac{1}{3}$ fest und vergleichen es mit verschiedenartigen Teilmengen $A \subset \Omega$:

1. $A \cap B = \emptyset$, also $0 = P_B(A) \leqslant P(A)$,
   d.h. unter der Hypothese $B$ wird $A$ „total unwahrscheinlich".

2. $P(A \cap B) < P(A) \cdot P(B)$, also $P_B(A) < P(A)$,
   d.h. unter der Hypothese $B$ wird $A$ unwahrscheinlicher.

3. $P(A \cap B) = P(A) \cdot P(B)$, also $P_B(A) = P(A)$,
   d.h. unter der Hypothese $B$ bleibt $A$ gleich wahrscheinlich.

4. $P(A \cap B) > P(A) \cdot P(B)$, also $P_B(A) > P(A)$,
   d.h. unter der Hypothese $B$ wird $A$ wahrscheinlicher.

5. $B \subset A$, also $1 = P_B(A) \geqslant P(A)$,

    d.h. unter der Hypothese $B$ wird $A$ „total wahrscheinlich".

Die Fälle 1., 3. und 5. sind extrem, die Fälle 2. und 4. „normal". Auf Fall 3. kommen wir in 2.2.3 zurück, dann nennt man die Ereignisse $A$ und $B$ „unabhängig".

## 2.2.2 Rechenregeln für bedingte Wahrscheinlichkeiten

Für viele Zwecke ist es nützlich, einige Formeln für die Beziehungen zwischen totalen und bedingten Wahrscheinlichkeiten zur Hand zu haben.

**Satz** *Gegeben sei ein endlicher Wahrscheinlichkeitsraum* $(\Omega, P)$. *Dann gelten folgende Regeln:*

a) **Umgekehrte bedingte Wahrscheinlichkeit** *Für* $A, B \subset \Omega$ *mit* $P(A) > 0$ *und* $P(B) > 0$ *gilt*

$$P_A(B) = \frac{P(B)}{P(A)} \cdot P_B(A).$$

b) **Totale Wahrscheinlichkeit** *Ist eine Zerlegung* $\Omega = B_1 \cup \ldots \cup B_r$ *mit* $B_i \cap B_j = \emptyset$ *für* $i \neq j$ *gegeben, und ist* $P(B_i) > 0$ *für* $i, j = 1, \ldots, r$, *so gilt*

$$P(A) = \sum_{i=1}^{r} P(B_i) \cdot P_{B_i}(A).$$

c) **Formel von Bayes** *Ist zusätzlich zu den Voraussetzungen von* **b)** *auch* $P(A) > 0$, *so gilt für jedes* $j = 1, \ldots, r$

$$P_A(B_j) = \frac{P(B_j) \cdot P_{B_j}(A)}{\sum\limits_{i=1}^{r} P(B_i) \cdot P_{B_i}(A)}.$$

d) **Produktregel** *Sind* $A_1, \ldots, A_r \subset \Omega$ *gegeben mit* $r \geqslant 2$ *und* $P(A_1 \cap \ldots \cap A_{m-1}) > 0$ *für* $m = 1, \ldots, r - 1$, *so gilt*

$$P(A_1 \cap \ldots \cap A_r) = P(A_1) \cdot P_{A_1}(A_2) \cdot P_{A_1 \cap A_2}(A_3) \cdot \ldots \cdot P_{A_1 \cap \ldots \cap A_{r-1}}(A_r).$$

*Beweis* Formel *a)* folgt sofort aus

$$P(B) \cdot P_B(A) = P(A \cap B) = P(A) \cdot P_A(B).$$

Zum Nachweis von *b)* benutzen wir Regel *3)* aus 2.1.4 und *a)*:

$$P(A) = P((A \cap B_1) \cup ... \cup (A \cap B_r)) = \sum_{i=1}^{r} P(A \cap B_i) = \sum_{i=1}^{r} P(B_i) \cdot P_{B_i}(A).$$

Man kann also die totale Wahrscheinlichkeit bei einer Zerlegung aus den bedingten Wahrscheinlichkeiten berechnen.

Zu Formel *c)* verwendet man, dass

$$P_A(B_j) = \frac{P(B_j)}{P(A)} \cdot P_{B_j}(A)$$

nach *a)*, und setzt $P(A)$ aus *b)* ein.

Für $r = 2$ lautet die Regel *d)*

$$P(A_1 \cap A_2) = P(A_1) \cdot P_{A_1}(A_2),$$

das ist die Definition der bedingten Wahrscheinlichkeit. Der allgemeine Fall folgt durch Induktion, denn

$$
\begin{aligned}
P(A_1 \cap ... \cap A_r) &= P((A_1 \cap ... \cap A_{r-1}) \cap A_r) \\
&= P(A_1 \cap ... \cap A_{r-1}) \cdot P_{A_1 \cap ... \cap A_{r-1}}(A_r).
\end{aligned}
$$ ∎

Die Produktregel *d)* hängt eng zusammen mit der *Pfadregel*, die in 2.2.5 behandelt wird.

**Beispiel 1** (*Wartung und Motorschaden*, angelehnt an [S-E, p. 103])
Bei einer Umfrage zum Thema Autowartung und Motorschäden wurden Fahrzeugbesitzer befragt, ob sie ihr Fahrzeug regelmäßig warten lassen und ob ihr Fahzeug in den ersten fünf Jahren nach Kauf eines Neuwagens einen Motorschaden hatte. Als Ergebnis der Befragung ergaben sich folgende Werte: Die Wahrscheinlichkeit, dass ein Motorschaden auftritt, liegt bei den Fahrern, die ihr Fahrzeug regelmäßig warten lassen, bei 0.1, bei Fahrern, die es nicht regelmäßig warten lassen, bei 0.6. Insgesamt lassen 70% der Fahrer ihr Fahrzeug regelmäßig warten. Wir wollen die Wahrscheinlichkeit bestimmen, dass ein Fahrzeug mit Motorschaden regelmäßig gewartet wurde.

Dazu betrachten wir für einen zufällig ausgewählten Fahrer die Ereignisse

$W$ : *der Fahrer lässt sein Fahrzeug regelmäßig warten,*
$M$ : *das Fahrzeug hat einen Motorschaden.*

Gegeben sind also die Wahrscheinlichkeiten

$$P_W(M) = 0.1, \qquad P_{\overline{W}}(M) = 0.6 \quad \text{und} \quad P(W) = 0.7,$$

und wir wollen $P_M(W)$ ermitteln. Dazu gibt es verschiedene Varianten.

*Variante 1:    Formel von* BAYES
Nach Teil *c)* des gerade bewiesenen Satzes gilt

$$P_M(W) = \frac{P(W) \cdot P_W(M)}{P(W) \cdot P_W(M) + P(\overline{W}) \cdot P_{\overline{W}}(M)} = \frac{0.7 \cdot 0.1}{0.7 \cdot 0.1 + 0.3 \cdot 0.6} = 0.28.$$

*Variante 2:    Vierfeldertafel*
Eine Vierfeldertafel ist ein Schema, dessen Aufbau an die Kontingenztafel in 1.4.1 erinnert. In der ersten Zeile bzw. der ersten Spalte sind die Ereignisse $M$ und $\overline{M}$ sowie $W$ und $\overline{W}$ eingetragen. Der wesentliche Unterschied besteht nun darin, dass in den Feldern keine absoluten oder relativen Häufigkeiten eingetragen sind, sondern die Wahrscheinlichkeiten $P(M \cap W)$ usw. Wir müssen also zunächst mit der Definition aus Abschnitt 2.2.1 die Wahrscheinlichkeiten

$$\begin{aligned} P(M \cap W) &= P(W) \cdot P_W(M) = 0.7 \cdot 0.1 = 0.07 \\ P(M \cap \overline{W}) &= P(\overline{W}) \cdot P_{\overline{W}}(M) = 0.3 \cdot 0.6 = 0.18 \end{aligned}$$

bestimmen und erhalten zunächst eine teilweise gefüllte Vierfeldertafel. Die übrigen Felder füllen wir nun entweder mit Hilfe der Bemerkung in 2.2.1, die uns die Berechnung von $P(\overline{M} \cap W)$ und $P(\overline{M} \cap \overline{W})$ ermöglicht, oder wir verwenden die Randwahrscheinlichkeiten und nutzen aus, dass

$$P(\overline{M} \cap W) + P(M \cap W) = P(W),$$

um $P(\overline{M} \cap W)$ zu bestimmen. Dies führt auf folgende Vierfeldertafel:

|                  | $M$  | $\overline{M}$ |      |
|------------------|------|------|------|
| $W$              | 0.07 | 0.63 | 0.70 |
| $\overline{W}$   | 0.18 | 0.12 | 0.30 |
|                  | 0.25 | 0.75 | 1.00 |

Damit erhalten wir

$$P_M(W) = \frac{P(M \cap W)}{P(M)} = \frac{0.07}{0.25} = 0.28.$$

*Variante 3:    Baumdiagramm*
Das allgemeine Baumdiagramm wird erst in 2.2.5 diskutiert, doch wollen wir hier bereits den Spezialfall des vorliegenden zweistufigen Zufallsexperiments betrachten. Das Baumdiagramm sieht so aus:

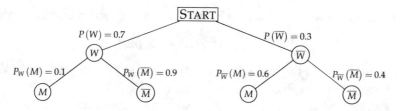

Mit Hilfe der Produktregel aus dem gerade bewiesenen Satz und dem Axiom **W2** lesen wir mit Hilfe der Definition in 2.2.1 die gesuchte Wahrscheinlichkeit

$$P_M(W) = \frac{P(M \cap W)}{P(M)} = \frac{0.1 \cdot 0.7}{0.1 \cdot 0.7 + 0.3 \cdot 0.6} = 0.28$$

direkt aus dem Baumdiagramm ab.

**Beispiel 2** (*Buben beim Kartenspiel*)
Aus einem Skatblatt mit 32 Karten, 4 davon Buben, werden hintereinander ohne Zurücklegen zwei Karten gezogen. Gesucht ist die Wahrscheinlichkeit beim zweiten Zug einen Buben zu ziehen. Diese könnte verschieden sein von der Wahrscheinlichkeit, beim ersten Zug einen Buben zu ziehen.

Um diese Frage zu klären, nummerieren wir die Karten mit 1,...,32, die Buben mit 1,2,3,4. Das Ergebnis von zwei Zügen ohne Zurücklegen liegt dann in

$$\Omega := \{(a_1, a_2) \in \{1, ..., 32\}^2 : a_2 \neq a_1\},$$

und auf $\Omega$ ist die Gleichverteilung $P$ angemessen (Genaueres dazu in 2.3.2).

Das Ereignis „Bube beim zweiten Zug" ist beschrieben durch

$$A := \{(a_1, a_2) \in \Omega : a_2 \in \{1, 2, 3, 4\}\}.$$

Ob schon im ersten Zug ein Bube gezogen wurde oder nicht, ist beschrieben durch die beiden komplementären Hypothesen

$$B_1 := \{(a_1, a_2) \in \Omega : a_1 \in \{1, 2, 3, 4\}\} \quad \text{und} \quad B_2 := \{(a_1, a_2) \in \Omega : a_1 \notin \{1, 2, 3, 4\}\}.$$

Da beim ersten Zug noch alle Karten vorhanden sind, ist

$$P(B_1) = \frac{4}{32} = 0.125 \quad \text{und} \quad P(B_2) = \frac{28}{32} = 0.875.$$

Nach dem ersten Zug verbleiben noch 31 Karten; unter der Hypthese $B_1$ noch drei Buben, unter der Hypothese $B_2$ noch alle vier Buben. Also ist

$$P_{B_1}(A) = \frac{3}{31} = 0.097 \quad \text{und} \quad P_{B_2}(A) = \frac{4}{31} = 0.129.$$

Nach der Formel *b)* für die totale Wahrscheinlichkeit folgt

$$P(A) = P(B_1) \cdot P_{B_1}(A) + P(B_2) \cdot P_{B_2}(A) = \frac{1}{8} \cdot \frac{3}{31} + \frac{7}{8} \cdot \frac{4}{31} = \frac{1}{8} = 0.125.$$

Das ergibt zunächst eine quantitative Form der offensichtlichen Ungleichungen

$$P_{B_1}(A) < P(A) < P_{B_2}(A).$$

Die Gleichung $P(A) = P(B_1)$ mag dagegen überraschen: Die Wahrscheinlichkeiten beim ersten oder zweiten Zug einen Buben zu ziehen sind gleich! Das kann man so erklären: Ist im ersten Zug schon ein Bube gezogen, so ist man beim zweiten Zug mit nur noch 3 Buben aus 31 Karten im Nachteil. Ist jedoch im ersten Zug kein Bube gezogen, so ist man im zweiten Zug mit 4 Buben aus 31 Karten im Vorteil. Dass dieser Vorteil den Nachteil genau aufwiegt, zeigt die obige Rechnung.

Ganz ohne Rechnung kann man diesen Effekt an einem stark vereinfachten Experiment erkennen: Man zieht zweimal ohne Zurücklegen aus $\{1,2\}$. Dann sind die Wahrscheinlichkeiten beim ersten oder beim zweiten Zug die 1 zu ziehen beide gleich $\frac{1}{2}$.

**Beispiel 3** (*Medizinischer Test*)
Durch einen medizinischen Test soll entschieden werden, ob eine Person eine bestimmte Krankheit hat oder nicht. Ein Problem dabei ist, dass bei einem solchen Test - mit kleiner Wahrscheinlichkeit - Fehler auftreten können. Dadurch entstehen zwei Fragen:

1) Wie groß ist die Wahrscheinlichkeit bei negativem Testergebnis gesund zu sein?

2) Wie groß ist die Wahrscheinlichkeit bei positivem Testergebnis krank zu sein?

Um diese Fragen beantworten zu können, betrachten wir von jeder Testperson zwei Daten:

a) Sie ist gesund ($g$) oder krank ($k$). Das ist zwar nicht bekannt, soll aber feststehen.

b) Das Testergebnis ist negativ ($-$) oder positiv ($+$).

Als Ergebnismenge erhalten wir

$$\Omega := \left\{ \begin{array}{ll} (g,-) & (g,+) \\ (k,-) & (k,+) \end{array} \right\}.$$

Bei $(g,-)$ und $(k,+)$ war das Testergebnis richtig, bei $(g,+)$ und $(k,-)$ falsch.

Auf dieser Menge $\Omega$ mit vier Elementen ist ein angemessenes Wahrscheinlichkeitsmaß gesucht. Dazu betrachten wir zunächst zwei Zerlegungen von $\Omega$. Ist

$$A_g := \{(g,+),(g,-)\}, \quad A_k := \{(k,-),(k,+)\}$$

$$B_- := \left\{ \begin{array}{l} (g,-) \\ (k,-) \end{array} \right\}, \qquad B_+ := \left\{ \begin{array}{l} (g,+) \\ (k,+) \end{array} \right\},$$

so hat man die Zerlegungen $\Omega = A_g \cup A_k = B_- \cup B_+$. Um nun ein angemessenes Wahrscheinlichkeitsmaß auf $\Omega$ angeben zu können, verwendet man drei Werte:

- $q := P(A_k)$ ist die relative Häufigkeit der untersuchten Krankheit, sie hängt ab von der „Risikogruppe", aus der die getestete Person stammt.

- $p_{sp} := P_{A_g}(B_-)$, „negativ, wenn gesund", ist die *Spezifität* des Testverfahrens.

- $p_{se} := P_{A_k}(B_+)$, „positiv, wenn krank", ist die *Sensitivität* des Testverfahrens.

$p_{sp}$ und $p_{se}$ sind ziemlich sichere Erfahrungswerte, $q$ dagegen kann sehr variabel sein.
Mit diesen Notationen wird nun Frage 1) beantwortet durch Berechnung von $P_{B_-}(A_g)$, Frage 2) durch $P_{B_+}(A_k)$.
Das gesuchte Wahrscheinlichkeitsmaß kann man auch durch die Flächeninhalte von rechteckigen Teilen eines Quadrats $\Omega$ der Kantenlänge 1 wie rechts dargestellt skizzieren.

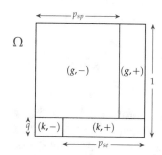

Die Berechnung der Wahrscheinlichkeiten mit Hilfe der passenden Regeln ergibt:

$$P(g,-) = P(A_g \cap B_-) = P(A_g) \cdot P_{A_g}(B_-) = (1-q) \cdot p_{sp},$$

$$P(k,+) = P(A_k \cap B_+) = P(A_k) \cdot P_{A_k}(B_+) = q \cdot p_{se},$$

$$P(g,+) = P(A_g) - P(g,-) = (1-q) - (1-q)p_{sp} = (1-q)(1-p_{sp}),$$

$$P(k,-) = P(A_k) - P(k,+) = q - q \cdot p_{se} = q \cdot (1-p_{se}).$$

Wie man sieht, sind das die Flächeninhalte der entsprechenden Rechtecke. Daraus ergibt sich die Antwort auf die oben gestellten Fragen:

$$1)\ P_{B_-}(A_g) = \frac{P(A_g \cap B_-)}{P(B_-)} = \frac{P(g,-)}{P(g,-) + P(k,-)} = \frac{(1-q) \cdot p_{sp}}{(1-q) \cdot p_{sp} + q(1-p_{se})},$$

$$2)\ P_{B_+}(A_k) = \frac{P(A_k \cap B_+)}{P(B_+)} = \frac{P(k,+)}{P(k,+) + P(g,+)} = \frac{q \cdot p_{se}}{q \cdot p_{se} + (1-q)(1-p_{sp})}.$$

Das kann man auch mit der Formel von BAYES erhalten.

Im Fall 1) mit $A = B_-, B_1 = A_g$ und $B_2 = A_k$:

$$P_{B_-}(A_g) = \frac{P(A_g) \cdot P_{A_g}(B_-)}{P(A_g) \cdot P_{A_g}(B_-) + P(A_k) \cdot P_{A_k}(B_-)} \quad \text{und} \quad P_{A_k}(B_-) = 1 - P_{A_k}(B_+).$$

Im Fall 2) mit $A = B_+, B_1 = A_k$ und $B_2 = A_g$:

$$P_{B_+}(A_k) = \frac{P(A_k) \cdot P_{A_k}(B_+)}{P(A_k) \cdot P_{A_k}(B_+) + P(A_g) \cdot P_{A_g}(B_+)} \quad \text{und} \quad P_{A_g}(B_+) = 1 - P_{A_g}(B_-).$$

Entscheidend ist nun die Interpretation dieser Ergebnisse. Die beiden Werte hängen von den drei Größen $q, p_{sp}$ und $p_{se}$ ab. Wir wollen $p_{sp}$ und $p_{se}$ festhalten, realistische Werte sind

$$p_{sp} = p_{se} = 0.998,$$

d.h. bei 1000 Tests etwa 2 Fehler. Mit diesen Werten betrachten wir die Abhängigkeit von der Risikogruppe, d.h. die rationalen Funktionen

$$f: [0,1] \to [0,1], \quad q \mapsto P_{B_-}(A_g) = \frac{998q - 998}{996q - 998},$$

$$g: [0,1] \to [0,1], \quad q \mapsto P_{B_+}(A_k) = \frac{998q}{996q + 2}.$$

Der Graph von $f$ ist rechts dargestellt.
Selbst bei extremen Epidemien kann man also einem negativen Testergebnis noch recht gut vertrauen:

$$f(0.8) = 0.992, \quad f(0.9) = 0.982,$$
$$f(0.95) = 0.963, \quad f(0.99) = 0.834.$$

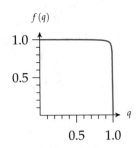

Viel kritischer ist die Situation bei Frage 2). Der Graph von $g$ in direkter und logarithmischer Skala aufgetragen sieht so aus:

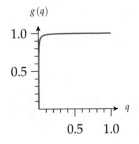

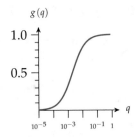

Einige Werte:

| $n$ | 0 | 1 | 2 | 3 | 4 | 5 |
|---|---|---|---|---|---|---|
| $g(10^{-n})$ | 1 | 0.982 | 0.834 | 0.333 | 0.048 | 0.005 |

Das bedeutet, dass die Wahrscheinlichkeit bei einem positiven Testergebnis wirklich krank zu sein mit kleiner werdender Risikogruppe extrem klein wird. Das heißt, die Wahrscheinlichkeit für einen „Fehlalarm" nimmt extrem zu!

Es ist immer von Vorteil, sich ein solch überraschendes Ergebnis auch direkter klar zu machen. Nehmen wir den Fall $q = 10^{-3}$, d.h. etwa eine Person unter tausend ist krank. Bei $p_{se} = 0.998$ wird diese Person mit größter Wahrscheinlichkeit positiv getestet. Bei $p_{se} = 0.998$ werden aber zusätzlich etwa zwei gesunde Personen positiv getestet.

Unter drei positiv getesteten Personen ist also nur eine krank. Dem entspricht der Wert $g(10^{-3}) = 0.333$! Dagegen ist $g(\frac{1}{3}) = 0.996$.

In 2.2.5 werden wir sehen, wie dieses unbefriedigende Ergebnis durch einen zweiten Test enorm verbessert werden kann.

**Beispiel 4** (*Das* SIMPSON-*Paradoxon*)
Unter der Überschrift „Sex Bias in Graduate Admission at the University of California, Berkeley" behauptete **The New York Times** im Jahr 1972, dass männliche Bewerber bevorzugt würden: In der Tat wurden insgesamt 47% der männlichen und nur 31% der weiblichen Bewerbungen angenommen. Wenn man diese Zahlen nach den verschiedenen Fächern aufschlüsselt, ergibt sich ein ganz anderes Bild.

Um den Effekt mit möglichst wenig Zahlen deutlich machen zu können, greifen wir von den Zulassungszahlen in Berkeley aus dem Herbst 1973 nur zwei sehr unterschiedliche Fächer heraus: eines mit milder und ein anderes mit sehr strenger Auslese. Die Zahlen sind in der folgenden Tabelle zusammengefasst:

|  | Bewerber | angenommen | Bewerberinnen | angenommen |
|---|---|---|---|---|
| Fach 1 | 825 | $511 \,\widehat{=}\, 62\%$ | 108 | $88 \,\widehat{=}\, 81\%$ |
| Fach 2 | 373 | $22 \,\widehat{=}\, 6\%$ | 341 | $24 \,\widehat{=}\, 7\%$ |
| insgesamt | 1 198 | $533 \,\widehat{=}\, 44\%$ | 449 | $112 \,\widehat{=}\, 25\%$ |

Obwohl es sich bei den Anteilen der zugelassenen Bewerbungen um relative Häufigkeiten handelt, kann man diese Ergebnisse auch aus der Sicht der Wahrscheinlichkeitsrechnung beschreiben: Dazu betrachtet man die Menge aller Bewerbungen

$$\Omega := \{1,...,1\,198,1\,199,...,1\,647\} = M \cup W$$

mit der Zerlegung in Bewerber und Bewerberinnen,

$$M := \{1,...,1\,198\} \quad \text{und} \quad W := \{1\,199,...,1\,647\}.$$

Weiter hat man die Zerlegung $\Omega = B_1 \cup B_2$, wobei $B_i$ ($i = 1,2$) die Bewerbungen im Fach $i$ bezeichnet.

Wie in 2.1.5 erläutert, kann man relative Häufigkeiten formal als Wahrscheinlichkeiten bei Gleichverteilung ansehen. Mit der Gleichverteilung $P$ auf $\Omega$ ist daher

$$P(M) = \frac{1\,198}{1\,647} = 0.727, \quad P(W) = \frac{449}{1\,647} = 0.273.$$

Weiter ist $P_M(B_1) = \dfrac{P(M \cap B_1)}{P(M)} = \dfrac{825/1\,647}{1\,198/1\,647}$, also

$$P_M(B_1) = \frac{825}{1\,198} = 0.689, \quad P_W(B_1) = \frac{108}{449} = 0.241,$$

$$P_M(B_2) = \frac{373}{1\,198} = 0.311, \quad P_W(B_2) = \frac{341}{449} = 0.759.$$

Diese Größenverhältnisse in $\Omega$ kann man wieder an einem Quadrat der Fläche 1 illustrieren. Die schraffierten Teile entsprechen dabei jeweils den angenommenen Bewerbungen. Formal betrachtet man dazu das Ereignis

$$A := \{\omega \in \Omega : \ \omega \text{ ist angenommen}\}.$$

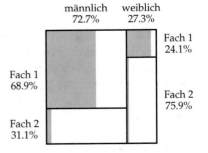

Noch anschaulicher lassen sich die verschiedenen Annahmequoten durch Steigungen von Geraden illustrieren. Man zeichnet nach rechts die gesamte Anzahl der Bewerbungen und dann nach oben die Anzahl der angenommenen Bewerbungen. Aufgeschlüsselt nach Geschlechtern und dann nach den Fächern ergeben sich folgende Bilder:

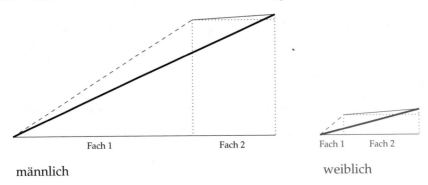

Wie man sieht, sind bei den Bewerberinnen die Steigungen in beiden Fächern größer als bei den Bewerbern, die gesamte Steigung jedoch ist wegen der verschiedenen Verteilungen auf die Fächer geringer.

Zuletzt kann man bedingte Wahrscheinlichkeiten vergleichen:

$$P_M(A) = \frac{533}{1\,198} = 0.445 \ > \ P_W(A) = \frac{112}{449} = 0.249,$$

$$P_{M \cap B_1}(A) = \frac{511}{825} = 0.619 \ < \ P_{W \cap B_1}(A) = \frac{88}{108} = 0.815,$$

$$P_{M \cap B_2}(A) = \frac{22}{373} = 0.059 \ < \ P_{W \cap B_2}(A) = \frac{24}{341} = 0.070.$$

Das Paradoxon besteht nun darin, dass in jedem der beiden Fächer relativ mehr Frauen angenommen wurden, insgesamt aber deutlich weniger. Gründe dafür sind die stark verschiedenen Anteile von Bewerbern und Bewerberinnen insgesamt und die relativ größere Anzahl von Bewerberinnen im Fach 2 mit weit strengerer Auslese.

Allgemeiner kann man ein SIMPSON-Paradoxon so erklären (vgl. etwa [HE, 15.12]):

*Gegeben sei ein endlicher Wahrscheinlichkeitsraum* $(\Omega, P)$ *mit Ereignissen* $A, C \subset \Omega$ *und eine disjunkte Zerlegung* $\Omega = B_1 \cup ... \cup B_r$, *wobei* $P(C \cap B_j) > 0$ *und* $P(\overline{C} \cap B_j) > 0$ *für* $j = 1, ..., r$. *Ein* SIMPSON-*Paradoxon liegt dann vor, wenn für* $j = 1, ..., r$

$$P_{C \cap B_j}(A) < P_{\overline{C} \cap B_j}(A), \qquad aber \quad P_C(A) > P_{\overline{C}}(A), \quad oder$$

$$P_{C \cap B_j}(A) > P_{\overline{C} \cap B_j}(A), \qquad aber \quad P_C(A) < P_{\overline{C}}(A)$$

Rein rechnerisch kann man Zahlenwerte für ein SIMPSON-Paradoxon leicht konstruieren. Die Bedeutung liegt in der kritischen Betrachtung von Statistiken.

## 2.2.3 Unabhängigkeit von Ereignissen

Die bedingte Wahrscheinlichkeit eines Ereignisses $A$ unter der Hypothese $B$ ist erklärt durch

$$P_B(A) = \frac{P(A \cap B)}{P(B)},$$

wobei $P(B) > 0$ vorausgesetzt werden muss. Sie ist offensichtlich gleich der totalen Wahrscheinlichkeit $P(A)$, wenn $P(A \cap B) = P(A) \cdot P(B)$ gilt. Diese „Produktregel" verwendet man nun als Grundlage der folgenden

**Definition** *Ist* $(\Omega, P)$ *ein endlicher Wahrscheinlichkeitsraum, so heißen zwei Ereignisse* $A, B \subset \Omega$ *(stochastisch) unabhängig, wenn*

$$P(A \cap B) = P(A) \cdot P(B).$$

Der Zusatz „stochastisch" soll anzeigen, dass es sich nur um eine Regel für Wahrscheinlichkeiten handelt, nicht aber notwendig um einen kausalen Zusammenhang. Dieses Problem war schon bei Merkmalen in 1.4.4 aufgetaucht.

Unmittelbar aus den Definitionen folgt, dass man die Unabhängigkeit auch etwas anders charakterisieren kann:

**Bemerkung** *Für $A, B \subset \Omega$ mit $P(A) > 0$ und $0 < P(B) < 1$ sind folgende Bedingungen gleichwertig:*

   *i) A und B sind unabhängig,*

  *ii) $P_B(A) = P(A)$,*

 *iii) $P_A(B) = P(B)$,*

 *iv) $P_{\overline{B}}(A) = P_B(A)$.*                       ■

**Beispiel 1** (*Münzwurf*)
Die Ergebnismenge beim einfachen Münzwurf ist $\Omega' = \{0,1\}$. Wenn die Münze nicht notwendig „fair", sondern möglicherweise „gezinkt" ist, haben wir auf $\Omega'$ die Wahrscheinlichkeiten

$$p := P'(0) \quad \text{und} \quad q := P'(1) \quad \text{mit} \quad p, q \in [0,1] \quad \text{und} \quad p + q = 1.$$

Bei einer „fairen" Münze ist $p = q = \frac{1}{2}$. Bei zweifachem Wurf ist

$$\Omega = \{0,1\}^2 = \left\{ \begin{array}{cc} (0,0) & (0,1) \\ (1,0) & (1,1) \end{array} \right\}.$$

Bei der Wahl eines angemessenen Wahrscheinlichkeitsmaßes auf $\Omega$ soll nun die Vorstellung zum Ausdruck kommen, dass das Ergebnis des zweiten Wurfes vom ersten unabhängig ist. Dazu betrachten wir die Ereignisse:

$$A_0 := \{(0,0), (0,1)\} \qquad A_1 := \{(1,0), (1,1)\}$$
$$\text{„0 im ersten Wurf"} \qquad \text{„1 im ersten Wurf"}$$

$$B_0 := \left\{ \begin{array}{c} (0,0) \\ (1,0) \end{array} \right\} \qquad B_1 := \left\{ \begin{array}{c} (0,1) \\ (1,1) \end{array} \right\}$$
$$\text{„0 im zweiten Wurf"} \qquad \text{„1 im zweiten Wurf"}$$

Für diese Ereignisse sind offenbar die Wahrscheinlichkeiten

$$P(A_0) = P(B_0) = p \quad \text{und} \quad P(A_1) = P(B_1) = q$$

angemessen. Diese Bedingung ist erfüllt durch die Definition

$$P(i,j) := P'(i) \cdot P'(j), \quad \text{für } i, j \in \{0,1\};$$

das wird in 2.2.6 als „Produktmaß" bezeichnet.

Geometrisch kann man das wieder durch ein Quadrat der Kantenlänge 1 beschreiben. Durch dieses $P$ ist eine Wahrscheinlichkeitsfunktion gegeben, denn

$$p^2 + 2pq + q^2 = (p + q)^2 = 1^2 = 1.$$

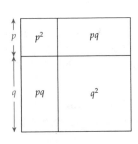

Nun kann man leicht sehen, dass mit dieser Vorgabe die vier formalen Bedingungen für

$$A_i \text{ und } B_j \text{ sind unabhängig für alle } i,j \in \{0,1\}$$

erfüllt sind, denn

$$P(A_0 \cap B_0) = p^2, \quad P(A_0 \cap B_1) = pq, \quad P(A_1 \cap B_0) = qp, \quad P(A_1 \cap B_1) = q^2.$$

Um es noch einmal zusammenzufassen: Wir haben nicht bewiesen, dass die Ergebnisse im ersten und zweiten Wurf unabhängig sind, sondern nur gezeigt, wie diese Vorstellung auf Grund des Ablaufs der Würfe mit angemessenen Wahrscheinlichkeiten beschrieben werden kann.

Schließlich betrachten wir noch das Ergebnis

$$C := \{(0,0),(1,1)\}, \quad \text{„gleiches Ergebnis bei beiden Würfen"},$$

und wollen überlegen, wann es von $A_0$ unabhängig ist. Dazu benutzen wir

$$P(A_0) = p, \quad P(C) = p^2 + q^2 = 2p^2 - 2p + 1 \quad \text{und} \quad P(A_0 \cap C) = p^2, \text{ also}$$

$$P(A_0) \cdot P(C) - P(A_0 \cap C) = 2p^3 - 3p^2 + p =: f(p).$$

Im Fall $p > 0$, also $P(A_0) > 0$ gilt daher

$$P(C) - P_{A_0}(C) = 2p^2 - 3p + 1 := g(p).$$

Diese Funktionen sehen so aus:

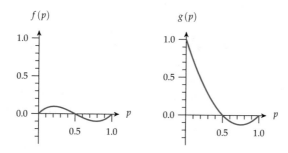

Also sind $A_0$ und $C$ genau dann unabhängig, wenn $p = 0, \frac{1}{2}$ oder 1 ist, und $P(C) = P_{A_0}(C)$ genau dann, wenn $p = \frac{1}{2}$ oder 1. Weiter ist

$$P(C) > P_{A_0}(C) \quad \text{für} \quad 0 < p < \frac{1}{2} \quad \text{und} \quad P(C) < P_{A_0}(C) \quad \text{für} \quad \frac{1}{2} < p < 1.$$

Wir überlassen dem Leser die Interpretation dieser Ergebnisse.

Bei mehr als zwei Ereignissen ist der Begriff der Unabhängigkeit, genauer vielleicht der „Unabhängigkeit untereinander", eine etwas verzwickte Angelegenheit. Üblich ist die folgende

**Definition** *Ist* $(\Omega, P)$ *ein endlicher Wahrscheinlichkeitsraum, so heißen Ereignisse* $A_1, ..., A_r \subset \Omega$ *mit* $r \geqslant 2$ *(stochastisch) unabhängig, wenn für jede k-elementige Teilmenge* $\{i_1, ..., i_k\} \subset \{1, ..., r\}$ *mit* $2 \leqslant k \leqslant r$ *die Produktregel*

$$P(A_{i_1} \cap ... \cap A_{i_k}) = P(A_{i_1}) \cdot ... \cdot P(A_{i_k})$$

*gültig ist.*

Im Fall $r = 3$ sind das insgesamt vier Produktregeln. Die Tücke dieses Begriffes erläutern wir an zwei Beispielen. Die naheliegende Idee, dass aus paarweiser Unabhängigkeit die Unabhängigkeit folgen würde, trifft nicht zu.

**Beispiel 2**
Wir verwenden die Bezeichnungen von obigem Beispiel 1 und setzen dort $p = q = \frac{1}{2}$. Wie wir gesehen haben, sind

$$A_0 \text{ und } B_0, \quad A_0 \text{ und } C, \quad \text{sowie } B_0 \text{ und } C$$

unabhängig. Dagegen ist $A_0 \cap B_0 \cap C = \{(0,0)\}$, also

$$P(A_0 \cap B_0 \cap C) = \frac{1}{4} \neq \frac{1}{8} = P(A_0) \cdot P(B_0) \cdot P(C).$$

Ist $r \geqslant 3$, so folgen aus der Produktformel für alle $r$ nicht die Produktformeln für $2 \leqslant k < r$, insbesondere nicht die paarweise Unabhängigkeit.

**Beispiel 3** (*Dreifacher Münzwurf*, vgl. [KRE, 2.2])
Beim dreimaligen Wurf einer fairen Münze ist $\Omega = \{0,1\}^3$ mit Gleichverteilung angemessen. Wir betrachten die folgenden Ereignisse:

$$
\begin{aligned}
A &:= \{(0,0,0), (0,0,1), (0,1,0), (1,0,0)\} \quad \text{„mindestens zweimal Null",} \\
B &:= \{(0,0,0), (0,0,1), (0,1,0), (0,1,1)\} \quad \text{„Null beim ersten Wurf",} \\
C &:= \{(0,0,0), (1,0,0), (0,1,1), (1,1,1)\} \quad \text{„gleiches Ergebnis im zweiten} \\
&\qquad\qquad\qquad\qquad\qquad\qquad\qquad\qquad\qquad \text{und dritten Wurf".}
\end{aligned}
$$

Nun ist $P(A) = P(B) = P(C) = \frac{1}{2}$ und $A \cap B \cap C = \{(0,0,0)\}$, also

$$P(A \cap B \cap C) = \frac{1}{8} = P(A) \cdot P(B) \cdot P(C).$$

Dagegen ist $A \cap B = \{(0,0,0), (0,0,1), (0,1,0)\}$, also

$$P(A \cap B) = \frac{3}{8} \neq \frac{1}{4} = P(A) \cdot P(B).$$

Somit sind $A$ und $B$ nicht unabhängig, was auch durch die Definition von $A$ und $B$ klar wird. Wie man leicht überlegt, sind $A$ und $C$, sowie $B$ und $C$ unabhängig.

Wie wir in 2.1.2 gesehen haben, gibt es eine formale Analogie zwischen Wahrscheinlichkeiten und Flächeninhalten. Daher kann man das Problem der Unabhängigkeit von mehreren Ereignissen auch geometrisch illustrieren.

**Beispiel 4** (*Drei Ereignisse*)

Sei $\Omega$ ein gleichseitiges Dreieck vom Flächeninhalt 1, also $a^2 = \frac{4}{3}\sqrt{3}$, für $A \subset \Omega$ bezeichne $P(A)$ den Flächeninhalt von $A$. Die Mengen $A_1, A_2, A_3$ kann man dem Bild entnehmen, dabei ist $A_3 := A_3' \cup A_3''$.

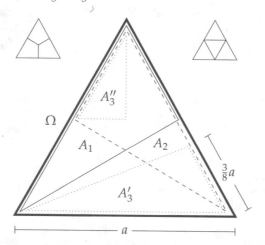

Mit einfachen geometrischen Überlegungen erhält man die folgenden Ergebnisse:

$$P(A_1) = P(A_2) = \tfrac{1}{2}, \ \ P(A_3) = P(A_3') + P(A_3'') = \tfrac{3}{8} + \tfrac{1}{8} = \tfrac{1}{2}, \text{ sowie}$$

$$P(A_1 \cap A_2 \cap A_3) = P(A_3'') = \tfrac{1}{8} = P(A_1) \cdot P(A_2) \cdot P(A_3),$$

$$P(A_1 \cap A_2) = \tfrac{1}{3} \neq \tfrac{1}{4} = P(A_1) \cdot P(A_2),$$

$$P(A_1 \cap A_3) = \tfrac{1}{8} \neq \tfrac{1}{4} = P(A_1) \cdot P(A_3),$$

$$P(A_2 \cap A_3) < \tfrac{1}{4} = P(A_1) \cdot (A_3).$$

Also ist die Produktregel für kein Paar von Teilmengen erfüllt.

## 2.2.4  Unabhängigkeit von Zufallsvariablen

Eine wesentliche Grundlage für brauchbare Statistiken sind sogenannte „unabhängige Stichproben". Dabei werden die Ergebnisse einer Stichprobe vom Umfang $n$ als Werte von $n$ Zufallsvariablen betrachtet. Daher muss geklärt werden, wie die Unabhängigkeit von Zufallsvariablen präzise zu beschreiben ist.

**Beispiel 1**  (*Zweifacher Münzwurf*)

Wir betrachten wie im Beispiel 1 aus 2.2.3 den zweifachen Münzwurf, also

$$\Omega = \{0,1\}^2 \quad \text{mit} \quad P(i,j) = P'(i) \cdot P'(j).$$

Auf $\Omega$ hat man zwei Zufallsvariable

$$X \colon \Omega \to \{0,1\}, \quad X(i,j) = i, \quad \text{und} \quad Y \colon \Omega \to \{0,1\}, \quad Y(i,j) = j,$$

die das Ergebnis des ersten und zweiten Wurfes angeben. Mit den Bezeichnungen aus 2.2.3 ist

$$A_i = \{X = i\} \quad \text{und} \quad B_i = \{Y = i\} \quad \text{für } i \in \{0,1\}.$$

Bezeichnet man wie üblich

$$P(X = i, Y = j) := P(\{X = i\} \cap \{Y = j\}),$$

so bedeutet die in Beispiel 1 aus 2.2.3 beschriebene Unabhängigkeit von $A_i$ und $B_j$, dass

$$P(X = i, Y = j) = P(X = i) \cdot P(Y = j) \quad \text{für alle } i,j \in \{0,1\}.$$

Man kann also die Unabhängigkeit von $X$ und $Y$, d.h. von erstem und zweitem Wurf auch durch diese Produktformel charakterisieren.

**Definition**  *Ist $(\Omega, P)$ ein endlicher Wahrscheinlichkeitsraum, so heißen zwei Zufallsvariable*

$$X \colon \Omega \to \mathbb{R} \quad \text{und} \quad Y \colon \Omega \to \mathbb{R}$$

*(stochastisch) unabhängig, wenn*

$$P(X = a, Y = b) = P(X = a) \cdot P(Y = b) \quad \text{für alle } a,b \in \mathbb{R}.$$

Sind $X(\Omega) = \{a_1, ..., a_m\}$ und $Y(\Omega) = \{b_1, ..., b_k\}$ die Werte von $X$ und $Y$, so sind beide Seiten der Produktbedingung gleich Null für $a \notin X(\Omega)$ oder $b \notin Y(\Omega)$. Man hat also genau $m \cdot k$ echte Bedingungen für die Unabhängigkeit von $X$ und $Y$. Der meist wieder weggelassene Zusatz „stochastisch" soll andeuten, dass die Unabhängigkeit nicht kausal sein muss.

Die Unabhängigkeit von zwei Zufallsvariablen kann also ganz auf die Unabhängigkeit aller Ereignisse $\{X = a\}$ und $\{Y = b\}$ zurückgeführt werden. Anders, und formal einfacher als bei den Ereignissen, ist die Situation bei mehr als zwei Zufallsvariablen. Dabei verwenden wir die Bezeichnung

$$P(X_1 = a_1, ..., X_r = a_r) := P(\{X_1 = a_1\} \cap ... \cap \{X_r = a_r\}).$$

**Definition**   *Ist* $(\Omega, P)$ *ein endlicher Wahrscheinlichkeitsraum und* $r \geqslant 2$, *so heißen Zufallsvariable* $X_1, ..., X_r$ *auf* $\Omega$ *(stochastisch) unabhängig, wenn*

$$P(X_1 = a_1, ..., X_r = a_r) = P(X_1 = a_1) \cdot ... \cdot P(X_r = a_r) \quad \textit{für alle} \quad a_1, ..., a_r \in \mathbb{R}.$$

Wie im Fall $r = 2$ sind das nur endlich viele Bedingungen, es können aber je nach Zahl der Werte in $X_i(\Omega)$ sehr viele sein.

Diese Definition erfordert einige Erläuterungen. Zunächst zum Zusatz „stochastisch":

**Beispiel 2**
Um das Beispiel besonders einfach zu machen, werfen wir wie schon so oft eine faire Münze zweimal, dann ist

$$\Omega = \{0,1\}^2 = \left\{ \begin{array}{cc} (0,0) & (0,1) \\ (1,0) & (1,1) \end{array} \right\} \quad \text{mit Gleichverteilung.}$$

Nun betrachten wir wieder die Zufallsvariablen $X_1$ und $X_2$ mit $X_1(i,j) := i$ und $X_2(i,j) := j$, und zusätzlich

$$X_3 \quad \text{mit} \quad X_3(i,j) := \begin{cases} 0 & \text{wenn } i = j, \\ 1 & \text{wenn } i \neq j. \end{cases}$$

Dann ist $P(X_1 = i) = P(X_2 = i) = P(X_3 = i) = \frac{1}{2}$ für alle $i \in \{0,1\}$. Wie man leicht sieht, ist für alle $i, j$

$$P(X_1 = i, X_3 = j) = \quad \tfrac{1}{4} \quad = P(X_1 = i) \cdot P(X_3 = j) \quad \text{und}$$
$$P(X_2 = i, X_3 = j) = \quad \tfrac{1}{4} \quad = P(X_2 = i) \cdot P(X_3 = j).$$

Also sind $X_1$ und $X_3$, sowie $X_2$ und $X_3$ stochastisch unabhängig, obwohl der Wert von $X_3$ sowohl durch $X_1$ als auch durch $X_2$ mitbestimmt ist. Aber die Abhängigkeit bei $X_3$ vom zufälligen Ergebnis des ersten Wurfes wird vom zufälligen Wert des zweiten Wurfes ausgeglichen. Dagegen ist

$$P(X_1 = 0, X_2 = 0, X_3 = 1) = 0 \neq \frac{1}{8} = P(X_1 = 0) \cdot P(X_2 = 0) \cdot P(X_3 = 1).$$

Also sind $X_1, X_2, X_3$ nicht unabhängig, obwohl diese Zufallsvariablen paarweise unabhängig sind.

Umgekehrt ist die Situation jedoch besser als bei Ereignissen. Eine plausible Erklärung ist die große Zahl der Produktregeln für $X_1, ..., X_r$: eine für jedes $r$−Tupel $(a_1, ..., a_r)$ von Werten.

**Lemma** *Angenommen Zufallsvariable $X_1, ..., X_r$ mit $r \geqslant 3$ auf einem endlichen Wahrschein-lichkeitsraum $(\Omega, P)$ seien unabhängig, und $\{i_1, ..., i_k\} \subset \{1, ..., r\}$ mit $2 \leqslant k \leqslant r$ sei eine k-elementige Teilmenge. Dann sind auch $X_{i_1}, ..., X_{i_k}$ unabhängig. Insbesondere sind sie paar-weise unabhängig, d.h. $X_i$ und $X_j$ sind unabhängig für $i \neq j \in \{1, ..., r\}$.*

*Beweis* Zunächst betrachten wir eine beliebige Teilmenge $A \subset \Omega$ und eine Zufalls-variable $Y: \Omega \to \mathbb{R}$ mit $Y(\Omega) = \{b_1, ..., b_m\}$. Da die Zerlegungen

$$\Omega = \{Y = b_1\} \cup ... \cup \{Y = b_m\} \quad \text{und}$$

$$A = (A \cap \{Y = b_1\}) \cup ... \cup (A \cap \{Y = b_m\})$$

disjunkt sind, folgt nach Regel *3)* aus 2.1.4, dass

$$P(Y = b_1) + ... + P(Y = b_m) = P(\Omega) = 1 \quad \text{und} \qquad (*)$$

$$P(A \cap \{Y = b_1\}) + ... + P(A \cap \{Y = b_m\}) = P(A). \qquad (**)$$

Mit Hilfe dieser Vorbemerkung zeigen wir nun, dass $X_1, ..., X_{r-1}$ unabhängig sind. Dazu bezeichnen wir mit $b_1, ..., b_m$ die Werte von $X_r$, und mit $a_1, ..., a_{r-1}$ feste aber beliebige Werte von $X_1, ..., X_{r-1}$. Durch Anwendung von $(**)$ und $(*)$ auf $Y := X_r$ und

$$A := \{X_1 = a_1\} \cap ... \cap \{X_{r-1} = a_{r-1}\}$$

erhalten wir

$$
\begin{aligned}
P(X_1 = a_1, ..., X_{r-1} = a_{r-1}) \quad &= \quad P(A) \\
&\overset{(**)}{=} \quad P((A \cap \{X_r = b_1\}) \cup ... \cup (A \cap \{X_r = b_m\})) \\
&= \quad \sum_{i=1}^{m} P(A \cap \{X_r = b_i\}) \\
&= \quad \sum_{i=1}^{m} P(X_1 = a_1, ..., X_{r-1} = a_{r-1}, X_r = b_i) \\
&= \quad \sum_{i=1}^{m} P(X_1 = a_1) \cdot ... \cdot P(X_{r-1} = a_{r-1}) \cdot P(X_r = b_i) \\
&= \quad P(X_1 = a_1) \cdot ... \cdot P(X_{r-1} = a_{r-1}) \cdot \sum_{i=1}^{m} P(X_r = b_i) \\
&\overset{(*)}{=} \quad P(X_1 = a_1) \cdot ... \cdot P(X_{r-1} = a_{r-1}).
\end{aligned}
$$

Damit ist das Lemma für $k = r - 1$ bewiesen, und durch wiederholte Anwendung dieses Spezialfalls folgt der allgemeine Fall. ∎

## 2.2.5 Mehrstufige Experimente und Übergangswahrscheinlichkeiten

Wenn mehrere „Experimente" hintereinander ausgeführt werden, wird es oft vorkommen, dass jedes Einzelergebnis von den vorherigen Ergebnissen abhängig sein kann. Um das mathematisch zu beschreiben, betrachten wir bei einer Serie von $r \geqslant 2$ Experimenten die Ergebnismengen

$$\Omega_1, \dots, \Omega_r \quad \text{und} \quad \Omega = \Omega_1 \times \dots \times \Omega_r.$$

Jedes $\omega = (a_1, \dots, a_r) \in \Omega$ gibt die Ergebnisse in einer Serie an. Gesucht ist nun ein angemessenes Wahrscheinlichkeitsmaß $P$ auf $\Omega$, das berücksichtigt, in welcher Weise jedes Teilergebnis $a_i$ von den vorherigen Ergebnissen $a_1, \dots, a_{i-1}$ abhängt.

Wir beginnen mit dem Fall $r = 2$ und setzen

$$\Omega_1 = \{1, \dots, m\}, \quad \Omega_2 = \{1, \dots, n\}.$$

Dann ist

$$\Omega = \{\omega = (a_1, a_2) : a_1 \in \Omega_1, \, a_2 \in \Omega_2\}.$$

### A    Konstruktion von Übergangswahrscheinlichkeiten aus einer Gesamtwahrscheinlichkeit

Um eine passende Definition der sogenannten Übergangswahrscheinlichkeiten zu motivieren, nehmen wir an, wir hätten schon ein Wahrscheinlichkeitsmaß $P$ auf $\Omega = \Omega_1 \times \Omega_2$ gegeben. Die Menge $\Omega$ kann man schematisch in Form eines Rechtecks aufzeichnen.

|       | 1       | $\cdots$ | $a_2$     | $\cdots$ | $n$     |
|-------|---------|----------|-----------|----------|---------|
| 1     | $(1,1)$ | $\cdots$ | $(1,a_2)$ | $\cdots$ | $(1,n)$ |
| $\vdots$ | $\vdots$ |       | $\vdots$  |          | $\vdots$ |
| $a_1$ | $(a_1,1)$ | $\cdots$ | $(a_1,a_2)$ | $\cdots$ | $(a_1,n)$ |
| $\vdots$ | $\vdots$ |       | $\vdots$  |          | $\vdots$ |
| $m$   | $(m,1)$ | $\cdots$ | $(m,a_2)$ | $\cdots$ | $(m,n)$ |

Nun betrachten wir für $a_1 \in \Omega_1$ und $a_2 \in \Omega_2$ die Ereignisse

$$A_1 := \{a_1\} \times \Omega_2 \quad \text{und} \quad A_2 := \Omega_1 \times \{a_2\},$$

das ist eine Zeile und eine Spalte des Schemas; es gilt

$$A_1 \cap A_2 = (a_1, a_2), \quad \text{also} \quad P(A_1 \cap A_2) = P(a_1, a_2).$$

Auf $\Omega_1$ erhalten wir nun ein Wahrscheinlichkeitsmaß $P_1$ durch die Definition

$$P_1(a_1) = P(A_1) \quad \text{für} \quad a_1 \in \Omega_1,$$

da $(\{1\} \times \Omega_2) \cup ... \cup (\{m\} \times \Omega_2) = \Omega$ eine disjunkte Zerlegung ist. Nun definieren wir

$$P_2(a_2|a_1) := P_{A_1}(A_2).$$

Diese bedingte Wahrscheinlichkeit wird *Übergangswahrscheinlichkeit* genannt. Sie gibt die Wahrscheinlichkeit des Ergebnisses $a_2$ im zweiten Experiment an, falls $a_1$ das Ergebnis des ersten Experiments war. Im Fall $P(A_1) = 0$ kann man $a_1$ in $\Omega_1$ weglassen. Insgesamt erhält man

$$P(a_1, a_2) = P(A_1 \cap A_2) = P(A_1) \cdot P_{A_1}(A_2) = P_1(a_1) \cdot P_2(a_2|a_1).$$

Schließlich sieht man noch, dass durch $P_2(\cdot|a_1)$ insgesamt $m$ Wahrscheinlichkeitsmaße auf $\Omega_2$ erklärt werden, denn für jedes $a_1 \in \Omega_1$ ist

$$P_2(1|a_1) + ... + P_2(n|a_1) = 1$$

nach der Bemerkung aus 2.2.1, da die Übergangswahrscheinlichkeiten als bedingte Wahrscheinlichkeiten erklärt sind.

Wir fassen zusammen: Aus $P$ auf $\Omega = \Omega_1 \times \Omega_2$ haben wir $P_1$ auf $\Omega_1$ und für jedes $a_1 \in \Omega_1$ ein $P_2(\cdot|a_1)$ auf $\Omega_2$ erhalten derart, dass

$$P(a_1, a_2) = P_1(a_1) \cdot P_2(a_2|a_1) \quad \text{für alle } (a_1, a_2) \in \Omega_1 \times \Omega_2.$$

## B    Konstruktion einer Gesamtwahrscheinlichkeit aus Übergangswahrscheinlichkeiten

Mit Hilfe der Überlegungen aus Teil A konstruieren wir nun ein Wahrscheinlichkeitsmaß $P$ auf $\Omega = \Omega_1 \times \Omega_2$ aus folgenden Vorgaben:

(1)  Ein Wahrscheinlichkeitsmaß $P_1$ auf $\Omega_1$, also
$$P_1(1) + ... + P_1(m) = 1. \tag{$*$}$$

(2)  Insgesamt $m$ Wahrscheinlichkeitsmaße auf $\Omega_2$, ein $P_2(\cdot|a_1)$ für jedes $a_1 \in \Omega_1$, also
$$P_2(1|a_1) + ... + P_2(n|a_1) = 1 \quad \text{für jedes } a_1 \in \Omega_1. \tag{$**$}$$

Dann ist durch

$$P(a_1, a_2) := P_1(a_1) \cdot P_2(a_2|a_1) \quad \text{für} \quad (a_1, a_2) \in \Omega$$

ein Wahrscheinlichkeitsmaß auf $\Omega$ erklärt, denn

$$\sum_{(a_1, a_2) \in \Omega} P(a_1, a_2) = \sum_{a_1 \in \Omega_1} \left( P_1(a_1) \cdot \sum_{a_2 \in \Omega_2} P_2(a_2|a_1) \right) \overset{(**)}{=} \sum_{a_1 \in \Omega_1} P_1(a_1) \overset{(*)}{=} 1.$$

Diese Verteilung der Wahrscheinlichkeiten auf $\Omega$ kann man wieder geometrisch illustrieren, indem man $\Omega_1 \times \Omega_2$ durch ein Quadrat der Fläche 1 ersetzt. Zunächst wird die horizontale Kante in $m$ Teile der Längen $P_1(1), ..., P_1(m)$ aufgeteilt. Danach wird der zu $a_1$ gehörende Streifen in $n$ Teile der Höhen $P_2(1|a_1), ..., P_2(n|a_1)$ aufgeteilt. Zu jedem $(a_1, a_2) \in \Omega$ gehört dann ein Rechteck der Fläche

$$P(a_1, a_2) = P_1(a_1) \cdot P_2(a_2|a_1).$$

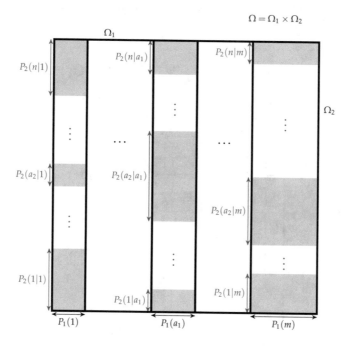

Nun ist es ziemlich klar, wie man den allgemeinen Fall $\Omega = \Omega_1 \times ... \times \Omega_r$ eines $r$-stufigen Experiments behandeln kann. Wir konstruieren ein Wahrscheinlichkeitsmaß $P$ auf $\Omega$ schrittweise durch folgende Vorgaben:

(1) Ein Wahrscheinlichkeitsmaß $P_1$ auf $\Omega_1$, also

$$\sum_{a_1 \in \Omega_1} P_1(a_1) = 1. \tag{$*$}$$

(2) Für $2 \leqslant i \leqslant r$ und für jedes $(a_1, ..., a_{i-1}) \in \Omega_1 \times ... \times \Omega_{i-1}$ ein Wahrscheinlichkeitsmaß $P_i(\cdot | a_1, ..., a_{i-1})$ auf $\Omega_i$, also

$$\sum_{a_i \in \Omega_i} P_i(a_i | a_1, ..., a_{i-1}) = 1. \tag{$**$}$$

Die Wahrscheinlichkeiten $P_i(a_i | a_1, ..., a_{i-1})$ werden *Übergangswahrscheinlichkeiten* genannt. Sie beschreiben die Abhängigkeit eines Ergebnisses $a_i$ von den vorhergehenden Ergebnissen $a_1, ..., a_{i-1}$.

Insgesamt erhalten wir den

**Satz**　*Auf Grundlage der Vorgaben* (1) *und* (2) *wird auf* $\Omega = \Omega_1 \times \ldots \times \Omega_r$ *durch*

$$P(a_1,\ldots,a_r) := P_1(a_1) \cdot P_2(a_2|a_1) \cdot \ldots \cdot P_r(a_r|a_1,\ldots,a_{r-1}) \qquad (* * *)$$

*ein Wahrscheinlichkeitsmaß erklärt.*

Im Fall $r = 3$ kann man die Verteilung der Wahrscheinlichkeiten durch einen Würfel der Kantenlänge 1 illustrieren.

$$\Omega = \Omega_1 \times \Omega_2 \times \Omega_3$$

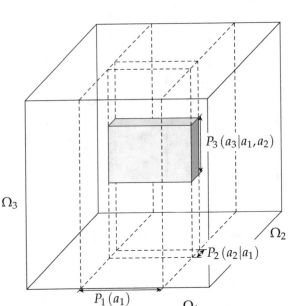

*Beweis des Satzes*
Es genügt zu zeigen, dass

$$\sum_{(a_1,\ldots,a_r)\in\Omega} P(a_1,\ldots,a_r) = 1.$$

Das kann man analog zum Fall $r = 2$ rekursiv mit Hilfe von (*) und (**) nachrechnen.　∎

Die Formel ($* * *$) wird auch *Pfadregel* genannt. Man kann alle zur Berechnung der Wahrscheinlichkeiten $P(a_1,\ldots,a_r)$ nötigen Daten in ein *Baumdiagramm* eintragen. Setzt man

$$\Omega_1 := \{1,\ldots,n_1\}, \quad \ldots \quad ,\Omega_r = \{1,\ldots,n_r\},$$

so sieht es für $r = 3$ folgendermaßen aus:

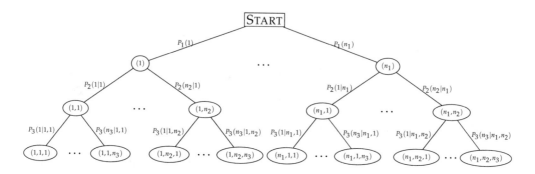

In solch einem Diagramm gibt es vom Start aus zu jedem $(a_1, ..., a_r) \in \Omega_1 \times ... \times \Omega_r$ genau einen Pfad, und $P(a_1, ..., a_r)$ ist nach der Pfadregel gleich dem Produkt aller Faktoren, die längs des Pfades angegeben sind.

**Beispiel 1** (*Zweifacher medizinischer Test*)
In Beispiel 3 aus 2.2.2 hatten wir einen einfachen medizinischen Test behandelt, und dabei bemerkt, dass bei einer kleinen Risikogruppe ein positives Testergebnis nur mit relativ geringer Wahrscheinlichkeit auf die zu testende Krankheit schließen lässt. In diesem Fall empfiehlt es sich, die im ersten Test positiv getesteten Personen einem zweiten Test zu unterziehen. Dann ist

$$\Omega := \Omega_1 \times \Omega_2 \times \Omega_3 = \{g, k\} \times \{-, +\} \times \{-, +\}.$$

wobei $\Omega_3 = \Omega_2$. Mit den Bezeichnungen aus 2.2.2 haben wir zunächst

$$P_1(g) = 1 - q, \quad P_1(k) = q \quad \text{und}$$

$$P_2(-|g) = p_{sp}, \quad P_2(+|g) = 1 - p_{sp}, \quad P_2(-|k) = 1 - p_{se}, \quad P_2(+|k) = p_{se}.$$

Dadurch sind die Wahrscheinlichkeitsmaße $P_1$ auf $\Omega_1$ und $P_2(\cdot|a_1)$ für $a_1 \in \Omega_1$ auf $\Omega_2$ gegeben. Nun benötigen wir angemessene Wahrscheinlichkeitsmaße $P_3(\cdot|a_1, a_2)$ auf $\Omega_3$. Dabei setzen wir voraus, dass die Ergebnisse im zweiten Test unabhängig von den Ergebnissen im ersten Test sind, und nur von $a_1$ abhängen. Um diese Voraussetzung in der Praxis gut zu realisieren, empfiehlt es sich beim zweiten Test - wenn möglich - ein anderes Labor und ein anderes Verfahren zu verwenden. Hat das zweite Verfahren die gleichen Werte $p_{sp}$ und $p_{se}$, so ist

$$P_3(a_3|a_1, a_2) := P_2(a_3|a_1)$$

angemessen. Das ergibt folgendes Baumdiagramm:

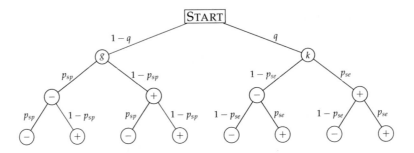

Nun betrachten wir die Ereignisse

$$A_k := \{(k,+,+),(k,+,-),(k,-,+),(k,-,-)\} \quad \text{und} \quad B_{++} := \{(k,+,+),(g,+,+)\},$$

also krank zu sein, und zweimal positiv getestet zu sein. Die Wahrscheinlichkeit, bei zwei unabhängig positiven Testergebnissen krank zu sein, ist dann gleich

$$P_{B_{++}}(A_k) = \frac{P(B_{++} \cap A_k)}{P(B_{++})} = \frac{P(k,+,+)}{P(k,+,+) + P(g,+,+)} = \frac{q \cdot p_{se}^2}{q \cdot p_{se}^2 + (1-q)(1-p_{sp})^2}.$$

Hält man wieder $p_{se} = p_{sp} = 0.998$ fest, und betrachtet $q$ als Variable, so erhält man

$$g_2(q) := \frac{996.004q}{996q + 0.004}.$$

Wir berechnen einige Werte von $g_2$ für kleine $q$:

| $n$ | 2 | 3 | 4 | 5 | 6 |
|---|---|---|---|---|---|
| $g_2(10^{-n})$ | 0.999 603 | 0.996 004 | 0.961 395 | 0.713 470 | 0.199 360 |

Besonders interessant ist die Risikogruppe mit $q = 10^{-3}$ und der Vergleich mit Beispiel 3 aus 2.2.2, denn

$$g\left(\frac{1}{3}\right) = 0.996\,008 \approx g_2(10^{-3}).$$

Die Erklärung ist einfach: Wenn etwa die drei im ersten Test bei $q = 10^{-3}$ positiv getesteten Personen noch einmal getestet werden, ist man in einer Risikogruppe mit etwa $q = \frac{1}{3}$ !

Bei Risikogruppen mit noch kleinerem $q$ kann man den Test öfter unabhängig wiederholen. Macht man das $r$-mal, so erhält man nach der Pfadregel als Wahrscheinlichkeit, bei $r$ unabhängigen positiven Ergebnissen krank zu sein den Wert

$$\frac{q \cdot p_{se}^r}{q \cdot p_{se}^r + (1-q) \cdot (1-q_{sp})^r}.$$

An diesen Rechnungen kann man auch sehen, dass mehrere unabhängige Tests günstiger sind, als eine Steigerung von $p_{se}$ und $p_{sp}$ bei einem einfachen Test!

**Beispiel 2** (*Das Ziegenproblem*)

In einer Game-Show hat ein Teilnehmer 3 Tore zur Auswahl. Hinter einem davon befindet sich ein Auto (Hauptgewinn), hinter den beiden anderen jeweils eine Ziege (Niete). Der Moderator kennt das Tor mit dem Auto. Der Teilnehmer entscheidet sich für ein Tor, ohne es zu öffnen. Der Moderator öffnet eines der beiden anderen Tore, hinter dem sich eine Ziege verbirgt. Nun wird der Teilnehmer vor die Wahl gestellt, bei seinem Tor zu bleiben, oder sich für das andere verbliebene Tor zu entscheiden. Welches der beiden verschlossenen Tore soll der Teilnehmer nun wählen, wenn er möglichst gute Chancen haben will, das Auto zu gewinnen?

Um dieses Problem zu modellieren, denkt man sich die drei Türen nicht sichtbar mit 1, 2 und 3 so nummeriert, dass folgendes gilt:

(1) Das Auto steht hinter Türe 1.
(2) Der Teilnehmer entscheidet sich für eine Türe $i$ mit $i \in \{1,2,3\}$.
(3) Der Moderator öffnet eine Türe $j$ mit $j \in \{2,3\}$ und $j \neq i$.

Dann hat der Kandidat zwei mögliche Strategien:

(a) Er ignoriert Schritt (3) und bleibt bei seiner Entscheidung für die Türe $i$.
(b) Er entscheidet sich für die andere noch geschlossene Türe, also für $k$ mit $k \neq i$ und $k \neq j$.

Es ist klar, dass im Fall (a) die Gewinnchancen schon durch Schritt (2) festgelegt sind, sie betragen 1/3.

Im Fall (b) gibt es drei Möglichkeiten:

$$
\begin{array}{llll}
i=1 & \Rightarrow \quad j=2 \text{ oder } 3 & \Rightarrow \quad k=3 \text{ oder } 2 & \text{kein Treffer} \\
i=2 & \Rightarrow \qquad\quad j=3 & \Rightarrow \qquad k=1 & \text{Treffer} \\
i=3 & \Rightarrow \qquad\quad j=2 & \Rightarrow \qquad k=1 & \text{Treffer}
\end{array}
$$

In zwei der drei Möglichkeiten gibt es einen Treffer, also beträgt die Gewinnchance 2/3 und ist somit doppelt so groß wie mit Strategie (a).

Etwas formeller kann man die Strategie (b) auch durch ein dreistufiges Experiment beschreiben. Zunächst hat man die Ergebnismenge

$$
\begin{aligned}
\Omega \; &:= \; \{(i,j,k) \in \{1,2,3\}^3 : j \neq 1, j \neq i, k \neq i, k \neq j\} \\
&= \; \{(1,2,3),(1,3,2),(2,3,1),(3,2,1)\}.
\end{aligned}
$$

Angemessene Übergangswahrscheinlichkeiten sind gegeben durch

$$
P_1(i) = \frac{1}{3} \qquad \text{für alle } i \in \{1,2,3\},
$$

$$
P_2(2|1) = P_2(3|1) = \frac{1}{2}, \quad P_2(3|2) = P_2(2|3) = 1,
$$

$$
P_3(1|2,3) = P_3(1|3,2) = P_3(2|1,3) = P_3(3|1,2) = 1.
$$

Damit kann man die Wahrscheinlichkeit für den Gewinn eines Autos ausrechnen: Man betrachtet das Ereignis

$$A := \{(2,3,1),(3,2,1)\},$$

und berechnet

$$P(2,3,1) = P_1(2) \cdot P_2(3|2) \cdot P_3(1|2,3) = \frac{1}{3} \cdot 1 \cdot 1 = P(3,2,1),$$

das ergibt $P(A) = 2/3$.

Das Ganze kann man in übersichtlicher Weise in einem Baumdiagramm zusammenfassen:

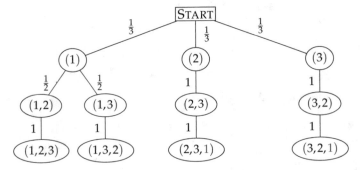

Zum Schluss dieses Abschnitts noch eine Anmerkung zum Zusammenhang zwischen Übergangswahrscheinlichkeit und bedingter Wahrscheinlichkeit. Ist

$$\Omega = \Omega_1 \times \dots \times \Omega_r \ni \omega = (a_1,\dots,a_r),$$

so betrachten wir für beliebiges $\omega$ die Ereignisse

$$\begin{aligned}
A_1 &:= \{a_1\} \times \Omega_2 \times \dots \times \Omega_r, \\
&\vdots \\
A_r &:= \Omega_1 \times \dots \times \Omega_{r-1} \times \{a_r\}.
\end{aligned}$$

$A_i$ bedeutet also, dass beim Experiment $i$ das Ergebnis $a_i$ eingetreten ist. Wir behaupten nun, dass

$$P_1(a_1) = P(A_1), \tag{1}$$

$$P_i(a_i|a_1,\dots,a_{i-1}) = P_{A_1 \cap \dots \cap A_{i-1}}(A_i) \quad \text{für } 2 \leqslant i \leqslant r. \tag{2}$$

Wegen $P(a_1,\dots,a_r) = P(A_1 \cap \dots \cap A_r)$, ist die obige Pfadregel $(***)$ daher gleichwertig mit der Produktregel aus 2.2.2.

Der *Beweis* von (1) und (2) ist für $r = 2$ ganz einfach:

$$P(A_1) = \sum_{a_2 \in \Omega_2} P(a_1,a_2) = \sum_{a_2 \in \Omega_2} P_1(a_1) \cdot P_2(a_2|a_1) = P_1(a_1) \sum_{a_2 \in \Omega_2} P_2(a_2|a_1) = P_1(a_1),$$

$$P_{A_1}(A_2) = \frac{P(A_1 \cap A_2)}{P(A_1)} = \frac{P(a_1, a_2)}{P_1(a_1)} = \frac{P_1(a_1) \cdot P_2(a_2|a_1)}{P_1(a_1)} = P_2(a_2|a_1).$$

Für beliebiges $r$ muss man etwas mehr rechnen.                      ■

## 2.2.6 Produktmaße

Wir betrachten wieder ein $r$-stufiges Experiment mit der Ergebnismenge

$$\Omega = \Omega_1 \times ... \times \Omega_r, \quad \text{wobei} \quad \Omega_i = \{1, ..., n_i\}.$$

Ist $\omega = (a_1, ..., a_r) \in \Omega$, so hatten wir in 2.2.5 den Fall betrachtet, dass die Wahrscheinlichkeit für ein Ergebnis $a_i$ mit $2 \leqslant i \leqslant r$ von den vorhergehenden Ergebnissen $a_1, ..., a_{i-1}$ abhängen kann. Ist das nicht der Fall, d.h. ist $a_i$ von $a_1, ..., a_{i-1}$ unabhängig, so hat man auf jedem $\Omega_i$ nur ein einziges Wahrscheinlichkeitsmaß $P_i$, also

$$\sum_{a_i \in \Omega_i} P_i(a_i) = 1 \quad \text{für} \quad i = 1, ..., r.$$

In diesem Fall liefert die Pfadregel aus 2.2.5 ein Wahrscheinlichkeitsmaß auf $\Omega$, definiert durch

$$P(a_1, ..., a_r) = P_1(a_1) \cdot ... \cdot P_r(a_r).$$

Dieses $P$ heißt *Produktmaß* auf $\Omega = \Omega_1 \times ... \times \Omega_r$. Ein mehrstufiges Experiment dieser Art heißt *Produktexperiment*.

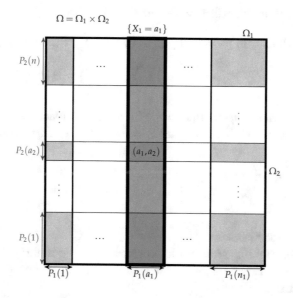

Ist schon ein Wahrscheinlichkeitsmaß auf $\Omega$ gegeben, so kann man kontrollieren, ob es sich um ein Produktmaß handelt:

**Lemma**  *Sei P ein Wahrscheinlichkeitsmaß auf $\Omega = \Omega_1 \times ... \times \Omega_r$ und sei für $i = 1, ..., r$*

$$X_i \colon \Omega \to \Omega_i, \quad \omega = (a_1, ..., a_r) \mapsto a_i$$

*die Zufallsvariable, mit der die Projektion von $\Omega$ auf die i-te Komponente angegeben wird. Dann sind folgende Bedingungen gleichwertig:*

  *i) P ist ein Produktmaß auf $\Omega$, d.h. es gibt Wahrscheinlichkeitsmaße $P_i$ auf $\Omega_i$, so dass*

$$P(a_1, ..., a_r) = P_1(a_1) \cdot ... \cdot P_r(a_r) \quad \text{für alle} \ (a_1, ..., a_r) \in \Omega.$$

  *ii) Die Zufallsvariablen $X_1, ..., X_r$ sind unabhängig.*

*Ist das der Fall, so gilt $P_i(a_i) = P(X_i = a_i)$ für alle $a_i \in \Omega_i$.*

*Beweis  i) $\Rightarrow$ ii)*:    Für $(a_1, ..., a_r) \in \Omega$ gilt

$$P(X_1 = a_1, ..., X_r = a_r) = P(a_1, ..., a_r) = P_1(a_1) \cdot ... \cdot P_r(a_r),$$

also genügt es zu zeigen, dass $P(X_i = a_i) = P_i(a_i)$ für $i = 1, ..., r$. Zur Vereinfachung der Bezeichnungen zeigen wir das für $i = 1$ und benutzen, dass auf

$$\Omega' := \Omega_2 \times ... \times \Omega_r \quad \text{durch} \quad P'(a_2, ..., a_r) := P_2(a_2) \cdot ... \cdot P_r(a_r)$$

ebenfalls ein Produktmaß erklärt ist. Es gilt mit $\omega' := (a_2, ..., a_r)$

$$
\begin{aligned}
P(X_1 = a_1) &= P(\{a_1\} \times \Omega') = \sum_{\omega' \in \Omega'} P(a_1, a_2, ..., a_r) \\
&= P_1(a_1) \cdot \sum_{\omega' \in \Omega'} P'(\omega') = P_1(a_1) \cdot 1.
\end{aligned}
$$

*ii) $\Rightarrow$ i)*: Wir definieren $P_i(a_i) := P(X_i = a_i)$ für $i = 1, ..., r$. Nach der Bemerkung aus 2.1.5 ist dadurch ein Wahrscheinlichkeitsmaß $P_i = P_{X_i}$ auf $\Omega_i$ erklärt. Nun gilt

$$P(a_1, ..., a_r) = P(X_1 = a_1, ..., X_r = a_r) \overset{ii)}{=} P(X_1 = a_1) \cdot ... \cdot P(X_r = a_r) = P_1(a_1) \cdot ... \cdot P_r(a_r),$$

also ist $P$ ein Produktmaß.    ∎

**Beispiel 1**  (*Mehrfacher Münzwurf*)
Das einfachste Beispiel für ein Produktexperiment ist der mehrfache Wurf einer fairen Münze, bei dem das Ergebnis jedes Wurfes unabhängig ist von den vorhergehenden Ergebnissen. In diesem Fall ist

$$\Omega_1 := \{0,1\} \quad \text{mit} \quad P_1(0) = P_1(1) = \tfrac{1}{2} \quad \text{und}$$

$$\Omega = \Omega_1^r \ni \omega = (a_1,...,a_r) \quad \text{mit} \quad P(a_1,...,a_r) = P_1(a_1) \cdot ... \cdot P_1(a_r).$$

Da $\# \Omega_1^r = 2^r$ und $P(\omega) = \tfrac{1}{2^r}$ für alle $\omega \in \Omega$, ist durch $P$ eine Gleichverteilung auf $\Omega$ gegeben.

Nun betrachten wir die Projektionen

$$X_i \colon \Omega \to \{0,1\}, \ X_i(a_1,...,a_r) = a_i.$$

Die Unabhängigkeit von $X_1,...,X_r$ folgt aus dem Lemma, das kann man aber auch direkt nachrechnen: Hält man ein $a_i$ fest, und sind alle $a_j$ mit $j \neq i$ beliebig, so folgt

$$\#\{X_i = a_i\} = 2^{r-1} \quad \text{und} \quad P(X_i = a_i) = \frac{2^{r-1}}{2^r} = \frac{1}{2} \quad \text{für alle } i.$$

Daraus folgt für alle $a_i \in \{0,1\}$

$$P(X_1 = a_1,...,X_r = a_r) = P(a_1,...,a_r) = \frac{1}{2^r} = P(X_1 = a_1) \cdot ... \cdot P(X_r = a_r).$$

**Beispiel 2** (*Gerichtsverfahren*)
Zwei in den Jahren 1996 und 1998 geborene Söhne der Engländerin Sally Clark verstarben kurz nach der Geburt, angeblich an plötzlichem Kindstod (SIDS). Wegen der unklaren Umstände wurde die Mutter verdächtigt, ihre beiden Kinder ermordet zu haben. Ein hochrangiger medizinischer Gutachter im Gerichtsverfahren argumentierte wie folgt: Die Wahrscheinlichkeit für SIDS in einer wohlhabenden Nichtraucher-Familie ist nach empirischen Untersuchungen gleich $p = 1/8543 \approx 1.17 \cdot 10^{-4}$. Daher ist die Wahrscheinlichkeit, dass zwei Kinder hintereinander an SIDS sterben gleich $p^2 \approx 1.3 \cdot 10^{-8}$. Bei etwa 700 000 Geburten pro Jahr in Großbritannien sei das nur einmal in hundert Jahren zu erwarten. Dies war ein entscheidendes Argument dafür, dass Sally Clark im Jahr 1999 wegen Mordes an ihren beiden Kindern zu einer lebenslangen Haftstrafe verurteilt wurde.

Im Jahr 2001 nahm die *Royal Statistical Society* Stellung zu diesem „misuse of statistics in the courts". Ihre Argumente kann man so beschreiben:
Bei zwei Kindern nach der Geburt ist

$$\Omega = \{0,1\}^2,$$

wobei 1 bedeutet, dass das Kind an SIDS stirbt. In der Argumentation des Gutachters ist dann

$$P(1,1) = p \cdot p = p^2,$$

was die stochastische Unabhängigkeit der beiden Todesfälle voraussetzt. Das ist aber völlig unberechtigt, da es genetische oder andere Gründe für die Wahrscheinlichkeit von SIDS geben kann. Genauere Statistiken aus späteren Jahren haben gezeigt, dass die bedingte Wahrscheinlichkeit für SIDS beim zweiten Kind nach SIDS beim ersten Kind stark ansteigt. Darüber hinaus ist die Wahrscheinlichkeit für SIDS kein Maß für die Unschuld der Angeklagten. Sally Clark wurde 2003 aus dem Gefängnis entlassen, ähnliche Fälle wurden neu verhandelt.

## 2.2.7 Verteilung der Summe von Zufallsvariablen

**Beispiel 1** (*Mehrfacher Münzwurf*)
Wie in Beispiel 1 aus 2.2.6 betrachten wir

$$\Omega = \{0,1\}^r \quad \text{mit} \quad P(\omega) = \frac{1}{2^r} \quad \text{für alle} \quad \omega \in \Omega.$$

Für die Zufallsvariablen $X_i \colon \Omega \to \{0,1\}$ gilt

$$P(X_i = 0) = P(X_i = 1) = \frac{1}{2}, \quad \text{d.h.} \quad P_{X_i}(0) = P_{X_i}(1) = \frac{1}{2}$$

für alle $i = 1, \ldots, r$, also sind die $P_{X_i}$ Gleichverteilungen auf $\{0,1\}$ (vgl. dazu 2.1.5).

Um das Gesamtergebnis der $r$ Münzwürfe zu beurteilen, kann man die Zufallsvariable

$$Y := X_1 + \ldots + X_r \colon \Omega \to \{0, \ldots, r\} \quad \text{mit} \quad Y(a_1, \ldots, a_r) = a_1 + \ldots + a_r$$

betrachten und die Verteilung $P_Y$ auf $\{0, \ldots, r\}$ bestimmen. Dabei benutzt man, dass es für ein $k \in \{0, \ldots, r\}$ insgesamt $\binom{r}{k}$ mögliche Positionen $i$ mit $a_i = 1$ gibt. Also ist

$$\#\{Y = k\} = \binom{r}{k} \quad \text{und} \quad P_Y(k) = P(Y = k) = \frac{1}{2^r} \binom{r}{k}.$$

Für $r = 1, \ldots, 6$ sehen die Verteilungen $P_Y$ so aus:

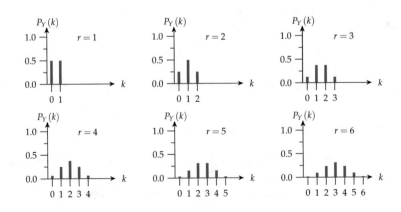

**Beispiel 2** (*Zweimal Würfeln*)

Beim einmaligen Würfeln ist die Ergebnismenge gleich $\{1,...,6\}$ mit $P_1(i) = \frac{1}{6}$ für alle $i \in \{1,...,6\}$. Bei zweimal hintereinander Würfeln ist die Ergebnismenge gleich

$$\Omega := \{1,...,6\}^2 = \{\omega = (i,j) : i,j \in \{1,...,6\}\}.$$

Wenn das Ergebnis des zweiten Wurfes vom ersten unabhängig ist, dann ist auf $\Omega$ die Produktverteilung angemessen, also

$$P(\omega) = P((i,j)) = P_1(i) \cdot P_1(j) = \frac{1}{6} \cdot \frac{1}{6} = \frac{1}{36}$$

für alle $\omega \in \Omega$. Nun betrachten wir die beiden Zufallsvariablen

$$X: \Omega \to \mathbb{R}, \quad (i,j) \mapsto i, \quad \text{und} \quad Y: \Omega \to \mathbb{R}, \quad (i,j) \mapsto j.$$

$X$ und $Y$ haben Werte in $\{1,...,6\}$, sie sind gleichverteilt, d.h.

$$P(X = k) = P(Y = k) = \frac{1}{6} \quad \text{für} \quad k = 1,...,6.$$

Die Augensumme bei beiden Würfen ist gegeben durch die Zufallsvariable

$$X + Y: \Omega \to \mathbb{R}, \quad (i,j) \mapsto i + j,$$

die Werte von $X + Y$ liegen in $\{2,...,12\}$. Um die Verteilung

$$P(X + Y = k) \quad \text{für} \quad k = 2,...,12$$

zu bestimmen, muss man abzählen, durch wie viele Kombinationen von $i$ und $j$ ein Wert $k = i + j$ entstehen kann. Dann ist

$$P(X + Y = k) = \frac{1}{36} \cdot \#\{(i,j) \in \Omega : i + j = k\}.$$

Als Ergebnis der Zählung erhält man

| $k$ | 2 | 3 | 4 | 5 | 6 | 7 | 8 | 9 | 10 | 11 | 12 |
|---|---|---|---|---|---|---|---|---|---|---|---|
| $36 \cdot P(X + Y = k)$ | 1 | 2 | 3 | 4 | 5 | 6 | 5 | 4 | 3 | 2 | 1 |

Man beachte, dass sich die Gleichverteilung von $X$ und $Y$ nicht auf $X + Y$ überträgt!

Nun wollen wir ganz allgemein für einen endlichen Wahrscheinlichkeitsraum $(\Omega, P)$ und zwei Zufallsvariable

$$X, Y: \Omega \to \mathbb{R}$$

die Verteilung $P_{X+Y}$ von $X + Y$ aus den Verteilungen $P_X$ und $P_Y$ von $X$ und $Y$ berechnen. Dazu muss man überlegen, mit welcher Wahrscheinlichkeit ein Wert $c$ von $X + Y$ aus den Werten $a$ von $X$ und $b$ von $Y$ entsteht. Das ergibt sich aus

$$\begin{aligned}
P(X + Y = c) &= P(\{\omega \in \Omega : X(\omega) + Y(\omega) = c\}) \\
&= \sum_{a+b=c} P(\{\omega \in \Omega : X(\omega) = a \quad \text{und} \quad Y(\omega) = b\}) \\
&= \sum_{a+b=c} P(X = a, Y = b).
\end{aligned}$$

Im wichtigen Spezialfall, dass $X$ und $Y$ unabhängig sind, folgt aus dieser Rechnung die *Faltungsformel*:

$$P(X+Y=c) = \sum_{a+b=c} P(X=a) \cdot P(Y=b) \qquad \text{für alle } c \in \mathbb{R}.$$

Das Wort „Faltung" kann man so interpretieren, dass zu $c$ passende Werte $a$ und $b$ zusammentreffen, wenn man die Zahlengerade im Punkt $\frac{c}{2}$ faltet.

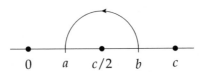

Allgemeiner kann man die Zufallsvariablen $X_1, ..., X_n : \Omega \to \mathbb{R}$ und ihre Summe

$$S := X_1 + ... + X_n$$

betrachten. Sind $X_1, ..., X_n$ unabhängig, so folgt etwa durch wiederholte Anwendung der obigen Faltungsformel für $n = 2$, dass

$$P(S=c) = \sum_{a_1+...+a_n=c} P(X_1=a_1) \cdot ... \cdot P(X_n=a_n) \quad \text{für alle } c \in \mathbb{R}.$$

**Beispiel 3** (*Dreimal Würfeln*)
In diesem Fall ist $\Omega = \{1,...,6\}^3$. Nimmt man an, dass die Ergebnisse der drei Würfe unabhängig sind, so ist auf $\Omega$ die Produktverteilung angemessen, das ist die Gleichverteilung. Also ist

$$P(\omega) = \frac{1}{216} \quad \text{für alle } \omega = (i_1, i_2, i_3) \in \Omega.$$

Die Ergebnisse der drei einzelnen Würfe sind die Werte der drei unabhängigen Zufallsvariablen

$$X_j : \Omega \to \{1,..,6\}, \quad X_j(\omega) := i_j \quad \text{für } j = 1,2,3,$$

und die Augensumme ist der Wert von

$$S = X_1 + X_2 + X_3 : \Omega \to \{3,...,18\}.$$

Also ist nach der allgemeinen Faltungsformel

$$\begin{aligned}
P(S=k) &= \sum_{i_1+i_2+i_3=k} P(X_1=i_1) \cdot P(X_2=i_2) \cdot P(X_3=i_3) \\
&= \frac{1}{216} \cdot \#\{(i_1,i_2,i_3) \in \Omega : i_1 + i_2 + i_3 = k\} \quad \text{für } k \in \{3,...,18\}.
\end{aligned}$$

Um diese Anzahlen zu bestimmen, muss man in $\Omega$ etwas systematisch zählen, das Ergebnis ist:

| $k$ | 3 | 4 | 5 | 6 | 7 | 8 | 9 | 10 | 11 | 12 | 13 | 14 | 15 | 16 | 17 | 18 |
|---|---|---|---|---|---|---|---|---|---|---|---|---|---|---|---|---|
| $216 \cdot P(S=k)$ | 1 | 3 | 6 | 10 | 15 | 21 | 25 | 27 | 27 | 25 | 21 | 15 | 10 | 6 | 3 | 1 |

Zum Vergleich der Augensummen betrachten wir die folgenden Bilder. Beim einmaligen Wurf hat man Gleichverteilung. Beim zweimaligen Wurf wie in Beispiel 2 entsteht ein Maximum beim zentralen Wert 7 und beim dreimaligen Wurf in Beispiel 3 erinnert die Form der Verteilung der Wahrscheinlichkeiten an die altbekannte „GAUSS-Glocke". Das ist kein Zufall, sondern ein erster Hinweis auf ein Phänomen, das in 2.5.6 im „Zentralen Grenzwertsatz" genauer beschrieben wird.

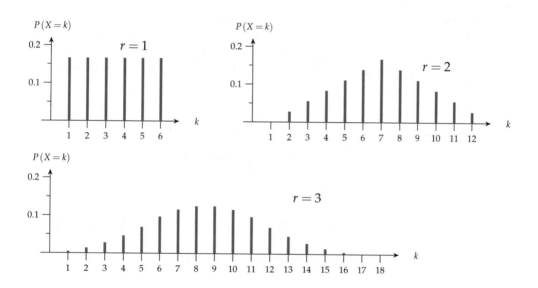

## 2.2.8 Aufgaben

**Aufgabe 2.5** Seien $\Omega$ eine Ergebnismenge, $P$ ein Wahrscheinlichkeitsmaß und $X, Y$ Zufallsvariablen auf $\Omega$. Unter welchen Voraussetzungen an $\Omega$ und $P$ gilt:

$$X = Y \quad \Rightarrow \quad X \text{ und } Y \text{ abhängig}$$

Beginnen Sie mit $\#\Omega = 1$.

**Aufgabe 2.6** Ein Schüler erscheint an 4 von 5 Tagen unausgeschlafen in der Schule, an einem Tag hat er ausgeschlafen. Wenn er ausgeschlafen ist, erledigt er die Aufgaben in der Mathematikstunde mit einer Wahrscheinlichkeit von 0.9 fehlerfrei, wenn er unausgeschlafen ist mit einer Wahrscheinlichkeit von 0.4. In der Probe am Donnerstag erhält er volle Punktzahl.

(a) Erstellen Sie ein Baumdiagramm.
(b) Mit welcher Wahrscheinlichkeit ist der Schüler an diesem Donnerstag unausgeschlafen zum Unterricht erschienen? Definieren Sie für Ihre Berechnung geeignete Ereignisse.

**Aufgabe 2.7**   In einer Kiste befinden sich Blumenzwiebeln, aus denen entweder rote (R) oder gelbe (G) Tulpen wachsen können. Tulpen können entweder hochwachsend (H) oder niedrigwachsend (K) sein. Anhand der Blumenzwiebeln ist keine dieser Eigenschaften erkennbar.
Mit einer Wahrscheinlichkeit von 0.2 sind niedrigwachsende Tulpen rot. Die Wahrscheinlichkeit, dass Tulpen rot und hochwachsend sind beträgt 0.6, die Wahrscheinlichkeit, dass Tulpen gelb und hochwachsend sind 0.2.
Erstellen und füllen Sie eine Vierfeldertafel nach folgendem Muster: (Es sind 8 Wahrscheinlichkeiten gesucht.)

|   | $H$ | $K$ |   |
|---|---|---|---|
| $R$ | $P(R \cap H)$ | $P(R \cap K)$ | $P(R)$ |
| $G$ | $P(G \cap H)$ | $P(G \cap K)$ | $P(G)$ |
|   | $P(H)$ | $P(K)$ | $\sum = 1$ |

**Aufgabe 2.8**   Wir würfeln zweimal mit einem gerechten Würfel. Damit hat man:

$$\Omega = \{1, \dots, 6\}^2 \quad \text{und} \quad \omega = (a_1, a_2) \in \Omega.$$

Sind die drei Ereignisse

$$\begin{aligned} A_1 &:= \{\omega \in \Omega : 3 \text{ teilt } a_1 + a_2\}, \\ A_2 &:= \{\omega \in \Omega : 4 \text{ teilt } a_1 + a_2\}, \\ A_3 &:= \{\omega \in \Omega : 7 \text{ teilt } a_1 + a_2 \text{ oder } a_1 + a_2 \geq 10\} \end{aligned}$$

(stochastisch) unabhängig?

**Aufgabe 2.9**   Betrachten Sie erneut den zweifachen medizinischen Test aus Beispiel 1 in Abschnitt 2.2.5. mit $p_{se} = p_{sp}$. Berechnen Sie die Wahrscheinlichkeit krank zu sein bei zwei verschiedenen Testergebnissen mit Hilfe eines Baumdiagramms. Benutzen Sie hierzu das Baumdiagramm aus Beispiel 1 in Abschnitt 2.2.5 sowie $p_{se} = p_{sp}$ und $q = 10^{-3}$.

**Aufgabe 2.10**    Eine faire Münze wird dreimal hintereinander geworfen. Somit gilt:

$$\Omega = \{0,1\}^3 \quad \text{und} \quad \omega = (a_1, a_2, a_3) \in \Omega.$$

Sind die Zufallsvariablen $X \colon \Omega \to \mathbb{R}$ und $Y \colon \Omega \to \mathbb{R}$

$$\begin{aligned} X(\omega) &= a_1 + a_2, \\ Y(\omega) &= a_2 + a_3 \end{aligned}$$

(also $X :=$ „Anzahl von Zahl bei den ersten beiden Würfen" und $Y :=$ „Anzahl von Zahl bei den letzten beiden Würfen") stochastisch unabhängig?

**Aufgabe 2.11**

(a) Gegeben seien zwei Ereignisse $A, B \subset \Omega$, $\Omega$ sei endlich und $P(B) > 0$. Beweisen Sie präzise, dass

$$A \text{ und } B \text{ unabhängig} \quad \Leftrightarrow \quad P_B(A) = P(A).$$

(b) Gegeben sei ein Ereignis $A \subset \Omega$. Wann sind $A$ und $A$ unabhängig?

**Aufgabe 2.12**    Zeigen Sie: Sind mit den Bezeichnungen aus 2.2.2 die Ereignisse $C$ und $B_j$ unabhängig sowie die Ereignisse $\overline{C}$ und $B_j$ unabhängig für jedes $j \in \{1, \ldots, r\}$, so kann ein SIMPSON-Paradoxon nicht auftreten.

**Aufgabe 2.13**    Betrachten Sie erneut das Beispiel 1 aus Abschnitt 2.2.2 (angelehnt an [S-E, p. 103]). Bestimmen Sie die Wahrscheinlichkeit, dass ein Fahrzeug ohne Motorschaden nicht regelmäßig gewartet wurde. Benutzen Sie drei Varianten zur Berechnung der gesuchten Wahrscheinlichkeit.

**Aufgabe 2.14**    (aus [ISB, Leistungskursabitur 2007]) Ein Anteil $p \in ]0,1[$ von Patienten leidet an einer Infektion durch den M-Virus. Der Nachweis dieser Krankheit durch einen Bluttest ist nicht zuverlässig. Falls jemand vom M-Virus befallen ist, dann diagnostiziert der Bluttest dies nur mit einer Wahrscheinlichkeit von 90%. Falls jemand nicht infiziert ist, dann diagnostiziert der Bluttest in 5% aller Fälle trotzdem eine M-Virusinfektion. Zeigen Sie, dass die Wahrscheinlichkeit, dass eine Person tatsächlich infiziert ist, falls der Bluttest dies diagnostiziert, $\frac{90p}{85p+5}$ beträgt.
Für welche Werte von $p$ ist diese Wahrscheinlichkeit größer als 90%?

**Aufgabe 2.15**    [BE] Zwei optisch nicht unterscheidbare Schnüre werden so in der Mitte gehalten, dass die vier Enden an einer Stelle nach unten hängen. Nun werden zwei der Enden wahllos herausgegriffen und miteinander verknotet. Ist es wahrscheinlicher, dass dabei eine lange Schnur entsteht oder dass zwei Stücke entstehen?

**Aufgabe 2.16**    Ein fairer Tetraeder (4-seitiger Würfel) wird zweimal geworfen. Es bezeichne

$A$ das Ereignis *die Summe der Augenzahlen ist gerade*
$B$ das Ereignis *beide Zahlen sind kleiner oder gleich 3*

(a)  Berechnen Sie die Wahrscheinlichkeiten $P(A)$ und $P(B)$.
(b)  Berechnen Sie die Wahrscheinlichkeiten $P(A \cap B)$.
(c)  Berechnen Sie die Wahrscheinlichkeit $P_B(A)$.
(d)  Sind $A$ und $B$ (stochastisch) unabhängig? Begründen Sie Ihre Aussage.

**Aufgabe 2.17**    Wir betrachten erneut das Ziegenproblem aus Beispiel 2 in Kapitel 2.2.5. Die Entscheidung für eine der Strategien (a) oder (b) wird nun durch Münzwurf gefällt. Nachdem also der Moderator eine Tür geöffnet hat, wird eine Münze geworfen. Zeigt die Münze Kopf, bleibt der Kandidat bei seiner ursprünglich gewählten Türe (Strategie (a)), zeigt die Münze Zahl, entscheidet er sich für die andere noch geschlossene Türe (Strategie (b)). Wie groß sind die Gewinnchancen des Kandidaten nun? Erweitern Sie dazu das Baumdiagramm aus Beispiel 2 in 2.2.5.

# 2.3 Spezielle Verteilungen von Zufallsvariablen

In Abschnitt 2.1.5 hatten wir für eine Zufallsvariable $X: \Omega \to \mathbb{R}$ auf $X(\Omega) \subset \mathbb{R}$ eine Verteilung von $X$ erklärt, die analog ist zur Verteilung der relativen Häufigkeiten eines Merkmals entsprechend 1.1.2. Schon am Ende des vorhergehenden Abschnitts 2.2.7 hat sich gezeigt, wie aus einer eintönigen Gleichverteilung sehr viel interessantere Verteilungen entstehen können, die Ähnlichkeit mit einer „GAUSS-Glocke" erkennen lassen. Zunächst behandeln wir einige vor allem für die Anwendung wichtige ganz spezielle Verteilungen. Ein wichtiges Hilfsmittel dabei sind die aus der binomischen Formel bekannten Binomialkoeffizienten.

## 2.3.1 Binomialkoeffizienten

Für jede natürliche Zahl $n$ ist die Zahl $n$-*Fakultät* erklärt durch

$$n! := n \cdot (n-1) \cdot \ldots \cdot 2 \cdot 1, \quad \text{falls} \quad n \neq 0 \quad \text{und} \quad 0! := 1.$$

Die Folge $n!$ steigt mit wachsendem $n$ enorm an, so ist etwa (gerundet)

$$10! = 3.629 \cdot 10^6, \quad 20! = 2.433 \cdot 10^{18}, \quad 40! = 8.159 \cdot 10^{47}, \quad 60! = 8.321 \cdot 10^{81}.$$

Asymptotisch gilt die *Formel von* STIRLING (siehe etwa [FO$_1$, § 20])

$$n! \sim \sqrt{2\pi n} \cdot \left(\frac{n}{e}\right)^n,$$

wobei $\sim$ bedeutet, dass der Quotient beider Seiten mit wachsendem $n$ gegen 1 geht. Die Differenz beider Seiten kann dagegen beliebig groß werden.

Man kann versuchen diese Formel so zu verstehen: Ersetzt man das Produkt $n \cdot (n-1) \cdot \ldots \cdot 1$ von $n$ verschiedenen Faktoren durch das Produkt von $n$ gleichen Faktoren $n/e$, so ergibt ein zusätzlicher Faktor $\sqrt{2\pi n}$ eine gute Approximation.

Zum Vergleich mit den obigen Werten der Fakultäten: Ist

$$S(n) := \sqrt{2\pi n} \cdot \left(\frac{n}{e}\right)^n,$$

so erhält man gerundet folgende Werte:

| $n$ | 10 | 20 | 40 | 60 |
|---|---|---|---|---|
| $S(n)$ | $3.599 \cdot 10^6$ | $2.423 \cdot 10^{18}$ | $8.142 \cdot 10^{47}$ | $8.310 \cdot 10^{81}$ |
| $S(n)/n!$ | 0.992 | 0.996 | 0.998 | 0.999 |

Für $n \in \mathbb{N}$ und $k \in \mathbb{Z}$ ist der schon aus der binomischen Formel bekannte *Binomial-koeffizient* „*n* über *k*" oder „*k* aus *n*" erklärt durch

$$\binom{n}{k} := \frac{n!}{k! \cdot (n-k)!} \quad \text{für} \quad 0 \leqslant k \leqslant n \quad \text{und} \quad \binom{n}{k} := 0 \quad \text{für} \quad k < 0 \quad \text{oder} \quad k > n.$$

Die Definition für $k < 0$ oder $k > n$ dient nur dazu, Fallunterscheidungen in den Formeln zu vermeiden. Für $0 \leqslant n \leqslant 16$ und $0 \leqslant k \leqslant n$ sehen die Werte so aus:

Diese Abbildung ist orientiert an einer Darstellung im „Zahlenteufel" von H. M. ENZENSBERGER [EN]. Dort finden sich viele überraschende Zahlenspiele, die man mit diesem Schema anstellen kann.

Die Zeilen beginnen mit Nummer 0, in der Zeile $n$ stehen die Binomialkoeffizienten

$$\binom{n}{0}, \binom{n}{1}, \dots, \binom{n}{k}, \dots, \binom{n}{n-1}, \binom{n}{n}.$$

Das angegebene Zahlenschema ist der nach unten offene Anfang des PASCALschen *Dreiecks* . Daran erkennt man wichtige Eigenschaften der Binomialkoeffizienten:

**Lemma** *Für alle $n \in \mathbb{N}$ und $k \in \mathbb{Z}$ gilt:*

a) $\binom{n}{k} = \binom{n}{n-k}$

b) $\binom{n}{k} = \binom{n-1}{k-1} + \binom{n-1}{k}$, *falls $n \geqslant 1$*

c) $\binom{n}{k}$ *ist eine natürliche Zahl.*

d) $\sum\limits_{k=0}^{n} \binom{n}{k} = 2^n.$

*Beweis*    a) folgt sofort aus der Definition.

b) folgt aus der Umformung

$$
\begin{aligned}
\binom{n-1}{k-1} + \binom{n-1}{k} &= \frac{(n-1)!}{(k-1)!(n-k)!} + \frac{(n-1)!}{k!(n-k-1)!} \\
&= \frac{k(n-1)! + (n-k)(n-1)!}{k!(n-k)!} \\
&= \frac{n(n-1)!}{k!(n-k)!} = \frac{n!}{k!(n-k)!}.
\end{aligned}
$$

c) folgt durch wiederholte Anwendung von b). Das ist gar nicht offensichtlich, denn nach Definition ist $\binom{n}{k}$ zunächst nur eine rationale Zahl.

d) folgt aus der binomischen Formel:

$$2^n = (1+1)^n = \sum_{k=0}^{n} \binom{n}{k} 1^k 1^{n-k}. \qquad \blacksquare$$

Die Regel b) kann man im PASCALschen Dreieck so sehen:

Dabei ist zu bedenken, dass außerhalb des Dreiecks nach Definition der Binomial-koeffizienten nur Nullen stehen.

Wegen der Größe der Fakultäten ist die Definition zur Berechnung der Binomial-koeffizienten nicht geeignet. Aus der Gleichung

$$\binom{n}{k} = \frac{n}{k} \cdot \frac{n-1}{k-1} \cdot \ldots \cdot \frac{n-k+1}{1} = \frac{n}{k} \cdot \binom{n-1}{k-1} \quad \text{folgt} \quad k \text{ teilt } n \cdot \binom{n-1}{k-1}. \qquad (*)$$

Daher kann man die Binomialkoeffizienten schrittweise von „rechts nach links" berech-nen, wobei die Zwischenergebnisse ganzzahlig bleiben. Auf diese Weise werden Run-dungsfehler vermieden.

**Beispiel 1**

$$\binom{7}{4} = \frac{7}{4} \cdot \frac{6}{3} \cdot \frac{5}{2} \cdot \frac{4}{1} = \frac{7}{4} \cdot \frac{6}{3} \cdot \frac{5}{2} \cdot 4 = \frac{7}{4} \cdot \frac{6}{3} \cdot \frac{20}{2} = \frac{7}{4} \cdot \frac{6}{3} \cdot 10 = \frac{7}{4} \cdot \frac{60}{3} = \frac{7}{4} \cdot 20 = \frac{140}{4} = 35.$$

**Beispiel 2**

Beim Lotto-Spiel ist die Zahl $\binom{49}{6}$ von Bedeutung. Nach Definition ist, mit Rundung,

$$\binom{49}{6} = \frac{49!}{6! \cdot 43!} \approx \frac{6.083 \cdot 10^{62}}{720 \cdot 6.042 \cdot 10^{52}} \approx 13\,983\,136.56.$$

Besser und genauer geht es „von rechts nach links":

$$\begin{aligned}
\binom{49}{6} &= \frac{49}{6} \cdot \frac{48}{5} \cdot \frac{47}{4} \cdot \frac{46}{3} \cdot \frac{45}{2} \cdot \frac{44}{1} \\
&= \frac{49}{6} \cdot \frac{48}{5} \cdot \frac{47}{4} \cdot \frac{46}{3} \cdot 990 \\
&= \frac{49}{6} \cdot \frac{48}{5} \cdot \frac{47}{4} \cdot 15\,180 \\
&= \frac{49}{6} \cdot \frac{48}{5} \cdot 178\,365 \\
&= \frac{49}{6} \cdot 1\,712\,304 \\
&= 13\,983\,816.
\end{aligned}$$

Aus $(*)$ folgt, dass bei den nötigen Divisionen am rechten Ende immer ganzzahlige Ergebnisse entstehen.

## 2.3.2 Urnenmodelle

Viele „Zufallsexperimente", wie etwa die Qualitätskontrolle von Bauteilen durch eine Stichprobe oder die Auswahl der Befragten bei einer Wahlumfrage haben ein gemeinsames abstraktes Modell: Aus einer Gesamtheit von „Individuen" werden vom Zufall gesteuert einige ausgewählt. Dafür ist in der Wahrscheinlichkeitsrechnung die Beschreibung mit Hilfe einer „Urne" voll von „Kugeln" üblich, aus der zufällig gezogen wird. Die „Urne" hat dabei nichts mit einem Friedhof zu tun; sie soll nur andeuten, dass man beim Ziehen nicht hineinsehen kann. Für das Ziehen und die Präsentation der Ergebnisse gibt es verschiedene Regeln:

Zunächst einmal sei $\{1,...,n\}$ die Menge der Individuen. Das kann man so realisieren, dass die Kugeln diese Nummern tragen. Nun wird $k$-mal hintereinander gezogen. Dabei sind folgende Regeln möglich:

a) Man kann eine gezogene Kugel vor dem nächsten Zug in die Urne zurücklegen, oder sie nicht zurücklegen. Beim Zurücklegen muss vor dem nächsten Zug wieder gut gemischt werden. Also: **Mit oder ohne Zurücklegen.**

b) Man kann die Nummern der gezogenen Kugeln in der Reihenfolge der Züge notieren, oder sie anschließend ohne Beachtung der Reihenfolge der Züge der Größe der Nummern nach sortieren. Also: **Mit oder ohne Reihenfolge.**

Auf diese Weise entstehen vier Mengen möglicher Ergebnisse, wobei jeweils $a_i \in \{1,...,n\}$ für $i = 1,...,k$.

1) **Mit Zurücklegen und mit Reihenfolge**
   Ist $a_i$ das Ergebnis im $i$-ten Zug, so haben wir die Ergebnismenge

   $$\Omega_1(n,k) := \{1,...,n\}^k = \{(a_1,...,a_k) : 1 \leqslant a_i \leqslant n\}.$$

2) **Ohne Zurücklegen und mit Reihenfolge**

   $$\Omega_2(n,k) := \{(a_1,...,a_k) \in \{1,...,n\}^k : a_i \neq a_j \ \text{für} \ i \neq j\}.$$

3) **Mit Zurücklegen und ohne Reihenfolge**

   $$\Omega_3(n,k) := \{(a_1,...,a_k) \in \{1,...,n\}^k : 1 \leqslant a_1 \leqslant a_2 \leqslant ... \leqslant a_k \leqslant n\}.$$

4) **Ohne Zurücklegen und ohne Reihenfolge**

   $$\Omega_4(n,k) := \{(a_1,...,a_k) \in \{1,...,n\}^k : 1 \leqslant a_1 < a_2 < ... < a_k \leqslant n\}.$$

In Fall 2) und 4) muss $k \leqslant n$ sein, in Fall 1) und 3) kann $k$ beliebig gewählt werden. Offensichtlich ist $\Omega_i \subset \Omega_1$ für $i = 2,3,4$. Weiter sieht man an den Definitionen, dass $\Omega_4 \subset \Omega_2$, $\Omega_4 \subset \Omega_3$ und $\Omega_4 = \Omega_2 \cap \Omega_3$. Das kann man so zusammenfassen:

$$
\begin{array}{ccc}
\Omega_1 & \supset & \Omega_2 \\
\cup & & \cup \\
\Omega_3 & \supset & \Omega_4 & = & \Omega_2 \cap \Omega_3
\end{array}
$$

Bevor wir von Wahrscheinlichkeiten sprechen, werden die $\Omega_i$ abgezählt.

**Lemma 1** *Es gilt:*

$$\#\,\Omega_1(n,k) = n^k, \qquad \#\,\Omega_2(n,k) = \frac{n!}{(n-k)!},$$

$$\#\,\Omega_3(n,k) = \binom{n+k-1}{k}, \qquad \#\,\Omega_4(n,k) = \binom{n}{k}.$$

**Beispiel 1** *(Zweimal Würfeln)*
Das zweimalige Würfeln kann man interpretieren als zwei Züge aus einer Urne mit 6 Kugeln. In diesem Fall kann man $\Omega_1(6,2)$ illustrieren durch ein Quadrat mit 36 Feldern. Die Teilmengen $\Omega_i(6,2)$ sehen dann so aus:

$\Omega_1$              $\Omega_2$              $\Omega_3$              $\Omega_4$

Durch Zählen der Felder erhält man

$$\#\,\Omega_1(6,2) = 36 = 6^2, \qquad \#\,\Omega_2(6,2) = 30 = \frac{6!}{4!} = 6 \cdot 5,$$

$$\#\,\Omega_3(6,2) = 21 = \binom{7}{2}, \qquad \#\,\Omega_4(6,2) = 15 = \binom{6}{2} = \frac{6 \cdot 5}{2}.$$

*Beweis des Lemmas:*

$\Omega_1$ ( *Mit Zurücklegen und mit Reihenfolge*)

Da zurückgelegt wird, hat man bei jedem der $k$ Züge die volle Zahl von $n$ Möglichkeiten, das ergibt insgesamt

$$\underbrace{n \cdot \ldots \cdot n}_{k-\text{mal}} = n^k$$

Möglichkeiten.

$\Omega_2$  ( *Ohne Zurücklegen und mit Reihenfolge*)

Im Gegensatz zu $\Omega_1$ wird der Inhalt der Urne bei jedem Zug um eine Kugel verringert. Also hat man bei $k$ Zügen insgesamt

$$n \cdot (n-1) \cdot \ldots \cdot (n-k+1) = \frac{n!}{(n-k)!}$$

Möglichkeiten. Im Extremfall $k = n$ werden alle Kugeln gezogen; das Ergebnis der Züge in ihrer Reihenfolge aufgeschrieben ist dann eine Permutation der Zahlen $1,\ldots,n$.

$\Omega_4$  ( *Ohne Zurücklegen und ohne Reihenfolge*)

Wir vergleichen die Anzahlen $\#\Omega_2(n,k)$ und $\#\Omega_4(n,k)$. Bei $\Omega_2$ werden die Züge in ihrer Reihenfolge aufgeschrieben, bei $\Omega_4$ werden sie anschließend ihrer Größe nach geordnet. Daher kann jedes Ergebnis in $\Omega_4(n,k)$ aus $k!$ verschiedenen Ergebnissen in $\Omega_2(n,k)$ entstehen, also ist

$$\#\Omega_2(n,k) = k! \cdot \#\Omega_4(n,k) \quad \text{und} \quad \#\Omega_4(n,k) = \frac{n!}{k!(n-k)!} = \binom{n}{k}.$$

$\Omega_3$  ( *Mit Zurücklegen und ohne Reihenfolge*)

Es genügt, nach der Zählung in $\Omega_4$ eine bijektive Abbildung

$$\alpha\colon \Omega_4(n+k-1,n-1) \to \Omega_3(n,k)$$

anzugeben, denn

$$\#\Omega_4(n+k-1,n-1) = \binom{n+k-1}{n-1} = \binom{n+k-1}{k}.$$

Ist $(b_1,\ldots,b_{n-1}) \in \Omega_4(n+k-1,n-1)$ gegeben, so ist nach Definition von $\Omega_4$

$$1 \leqslant b_1 < b_2 < \ldots < b_{n-1} \leqslant n+k-1.$$

Die Position dieser Zahlen kann für $n = 4$ und $k = 7$ so aussehen:

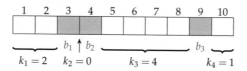

Mit $k_1,\ldots,k_n$ bezeichnen wir die Anzahlen der dazwischen liegenden Zahlen, also

$$k_1 := b_1 - 1, \quad k_n := n+k-1-b_{n-1} \quad \text{und} \quad k_j := b_j - b_{j-1} - 1 \quad \text{für} \quad j = 2,\ldots,n-1.$$

Dann ist

$$k_1 + k_2 + \ldots + k_n = b_1 - 1 + b_2 - b_1 - 1 + \ldots + n + k - 1 - b_{n-1} = k.$$

Damit können wir die Abbildung $\alpha$ erklären durch

$$\alpha(b_1, \ldots, b_{n-1}) := (\underbrace{1, \ldots, 1}_{k_1 - \text{mal}}, \underbrace{2, \ldots, 2}_{k_2 - \text{mal}}, \ldots, \underbrace{n, \ldots, n}_{k_n - \text{mal}}) \in \Omega_3(n,k). \tag{$*$}$$

Eine Umkehrabbildung von $\alpha$ ist leicht anzugeben. Jedes Element $(a_1, \ldots, a_k) \in \Omega_3(n,k)$ kann man in der Form $(*)$ mit $0 \leqslant k_j \leqslant k$ und $k_1 + \ldots + k_n = k$ schreiben. Dann ist $(b_1, \ldots, b_{n-1}) = \alpha^{-1}(a_1, \ldots, a_k)$ gegeben durch

$$b_1 = k_1 + 1, \quad b_j = b_{j-1} + k_j + 1 \quad \text{für} \quad j = 2, \ldots, n-1.$$

∎

Eine zusammenfassende übersichtliche Darstellung dieser Abzählungen sieht so aus:

|  |  | Zurücklegen | |
|---|---|---|---|
|  |  | mit | ohne |
| Reihenfolge der Züge | mit | $\# \Omega_1(n,k) = n^k$ | $\# \Omega_2(n,k) = \dfrac{n!}{(n-k)!}$ |
|  | ohne | $\# \Omega_3(n,k) = \dbinom{n+k-1}{k}$ | $\# \Omega_4(n,k) = \dbinom{n}{k}$ |

Um die Urnenexperimente für die Wahrscheinlichkeitsrechnung nutzen zu können, benötigt man auf den Ergebnismengen $\Omega_i(n,k)$ angemessene Wahrscheinlichkeitsmaße $P^{(i)}$. „Angemessen" soll dabei die Annahme ausdrücken, dass bei jedem Zug die verbleibenden Kugeln mit der gleichen Wahrscheinlichkeit gezogen werden können. Das setzt insbesondere voraus, dass nach dem Zurücklegen jeder Kugel neu gemischt wird.

**Satz** *Auf $\Omega_i(n,k)$ ist für $i = 1, 2, 4$ die Gleichverteilung $P^{(i)}$ angemessen, auf $\Omega_3(n,k)$ eine sogenannte Multinomialverteilung.*

*Beweis* Zunächst einmal hat man auf $\{1, \ldots, n\}$ die Gleichverteilung $P_1$ mit

$$P_1(a) = \frac{1}{n} \quad \text{für alle} \quad a \in \{1, \ldots, n\}.$$

Auf $\Omega_1(n,k)$ ist nach 2.2.6 das Produktmaß $P^{(1)}$ angemessen, also wegen

$$P^{(1)}(a_1, \ldots, a_k) = P_1(a_1) \cdot \ldots \cdot P_1(a_k) = \frac{1}{n^k} \quad \text{für alle} \quad (a_1, \ldots, a_k) \in \Omega_1(n,k),$$

die Gleichverteilung.

Sei nun $(a_1,...,a_k) \in \Omega_2(n,k)$. Da nicht zurückgelegt wird, ist

$$a_{i+1} \in \{1,...,n\} \smallsetminus \{a_1,...,a_i\} \quad \text{für} \quad i = 0,...,k-1.$$

In Übergangswahrscheinlichkeiten ausgedrückt ist

$$P_{i+1}^{(2)}(a_{i+1}|a_1,...,a_i) = \frac{1}{n-i},$$

und zwar unabhängig von $a_1,...,a_i,a_{i+1}$. Daraus folgt nach der Pfadregel

$$
\begin{aligned}
P^{(2)}(a_1,...,a_k) &= P_1^{(2)}(a_1) \cdot P_2^{(2)}(a_2|a_1) \cdot ... \cdot P_k^{(2)}(a_k|a_1,...,a_{k-1}) \\
&= \frac{1}{n} \cdot \frac{1}{n-1} \cdot ... \cdot \frac{1}{n-k+1} = \frac{(n-k)!}{n!} = \frac{1}{\#\,\Omega_2(n,k)}
\end{aligned}
$$

für alle $(a_1,...,a_k) \in \Omega_2(n,k)$; das ist eine Gleichverteilung.

Bei jedem $(b_1,...,b_k) \in \Omega_4(n,k)$ werden insgesamt $k!$ Permutationen des entsprechenden Ergebnisses aus $\Omega_2(n,k)$ zusammengefasst, also ist

$$P^{(4)}(b_1,...,b_k) = k!\frac{(n-k)!}{n!} = \frac{1}{\binom{n}{k}} = \frac{1}{\#\,\Omega_4(n,k)},$$

das ergibt wieder eine Gleichverteilung. ∎

Für den allgemeinen Fall von $\Omega_3(n,k)$ benutzen wir das folgende

**Lemma 2** *Seien $n,k \in \mathbb{N}$, $k_1,...,k_n \in \mathbb{N}^*$ mit $k_1 + ... + k_n = k$. Die Anzahl der verschiedenen Möglichkeiten, die Zahlen $1,...,n$ in $k$ Positionen so einzutragen, dass $k_j$-mal die Zahl $j$ vorkommt, ist gleich dem **Multinomialkoeffizienten***

$$\frac{k!}{k_1! \cdot ... \cdot k_n!}.$$

Aus dem Lemma folgt dann wegen der Gleichverteilung in $\Omega_1(n,k)$ für

$$\omega^* = (\underbrace{1,...,1}_{k_1-\text{mal}},...,\underbrace{n,...,n}_{k_n-\text{mal}}) \in \Omega_3(n,k),$$

dass die angemessene Wahrscheinlichkeit gleich

$$P^{(3)}(\omega^*) = \frac{k!}{k_1! \cdot ... \cdot k_n!} \cdot \frac{1}{n^k}$$

ist. Das ist eine *Multinomialverteilung*.

*Beweis des Lemmas* Wir betrachten die surjektive, aber nicht injektive Abbildung

$$\tau\colon \Omega_1(n,k) \to \Omega_3(n,k), \quad \omega = (a_1,...,a_k) \mapsto \omega^* = (\underbrace{1,...,1}_{k_1},...,\underbrace{n,...,n}_{k_n}),$$

bei der die Einträge von $\omega$ der Größe nach sortiert werden. Es genügt nun zu zeigen, dass für ein gegebenes $\omega^* \in \Omega_3(n,k)$

$$\# \{\omega \in \Omega_1(n,k) : \tau(\omega) = \omega^*\} = \frac{k!}{k_1! \cdot ... \cdot k_n!}.$$

Ist $\tau(\omega) = \omega^*$, so kann man die Einträge von $\omega$ durch eine Permutation der Einträge von $\omega^*$ erhalten, dazu gibt es $k!$ Möglichkeiten. Für jedes $j = 1,...,n$ ergibt aber jede der $k_j!$ Permutationen in einem Block $j,...,j$ der Länge $k_j$ das gleiche Ergebnis in $\omega$. Also muss $k!$ noch durch $k_1! \cdot ... \cdot k_n!$ geteilt werden. ∎

**Beispiel 1**
In $\Omega_3(3,3)$ ist

$$
\begin{aligned}
P^{(3)}(1,1,1) &= P^{(3)}(2,2,2) = P^{(3)}(3,3,3) = \frac{1}{27}, \\
P^{(3)}(1,1,2) &= P^{(3)}(1,1,3) = P^{(3)}(1,2,2) = P^{(3)}(1,3,3) = P^{(3)}(2,2,3) \\
&= P^{(3)}(2,3,3) = \frac{1}{9} \quad \text{und} \\
P^{(3)}(1,2,3) &= \frac{2}{9}.
\end{aligned}
$$

Als Folgerung aus diesen sorgfältigen Zählungen kann man für ein Ereignis $A \subset \Omega_i(n,k)$ für $i = 1,2,4$ die Wahrscheinlichkeit nach 2.1.2 berechnen als

$$P^{(i)}(A) = \frac{\#A}{\#\,\Omega_i(n,k)}.$$

Dazu genügt es nun, die Menge $A$ abzuzählen. Dieser Teil der Wahrscheinlichkeitsrechnung gehört zur *Kombinatorik*, die man als „Kunst des geschickten Zählens" bezeichnen kann.

**Beispiel 2** *(Wie oft klingen die Gläser)*
Wenn mehrere Gäste mit ihren Weingläsern anstoßen, entsteht gelegentlich die Frage, wie oft es geklungen hat. Die dazu nötige Abzählung kann man mit Hilfe eines Urnenmodells beschreiben. Sind es $n$ Gäste, so betrachtet man eine Urne mit $n$ Kugeln, interpretiert jedes Anstoßen zweier Personen als einen Zug von zwei Kugeln ohne Zurücklegen und notiert das Ergebnis ohne Reihenfolge der Züge. Dann ist die gesuchte Anzahl gleich

$$\#\Omega_4(n,2) = \binom{n}{2} = \frac{n(n-1)}{2}.$$

Das kann man auch ohne Urne sehen, indem man systematisch abzählt: in der ersten Etappe stößt die Person 1 mit Person 2 bis zu $n$ an, dann Person 2 mit Person 3 bis zu $n$, und schließlich Person $n-1$ mit Person $n$. Das ergibt insgesamt

$$(n-1) + (n-2) + \ldots + 2 + 1 = \frac{n(n-1)}{2},$$

nach der Formel, die schon GAUSS als Schüler benutzt hat.

**Beispiel 3** (*Das Geburtstagsproblem*)
Bei einer Party mit $k$ Gästen soll man wetten, ob zwei Gäste am gleichen Tag Geburtstag haben. Das hängt sehr stark von der Zahl $k$, genauer von der Zahl $\frac{1}{2}k(k-1)$ der möglichen Paare, ab.

Man kann dieses Problem mit Hilfe eines Urnenmodells beschreiben, wenn man annimmt, dass die Geburtstage aller Menschen annähernd gleichverteilt sind und dass die Auswahl der Partygäste zufällig ist. Dann enthält die Urne $n = 365$ Kugeln und jeder Partygast zieht eine Kugel mit Zurücklegen. In der Reihenfolge der Züge notiert, liegt das Ergebnis in $\Omega_1(365,k)$. Nun interessiert das Ereignis

$$A_k := \{(a_1, \ldots, a_k) \in \Omega_1(365,k) : a_i = a_j \text{ für mindestens ein } (i,j) \text{ mit } i \neq j\}.$$

Um $P(A_k)$ zu berechnen, benutzen wir, dass

$$\overline{A_k} := \Omega_1(365,k) \smallsetminus A_k = \Omega_2(365,k) \quad \text{für } k \leqslant 365.$$

Die Einschränkung $k \leqslant 365$ ist nötig, weil $\Omega_2$ sonst nicht erklärt ist. Daraus folgt wegen $\overline{A_k} \subset \Omega_1(365,k)$

$$\begin{aligned}
P(A_k) &= 1 - P(\overline{A_k}) = 1 - \frac{\#\Omega_2(365,k)}{\#\Omega_1(365,k)} \\
&= 1 - \frac{365!}{(365-k)! \cdot 365^k} = 1 - \frac{365}{365} \cdot \frac{364}{365} \cdot \ldots \cdot \frac{365-k+1}{365}.
\end{aligned}$$

Für $k \leqslant 100$ sieht das Ergebnis so aus:

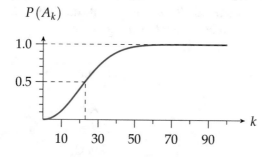

Besonders interessant sind die Werte

$$P(A_{22}) = 0.476 \quad \text{und} \quad P(A_{23}) = 0.507.$$

Bis zu $k = 22$ sollte man also dagegen wetten, ab $k = 23$ dafür. Dieses Beispiel ist deswegen interessant, weil die kritische Grenze zwischen 22 und 23 ohne präzise Rechnung nicht zu schätzen ist.

Zum Schluss dieses Abschnitts noch eine Bemerkung zu den Multinomialkoeffizienten als Verallgemeinerung der Binomialkoeffizienten. Sie treten auf in der *multinomischen Formel*

$$(x_1 + \dots + x_n)^k = \sum_{k_1 + \dots + k_n = k} \frac{k!}{k_1! \cdot \dots \cdot k_n!} x_1^{k_1} \cdot \dots \cdot x_n^{k_n}$$

und geben an, wie oft $x_1^{k_1} \cdot \dots \cdot x_n^{k_n}$ unter den zunächst $n^k$ Summanden beim Ausmultiplizieren von $(x_1 + \dots + x_n)^k$ auftritt. Für $n = 2$ ist $k_1 + k_2 = k$ und

$$\frac{k!}{k_1! \cdot (k - k_1)!} = \binom{k}{k_1}$$

gleich dem Binomialkoeffizienten. Mit Hilfe der multinomischen Formel kann man nachkontrollieren, dass durch $P^{(3)}$ eine Wahrscheinlichkeitsfunktion auf $\Omega_3(n,k)$ erklärt ist:

$$\sum_{\omega \in \Omega_3(n,k)} P^{(3)}(\omega) = \sum_{k_1 + \dots + k_n = k} \frac{k!}{k_1! \cdot \dots \cdot k_n!} \cdot \frac{1}{n^k} = \left( \frac{1}{n} + \dots + \frac{1}{n} \right)^k = 1^k = 1.$$

Für spätere Anwendungen wollen wir die Buchstaben etwas verändern und $k$ durch $n$, sowie $n$ durch $r$ ersetzen. Das ergibt die Multinomialkoeffizienten

$$\binom{n}{k_1, \dots, k_r} := \frac{n!}{k_1! \cdot \dots \cdot k_r!}.$$

Für $r = 2$ erhält man die Binomialkoeffizienten, die wie in 2.3.1 ein PASCALsches Dreieck ergeben. Im Fall $r = 3$ kann man die Multinomialkoeffizienten in der Form eines Tetraeders anordnen. Um das besser zeichnen zu können wird das Tetraeder von der Spitze nach unten in horizontale Scheiben zerlegt, und über $(k_1, k_2, k_3)$ ist jeweils der Wert $\binom{n}{k_1, k_2, k_3}$ des „Trinomialkoeffizienten" eingetragen:

$n = 0 :$
$$\begin{array}{c} 1 \\ (0,0,0) \end{array}$$

$n = 1 :$

$n = 2:$

$n = 3:$

$n = 4:$

Der Leser möge sich überlegen, wie die Werte in jeder Ebene durch Summen von Werten in der darüber liegenden Ebene entstehen (vgl. dazu Aufgabe 2.29). Das zeigt auch, dass alle Multinomialkoeffizienten ganzzahlig sind. Für allgemeines $r$ könnte man ein $r$-dimensionales Schema angeben, das sich aber nicht mehr zeichnen lässt.

## 2.3.3   Binomialverteilung

Die wohl wichtigste Verteilung einer Zufallsvariablen nach der Gleichverteilung ist eine Binomialverteilung. Sie kann in verschiedenen Zusammenhängen auftreten, der wohl einfachste ist eine Verallgemeinerung des mehrfachen Wurfs einer fairen Münze.

Wir betrachten dazu ein Experiment mit zwei möglichen Ergebnissen, also $\Omega' = \{0,1\}$. Dabei kann man 0 als „Niete" und 1 als „Treffer" ansehen. Die Wahrscheinlichkeiten seien gegeben durch

$$P'(1) = p \quad \text{und} \quad P'(0) = 1 - p, \quad \text{wobei} \quad p \in [0,1].$$

Ein solches Experiment wird BERNOULLI-*Experiment* genannt. Führt man es $n$-mal hintereinander unabhängig durch, so spricht man von einer BERNOULLI-*Kette* der Länge $n$. Das Ergebnis liegt in $\Omega = \{0,1\}^n$, darauf ist das Produktmaß $P$ angemessen, also

$$P(a_1,...,a_n) = P'(a_1) \cdot ... \cdot P'(a_n).$$

Die gesamte Trefferzahl ist gegeben durch den Wert der Zufallsvariablen

$$X\colon \Omega \to \{0,1,...,n\} \subset \mathbb{R}, \quad X(a_1,...,a_n) := a_1 + ... + a_n.$$

Ist $X(a_1,...,a_n) = k$ für ein $0 \leqslant k \leqslant n$, so folgt $P(a_1,...,a_n) = p^k(1-p)^{n-k}$. Da es für $k$ Treffer $\binom{n}{k}$ Positionen in $(a_1,...,a_n)$ gibt, folgt

$$P(X = k) = \binom{n}{k} p^k (1 - p)^{n-k}.$$

Eine Verteilung mit diesen Werten hat einen eigenen Namen:

**Definition**  *Ist $(\Omega,P)$ ein endlicher Wahrscheinlichkeitsraum, so heißt eine Zufallsvariable $X\colon \Omega \to \mathbb{R}$ binomial verteilt mit den Parametern $n \in \mathbb{N}^*$ und $p \in [0,1]$, wenn $X(\Omega) \subset \{0,...,n\}$ und*

$$P(X = k) = \binom{n}{k} p^k (1 - p)^{n-k} \quad \text{für} \quad k \in \{0,...,n\}.$$

Dabei sind folgende Abkürzungen üblich:

Statt binomial verteilt mit den Parametern $n$ und $p$ sagt man oft nur Bin$(n,p)$-*verteilt*, und

$$b_{n,p}(k) := \binom{n}{k} p^k (1-p)^{n-k} \quad \text{für} \quad k \in \{0, ..., n\}.$$

Nach 2.1.5 ist durch eine binomial verteilte Zufallsvariable $X: \Omega \to \{0, ..., n\}$ auf $\{0, ..., n\}$ ein Wahrscheinlichkeitsmaß gegeben mit

$$P_X(k) = \binom{n}{k} p^k (1-p)^{n-k}.$$

Das kann man noch einmal überprüfen durch die binomische Formel:

$$\sum_{k=0}^{n} P_X(k) = \sum_{k=0}^{n} \binom{n}{k} p^k (1-p)^{n-k} = (p + (1-p))^n = 1^n = 1.$$

Der wichtigste Spezialfall ist $p = \frac{1}{2}$, dann ist

$$b_{n,0.5}(k) = \frac{1}{2^n} \cdot \binom{n}{k}.$$

Bis auf den Faktor $2^{-n}$ erhält man also die Werte der Binomialkoeffizienten.

**Beispiel 1** (*Berechnung von Binomialverteilungen*)
Wir berechnen die Werte von $b_{n,p}(k)$ für $n = 10$ und 100, sowie $p = 0.5$ und 0.1, und einige $k$:

| $n = 10, \quad p = 0.5$ | | | | $n = 10, \quad p = 0.1$ | | | |
|---|---|---|---|---|---|---|---|
| $k$ | $\binom{n}{k}$ | $2^{-n}$ | $b_{n,p}(k)$ | $k$ | $\binom{n}{k}$ | $p^k(1-p)^{n-k}$ | $b_{n,p}(k)$ |
| 1 | 10 | $9.766 \cdot 10^{-4}$ | $9.766 \cdot 10^{-3}$ | 1 | 10 | $3.874 \cdot 10^{-2}$ | 0.387 |
| 5 | 252 | $9.766 \cdot 10^{-4}$ | 0.246 | 5 | 252 | $5.905 \cdot 10^{-6}$ | $1.488 \cdot 10^{-3}$ |
| | | | | 10 | 1 | $10^{-10}$ | $10^{-10}$ |

| $n = 100, \quad p = 0.5$ | | | | $n = 100, \quad p = 0.1$ | | | |
|---|---|---|---|---|---|---|---|
| $k$ | $\binom{n}{k}$ | $2^{-n}$ | $b_{n,p}(k)$ | $k$ | $\binom{n}{k}$ | $p^k(1-p)^{n-k}$ | $b_{n,p}(k)$ |
| 1 | 100 | $7.889 \cdot 10^{-31}$ | $7.889 \cdot 10^{-29}$ | 1 | 100 | $2.951 \cdot 10^{-6}$ | $2.951 \cdot 10^{-4}$ |
| 50 | $1.009 \cdot 10^{29}$ | $7.889 \cdot 10^{-31}$ | $7.959 \cdot 10^{-2}$ | 10 | $1.731 \cdot 10^{13}$ | $7.618 \cdot 10^{-15}$ | 0.132 |
| | | | | 50 | $1.009 \cdot 10^{29}$ | $5.154 \cdot 10^{-53}$ | $5.200 \cdot 10^{-24}$ |
| | | | | 100 | 1 | $10^{-100}$ | $10^{-100}$ |

Für $n = 10$ und $p = 0.5$ sowie $p = 0.1$ tragen wir die Werte der Binomialverteilung in ein Diagramm ein:

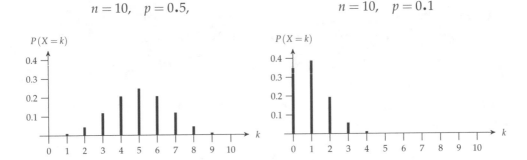

Wie man sieht, werden für größer werdendes $n$ die Faktoren $\binom{n}{k}$ sehr groß, die Faktoren $p^k(1-p)^{n-k}$ sehr klein. Daher ist die Berechnung von $b_{n,p}(k)$ als ein solches Produkt numerisch instabil. Bei der Berechnung der Verteilungsfunktion

$$F_X\colon \mathbb{R} \to [0,1] \quad \text{mit} \quad F_X(x) = \sum_{k \leqslant x} b_{n,p}(k)$$

muss man solche Produkte summieren, was weitere Rundungsfehler verursachen kann.

Für $n = 10$ und $p = 0.5$ sowie $0.1$ sehen die Verteilungsfunktionen so aus:

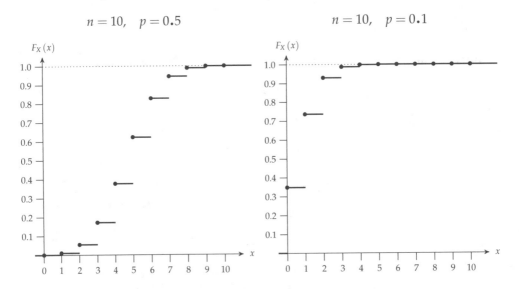

Sehr viel einfachere approximative Berechnungen der Binomialverteilung geben wir in 2.3.7 mit der POISSON-Verteilung und in 2.5 mit der Normalverteilung an.

**Beispiel 2** (GALTON*sches Brett*)
An einem senkrecht aufgehängten Brett sind hinter einer Glas-
scheibe Elemente befestigt, die aus einem kurzen Kanal und einer
darunter liegenden Kante bestehen.

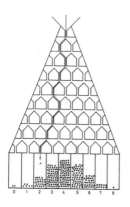

Durch den Kanal fällt eine Kugel, die wegen der Symmetrie des Elements mit gleicher Wahrscheinlichkeit nach links oder rechts abgelenkt wird. Danach fällt sie in einen Kanal der darunter liegenden Etage. Nach insgesamt $n$ Ablenkungen fallen die Kugeln in einen von insgesamt $n+1$ Behältern. Für $n=8$ ist dies links dargestellt [ST, Heft 3, p.103].

Die Verteilung der Kugeln in den Behältern ist annähernd eine Binomialverteilung.

In der Praxis ist ein solches Brett nicht einfach zu bauen, weil die Symmetrie der Elemente sehr hohe Präzision erfordert.

1

2

Bei dem von J. RICHTER-GEBERT aus Lego-Steinen gebauten *deterministischen* GALTON*schen Brett* bewirken die einzelnen Gelenke, dass je zwei aufeinander folgende Kugeln in verschiedene Richtungen abgelenkt werden. Die Bilder zeigen vier Stationen eines Experiments, bei dem insgesamt 16 Kugeln durch das Brett gefallen sind. Die Ausgangsposition der Gelenke in Bild 1 ist beliebig, die Bilder 2 und 3 zeigen die Zwischenergebnisse nach dem ersten und zweiten Wurf; die Anzahlen der Kugeln in den unteren Fächern nach 16 Würfen in Bild 4 sind - unabhängig von der Ausgangsposition der Gelenke - gegeben durch die Binomialkoeffizienten $\binom{4}{k}$ für $k=0,...,4$. Am Ende der 16 Durchläufe befinden sich die Gelenke wieder in der Ausgangsposition.

3

4

**Beispiel 3**  (*Römischer Brunnen*)
Anstelle von Kugeln, die über ein Brett
flippen, kann man Wasser durch über-
einander angeordnete Schalen fließen
lassen. Jede Schale hat seitlich zwei Ab-
flüsse, deren Größe in einem festen Verhältnis $p/(1-p)$ mit $p \in ]0,1[$ steht. In
den Behältern nach der untersten von
$n$ Ebenen ist der Wasserstand dann binomial verteilt mit Parametern $n$ und
$p$. Für $n = 5$ und $p = 0.25$ hat man das
Bild rechts [ST, Heft 3, p.104].

**Beispiel 4**  (*Fehler bei der Nachrichtenübertragung*)
Zur elektronischen Übertragung von Nachrichten werden diese codiert in eine Folge
von Bits, d.h. Signalen mit den Werten 0 und 1. Ein 'Wort' der Länge $n$ ist dann ein
Element

$$\omega = (a_1, \ldots, a_n) \in \Omega = \{0,1\}^n.$$

Bei der Übertragung eines Bits kann ein Fehler auftreten, die Wahrscheinlichkeit
$p \in [0,1]$ für die falsche Übertragung hängt vom Kanal ab, sie ist bekannt oder kann
gut abgeschätzt werden. In der Sprache der Zufallsexperimente erhält man für $n = 1$
durch Übertragung von $\omega \in \{0,1\}$ ein Ergebnis $\omega' \in \{0,1\}$. Mit den für Bits üblichen
Rechenregeln

$$0 - 0 = 1 - 1 = 0 \quad \text{und} \quad 1 - 0 = 0 - 1 = 1$$

erklärt man den Übertragungsfehler

$$e := \omega' - \omega \in \Omega = \{0,1\}.$$

$e = 0$ bedeutet richtige, $e = 1$ falsche Übertragung. Dann ist durch

$$P(1) = p \quad \text{und} \quad P(0) = 1 - p$$

eine angemessene Wahrscheinlichkeitsverteilung für $n = 1$ auf $\Omega = \{0,1\}$ gegeben. In
der Praxis muss $p$ deutlich kleiner als $0.5$ sein, sonst ist der Kanal wertlos.

Man überträgt nun ein Wort der Länge $n$ unter der Annahme, dass bei der Übertragung
eines jeden Bits $a_i$ die gleiche Fehlerwahrscheinlichkeit $p$ auftritt. Ist

$$e = (e_1, \ldots, e_n) \in \Omega = \{0,1\}^n$$

der Übertragungsfehler und $k$ die Zahl der '1'-Komponenten in $e$, so ist

$$P(e_1, \ldots, e_n) = p^k \cdot (1-p)^{n-k}.$$

Die Zufallsvariable $X(e) := k$ zählt die Fehler. Es ist

$$P(X = k) = \binom{n}{k} p^k (1-p)^{n-k},$$

denn es gibt $\binom{n}{k}$ mögliche Positionen für die $k$ Einsen in $e$. Also ist $X$ auf $\Omega = \{0,1\}^n$ binomial verteilt mit den Parametern $n$ und $p$.

Zum besseren Verständnis erstellt man eine Tabelle für $n = 16$, $p = 0.1$ und $0 \leqslant k \leqslant 5$

| $k$ | $P(X = k)$ | $P(X \leqslant k)$ | $P(X > k)$ |
|---|---|---|---|
| 0 | 0.185 | 0.185 | 0.815 |
| 1 | 0.329 | 0.514 | 0.482 |
| 2 | 0.275 | 0.789 | 0.211 |
| 3 | 0.142 | 0.931 | 0.069 |
| 4 | 0.051 | 0.982 | 0.018 |
| 5 | 0.014 | 0.996 | 0.004 |

Der Wert $p = 0.1$ bedeutet, dass man bei etwa 10 Bits einen Fehler erwarten muss; bei 16 Bits ergibt das die theoretische Zahl von 1.6 Fehlern. Dieser Überlegung entsprechen die höchsten Werte von $P(X = k)$ bei $k = 1, 2$. Die letzte Spalte zeigt an, wie wahrscheinlich höhere Fehlerraten sind; sie wurden berechnet mit der Regel

$$P(X > k) = 1 - P(X \leqslant k).$$

Wie man sieht, treten mit etwa 20% Wahrscheinlichkeit mehr als 2 Fehler auf, mit fast 7% mehr als 3 Fehler. Erst vor mehr als 5 Fehlern ist man mit 0.4% ziemlich sicher. Diese Zahlen sind bei den zu erwartenden 1.6 Fehlern gar nicht unmittelbar klar, ihre Berechnung erfordert die oben durchgeführte präzise Überlegung.

Erstellt man ein Stabdiagramm für $0 \leqslant k \leqslant 5$, so lässt sich eine leichte Annäherung an die GAUSSsche Glockenkurve erkennen.

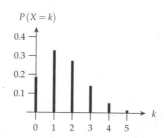

**Beispiel 5** (*Random-Walk von Aktienkursen*)
Ein sehr einfaches theoretisches Modell für die Entwicklung von Aktienkursen macht die Annahme, dass sich die Kurse innerhalb von festen Zeitintervallen vom Zufall gesteuert mit der gleichen Wahrscheinlichkeit um einen aus der Erfahrung gewonnenen Faktor $x > 1$ nach oben oder $\frac{1}{x}$ nach unten entwickeln. Ist das Zeitintervall etwa eine Woche, so sehen die möglichen Kursfaktoren so aus:

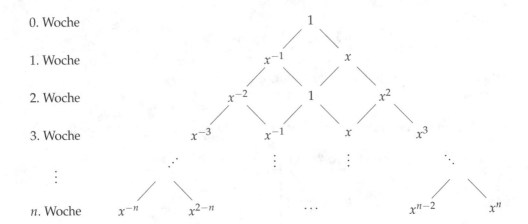

Die Wahrscheinlichkeit, dass nach $n$ Wochen ein Kursfaktor $x^k$ mit $k \in \{-n, -n+2, ..., n-2, n\}$ entstanden ist, ist dann gleich

$$\frac{1}{2^n} \binom{n}{l} \quad \text{mit} \quad l = \frac{1}{2}(k+n).$$

Das ist eine Binomialverteilung mit Parametern $n$ und $\frac{1}{2}$.

Ist etwa $x = 1.01$ und der Ausgangswert der Aktion gleich 100, so erhält man in 4 Wochen folgende möglichen Wahrscheinlichkeiten dafür:

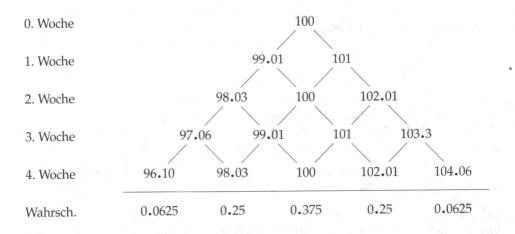

Ein möglicher Verlauf innerhalb der vier Wochen ist dann ein *random walk* von 100 bis zum endgültigen Wert. Auf dieser Grundlage kann man dann Wetten auf die möglichen Werte abschließen (vgl. dazu etwa [A-W]).

Das Ergebnis einer kann man auch durch *Simulation* mit Zügen aus einer Urne mit $N$ Kugeln realisieren. Dazu wird die Menge $\{1,...,N\}$ der Kugeln in zwei Teile aufgeteilt:

$$\{1,...,N\} = \{1,...,r\} \cup \{r+1,...,N\}.$$

Zur Vereinfachung kann man sich vorstellen, dass die Kugeln aus $R := \{1,...r\}$ rot lackiert sind, aus $S = \{r+1,...,N\}$ dagegen schwarz. Die Farben sollen aber beim Ziehen aus der Urne nicht erkennbar sein. Die Anteile der verschiedenen Farben sind gegeben durch

$$p := \frac{r}{N} \quad \text{und} \quad q := \frac{N-r}{N} = 1 - p.$$

Auf diese Weise erhält man nur rationale $p$, aber reelle $p$ kann man durch geeignet gewählte Zahlen $N$ und $r$ beliebig gut approximieren. Nun zieht man aus der Urne $n$-mal mit Zurücklegen, das Ergebnis ist

$$\omega = (a_1,...,a_n) \in \Omega_1(N,n).$$

Auf $\Omega_1(N,n)$ ist nach dem Satz aus 2.3.2 die Gleichverteilung $P$ angemessen.

Nun erklären wir die Zufallsvariable

$$X: \Omega_1(N,n) \to \mathbb{R} \quad \text{durch} \quad X(\omega) := \text{Anzahl der roten } a_i.$$

Offensichtlich ist $0 \leqslant k := X(\omega) \leqslant n$. Zur Berechnung der Verteilung $P(X = k)$ muss man die Ergebnismengen

$$A_k := \{X = k\} = \{\omega \in \Omega_1(N,n) : X(\omega) = k\}$$

abzählen. In $\omega = (a_1,...,a_n) \in A_k$ kann jede rote Position durch $r$ und jede schwarze durch $N - r$ verschiedene Kugeln besetzt sein. Durch die $k$ roten Positionen sind auch die restlichen $n - k$ schwarzen eindeutig bestimmt. Also ist

$$\#A_k = \begin{pmatrix} \text{Anzahl der} \\ \text{möglichen} \\ \text{Positionen} \\ \text{der roten} \\ \text{Kugeln in } \omega \end{pmatrix} \cdot \begin{pmatrix} \text{Anzahl der} \\ \text{möglichen} \\ \text{Besetzungen} \\ \text{der roten} \\ \text{Positionen} \end{pmatrix} \cdot \begin{pmatrix} \text{Anzahl der} \\ \text{möglichen} \\ \text{Besetzungen} \\ \text{der} \\ \text{schwarzen} \\ \text{Positionen} \end{pmatrix}$$

$$= \begin{pmatrix} n \\ k \end{pmatrix} \cdot r^k \cdot (N-r)^{n-k}$$

Aus dieser Abzählung folgt

$$P(X = k) = P(A_k) = \frac{\#A_k}{\#\,\Omega_1(N,n)} = \begin{pmatrix} n \\ k \end{pmatrix} \frac{r^k}{N^k} \cdot \frac{(N-r)^{n-k}}{N^{n-k}} = \begin{pmatrix} n \\ k \end{pmatrix} p^k (1-p)^{n-k},$$

das ist wieder eine Binomialverteilung.

### 2.3.4  Multinomialverteilung

Bei einem BERNOULLI-Experiment gibt es nur zwei mögliche Ergebnisse, bei Wiederholung entsteht eine Binomialverteilung (2.3.3). Für Anwendungen, vor allem in der
Test-Theorie, ist es nötig, Experimente mit mehreren, etwa $r$ verschiedenen Ergebnissen
zu untersuchen. Wir betrachten also für $r \geqslant 2$

$$\Omega' := \{1, ..., r\} \quad \text{mit} \quad p_i := P'(i) \in [0,1] \quad \text{für} \quad i = 1, ..., r, \quad \text{wobei} \quad p_1 + ... + p_r = 1.$$

Wiederholt man das Experiment $n$-mal hintereinander, so liegt das Ergebnis in

$$\Omega := \{1, ..., r\}^n.$$

Nimmt man nun an, dass alle Wiederholungen unabhängig von den vorhergehenden
Ergebnissen sind, so ist auf $\Omega$ die Produktverteilung angemessen, also

$$P(a_1, ..., a_n) = P'(a_1) \cdot ... \cdot P'(a_n), \quad \text{wobei} \quad a_j \in \Omega'.$$

Nun betrachten wir auf $\Omega$ für $i = 1, ..., r$ die Zufallsvariablen

$$X_i \colon \Omega \to \{0, ..., n\} \quad \text{mit} \quad X_i(a_1, ..., a_n) := \text{Anzahl der Einträge } i \text{ in } (a_1, ..., a_n).$$

Für $k_1, ..., k_r \in \{0, ..., n\}$ mit $k_1 + ... + k_r = n$ wird nun der Wert von

$$P(X_1 = k_1, ..., X_r = k_r)$$

gesucht, das ist die Wahrscheinlichkeit dafür, bei $n$-maliger Wiederholung je $k_i$ mal das
Ergebnis $i$ zu erhalten. Um sie zu berechnen, muss man die Menge

$$A := \{X_1 = k_1, ..., X_r = k_r\} \subset \Omega$$

abzählen. Offensichtlich ist

$$\omega^* := (\underbrace{1, ..., 1}_{k_1 - mal}, ..., \underbrace{r, ..., r}_{k_r - mal}) \in A$$

und die Einträge von jedem $\omega = (a_1, ..., a_n) \in A$ sind Permutationen der Einträge von
$\omega^*$. Nach dem Lemma 2 aus 2.3.2 folgt

$$\#A = \frac{n!}{k_1! \cdot ... \cdot k_r!},$$

das ist ein Multinomialkoeffizient. Da $P$ das Produktmaß ist, folgt weiter

$$P(\omega) = P(\omega^*) = p_1^{k_1} \cdot ... \cdot p_r^{k_r}$$

für jedes $\omega \in A$. Daraus ergibt sich schließlich

$$P(X_1 = k_1, ..., X_r = k_r) = P(A) = \#A \cdot P(\omega) = \frac{n!}{k_1! \cdot ... \cdot k_r!} p_1^{k_1} \cdot ... \cdot p_r^{k_r}.$$

Im Spezialfall $r = 2$ ist $p_1 = p$, $p_2 = 1 - p$, $k_1 = k$ und $k_2 = n - k$, also

$$\frac{n!}{k_1! \cdot k_2!} p_1^{k_1} p_2^{k_2} = \frac{n!}{k!(n-k)!} p^k (1-p)^{n-k} = b_{n,p}(k),$$

das ist die Binomialverteilung von $X_1 = X$.

Für solche Verteilungen gibt es wieder einen eigenen Namen:

**Definition** *Auf einem endlichen Wahrscheinlichkeitsraum $(\Omega, P)$ seien für $r \geqslant 2$ Zufalls-variable*

$$X_1, ..., X_r \colon \Omega \to \mathbb{R}$$

*gegeben. Sie heißen **multinomial verteilt** mit den Parametern $n \in \mathbb{N}^*$ und $p_1, ..., p_r \in [0,1]$, wobei $p_1 + ... + p_r = 1$, wenn $X_i(\Omega) \subset \{0, ..., n\}$ und*

$$P(X_1 = k_1, ..., X_r = k_r) = \frac{n!}{k_1! \cdot ... \cdot k_r!} \cdot p_1^{k_1} \cdot ... \cdot p_r^{k_r}$$

*für $k_1, ..., k_r \in \{0, ..., n\}$ mit $k_1 + ... + k_r = n$.*

Wie bei Binomialverteilungen kann man eine Multinomialverteilung durch Simulation mit Hilfe einer Urne erhalten, falls die Parameter $p_1, ..., p_r$ rationale Zahlen sind. Dazu wählt man eine Urne mit insgesamt $N$ Kugeln, die man sich in $r$ verschiedene Farben lackiert denken kann. Dabei werden jeweils $l_i$ Kugeln in der Farbe $i$ lackiert und die Zahlen $l_i$ und $N$ sind so gewählt, dass

$$l_1 + ... + l_r = N \quad \text{und} \quad p_i = \frac{l_i}{N}.$$

Bei jedem Zug aus der Urne wird als Ergebnis nur die Farbe berücksichtigt, das ist ein Element von $\Omega' = \{1, ..., r\}$. Alles Weitere verläuft wie oben beschrieben.

Wegen der Bedingung $p_1 + ... + p_r = 1$ ist jedes einzelne $p_j$ festgelegt durch die Werte der restlichen $r - 1$ Parameter. Das gleiche gilt für die Werte von $X_1, ..., X_r$, da

$$X_1(\omega) + ... + X_r(\omega) = n$$

für alle $\omega \in \Omega$. Daher spricht man in dieser Situation von $r - 1$ *Freiheitsgraden*. Das kann man auch so ausdrücken, dass für jedes $c \in \mathbb{R}$ die Dimension des affinen Unterraums

$$\{(x_1, ..., x_r) \in \mathbb{R}^r : x_1 + ... + x_r = c\} \subset \mathbb{R}^r$$

gleich $r - 1$ ist.

**Beispiel**  (*Punkte in Heimspielen*)
Ein Bundesligaverein hat aus Erfahrung bei einem Heimspiel folgende Ergebnisse zu
erwarten:

$$\text{Sieg zu } 60\%, \quad \text{Unentschieden zu } 10\%, \quad \text{Niederlage zu } 30\%.$$

Was sind die Wahrscheinlichkeiten für die möglichen Punktezahlen bei den nächsten
drei Heimspielen? Die zuständigen Zufallsvariablen sind:

$$X_1 := \text{Anzahl der Siege}$$
$$X_2 := \text{Anzahl der Unentschieden}$$
$$X_3 := \text{Anzahl der Niederlagen}$$
$$Y := 3X_1 + X_2 = \text{Punktezahl.}$$

Dann folgt für $0 \leqslant k_i \leqslant 3$  für  $i = 1, 2, 3$  und  $k_1 + k_2 + k_3 = 3$

$$P(X_1 = k_1, \ X_2 = k_2, \ X_3 = k_3) = \frac{3!}{k_1! k_2! k_3!} \cdot 0.6^{k_1} \cdot 0.1^{k_2} \cdot 0.3^{k_3}.$$

Das ergibt folgende Werte:

| $(k_1, k_2, k_3)$ | $P(X_1 = k_1, X_2 = k_2, X_3 = k_3)$ | $Y$ |
|:---:|:---:|:---:|
| $(3,0,0)$ | 0.216 | 9 |
| $(2,1,0)$ | 0.108 | 7 |
| $(2,0,1)$ | 0.324 | 6 |
| $(1,2,0)$ | 0.018 | 5 |
| $(1,1,1)$ | 0.108 | 4 |
| $(1,0,2)$ | 0.162 | 3 |
| $(0,3,0)$ | 0.001 | 3 |
| $(0,2,1)$ | 0.009 | 2 |
| $(0,1,2)$ | 0.027 | 1 |
| $(0,0,3)$ | 0.027 | 0 |

Daraus folgt etwa $P(Y \geqslant 3) = 0.937$. Mit etwa 94% Wahrscheinlichkeit sind also mindestens 3 Punkte zu erwarten.

Interessante Beispiele zu Multinomialverteilungen in der Vererbungslehre findet man
etwa in [HE, 18.10].

## 2.3.5  Hypergeometrische Verteilung

Wie in 2.3.3 beschrieben, entsteht beim Ziehen mit Zurücklegen von $n$ Kugeln aus einer
Urne mit $N$ Kugeln in den Farben rot und schwarz eine Binomialverteilung. Legt man
nicht zurück, so sind die Ergebnisse der einzelnen Züge nicht mehr unabhängig, daher
ergibt sich eine andere Verteilung.

Die $N$ Kugeln seien wie in 2.3.3 mit $1, \ldots, N$ nummeriert und in zwei Teile aufgeteilt:

$$\{1, \ldots, N\} = \{1, \ldots, r\} \cup \{r+1, \ldots, N\}.$$

Man kann sich vorstellen, dass die Kugeln von 1 bis $r$ rot lackiert sind und als Treffer gelten, die anderen schwarzen $N - r = s$ Kugeln als Nieten. Notiert man das Ergebnis von $n \leqslant N$ Zügen ohne Zurücklegen und ohne die Reihenfolge der Züge, so erhält man ein Element

$$\omega = (a_1, \ldots, a_k, a_{k+1}, \ldots, a_n) \in \Omega_4(N, n),$$

wobei $k \in \{0, \ldots, r\}$ die Anzahl der gezogenen roten Kugeln bezeichnet. Das ergibt eine Zufallsvariable

$$X \colon \Omega_4(N, n) \to \{0, \ldots, r\} \quad \text{mit} \quad X(\omega) = \text{Anzahl der roten } a_i \text{ in } \omega.$$

Um $\#\{X = k\}$ zu berechnen, kann die folgende Skizze helfen:

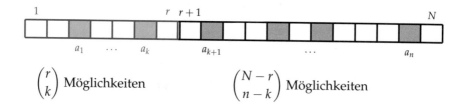

Für die Wahl von $a_1, \ldots, a_k \in \{1, \ldots, r\}$ mit

$$1 \leqslant a_1 < \ldots < a_k \leqslant r \quad \text{gibt es} \quad \binom{r}{k} \quad \text{Möglichkeiten,}$$

und davon unabhängig gibt es für die Wahl von $a_{k+1}, \ldots, a_n \in \{r+1, \ldots, N\}$ mit

$$r + 1 \leqslant a_{k+1} < \ldots < a_n \leqslant N \quad \text{insgesamt} \quad \binom{N-r}{n-k} \quad \text{Möglichkeiten.}$$

Also ist

$$\#\{X = k\} = \binom{r}{k} \cdot \binom{N-r}{n-k},$$

und da auf $\Omega_4(N, n)$ nach dem Satz aus 2.3.2 die Gleichverteilung $P^{(4)}$ angemessen ist, folgt

$$P^{(4)}(X = k) = \frac{\#\{X = k\}}{\#\,\Omega_4(N, n)} = \frac{\dbinom{r}{k} \dbinom{N-r}{n-k}}{\dbinom{N}{n}} =: h_{n;N,r}(k).$$

Für eine derartige Verteilung gibt es wieder einen eigenen Namen.

**Definition**  *Ist $(\Omega, P)$ ein endlicher Wahrscheinlichkeitsraum, so heißt eine Zufallsvariable $X\colon \Omega \to \mathbb{R}$ hypergeometrisch verteilt mit den Parametern $n, N, r$, wobei $n, N \in \mathbb{N}^*, r \in \mathbb{N}$ und $n, r \leqslant N$, wenn $X(\Omega) \subset \{0, ..., r\}$ und*

$$P(X = k) = h_{n;N,r}(k) \quad \textit{für} \quad k \in \{0, ..., r\}.$$

Der Name „hypergeometrisch" erklärt sich wohl aus der Ähnlichkeit der Werte $h_{n;N,r}(k)$ mit den Koeffizienten der sogenannten hypergeometrischen Reihe.

Im oft auftretenden Spezialfall $n = r$ hat man

$$P(X = k) = h_{r;N,r}(k) = \frac{\dbinom{r}{k} \dbinom{N-r}{r-k}}{\dbinom{N}{r}} \quad \text{für} \quad k \in \{0, ..., r\}.$$

Im Extremfall $n = N$ ist $\Omega_4(N, N) = \{(1, ..., N)\}$, also

$$P(X = k) = \begin{cases} 1 & \text{für } k = r \\ 0 & \text{sonst.} \end{cases}$$

**Beispiel 1**  (*Lotto 6 aus 49*)

Aus der Sicht eines einzelnen Lotto-Spielers sieht das Urnen-Experiment so aus: Er hat 6 von 49 Kugeln rot markiert und zählt seine Treffer nach der Ziehung von 6 Kugeln. Das entspricht dem Fall $N = 49$ und $n = r = 6$. Da die Wahrscheinlichkeiten für jeden Tipp gleich sind, kann man sich auch auf den Spezialfall beschränken, dass die Zahlen 1 bis 6 getippt wurden. Das passt dann direkt zu der obigen Beschreibung.

Die Zahl der Treffer ist gegeben durch die Zufallsvariable $X$ mit

$$P(X = k) = \frac{\dbinom{6}{k} \cdot \dbinom{43}{6-k}}{\dbinom{49}{6}} \quad \text{für} \quad k = 0, ..., 6.$$

Das ergibt (geeignet gerundet)

| $k$ | $P(X = k)$ | $P(X \geqslant k)$ |
|---|---|---|
| 0 | 0.435 965 | 1 |
| 1 | 0.413 019 | 0.564 035 |
| 2 | 0.132 378 | 0.151 016 |
| 3 | 0.017 650 | 0.018 638 |
| 4 | 0.000 969 | 0.000 987 |
| 5 | 0.000 018 | 0.000 018 |
| 6 | 0.000 000 071 | 0.000 000 071 |

Interessant dabei ist neben der extrem kleinen Wahrscheinlichkeit für viele Treffer die Tatsache, dass es wahrscheinlicher ist mindestens einen Treffer zu haben als gar keinen: $0.564 > 0.436$. Es ist also gar nicht so leicht so zu tippen, dass man bei der Ziehung nicht getroffen wird.

Wenn man binomiale und hypergeometrische Verteilung als Ergebnisse von Ziehungen aus einer Urne betrachtet, ist der wesentliche Unterschied der, dass im ersten Fall zurückgelegt wird, im zweiten Fall nicht. Daher ist es naheliegend, für $p = \frac{r}{N}$ die Werte von $b_{n,p}(k)$ und $h_{n;N,r}(k)$ zu vergleichen.

**Beispiel 2**
Wir halten $p = \frac{r}{N} = 0.7$ und $n = 7$ fest, und wählen die Werte $N = 10, 20$ und $100$. Dann ist jeweils $b_{n,p}(k)$ schwarz und $h_{n;N,r}(k)$ in blau eingezeichnet.

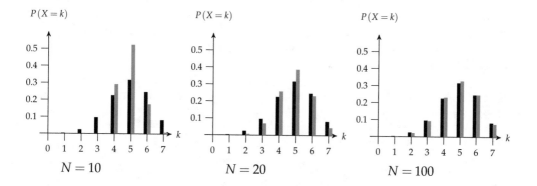

Man kann eine hypergeometrische Verteilung auch durch eine Zufallsvariable auf $\Omega_2(N,n)$ erhalten. Die dabei nötigen Rechnungen können für das Verständnis des Beweises für den anschließend formulierten Approximationssatz hilfreich sein.

Wir ziehen wieder $n$-mal $(n \leqslant N)$ aus einer Urne mit $N = r + s$ Kugeln, wieder ohne Zurücklegen, jetzt allerdings wird das Ergebnis

$$\omega = (a_1, ..., a_n) \in \Omega_2(N,n)$$

in der Reihenfolge der Züge aufgeschrieben. Die Zufallsvariable

$$Y \colon \Omega_2(N,n) \to \{0,...,r\} \quad \text{mit} \quad Y(\omega) = \text{Anzahl der roten } a_i$$

zählt wieder die Treffer. Eine Abzählung ergibt

$$\#\{Y = k\} = \binom{n}{k} \cdot \#\Omega_2(r,k) \cdot \#\Omega_2(N - r, n - k),$$

denn für $k$ rote Kugeln gibt es $\binom{n}{k}$ Permutationen, für die Besetzung der roten Positionen $\#\Omega_2(r,k)$ Möglichkeiten und für die Besetzung der verbleibenden schwarzen

Positionen $\# \Omega_2(N - r, n - k)$ Möglichkeiten. Also ist wegen der Gleichverteilung $P^{(2)}$ in $\Omega_2(N, n)$

$$P^{(2)}(Y = k) = \frac{\#\{Y = k\}}{\#\,\Omega_2(N, n)} = \binom{n}{k} \cdot H(n, N, r, k) \quad \text{mit} \qquad (*)$$

$$H(n, N, r, k) := \frac{r!}{(r - k)!} \cdot \frac{(N - r)!}{(N - r - n + k)!} \cdot \frac{(N - n)!}{N!}$$

Wenn man die Binomialkoeffizienten in $h_{n;N,r}(k)$ durch Fakultäten ausdrückt, so ergibt sich

$$P^{(2)}(Y = k) = h_{n;N,r}(k) = P^{(4)}(X = k). \qquad (**)$$

Nun zum Vergleich von $b_{n,p}(k)$ und $h_{n;N,r}(k)$, wenn $p = \frac{r}{N}$. Die Werte von $b_{n,p}(k)$ sind nur von $n$ und $p$ abhängig, sie bleiben für alle $N$ gleich; die Werte von $h_{n;N,r}(k)$ nähern sich den Werten von $b_{n,p}(k)$ mit wachsendem $N$ immer stärker an. Das ist plausibel, denn wenn $n$ Kugeln aus einer Urne mit immer größerer Gesamtzahl $N$ gezogen werden, wird es immer unerheblicher, ob zurückgelegt wurde oder nicht. Das ist der Hintergrund von folgendem

**Approximationssatz**   *Sei $p \in\, ]0, 1[$ eine feste rationale Zahl, und seien $k, n \in \mathbb{N}$ feste Werte mit $k \leqslant n$. Weiter seien $r, n \in \mathbb{N}$ so gewählt, dass $\frac{r}{N} = p$. Dann gilt*

$$\lim_{N \to \infty} \frac{\binom{r}{k}\binom{N - r}{n - k}}{\binom{N}{n}} = \binom{n}{k} p^k (1 - p)^{n-k}, \qquad \text{d.h. } \lim_{N \to \infty} h_{n;N,r}(k) = b_{n,p}(k).$$

Die Voraussetzung, dass $p$ rational sein soll, vereinfacht den Beweis. Es genügt auch die schwächere Bedingung

$$\lim_{N \to \infty} \frac{r}{N} = p.$$

*Beweis*   Es genügt zu zeigen, dass

$$\lim_{N \to \infty} \frac{h_{n;N,r}(k)}{b_{n,p}(k)} = 1,$$

denn der Nenner hängt nicht von $N$ ab. Nach $(*)$ und $(**)$ genügt es dazu zu zeigen, dass

$$\lim_{N \to \infty} \frac{H(n, N, r, k)}{p^k (1 - p)^{n-k}} = 1.$$

Zunächst bemerken wir dazu, dass für allgemeines $l \in \mathbb{N}$ und $m \geqslant l$

$$\lim_{m \to \infty} \frac{m!}{(m - l)! \cdot m^l} = \lim_{m \to \infty} \frac{m \cdot (m - 1) \cdot \ldots \cdot (m - l + 1)}{m \cdot \ldots \cdot m} = 1. \qquad (***)$$

Mit $p = \frac{r}{N}$ und $1 - p = \frac{N-r}{N}$ erhalten wir

$$
\begin{aligned}
\frac{H(n,N,r,k)}{p^k(1-p)^{n-k}} &= \frac{r! N^k}{(r-k)! \cdot r^k} \cdot \frac{(N-r)! \cdot N^{n-k}}{(N-r-n+k)! \cdot (N-r)^{n-k}} \cdot \frac{(N-n)!}{N!} \\
&= \frac{r!}{(r-k)! \cdot r^k} \cdot \frac{(N-r)!}{(N-r-n+k)!(N-r)^{n-k}} \cdot \frac{(N-n)! N^n}{N!}.
\end{aligned}
$$

Aus $N \to \infty$ und $\frac{r}{N} = p$ folgt $r \to \infty$ und wegen $N - r = N \cdot (1 - p)$ auch $(N - r) \to \infty$, also ergibt sich mit Hilfe von $(***)$

$$
\lim_{N \to \infty} \frac{H(n,N,r,k)}{p^k(1-p)^{n-k}} = 1 \cdot 1 \cdot 1 = 1.
$$

∎

## 2.3.6  Geometrische Verteilung*

Wir betrachten wie schon in 2.3.3 ein BERNOULLI-Experiment mit einem Ergebnis in $\{0,1\}$ und $P'(1) = p$, $P'(0) = 1 - p$, wobei die Treffer-Wahrscheinlichkeit $p \in ]0,1[$ beliebig vorgegeben ist. Das Experiment wird nun so oft wiederholt, bis der erste Treffer auftritt. Die möglichen Ergebnisse dabei sind

$$
\omega_k := ( \underbrace{0,...,0}_{(k-1)-\text{mal}} ,1) \quad \text{mit} \quad k \in \mathbb{N}^* \quad \text{oder} \quad \omega_\infty := (0,0,\dots),
$$

wobei $\omega_\infty$ nur in der Theorie auftreten kann. Die Ergebnismenge ist dann

$$
\Omega := \{\omega_1, \omega_2, \dots\} \cup \{\omega_\infty\}.
$$

Unter der Voraussetzung der Unabhängigkeit der Experimente sind wegen $\omega_k \in \{0,1\}^k$ auf $\Omega$ die Wahrscheinlichkeiten

$$
P(\omega_k) = (1-p)^{k-1} \cdot p \quad \text{und} \quad P(\omega_\infty) = 0
$$

angemessen. Man beachte, dass jedes $\omega \in \{0,1\}^k$ mit genau einer 1 an einer beliebigen Stelle die gleiche Wahrscheinlichkeit hat wie $\omega_k$. Wegen $P(\omega_\infty) = 0$ kann man $\omega_\infty$ in $\Omega$ weglassen. Dass ein Wahrscheinlichkeitsmaß auf $\Omega$ erklärt ist, folgt mit

$$
(1-q) \sum_{k=1}^\infty q^{k-1} = (1-q) \sum_{k=0}^\infty q^k = (1-q) \frac{1}{(1-q)} = 1.
$$

Nun betrachten wir auf $\Omega := \{\omega_1, \omega_2, \dots\}$ die Zufallsvariable

$$
X : \Omega \to \mathbb{N}^* \subset \mathbb{R} \quad \text{mit} \quad X(\omega_k) := k.
$$

Sie gibt an, wann der erste Treffer erzielt wurde, und

$$P(X = k) = P(\omega_k) = p \cdot (1 - p)^{k-1}$$

Das führt zur allgemeinen

**Definition** *Sei $(\Omega, P)$ ein abzählbar unendlicher Wahrscheinlichkeitsraum. Dann heißt eine Zufallsvariable $X: \Omega \to \mathbb{R}$ geometrisch verteilt mit dem Parameter $p \in ]0,1[$, wenn $X(\Omega) \subset \mathbb{N}^*$ und*

$$P(X = k) = p \cdot (1 - p)^{k-1} \quad \text{für alle} \quad k \in \mathbb{N}^*.$$

Die Zahl $k$ kann beliebig groß werden, die Wahrscheinlichkeiten $P(X = k)$ gehen mit wachsendem $k$ mehr oder weniger schnell gegen Null.

**Beispiel** (*Die erste Sechs*)
Ein gerechter Würfel wird so oft geworfen, bis zum ersten Mal die Sechs auftritt. Ist das beim $k$-ten Wurf der Fall, so ist

$$P(X = k) = \frac{1}{6} \cdot \left(\frac{5}{6}\right)^{k-1}.$$

Die Werte von $P(X = k)$ nehmen mit größer werdendem $k$ monoton ab, für $k \leqslant 16$ sieht das so aus:

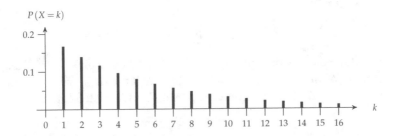

Man beachte, dass $P(X = k)$ für $k = 1$ maximal ist. Schon für das Ergebnis $k = 2$ ist die Bedingung etwas stärker: Keine Sechs im ersten Wurf, und außerdem eine Sechs im zweiten Wurf. Dem Leser sei empfohlen, diese Wahrscheinlichkeiten durch eine größere Zahl von Wurfserien zu bestätigen. Das erfordert einige Geduld.

Wir geben noch die Verteilungsfunktion an:

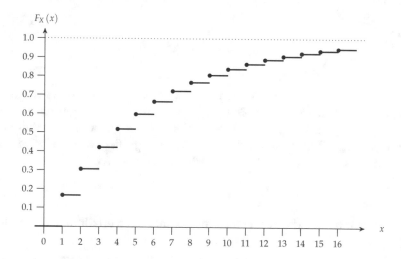

Es zeigt sich, dass selbst bei $k = 16$ die Wahrscheinlichkeit $P(X \leqslant k) = 0.946$ noch deutlich von 1 verschieden ist.

Aus diesem Beispiel könnte ein Glücksspiel werden: Beim Ergebnis $k$ werden $k$ € ausbezahlt. Der gerechte Einsatz wird in 2.6.4 berechnet, das Ergebnis ist 6 €.

## 2.3.7   POISSON-Verteilung *

**Beispiel 1**   (*Fehler bei der Nachrichtenübertragung*)
Wir kommen zurück zu Beispiel 4 aus 2.3.3. Dort war mit $p \in [0,1]$ die Wahrscheinlichkeit für die fehlerhafte Übertragung eines Bits aus $\{0,1\}$ bezeichnet worden. Den Wert von $p$ kann man folgendermaßen schätzen: Man zählt in $r$ verschiedenen Worten der Länge 256 die auftretende Anzahl der Fehler, das seien $\lambda_1, ..., \lambda_r$ Stück. Ist $\lambda := \frac{1}{r}(\lambda_1 + ... + \lambda_r)$ das arithmetische Mittel, so ist

$$p := \frac{\lambda}{256}$$

nach den Ergebnissen von Kapitel 3 bei genügend großem $r$ eine gute Schätzung für den gesuchten Wert von $p$. Für kleine $\lambda$ und damit sehr kleine $p$ sind die Werte von $b_{n,p}(k)$ wie in Beispiel 1 aus 2.3.3 ausgeführt etwas schwierig zu berechnen. Gesucht ist eine gute Approximation.

**Beispiel 2**   (*Verkehrsmessung*)
Auf einer Straße fahren zu einer festen Stunde an einem Werktag im Mittel $\lambda$ Autos an einer Messstelle vorbei. Um die Wahrscheinlichkeit dafür zu bestimmen, dass an einem Tag zu dieser Stunde genau $k$ Autos vorbeifahren, kann man wie folgt vorgehen:

Man teilt die Stunde $T$ in $n$ gleiche Teile $t_n = \frac{1}{n}T$ auf, die so klein sind, dass in einem Zeitintervall der Länge $t_n$ höchstens ein Auto durchfährt. Dann ist $n \geqslant \lambda$,

$$p_n := \frac{\lambda}{n} \in [0,1],$$

und das ganze Experiment kann angesehen werden als BERNOULLI-Kette der Länge $n$ mit $p_n = P'(1)$. Fährt in einem Zeitintervall ein Auto durch, gilt das als Treffer, andernfalls als Niete. Die gesuchte Wahrscheinlichkeit für genau $k$ vorbeifahrende Autos ist dann gleich $b_{n,p_n}(k)$. Bei stärkerem Verkehr, d.h. großem $\lambda$, muss man $n$ sehr groß machen, dann wird $p_n$ klein und $b_{n,p_n}(k)$ wird schwierig zu berechnen.

Ein gutes Hilfsmittel für die gesuchten Approximationen erhält man durch den folgenden Begriff:

**Definition**  *Sei $(\Omega, P)$ ein abzählbar unendlicher Wahrscheinlichkeitsraum. Dann heißt eine Zufallsvariable $X\colon \Omega \to \mathbb{R}$ POISSON-verteiltmit dem Parameter $\lambda \in \mathbb{R}_+$, wenn $X(\Omega) \subset \mathbb{N}$ und*

$$P(X = k) = \frac{\lambda^k}{k!}\mathbf{e}^{-\lambda} \quad \text{für alle} \quad k \in \mathbb{N}.$$

Zur Abkürzung kann man $p_\lambda(k) := \dfrac{\lambda^k}{k!}\mathbf{e}^{-\lambda}$ setzen.

Entsprechend 2.1.3 ist durch eine POISSON-verteilte Zufallsvariable $X$ eine Wahrscheinlichkeitsfunktion

$$p_\lambda\colon \mathbb{N} \to [0,1], \quad k \mapsto p_\lambda(k),$$

erklärt, denn

$$\sum_{k=0}^{\infty} p_\lambda(k) = \left( \sum_{k=0}^{\infty} \frac{\lambda^k}{k!} \right)\mathbf{e}^{-\lambda} = e^\lambda \cdot e^{-\lambda} = 1.$$

Das zeigt die Existenz einer POISSON-verteilten Zufallsvariablen, nämlich der identischen Abbildung $X\colon \mathbb{N} \to \mathbb{N}$.

**Beispiel 3** (POISSON-*Verteilung für* $\lambda = 1, 2, 5$)
Die Werte von $p_\lambda(k)$ sehen so aus:

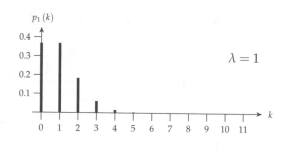

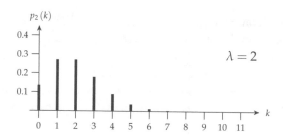

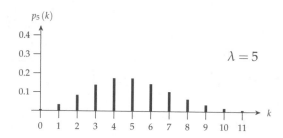

Wie man sieht, ist $p_\lambda(k)$ für $\lambda = k$ maximal; ist $k$ groß gegen $\lambda$, so wird $p_\lambda(k)$ sehr klein.

Entscheidend ist nun der Satz über die

**POISSON-Approximation**    *Für $\lambda \geqslant 0$ und $p_n := \frac{\lambda}{n} \leqslant 1$ gilt*

$$\lim_{n \to \infty} b_{n,p_n}(k) = p_\lambda(k) \quad \text{für alle} \quad k \in \mathbb{N}.$$

*Beweis* Für $0 \leqslant k \leqslant n$ folgt durch Umordnung der Faktoren

$$b_{n,p_n}(k) = \binom{n}{k} \cdot \frac{\lambda^k}{n^k} \cdot \left(1 - \frac{\lambda}{n}\right)^{n-k}$$

$$= \frac{n \cdot (n-1) \cdot \ldots \cdot (n-k+1)}{k!} \cdot \frac{\lambda^k}{n^k} \cdot \frac{\left(1 - \frac{\lambda}{n}\right)^n}{\left(1 - \frac{\lambda}{n}\right)^k}$$

$$= \frac{\lambda^k}{k!} \cdot \left(1 - \frac{\lambda}{n}\right)^n \cdot \frac{n \cdot (n-1) \cdot \ldots \cdot (n-k+1)}{n^k \cdot \left(1 - \frac{\lambda}{n}\right)^k}$$

$$= \frac{\lambda^k}{k!} \cdot \left(1 - \frac{\lambda}{n}\right)^n \cdot \frac{1 \cdot \left(1 - \frac{1}{n}\right) \cdot \ldots \cdot \left(1 - \frac{k+1}{n}\right)}{\left(1 - \frac{\lambda}{n}\right)^k}.$$

Daraus folgt die Behauptung, denn der zweite Faktor konvergiert gegen $\mathbf{e}^{-\lambda}$ (Aufgabe 2.27) und beim dritten Faktor konvergieren Zähler und Nenner gegen 1. ■

**Beispiel 4** (*Approximation einer Binomialverteilung*)
Der Approximationssatz macht keine Aussage über die Geschwindigkeit der Konvergenz und damit die Qualität der Approximation. Wir berechnen einige Werte:

$p = 0.5$

$n = 10, \quad \lambda = 5$

| $k$ | $b_{n,p}(k)$ | $p_\lambda(k)$ |
|---|---|---|
| 1 | 0.009 8 | 0.033 7 |
| 2 | 0.043 9 | 0.084 2 |
| 5 | 0.246 1 | 0.175 5 |

$n = 100, \quad \lambda = 50$

| $k$ | $b_{n,p}(k)$ | $p_\lambda(k)$ |
|---|---|---|
| 40 | 0.010 8 | 0.021 5 |
| 45 | 0.048 5 | 0.045 8 |
| 50 | 0.079 6 | 0.056 3 |

$p = 0.1$

$n = 10, \quad \lambda = 1$

| $k$ | $b_{n,p}(k)$ | $p_\lambda(k)$ |
|---|---|---|
| 0 | 0.348 7 | 0.367 9 |
| 1 | 0.387 4 | 0.367 9 |
| 5 | 0.001 5 | 0.003 0 |

$n = 100, \quad \lambda = 10$

| $k$ | $b_{n,p}(k)$ | $p_\lambda(k)$ |
|---|---|---|
| 1 | 0.000 3 | 0.000 5 |
| 5 | 0.033 9 | 0.037 8 |
| 10 | 0.131 9 | 0.125 1 |

$p = 0.01$

$n = 10, \quad \lambda = 0.1$

| $k$ | $b_{n,p}(k)$ | $p_\lambda(k)$ |
|---|---|---|
| 0 | 0.904 4 | 0.904 8 |
| 1 | 0.091 4 | 0.090 5 |
| 2 | 0.004 2 | 0.004 5 |

$n = 100, \quad \lambda = 1$

| $k$ | $b_{n,p}(k)$ | $p_\lambda(k)$ |
|---|---|---|
| 0 | 0.366 0 | 0.367 9 |
| 1 | 0.369 7 | 0.367 9 |
| 5 | 0.002 9 | 0.003 1 |

Wie man sieht, ist die Approximation nur brauchbar für große $n$ und kleine $p$. Daher wird die POISSON-Approximation auch *Gesetz seltener Ereignisse* genannt. Das kann man auch mit Hilfe von Beispiel 2 verstehen: Man muss $n$ groß und damit $p_n$ klein machen, um ein brauchbares Ergebnis zu erhalten.

**Beispiel 5** (*Fehler bei der Nachrichtenübertragung*)
Im obigen Beispiel 1 mit $n = 256$ sei $\lambda = 2$, also $p = 7.813 \cdot 10^{-3}$. Hier ist die POISSON-Approximation sehr gut. Dazu nur einige Werte:

| $k$ | $b_{n,p}(k)$ | $p_\lambda(k)$ |
|---|---|---|
| 0 | 0.134 259 | 0.135 318 |
| 2 | 0.271 133 | 0.270 671 |
| 4 | 0.090 233 | 0.090 236 |
| 6 | 0.011 797 | 0.012 033 |
| 8 | 0.000 813 | 0.000 860 |

## 2.3.8 Aufgaben

**Aufgabe 2.18**   Berechnen Sie $\binom{79}{5}$ ohne Benutzung von Fakultäten und von Zahlen größer als $\binom{79}{5}$.

**Aufgabe 2.19**   Eine Schulklasse enthält 12 Schülerinnen und 16 Schüler. Die Klasse möchte eine Klassenvertretung bestehend aus 5 Klassenmitgliedern durch das Los bestimmen. Wie groß ist die Wahrscheinlichkeit, dass in der Abordnung beide Geschlechter vertreten sind?

**Aufgabe 2.20**   Wir betrachten ein Spiel, das nach folgenden Regeln funktioniert: Jeder Spieler erhält zunächst ein Spielfeld, in dem in fünf Zeilen und fünf Spalten Zahlen wie folgt angeordnet sind:

$$
\begin{array}{ccccc}
a_{11} & a_{12} & a_{13} & a_{14} & a_{15} \\
a_{21} & a_{22} & a_{23} & a_{24} & a_{25} \\
a_{31} & a_{32} & a_{33} & a_{34} & a_{35} \\
a_{41} & a_{42} & a_{43} & a_{44} & a_{45} \\
a_{51} & a_{52} & a_{53} & a_{54} & a_{55}
\end{array}
$$

Die Zahlen in Zeile 1 sind paarweise verschieden und zufällig aus der Menge $\{1, \ldots, 15\}$ entnommen. Die Einträge der zweiten Zeile seien paarweise verschieden und beliebig aus der Menge $\{16, \ldots, 30\}$ entnommen, die paarweise verschiedenen Zahlen der dritten Zeile sind zufällig aus der Menge $\{31, \ldots, 45\}$ entnommen, die Einträge der vierten

Zeile aus der Menge $\{46,\ldots,60\}$ und schließlich die Zahlen der letzten Zeile aus der Menge $\{61,\ldots,75\}$.

Der Spielleiter zieht nun 22 verschiedene Zahlen zwischen 1 und 75. Der Spieler gewinnt, falls alle Zahlen gezogen werden, die auf seinem Spielbrett in einer Reihe stehen. Sei $M := \{b_1,\ldots,b_{22}\}$ die Menge der Zahlen, die der Spielleiter gezogen hat. Dann hat ein Spieler gewonnen, falls $\{a_{i1},a_{i2},a_{i3},a_{i4},a_{i5}\} \subset \{b_1,\ldots,b_{22}\}$ für mindestens ein $i \in \{1,\ldots,5\}$.

(a) Wie viele solcher Spielbretter gibt es? Spielt dies eine Rolle für die Wahrscheinlichkeit, dass man gewinnt?

(b) Wie viele Möglichkeiten hat der Spielleiter, die Zahlen zu ziehen?

(c) Wie groß ist die Wahrscheinlichkeit, dass man gewinnt? Würden Sie das Spiel so spielen?

**Aufgabe 2.21**   Gesucht ist die Wahrscheinlichkeit, beim mehrmaligen Werfen einer fairen Münze erstmalig beim $k$-ten Wurf „Kopf" zu erhalten. Erstellen Sie eine Skizze für die Wahrscheinlichkeiten $P(X = k)$ für $k = 1,\ldots,10$.

Vergleichen Sie den Graphen mit dem Graphen aus dem Beispiel in Kapitel 2.3.6.

**Aufgabe 2.22**   In einem Fischteich schwimmen 14 Saiblinge, 18 Forellen und 10 Makrelen.

(a) Es werden 9 Fische nacheinander mit Zurücklegen aus dem Teich gefischt. Wie groß ist die Wahrscheinlichkeit, gleich viele Saiblinge, Forellen und Makrelen zu fangen?

(b) Nun fischt man 8 Fische nacheinander mit Zurücklegen heraus. Mit welcher Wahrscheinlichkeit hat man keine Makrele, aber gleich viele Saiblinge und Forellen gefangen?

**Aufgabe 2.23**   Wir betrachten 3 Urnen, in denen sich $N$ Kugeln ($r$ rote und $N - r$ schwarze) befinden.

|          | $N$ | $r$ | $N - r$ |
|----------|-----|-----|---------|
| Urne 1:  | 10  | 7   | 3       |
| Urne 2:  | 20  | 14  | 6       |
| Urne 3:  | 100 | 70  | 30      |

Aus jeder dieser Urnen ziehen wir nun jeweils $n = 7$ Kugeln. Die Zufallsvariable $X$ zähle die Anzahl der roten Kugeln. Berechnen Sie die Wahrscheinlichkeit, genau $k$ ($k = 1,\ldots,7$) rote Kugeln zu ziehen

(a) mit Zurücklegen

(b) ohne Zurücklegen

**Aufgabe 2.24**    In einer Schulklasse mit 30 Schülern haben erfahrungsgemäß 10% der Schüler keine Mathematikhausaufgaben gemacht. Zu Beginn einer Unterrichtsstunde überprüft der Lehrer zufällig bei 5 voneinander unterscheidbaren Schülern gleichzeitig die Existenz der Hausaufgaben.
Die Zufallsvariable $X$ bezeichne die Anzahl der Schüler in der Stichprobe ohne Hausaufgaben.

(a) Welche Verteilung ist für die Zufallsvariable $X$ angemessen? Geben Sie auch die zugehörigen Parameter an.
(b) Mit welcher Wahrscheinlichkeit enthält die durchgeführte Stichprobe nur Schüler, die ihre Hausaufgaben erledigt haben?


**Aufgabe 2.25**    In einer Jahrgangsstufe einer Schule haben bekanntermaßen 10% der Schüler keine Mathematikhausaufgaben erledigt. Der Mathematiklehrer einer Klasse prüft bei seinen Schülern nun nacheinander die Existenz der Hausaufgaben bis er einen Schüler findet, der keine Hausaufgaben erledigt hat.

(a) Welche Wahrscheinlichkeitsverteilung ist angemessen? Geben Sie den zugehörigen Parameter an.
(b) Berechnen Sie die Wahrscheinlichkeit, dass der 10. bzw. 20. Schüler der erste ohne Hausaufgaben ist.


**Aufgabe 2.26**    Bei der Herstellung einer Ware ist ein kleiner Anteil von 6% schon bei der Produktion defekt. Gesucht ist die Wahrscheinlichkeit, dass bei einer Lieferung von $N = 50$ Stück dieser Ware höchstens $n = 4$ Ausschussstücke dabei sind.

(a) Berechnen Sie die gesuchte Wahrscheinlichkeit exakt.
(b) Wie lautet die Wahrscheinlichkeit, wenn die zu Grunde liegende Verteilung durch die POISSON-Verteilung angenähert wird?


**Aufgabe 2.27**    (aus [ISB, Leistungskursabitur 2007]) In einer Gemeinschaftspraxis von Augenärzten ergab eine mehrjährige Auswertung der Patientenkartei, dass im Durchschnitt jeder 15. Patient an Grauem Star leidet.

(a) Im Laufe eines Vormittags rufen unabhängig voneinander 15 Personen an und bitten um einen Termin. Mit welcher Wahrscheinlichkeit hat genau eine dieser Personen Grauen Star?
(b) Wie viele Personen müssen unabhängig voneinander um einen Termin bitten, damit mit einer Wahrscheinlichkeit von mehr als 90% mindestens einer darunter ist, der an Grauem Star leidet?


**Aufgabe 2.28**    Zeigen Sie, dass für alle $x \in \mathbb{R}$ gilt:

$$\mathbf{e}^x = \lim_{n \to \infty} \left( 1 + \frac{x}{n} \right)^n \quad .$$

**Aufgabe 2.29**   Zeigen Sie folgende Aussage:

$$\binom{n}{k_1,\ldots,k_r} = \binom{n-1}{(k_1-1),k_2,\ldots,k_r} + \ldots + \binom{n-1}{k_1,k_2,\ldots,(k_r-1)}$$

Dabei ist nach Definition $\binom{n}{k_1,\ldots,k_r} := 0$, falls mindestens ein $k_i$ negativ ist.

**Aufgabe 2.30**   Aus einem Satz von fünfzehn Glühbirnen, von denen fünf defekt sind, werden zufällig drei ausgewählt (mit Zurücklegen).

(a) Welche Wahrscheinlichkeitsverteilung ist angemessen? Geben Sie auch die zugehörigen Parameter an.

Bestimmen Sie die Wahrscheinlichkeit für die folgenden Ereignisse:

(b) Genau eine der drei Lampen ist defekt.
(c) Mindestens eine der drei Lampen ist defekt.

## 2.4 Erwartungswert und Varianz

In der beschreibenden Statistik hatten wir aus den Werten $x_1, \ldots, x_n$ eines Merkmals $X$ das arithmetische Mittel

$$\overline{x} := \frac{1}{n}(x_1 + \ldots + x_n)$$

und die mittlere quadratische Abweichung

$$\sigma_X^2 = \frac{1}{n} \sum_{j=1}^{n} (x_j - \overline{x})^2$$

verwendet, um zwei Eigenschaften der Messreihe durch Zahlen zu charakterisieren. Mit passenden Modifikationen kann man das auch für eine Zufallsvariable $X$ erreichen.

### 2.4.1 Erwartungswert

**Beispiel 1** (*Glücksspiel*)
In einem Glücksspiel mit den möglichen Ergebnissen in $\Omega = \{\omega_1, \ldots, \omega_n\}$ soll eine Zufallsvariable $X: \Omega \to \mathbb{R}$ für jedes $\omega \in \Omega$ einen Gewinn oder Verlust $X(\omega)$ anzeigen. Sind alle Ergebnisse gleich wahrscheinlich, so kann man im Mittel einen Gewinn oder Verlust von

$$E(X) = \frac{1}{n}(X(\omega_1) + \ldots + X(\omega_n))$$

erwarten. Bei einem allgemeineren Wahrscheinlichkeitsmaß $P$ auf $\Omega$ kann man

$$E(X) = \sum_{\omega \in \Omega} X(\omega) \cdot P(\omega)$$

erwarten.

**Definition**  *Sei $(\Omega, P)$ ein endlicher Wahrscheinlichkeitsraum und $X: \Omega \to \mathbb{R}$ eine Zufallsvariable. Dann heißt*

$$E(X) := \sum_{\omega \in \Omega} X(\omega) \cdot P(\omega) \in \mathbb{R}$$

*der Erwartungswert von $X$. Oft schreibt man auch etwas kürzer*

$$\mu_X := E(X).$$

Sind $a_1, \ldots, a_m \in \mathbb{R}$ die verschiedenen Werte von $X$, so erhält man durch Zusammenfassung von Summanden

$$E(X) = \sum_{i=1}^{m} a_i \cdot P(X = a_i).$$

Der Erwartungswert einer Zufallsvariablen hängt also nur von ihrer Verteilung ab.

Wir betrachten ein Beispiel, in dem der Erwartungswert mit dem arithmetischen Mittel verglichen wird:

**Beispiel 2**  (*Trefferzahl beim Lotto*)
Der Erwartungswert für die Trefferzahl $X$ beim Lottospiel ist mit den Werten aus Beispiel 1 in 2.3.5 gleich

$$E(X) = \sum_{k=0}^{6} k \cdot P(X = k) \quad \approx \quad 0 \cdot 0.435\,965 + 1 \cdot 0.413\,019 + 2 \cdot 0.132\,378 + 3 \cdot 0.017\,650$$

$$+ 4 \cdot 0.000\,969 + 5 \cdot 0.000\,018 + 6 \cdot 0.000\,000 \approx 0.735.$$

Mit der Formel aus 2.4.2 für den Erwartungswert einer hypergeometrischen Verteilung geht es noch viel einfacher:

$$E(X) = 6 \cdot \frac{6}{49} = 0.734\,693...\,.$$

Würde man also jede Woche im Mittwochs- und Samstagslotto die gleiche Kombination – etwa 1, 2, 3, 4, 5, 6 – wählen, sollte man im Mittel etwa 0.735 Treffer erzielen. Wir vergleichen das mit den Ergebnissen aus dem Zeitraum vom 9.10.2013 bis zum 5.4.2014:

| | | | | |
|---|---|---|---|---|
| 14 17 21 37 42 <u>47</u> | 25 26 30 32 39 <u>46</u> | 11 15 16 26 32 36 | 5 6 17 19 27 38 | 6 12 13 28 32 33 |
| 4 6 20 28 42 <u>48</u> | 4 18 21 29 36 43 | 6 22 39 41 43 <u>49</u> | 7 18 22 38 39 <u>49</u> | 12 13 22 30 35 36 |
| 5 7 8 11 20 24 | 7 8 17 31 <u>44 48</u> | 5 8 14 23 29 38 | 4 9 15 19 26 <u>48</u> | 9 12 15 19 24 38 |
| 7 10 29 30 34 <u>46</u> | 10 15 16 18 35 37 | 20 28 31 36 <u>44 45</u> | 13 20 22 41 42 <u>49</u> | 10 12 13 30 36 <u>45</u> |
| 1 7 10 23 25 40 | 4 18 29 33 42 <u>44</u> | 16 19 25 36 39 <u>48</u> | 1 24 30 33 39 <u>47</u> | 9 18 20 22 24 25 |
| 4 7 12 27 31 38 | 7 9 16 17 26 32 | 6 8 23 24 25 <u>46</u> | 11 28 31 36 38 42 | 7 16 21 23 26 33 |
| 10 16 24 32 43 <u>45</u> | 17 18 42 <u>46 47</u> <u>49</u> | 6 9 10 22 32 43 | 7 12 19 30 33 35 | 4 10 14 24 38 40 |
| 5 13 16 33 34 <u>44</u> | 3 12 15 26 34 36 | 4 26 27 40 <u>44 46</u> | 9 16 19 24 36 42 | 9 32 38 40 <u>44 49</u> |
| 5 13 24 28 38 <u>47</u> | 24 32 36 37 <u>45 48</u> | 4 5 17 25 27 35 | 9 19 24 39 42 43 | 14 25 29 38 <u>44 46</u> |
| 8 9 11 19 31 <u>48</u> | 2 18 23 26 42 <u>46</u> | 2 12 18 34 35 <u>44</u> | 5 12 15 16 35 <u>46</u> | 9 11 22 29 <u>46 48</u> |

Das wären in 50 Spielen 26 Treffer gewesen, was einen Mittelwert von nur $26/50 = 0.52$ ergibt. Hätte man dagegen regelmäßig die Kombination 44, 45, 46, 47, 48, 49 getippt, so wären 37 Treffer, also ein Mittelwert von $37/50 = 0.74$ entstanden. Das liegt schon nahe beim Erwartungswert.

Bevor wir die Erwartungswerte der wichtigsten Verteilungen berechnen können, benötigen wir einige Hilfsmittel. Dazu erklären wir für Zufallsvariable $X, Y: \Omega \to \mathbb{R}$ und $\lambda \in \mathbb{R}$

$$
\begin{aligned}
(X + Y)(\omega) &:= X(\omega) + Y(\omega), \\
(\lambda \cdot X)(\omega) &:= \lambda \cdot X(\omega), \\
(X \cdot Y)(\omega) &:= X(\omega) \cdot Y(\omega).
\end{aligned}
$$

Für diese neuen Zufallsvariablen $X + Y$, $\lambda \cdot X$ und $X \cdot Y$ gelten die folgenden

**Rechenregeln**

1) $E(X + Y) = E(X) + E(Y)$,

2) $E(\lambda \cdot X) = \lambda \cdot E(X)$.

*Dagegen ist im Allgemeinen*

$$E(X \cdot Y) \neq E(X) \cdot E(Y).$$

Der *Beweis* ist ganz einfach:

$$
\begin{aligned}
E(X + Y) &= \sum (X + Y)(\omega) \cdot P(\omega) \\
&= \sum X(\omega) \cdot P(\omega) + \sum Y(\omega) \cdot P(\omega) = E(X) + E(Y) \\
E(\lambda X) &= \sum (\lambda X)(\omega) \cdot P(\omega) = \lambda \sum X(\omega) \cdot P(\omega) = \lambda \cdot E(X)
\end{aligned}
$$

Dass der Erwartungswert nicht multiplikativ sein muss, sieht man am

**Beispiel 3**
Sei $\Omega = \{\omega_1, \omega_2\}$, $X(\omega_1) = Y(\omega_2) = 1$ und $X(\omega_2) = Y(\omega_1) = 3$. Dann ist

$$E(X) = E(Y) = 2, \quad \text{also} \quad E(X) \cdot E(Y) = 4, \quad \text{aber} \quad E(X \cdot Y) = 3.$$

Das folgende Beispiel zeigt, dass diese Ungleichheit zu Fehlschlüssen führen kann:

**Beispiel 4** (*Börsenspekulation*)
Wenn man im Euro-Raum mit US-Aktien spekuliert, ist der Wert vom Aktienkurs und vom Dollarkurs abhängig. Wir verwenden folgende Bezeichnungen: Zu einem Zeitpunkt $j$ sei

$$
\begin{aligned}
X(j): &\quad = \quad \text{Kurswert in \$ einer bestimmten Aktie} \\
Y(j): &\quad = \quad \text{Kurswert von 1\$ in €}
\end{aligned}
$$

Dann ist der Wert der Aktie in € gegeben durch $X(j) \cdot Y(j) = (X \cdot Y)(j)$. Wir nehmen an, dass die Aktienkurse zu drei Zeitpunkten steigen, die Kurswerte aber drei verschiedene Verläufe haben können:

| $X(j)$ | a) | | b) | | c) | |
|---|---|---|---|---|---|---|
| | $Y(j)$ | $(X \cdot Y)(j)$ | $Y(j)$ | $(X \cdot Y)(j)$ | $Y(j)$ | $(X \cdot Y)(j)$ |
| 80 | 1.0 | 80 | 0.8 | 64 | 1.0 | 80 |
| 100 | 0.8 | 80 | 0.9 | 90 | 0.9 | 90 |
| 120 | 0.9 | 108 | 1.0 | 120 | 0.8 | 96 |

In allen drei Fällen ist

$$E(X) = 100 \quad \text{und} \quad E(Y) = 0.9, \quad \text{also} \quad E(X) \cdot E(Y) = 90.$$

Dagegen ist

$$E(X \cdot Y) \approx \begin{cases} 89.333 < E(X) \cdot E(Y) & \text{bei } a), \\ 91.333 > E(X) \cdot E(Y) & \text{bei } b), \\ 88.667 < E(X) \cdot E(Y) & \text{bei } c). \end{cases}$$

Im Fall $a)$ schwankt $Y$ ziemlich unabhängig von $X$, daher ist die Abweichung relativ klein. In den Fällen $b)$ und $c)$ steigt beziehungsweise fällt $Y$ mit $X$, daher ist die Abweichung deutlich größer.

Der theoretische Hintergrund für die abschließende Beobachtung in Beispiel 4 ist die folgende hinreichende Bedingung für die Multiplikativität des Erwartungswertes:

**Lemma**  *Sind $X, Y: \Omega \to \mathbb{R}$ unabhängige Zufallsvariable, so gilt*

$$E(X \cdot Y) = E(X) \cdot E(Y).$$

*Beweis*  Sind $a_1, ..., a_m$ bzw. $b_1, ..., b_n$ die verschiedenen Werte von $X$ bzw. $Y$, so ist wegen der Unabhängigkeit von $X$ und $Y$

$$P(X = a_i, Y = b_j) = P(X = a_i) \cdot P(Y = b_j)$$

für $i = 1, ..., m$ und $j = 1, ..., n$.

Mit Hilfe der disjunkten Zerlegung

$$\Omega = \bigcup_{i,j} \left( \{X = a_i\} \cap \{Y = b_j\} \right)$$

erhält man daraus

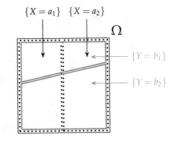

$$
\begin{aligned}
E(X \cdot Y) &= \sum_{\omega \in \Omega} X(\omega) \cdot Y(\omega) \cdot P(\omega) = \sum_{i,j} a_i \cdot b_j \cdot P(X = a_i, Y = b_j) \\
&= \sum_{i,j} a_i \cdot P(X = a_i) \cdot b_j \cdot P(Y = b_j) \\
&= \left( \sum_i a_i \cdot P(X = a_i) \right) \cdot \left( \sum_j b_j \cdot P(Y = b_j) \right) = E(X) \cdot E(Y).
\end{aligned}
$$

∎

Der Beweis zeigt den Zusammenhang einer Produktregel für den Erwartungswert mit den Produktregeln zur Definition der Unabhängigkeit.

**Vorsicht!** *Aus $E(X \cdot Y) = E(X) \cdot E(Y)$ folgt nicht die Unabhängigkeit von X und Y.*

**Beispiel 5**
Analog zu Beispiel 3 aus 1.4.2 und Beispiel 2 aus 1.4.4 wählen wir $\Omega = \{1,2,3,4\}$ mit Gleichverteilung und

$$X(1) = 1, \quad X(2) = 2, \quad X(3) = 1, \quad X(4) = 0 \quad \text{sowie}$$
$$Y(1) = 0, \quad Y(2) = 1, \quad Y(3) = 2, \quad Y(4) = 1$$

Dann ist $E(X) = E(Y) = 1$ und $E(X \cdot Y) = 1$, aber

$$P(X = 0, Y = 0) = 0 \quad \text{und} \quad P(X = 0) = P(Y = 0) = \frac{1}{4}.$$

Die Differenz $E(X \cdot Y) - E(X) \cdot E(Y)$ wird in 2.4.5 berechnet.

Manchmal ist es nützlich, eine Regel für die Berechnung des Erwartungswertes einer *transformierten Zufallsvariablen* zu haben; etwa dann wenn man neben $E(X)$ auch $E(X^2)$ berechnen will.

**Transformationsformel** *Sei $X : \Omega \to \mathbb{R}$ eine Zufallsvariable mit den verschiedenen Werten $a_1, ..., a_m \in \mathbb{R}$ und $g : \mathbb{R} \to \mathbb{R}$ eine beliebige Abbildung. Für die neue Zufallsvariable $g \circ X : \Omega \to \mathbb{R}$ mit $(g \circ X)(\omega) = g(X(\omega))$ gilt dann*

$$E(g \circ X) = \sum_{i=1}^{m} g(a_i) \cdot P(X = a_i).$$

*Insbesondere ist $E\left(X^2\right) = \sum_{i=1}^{m} a_i^2 \cdot P(X = a_i)$ und $E\left(\frac{1}{X}\right) = \sum_{i=1}^{m} \frac{1}{a_i} \cdot P(X = a_i)$, falls $a_i \neq 0$ für $i = 1, ..., m$.*

*Beweis* Man beachte, dass die Werte $g(a_1), ..., g(a_m)$ nicht mehr verschieden sein müssen, da $g$ nicht als injektiv vorausgesetzt war. Daher muss man etwas vorsichtig rechnen. Setzen wir

$$A_i := \{X = a_i\}, \text{ so ist } \Omega = A_1 \cup ... \cup A_m$$

eine disjunkte Zerlegung. Also folgt

$$E(g \circ X) = \sum_{\omega \in \Omega} g(X(\omega)) \cdot P(\omega) = \sum_{i=1}^{m} \sum_{\omega \in A_i} g(a_i) \cdot P(\omega)$$
$$= \sum_{i=1}^{m} g(a_i) \cdot \sum_{\omega \in A_i} P(\omega) = \sum_{i=1}^{m} g(a_i) \cdot P(X = a_i).$$

∎

**Beispiel 6** (*Erwartungswert von* $X^2$)
Zur Erläuterung dieses Beweises betrachten wir den ganz einfachen Fall

$$X(\Omega) = \{-2, -1, 1, 2\}$$

mit

$$P(X = -2) = 0, \qquad P(X = -1) = \frac{1}{4}, \qquad P(X = 1) = \frac{1}{2}, \qquad P(X = 2) = \frac{1}{4}.$$

Dann ist $X^2(\Omega) = \{1, 4\}$ und

$$P(X^2 = 1) = \frac{1}{4} + \frac{1}{2} = \frac{3}{4}, \qquad P(X^2 = 4) = 0 + \frac{1}{4} = \frac{1}{4}.$$

Es folgt

$$E\left(X^2\right) = 1 \cdot \frac{3}{4} + 4 \cdot \frac{1}{4} = \frac{7}{4}.$$

Das gleiche Ergebnis erhalten wir mit Hilfe der Transformationsformel:

$$E\left(X^2\right) = 4 \cdot 0 + 1 \cdot \frac{1}{4} + 1 \cdot \frac{1}{2} + 4 \cdot \frac{1}{4} = \frac{7}{4}.$$

**Beispiel 7** (*Erwartungswert von* $1/X$)
Ist $X: \Omega \to \mathbb{R}$ eine Zufallsvariable mit $X(\omega) \neq 0$ für alle $\omega \in \Omega$, so ist auch $1/X$ eine Zufallsvariable. Ist $X(\Omega) = \{a_1, \ldots, a_m\}$, so folgt aus der Transformationsformel

$$E\left(\frac{1}{X}\right) = \sum_{i=1}^{m} \frac{1}{a_i} \cdot P(X = a_i).$$

Ist $E(X) \neq 0$, so kann man $E(1/X)$ mit $1/E(X)$ vergleichen, und man stellt fest, dass diese beiden Werte für $m \geqslant 2$ im Allgemeinen verschieden sind. Ist etwa $m = 2$ und $P(X = a_1) = P(X = a_2) = \frac{1}{2}$, so gilt

$$E(X) = \frac{1}{2}(a_1 + a_2) \quad \text{und} \quad E\left(\frac{1}{X}\right) = \frac{1}{2} \cdot \left(\frac{1}{a_1} + \frac{1}{a_2}\right).$$

Daraus folgt wegen $a_1 + a_2 \neq 0$

$$\frac{1}{E(X)} = E\left(\frac{1}{X}\right) \quad \Leftrightarrow \quad 4a_1 a_2 = (a_1 + a_2)^2 \quad \Leftrightarrow \quad a_1 = a_2,$$

dann wäre $m = 1$.

## 2.4.2 Erwartungswerte bei speziellen Verteilungen

Wie wir in 2.4.1 gesehen haben, hängt der Erwartungswert einer Zufallsvariablen $X$ nur von ihrer Verteilung, also von den Werten $P(X = a_i)$ ab. Für die wichtigsten Verteilungen sind die Erwartungswerte relativ einfach zu berechnen.

## a) Gleichverteilung

Ist $X(\Omega) = \{a_1, ..., a_m\}$ mit paarweise verschiedenen $a_i$ und

$$P(X = a_1) = ... = P(X = a_m) = \frac{1}{m},$$

so folgt

$$E(X) = \sum_{i=1}^{m} a_i \cdot P(X = a_i) = \frac{1}{m} \sum_{i=1}^{m} a_i.$$

Das ist das gute alte arithmetische Mittel der Werte von $X$.

## b) Binomialverteilung

Ist $X(\Omega) = \{0, ..., n\}$ und

$$P(X = k) = \binom{n}{k} p^k (1-p)^{n-k} =: b_{n,p}(k),$$

so ist nach der Definition des Erwartungswertes

$$E(X) = \sum_{k=0}^{n} k \cdot b_{n,p}(k).$$

Diese Summe kann man mit etwas Mühe berechnen, aber schöner ist es mit weniger Rechnung. Da es nur auf die Verteilung von $X$ ankommt, können wir annehmen, $X$ ist wie in 2.3.3 das Ergebnis einer BERNOULLI-Kette der Länge $n$. Für $j = 1, ..., n$ haben wir Zufallsvariable

$$X_j: \Omega = \{0, 1\}^n \to \{0, 1\},$$

die jeweils das Ergebnis im $j$-ten Experiment angeben. Dafür gilt

$$E(X_j) = 0 \cdot P'(0) + 1 \cdot P'(1) = p.$$

Da $X = X_1 + ... + X_n$, folgt wegen der Additivität des Erwartungswertes

$$E(X) = n \cdot p, \quad \textit{falls } X \textit{ binomial verteilt ist mit Parametern } n \textit{ und } p.$$

**Beispiel 1** (*Defektes Kopiergerät*)
Ein defektes Kopiergerät funktioniert im Mittel bei 7 von 10 Seiten fehlerfrei, die Wahrscheinlichkeit für eine Fehlkopie ist also 0.3. Das Anfertigen von mehreren Kopien kann vereinfachend als BERNOULLI-Kette angesehen werden. Wir wollen mit diesem Gerät 1 000 Kopien anfertigen. Die Zufallsvariable $X$ gebe dabei die Zahl der Fehlkopien an und ist binomial verteilt. Um zu ermitteln, wie viele Fehlkopien dabei zu erwarten sind, benutzen wir obige Formel für den Erwartungswert einer binomial verteilten Zufallsvariable. Eine einfache Rechnung zeigt, dass bei insgesamt 1 000 Kopien mit

$$E(X) = 1\,000 \cdot 0.3 = 300$$

Fehlkopien zu rechnen ist.

## c) Hypergeometrische Verteilung

Eine hypergeometrische Verteilung entsteht beim Ziehen aus einer Urne ohne Zurücklegen. Beim Ziehen mit Zurücklegen ist der Erwartungswert nach Teil **a)** gleich $n \cdot p = n \cdot \frac{r}{N}$. Wird nicht zurückgelegt, so wird die Gesamtzahl der verbleibenden Kugeln immer kleiner. Man kann jedoch erwarten, dass trotzdem das Mischungsverhältnis zwischen roten und schwarzen Kugeln ungefähr gleich bleibt. Daher kann man auch erwarten, dass die Erwartungswerte bei binomialer und hypergeometrischer Verteilung gleich sind. Um das zu beweisen, muss man sorgfältig zählen. Sei also $X(\Omega) = \{0, ..., r\}$ und

$$P(X = k) = \frac{\binom{r}{k}\binom{N-r}{n-k}}{\binom{N}{n}} = h_{n;N,r}(k) \quad \text{mit} \quad n \leqslant N.$$

Die Summe $\sum k \cdot h_{n;N,r}(k)$ ist mehr als mühsam zu berechnen. Daher benutzen wir die Methode aus 2.3.5 zu einer Konstruktion von $X$ und einer Zerlegung in einfachere Summanden. Wie in 2.3.5 betrachten wir das Ergebnis von $n$ Zügen ohne Reihenfolge der Züge, also

$$\omega = (a_1, ..., a_k, a_{k+1}, ..., a_n) \in \Omega_4(N, n)$$

mit $1 \leqslant a_1 < ... < a_k \leqslant r$ und $r + 1 \leqslant a_{k+1} < ... < a_n \leqslant N$. Dann ist $X(\omega) = k$. Um eine nützliche Zerlegung $X = X_1 + ... + X_r$ zu finden, betrachten wir für $i = 1, ..., r$ die Menge

$$A_i := \{(a_1, ..., a_n) \in \Omega_4(N, n) : i \in \{a_1, ..., a_n\}\},$$

also das Ereignis, dass in den $n$ Zügen der Treffer $i$ enthalten ist. Es gilt

$$\#A_i = \binom{N-1}{n-1},$$

denn durch $i$ ist eine wegen der Anordnung der Größe nach nicht wählbare Position besetzt, und für die Besetzung der anderen $n - 1$ Positionen gibt es $N - 1$ Kandidaten. Nun ist es hilfreich, für $i = 1, ..., r$ die Indikatorfunktion

$$X_i := \mathbf{1}_{A_i} : \Omega_4(N, n) \to \{0, 1\} \quad \text{mit} \quad X_i(\omega) := \begin{cases} 1 & \text{für } \omega \in A_i \\ 0 & \text{sonst} \end{cases}$$

zu benutzen. Sie zeigt an, ob der Treffer $i$ in $\omega$ enthalten ist, also folgt

$$X(\omega) = X_1(\omega) + ... + X_r(\omega).$$

Offensichtlich gilt

$$E(X_i) = \sum_{\omega \in \Omega} X_i(\omega) \cdot P(\omega) = \sum_{\omega \in A_i} P(\omega) = P(A_i).$$

Da in $\Omega_4(N, n)$ nach 2.3.2 Gleichverteilung angemessen ist, folgt

$$P(A_i) = \frac{\binom{N-1}{n-1}}{\binom{N}{n}} = \frac{n}{N}, \quad \text{denn}$$

$$\frac{N}{n} \cdot \binom{N-1}{n-1} = \frac{N \cdot (N-1)!}{n \cdot (n-1)! \cdot (N-n)!} = \frac{N!}{n!(N-n)!} = \binom{N}{n}.$$

Wegen $X = X_1 + \ldots + X_r$ folgt aus der Additivität des Erwartungswertes

$$E(X) = n \cdot \frac{r}{N}, \quad \text{falls } X \text{ hypergeometrisch verteilt ist mit Parametern } n; N, r.$$

Mit $p = \frac{r}{N}$ ist das der gleiche Erwartungswert wie bei der Binomialverteilung, was auch „zu erwarten" war.

**Beispiel 2** (*Erwartungswert einer speziellen hypergeometrischen Verteilung*)
Wir berechnen ganz explizit $E(X)$, falls $X$ hypergeometrisch verteilt ist mit den Parametern $2; 4, 2$. Dazu benutzt man

$$\Omega := \Omega_4(4,2) = \{(1,2),(1,3),(1,4),(2,3),(2,4),(3,4)\}.$$

Treffer seien 1 und 2, also ist wegen der Gleichverteilung in $\Omega$ nach Definition des Erwartungswertes

$$E(X) = \sum_{\omega \in \Omega} X(\omega) \cdot P(\omega) = \frac{1}{6}(2+1+1+1+1+0) = 1.$$

Mit den Bezeichungen aus obiger Rechnung ist

$$A_1 = \{(1,2),(1,3),(1,4)\}, \quad A_2 = \{(1,2),(2,3),(2,4)\}, \quad \text{also}$$

$$\#A_1 = \#A_2 = 3 = \binom{N-1}{n-1}.$$

Weiter ist $X = X_1 + X_2$, und für $i = 1,2$ gilt

$$E(X_i) = P(A_i) = \frac{\#A_i}{\#\Omega} = \frac{3}{6} = \frac{1}{2}.$$

Daraus folgt schließlich

$$E(X) = E(X_1 + X_2) = E(X_1) + E(X_2) = \frac{1}{2} + \frac{1}{2} = 1.$$

Nach der oben bewiesenen Formel hat man

$$E(X) = n \cdot \frac{r}{N} = 2 \cdot \frac{2}{4} = 1.$$

**d) Geometrische Verteilung und POISSON-Verteilung***
Hier muss eine unendliche Ergebnismenge vorausgesetzt werden, dieser Fall wird in 2.6.4 behandelt. Wir notieren hier schon die Ergebnisse:

$$E(X) = \frac{1}{p}, \qquad \textit{falls X geometrisch verteilt ist mit Parameter p,}$$

$$E(X) = \lambda, \qquad \textit{falls X } \text{POISSON-\textit{verteilt ist mit Parameter }} \lambda.$$

### 2.4.3 Varianz

Für ein Merkmal $X: \{1, ..., n\} \to \mathbb{R}$ mit $x_j := X(j)$ hatten wir in 1.3.2 die mittlere quadratische Abweichung vom arithmetischen Mittel $\bar{x}$ erklärt durch

$$\sigma_X^2 = \frac{1}{n} \sum_{j=1}^{n} (x_j - \bar{x})^2.$$

Für eine Zufallsvariable $X: \Omega \to \mathbb{R}$ entspricht dem arithmetischen Mittel $\bar{x}$ der Erwartungswert $\mu_X := E(X)$, und man erklärt analog zu $\sigma_X^2$ die *Varianz* von $X$ durch

$$V(X) := \sum_{\omega \in \Omega} (X(\omega) - \mu_X)^2 \cdot P(\omega).$$

Sind $a_1, ..., a_m \in \mathbb{R}$ die verschiedenen Werte von $X$, so erhält man durch eine Zusammenfassung von Summanden in obiger Summe

$$V(X) = \sum_{i=1}^{m} (a_i - \mu_X)^2 \cdot P(X = a_i).$$

Daran sieht man, dass die Varianz von $X$ nur von der Verteilung abhängt.

Nach der Transformationsformel in 2.4.1 ist

$$V(X) = E\left((X - \mu_X)^2\right).$$

Diese Gleichung ist nützlich für die Berechnung von Varianzen.

Die Varianz ist ein Maß dafür, wie stark die Werte einer Zufallsvariablen um den Erwartungswert herum streuen. Für die Zuverlässigkeit von Vorhersagen in der Statistik ist es entscheidend, Zufallsvariable mit möglichst kleiner Varianz benutzen zu können. Die präzise Berechnung von Varianzen erfordert einige Vorbereitungen.

Wir notieren zunächst einige grundlegende

**Rechenregeln** *Ist $(\Omega, P)$ ein endlicher Wahrscheinlichkeitsraum, so gilt für Zufallsvariable $X, Y \colon \Omega \to \mathbb{R}$:*

1) $V(X) \geqslant 0$ und $V(X) = 0 \Leftrightarrow P(X = \mu_X) = 1$.

2) $V(\lambda \cdot X) = \lambda^2 \cdot V(X)$ für $\lambda \in \mathbb{R}$.

3) $V(X + a) = V(X)$ für $a \in \mathbb{R}$.

4) Im Allgemeinen ist $V(X + Y) \neq V(X) + V(Y)$.

5) $V(X) = E(X^2) - E(X)^2 = \mu_{X^2} - \mu_X^2$.

Die Formel 5) ist ein Analogon zur Formel $\sigma_X^2 = \overline{x^2} - \overline{x}^2$ aus 1.3.2.

*Beweis*

1) $V(X) \geqslant 0$ folgt sofort aus der Definition der Varianz.

$$V(X) = 0 \Leftrightarrow P(X = a_i) = 0 \quad \text{für} \quad a_i \neq \mu_X \Leftrightarrow P(X = \mu_X) = 1.$$

2) $V(\lambda X) = E\left((\lambda X - \lambda \mu_X)^2\right) = E\left(\lambda^2 (X - \mu_X)^2\right) = \lambda^2 E\left((X - \mu_X)^2\right)$.

3) $V(X + a) = E\left((X + a - (\mu_X + a))^2\right) = E\left((X - \mu_X)^2\right)$.

4) Das sieht man schon mit $X = Y$ und $V(X) \neq 0$:

$$V(X + X) = V(2 \cdot X) = 4 \cdot V(X) \neq 2 \cdot V(X) = V(X) + V(X).$$

5) $$\begin{aligned} V(X) &= E\left((X - \mu_X)^2\right) = E(X^2 - 2X\mu_X + \mu_X^2) = E(X^2) - 2\mu_X E(X) + E(\mu_X^2) \\ &= E(X^2) - 2\mu_X^2 + \mu_X^2 = E(X^2) - \mu_X^2. \end{aligned}$$

Bei den Rechnungen zu 2) bis 5) haben wir die Rechenregeln für Erwartungswerte aus 2.4.1 benutzt. ∎

Da $V(X) \geqslant 0$ für jede Zufallsvariable $X$, können wir die *Standardabweichung* von $X$ durch

$$\sigma_X := \sqrt{V(X)}$$

erklären. Dann kann man wie üblich $V(X) = \sigma_X^2$ schreiben.

Die Berechnung der Varianzen für die wichtigsten Verteilungen ist schwieriger als die Berechnung der Erwartungswerte, weil die Varianzen nach Regel **d)** im Allgemeinen nicht additiv sind. Einen wichtigen Fall können wir mit den bisher verfügbaren Hilfsmitteln schon behandeln:

**Satz**  *Ist X binomial verteilt mit Parametern $n, p$, so gilt*

$$V(X) = np(1 - p).$$

Die Streuung wird also mit wachsenden $n$ größer. Im Spezialfall $p = \frac{1}{2}$ ist $V(X) = \frac{n}{4}$.

*Beweis* Da die Varianz nur von der Verteilung abhängt, können wir uns wie im Teil **b)** von 2.4.2 auf den Fall

$$X = X_1 + \dots + X_n \quad \text{mit} \quad E(X_1) = \dots = E(X_n) = p$$

und $X_i, X_j$ unabhängig für $i \neq j$ beschränken. Um die Rechenregel **e)** anwenden zu können, berechnen wir

$$E(X^2) = E\left((X_1 + \dots + X_n)^2\right) = \sum_{j=1}^{n} E(X_j^2) + \sum_{i \neq j} E(X_i \cdot X_j).$$

Da $X_j$ nur die Werte 0 und 1 hat, ist $X_j^2 = X_j$, also $E(X_j^2) = E(X_j) = p$. Für $i \neq j$ sind $X_i$ und $X_j$ unabhängig, also ist nach dem Lemma aus 2.4.1

$$E(X_i \cdot X_j) = E(X_i) \cdot E(X_j) = p^2 \quad \text{für} \quad i \neq j.$$

Setzt man das oben ein, so folgt $E(X^2) = np + n(n-1)p^2$, und Regel **e)** ergibt

$$V(X) = E(X^2) - E(X)^2 = np + n(n-1)p^2 - n^2 p^2 = np(1-p). \qquad \blacksquare$$

Würde man die Definition der Varianz benutzen, so müsste

$$\sum_{k=0}^{n} (k - np)^2 \cdot \binom{n}{k} p^k (1 - p)^{n-k}$$

berechnet werden. Das ist recht mühsam! Einen einfacheren Beweis dieses Satzes geben wir in 2.4.5 mit den dort verfügbaren Hilfsmitteln. Dort können wir auch die Varianz einer hypergeometrischen Verteilung berechnen.

Bei geometrischer und POISSON-Verteilung muss die Ergebnismenge unendlich sein. Die Berechnungen von Erwartungswert und Varianz in diesen Fällen verschieben wir auf 2.6.4. Das Ergebnis ist

$$V(X) = \frac{1 - p}{p^2}, \qquad \textit{falls X geometrisch verteilt ist mit Parameter } p,$$

$$V(X) = \lambda, \qquad \textit{falls X POISSON-verteilt ist mit Parameter } \lambda.$$

## 2.4.4 Standardisierung und Ungleichung von CHEBYSHEV

Erwartungswert und Standardabweichung sind zwei Werte, die konzentrierte Informationen über die Verteilung einer Zufallsvariablen geben. Mit Hilfe dieser beiden Werte kann man eine Zufallsvariable auch in einer transformierten Form betrachten, was zum Beispiel den Vergleich verschiedener Verteilungen vereinfacht.

Sei also $(\Omega, P)$ ein endlicher Wahrscheinlichkeitsraum und $X \colon \Omega \to \mathbb{R}$ eine Zufallsvariable mit Erwartungswert $\mu_X$ und Varianz $\sigma_X^2$. Im ersten Schritt der Transformation geht man von $X$ über zur *Zentrierung*

$$X' := X - \mu_X.$$

Nach den Rechenregeln für Erwartungswert und Varianz ist

$$E(X') = E(X) - \mu_X = \mu_X - \mu_X = 0 \quad \text{und} \quad \text{Var}(X') = \text{Var}(X).$$

Beim Übergang von $X$ zu $X'$ wird das „Mittel" der Werte von $\mu_X$ nach 0 verschoben. Um auch die Streuung der Werte zu normieren, erklärt man im Fall $\sigma_X > 0$

$$X^* := \frac{X'}{\sigma_X} = \frac{X - \mu_X}{\sigma_X}$$

als *Standardisierung* von $X$. Nach den Rechenregeln für Erwartungswert und Varianz ist

$$E(X^*) = 0 \quad \text{und} \quad V(X^*) = 1.$$

Im Allgemeinen nennt man eine Zufallsvariable $Y \colon \Omega \to \mathbb{R}$ *standardisiert*, wenn

$$E(Y) = 0 \quad \text{und} \quad V(Y) = 1.$$

**Beispiel 1** (*Standardisierung der Binomialverteilung*)
$X$ sei eine Bin$(8, 0.5)$-verteilte Zufallsvariable. Dann gilt $\mu_X = 4$ und $\sigma_X = \sqrt{2} > 1$.

Wir skizzieren $X$, die Zentrierung $X'$ von $X$ sowie die Standardisierung $X^*$ von $X$.

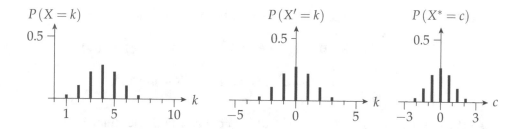

Es ist deutlich zu sehen, dass bei der Standardisierung wegen $\sigma_X > 1$ der Abstand der Balken geringer wird.

Wie stark die Werte einer Zufallsvariablen $X$ vom Erwartungswert $\mu_X$ abweichen, wird ganz grob durch die Standardabweichung $\sigma_X$ gemessen. Eine genauere Information erhält man, indem man für jedes $c > 0$ die außerhalb des Intervalls $]\mu_X - c, \mu_X + c[$ gelegenen Stäbe betrachtet:

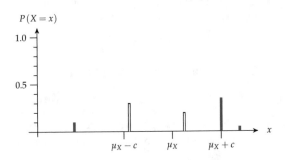

Eine allgemein gültige Abschätzung liefert die

**Ungleichung von CHEBYSHEV**      *Für jede Zufallsvariable $X$ und beliebiges $c > 0$ gilt*

$$P(|X - \mu_X| \geqslant c) \leqslant \frac{\sigma_X^2}{c^2}$$

*und somit*

$$P(|X - \mu_X| < c) \geqslant 1 - \frac{\sigma_X^2}{c^2}.$$

*Für ein standardisiertes $X$ folgt*

$$P(|X| \geqslant c) \leqslant \frac{1}{c^2} \quad und \quad P(|X| < c) \geqslant 1 - \frac{1}{c^2},$$

*was natürlich nur für $c > 1$ nützlich ist.*

Eine analoge Ungleichung für Messreihen hatten wir in 1.3.2 bewiesen.

*Beweis* Ist $A := \{\omega \in \Omega : |X(\omega) - \mu_X| \geqslant c\}$, so haben wir die Abschätzung

$$\sigma_X^2 \;=\; \sum_{\omega \in \Omega} (X(\omega) - \mu_X)^2 \cdot P(\omega) \geqslant \sum_{\omega \in A} (X(\omega) - \mu_X)^2 \cdot P(\omega)$$

$$\geqslant \sum_{\omega \in A} c^2 \cdot P(\omega) = c^2 \cdot P(A) = c^2 \cdot P(|X - \mu_X| \geqslant c).$$

Aus $P(|X - \mu_X| < c) = 1 - P(|X - \mu_X| \geqslant c)$ folgt die zweite Ungleichung.      ∎

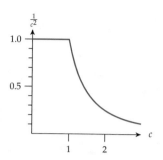

Diese Abschätzung ist sehr grob, kann aber ohne zusätzliche Voraussetzungen nicht verbessert werden. Im nebenstehenden Bild ist $1/c^2$ als Funktion von $c$ skizziert. Dies gibt bis auf den Faktor $\sigma_X^2$ den Verlauf der Schranke wieder, die die Ungleichung von CHEBYSHEV liefert.

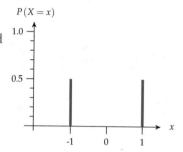

**Beispiel 2** (*Schärfe der Ungleichung von* CHEBYSHEV)
Sei $P(X = -1) = P(X = 1) = \frac{1}{2}$. Dann ist $\mu_X = 0$ und $\sigma_X = 1$, also für $c = 1$

$$P(|X| \geqslant 1) = 1.$$

Unter speziellen Voraussetzungen an die Verteilung kann man viel bessere Ergebnisse erwarten:

**Beispiel 3** (*Binomialverteilung und Ungleichung von* CHEBYSHEV)
Ist $X$ binomial verteilt mit Parametern 8 und $\frac{1}{2}$, so hat $X$ die Werte $k = 0,...,8$ und die Verteilung von $X$ sieht so aus:

| $k$ | 0 | 1 | 2 | 3 | 4 |
|---|---|---|---|---|---|
| $P(X = k)$ | 0.004 | 0.031 | 0.109 | 0.219 | 0.273 |

und $P(4 + l) = P(4 - l)$ für $l = 0,...,4$. Weiter ist $\mu_X = 4$ und $\sigma_X = \sqrt{2}$.

Für $c = \sigma_X$, $c = 2\sigma_X$ und $c = 3\sigma_X$ ergeben sich folgende Vergleichswerte:

$$P\left(|X - 4| \geqslant \sqrt{2}\right) = 2 \cdot (0.109 + 0.031 + 0.004) = 0.288, \quad \text{aber} \quad \frac{\sigma_X^2}{c^2} = 1,$$

$$P\left(|X - 4| \geqslant 2\sqrt{2}\right) = 2 \cdot (0.031 + 0.004) = 0.070, \quad \text{aber} \quad \frac{\sigma_X^2}{c^2} = \frac{1}{4},$$

$$P\left(|X - 4| \geqslant 3\sqrt{2}\right) = 0, \quad \text{aber} \quad \frac{\sigma_X^2}{c^2} = \frac{1}{9},$$

Das sind erhebliche Unterschiede!

## 2.4.5 Covarianz

Wie wir in 2.4.2 und 2.4.3 gesehen hatten, ist im Allgemeinen für zwei Zufallsvariable $X$ und $Y$

$$E(X \cdot Y) \neq E(X) \cdot E(Y) \quad \text{und} \quad V(X + Y) \neq V(X) + V(Y).$$

Vor allem für die Berechnung von Varianzen ist es daher wichtig, die Differenzen der beiden Seiten zu kennen. Das gelingt mit Hilfe der „Covarianz", die mit $X(\omega) - \mu_X$ und $Y(\omega) - \mu_Y$ eine Verallgemeinerung der Komponenten der Abweichungsvektoren $\delta_X$ und $\delta_Y$ aus 1.3.4 benutzt:

**Definition**   *Ist $(\Omega, P)$ ein endlicher Wahrscheinlichkeitsraum, so ist für zwei Zufallsvariablen $X, Y : \Omega \to \mathbb{R}$ die Covarianz erklärt durch*

$$\mathrm{Cov}(X, Y) := \sum_{\omega \in \Omega} (X(\omega) - \mu_X)(Y(\omega) - \mu_Y) \cdot P(\omega).$$

Betrachtet man die Zufallsvariable $Z := (X - \mu_X)(Y - \mu_Y)$, so folgt aus der Definition des Erwartungswerts von $Z$ die für die Berechnung der Covarianz nützliche Beziehung

$$\mathrm{Cov}(X, Y) = E((X - \mu_X)(Y - \mu_Y)).$$

Im Gegensatz zur Varianz kann die Covarianz auch negative Werte annehmen.

**Beispiel 1**   *(Vorzeichen der Covarianz)*
Zwei Merkmale $X, Y \in \mathbb{R}^n$ kann man als Zufallsvariable auf $\Omega = \{1, \dots, n\}$ mit Gleichverteilung $P$ ansehen. Dann ist

$$\mu_X = \overline{x} \quad \text{und} \quad \mu_Y = \overline{y}, \quad \text{sowie} \quad \mathrm{Cov}(X, Y) = \frac{1}{n} \langle \delta_X, \delta_Y \rangle.$$

Um die Bedeutung des Vorzeichens von $\mathrm{Cov}(X, Y)$ zu verstehen, betrachten wir den ganz einfachen Spezialfall $Y = a \cdot X$ mit $a \in \mathbb{R}$. Dann gilt

$$\overline{y} = a \cdot \overline{x} \quad \text{und} \quad \langle \delta_X, \delta_Y \rangle = a \cdot \|\delta_X\|^2.$$

Im Fall $a > 0$ steigt $Y$ mit $X$ und $\mathrm{Cov}(X, Y) > 0$. Ist $a < 0$, so fällt $Y$ mit steigendem $X$ und es folgt $\mathrm{Cov}(X, Y) < 0$.

**Rechenregeln**

1) $\mathrm{Cov}(X,X) = V(X)$ *und* $\mathrm{Cov}(Y,X) = \mathrm{Cov}(X,Y)$.

2) $E(X \cdot Y) = E(X) \cdot E(Y) + \mathrm{Cov}(X,Y)$.

3) *Sind X und Y unabhängig, so ist* $\mathrm{Cov}(X,Y) = 0$.

4) $V(X+Y) = V(X) + 2 \cdot \mathrm{Cov}(X,Y) + V(Y)$, *und allgemeiner für* $n \geq 2$

$$V(X_1 + ... + X_n) = V(X_1) + ... + V(X_n) + 2 \cdot \sum_{1 \leq i < j \leq n} \mathrm{Cov}(X_i, X_j).$$

5) *Sind* $X_1, ..., X_n$ *unabhängig, so gilt*

$$V(X_1 + ... + X_n) = V(X_1) + .... + V(X_n).$$

*Beweis 1)*   folgt sofort aus den Definitionen.

*2)*   Nach den Rechenregeln für Erwartungswerte gilt

$$\begin{aligned}\mathrm{Cov}(X,Y) &= E((X - \mu_X) \cdot (Y - \mu_Y)) = E(X \cdot Y - \mu_X Y - \mu_Y X + \mu_X \mu_Y) \\ &= E(X \cdot Y) - \mu_X \mu_Y - \mu_Y \mu_X + \mu_X \mu_Y = E(X \cdot Y) - E(X) \cdot E(Y).\end{aligned}$$

*3)*   folgt aus dem Lemma in 2.4.1.

*4)*   Mit $\mu_i := \mu_{X_i}$ gilt

$$\begin{aligned}V(X_1 + .... + X_n) &= E\left(((X_1 + ... + X_n) - (\mu_1 + ... + \mu_n))^2\right) \\ &= E\left(((X_1 - \mu_1) + ... + (X_n - \mu_n))^2\right) \\ &= \sum_{j=1}^{n} E\left(X_j - \mu_j)^2\right) + 2 \sum_{1 \leq i < j \leq n} E\left((X_i - \mu_i)(X_j - \mu_j)\right).\end{aligned}$$

*5)*   Nach dem Lemma aus 2.2.4 sind für $i \neq j$ auch $X_i$ und $X_j$ unabhängig, daher folgt die Behauptung aus *3)* und *4)*.

■

**Beispiel 2**   *(Augensumme bei n-mal Würfeln)*
Wir werfen einen fairen Würfel $n$-mal. Die Zufallsvariablen $X_i$ geben für $i = 1, ..., n$ das Ergebnis des $i$-ten Wurfes an und sind unabhängig. Nun wollen wir Erwartungswert und Varianz der Zufallsvariable $S := X_1 + ... + X_n$ berechnen. Zur Bestimmung des Erwartungswertes benutzen wir die Rechenregel aus 2.4.1, es ergibt sich

$$E(S) = E(X_1) + ... + E(X_n) = n \cdot E(X_1) = n \cdot \frac{1}{6} \cdot (1 + 2 + 3 + 4 + 5 + 6) = 3.5 \cdot n$$

Da die Ergebnisse der Würfe unabhängig sind, ergibt sich für die Varianz von $S$ auf Grund der Unabhängigkeit der einzelnen Würfe mit den Regeln **c)** und **d)**:

$$V(S) = V(X_1) + ... + V(X_n) = n \cdot V(X_1) = n \cdot \left( E(X_1^2) - E(X_1)^2 \right)$$

$$= n \cdot \left( \frac{1}{6}(1^2 + 2^2 + 3^2 + 4^2 + 5^2 + 6^2) - 3.5^2 \right) = 2.9 \cdot n$$

Die Regeln erleichtern die Berechnung der Varianz von $S$ erheblich.

Aus diesen Regeln folgt die für die Statistik grundlegende Tatsache, dass die „Streuung bei Mittelbildung abnimmt". Genauer gilt das

**Korollar**   *Seien $X_1, ..., X_n$ unabhängige Zufallsvariable mit $V(X_1) = ... = V(X_n)$ und sei*

$$\overline{X} := \frac{1}{n}(X_1 + ... + X_n).$$

*Dann ist*

$$V(\overline{X}) = \frac{1}{n}V(X_1), \quad also \quad \sigma_{\overline{X}} = \frac{1}{\sqrt{n}} \cdot \sigma_{X_1}.$$

*Beweis*

$$V(\overline{X}) = \frac{1}{n^2}V(X_1 + ... + X_n) = \frac{1}{n^2}\left( V(X_1) + ... + V(X_n) \right) = \frac{1}{n^2}(nV(X_1)) = \frac{1}{n}V(X_1).$$

■

Noch eine Anmerkung zu der in Regel 5) bewiesenen Additivität der Varianz, die auch unter einer schwächeren Voraussetzung gilt. Dazu nennt man analog zur beschreibenden Statistik zwei Zufallsvariable $X, Y$ *unkorreliert*, wenn

$$\text{Cov}(X, Y) = 0.$$

Als Folgerung des Lemmas aus 2.4.1 und obiger Rechenregel 2) folgt, dass unabhängige Zufallsvariable unkorreliert sind. Aus Rechenregel 4) ergibt sich dann als Verallgemeinerung von Rechenregel 5) die

**Bemerkung**   *Sind die Zufallsvariablen $X_1, ..., X_n$ paarweise unkorreliert, so gilt*

$$V(X_1 + ... + X_n) = V(X_1) + ... + V(X_n).$$

In 2.4.3 hatten wir die Varianz einer binomial verteilten Zufallsvariablen $X$ mit Parametern $n, p$ berechnet als

$$V(X) = n \cdot p(1 - p).$$

Wie schon dort versprochen, kann man das nun einfacher beweisen. Wir benutzen dazu wieder die Darstellung

$$X = X_1 + \ldots + X_n \quad \text{mit} \quad E(X_j) = p \quad \text{für} \quad j = 1, \ldots, n.$$

Da $X_j^2 = X_j$ folgt

$$V(X_j) = E(X_j^2) - E(X_j)^2 = p - p^2 = p(1 - p)$$

und wegen der Unabhängigkeit von $X_1, \ldots X_n$ folgt nach Teil e) der obigen Rechenregeln

$$V(X) = V(X_1) + \ldots + V(X_n) = np(1 - p).$$

Die Abhängigkeit der Streuung vom Parameter $p$ ist bestimmt durch

$$V(X_j) = p(1 - p) \quad \text{und} \quad \sigma_{X_j} = \sqrt{p(1 - p)}$$

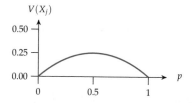 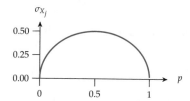

Daran erkennt man, dass sie ihr Maximum für $p = \frac{1}{2}$ annimmt.

Bei einer hypergeometrischen Verteilung ist die Berechnung der Varianz schwieriger, aber immerhin gibt es eine Gemeinsamkeit: Sowohl eine binomiale als auch eine hypergeometrische Verteilung kann man realisieren durch $n$ Züge aus einer Urne mit $N$ Kugeln. Der entscheidende Unterschied besteht darin, dass im ersten Fall zurückgelegt wird, im zweiten nicht. Daher kann man für die Varianz $V(X)$ einer hypergeometrischen Verteilung eine grobe Vorhersage machen:

- Bei festem $n$ und größer werdendem $N$ nähert sich die Varianz der hypergeometrischen Verteilung derjenigen der binomialen an.

- Im Extremfall $n = N$ ist $P(X = r) = 1$ und daher $V(X) = 0$.

Um diese Vorhersage quantitativ zu untermauern, muss man sorgfältig rechnen.

**Satz** *Ist die Zufallsvariable $X$ hypergeometrisch verteilt mit den Parametern $n; N, r$ und ist $p := \frac{r}{N}$ so gilt*

$$V(X) = np(1 - p) \cdot \left(1 - \frac{n - 1}{N - 1}\right).$$

Der *Korrekturfaktor* für den Unterschied der Varianzen zwischen Binomialverteilung und hypergeometrischer Verteilung ist also $\left(1 - \frac{n-1}{N-1}\right)$.

*Beweis* Wie in Teil **c)** von 2.4.2 benutzen wir die hypergeometrisch verteilte Zufallsvariable

$$X: \Omega_4(N,n) \;\rightarrow\; \{0,...,r\}$$

mit $X(\omega) :=$ Anzahl der Treffer in $\omega$, d.h. Anzahl der $i$ in $\omega = (a_1,...,a_n)$ mit $1 \leqslant i \leqslant r$.
Wie dort sei für $i \in \{1,...,r\}$

$$A_i := \{(a_1,...,a_n) \in \Omega_4(N,n) : i \in \{a_1,...,a_n\}\},$$

und $X_i = \mathbf{1}_{A_i}$ die Indikatorfunktion von $A_i$. Wir benutzen wieder die dort gezeigten
Gleichungen

$$X = X_1 + ... + X_r \quad \text{und} \quad E(X_i) = \frac{n}{N} \quad \text{für} \quad i = 1,...,r.$$

Zur Berechnung von $V(X)$ nach Regel 4) benutzen wir, dass

$$E(X_i^2) = E(X_i) = \frac{n}{N} \text{ und } E(X_i \cdot X_j) = \frac{n(n-1)}{N(N-1)} \text{ für } i,j \in \{1,...,r\} \quad \text{und} \quad i \neq j. \quad (*)$$

Die erste Gleichung ist klar, denn $X_i^2 = X_i$. Zum Beweis der zweiten benutzen wir, dass
für $i \neq j$

$$\#(A_i \cap A_j) = \binom{N-2}{n-2},$$

denn durch $i$ und $j$ sind zwei Positionen in $\omega$ besetzt, für die restlichen $N-2$ Positionen
gibt es $n-2$ Kandidaten. Und die Positionen von $i$ und $j$ sind durch die anderen $n-2$
Wahlen eindeutig festgelegt. Daraus folgt

$$E(X_i \cdot X_j) = P(A_i \cap A_j) = \frac{\#(A_i \cap A_j)}{\#\Omega_4(N,n)} = \frac{\binom{N-2}{n-2}}{\binom{N}{n}} = \frac{n(n-1)}{N(N-1)}.$$

Mit Hilfe der Gleichungen in $(*)$ erhält man

$$V(X_i) = E(X_i^2) - E(X_i)^2 = \frac{n}{N}\left(1 - \frac{n}{N}\right) \qquad \text{und}$$

$$\mathrm{Cov}(X_i, X_j) = E(X_i \cdot X_j) - E(X_i) \cdot E(X_j) = -\frac{n}{N}\left(\frac{N-n}{N(N-1)}\right).$$

Diese Werte sind unabhängig von $i$ und $j$, wenn $i \neq j$. Das ergibt schließlich

$$
\begin{aligned}
V(X) \;&=\; V(X_1) + ... + V(X_r) + \sum_{i \neq j} \mathrm{Cov}(X_i, X_j) \\
&=\; r \cdot \frac{n}{N} \cdot \frac{N-n}{N} - r(r-1)\frac{n}{N} \cdot \frac{N-n}{N(N-1)} \\
&=\; r \cdot \frac{n}{N} \cdot \frac{N-n}{N}\left(1 - \frac{r-1}{N-1}\right) = r \cdot \frac{n}{N} \cdot \frac{N-n}{N} \cdot \frac{N-r}{N-1} \\
&=\; n \cdot \frac{r}{N} \cdot \frac{N-r}{N} \cdot \frac{N-n}{N-1} = np(1-p) \cdot \left(1 - \frac{n-1}{N-1}\right).
\end{aligned}
$$

∎

## 2.4.6 Der Korrelationskoeffizient

In 1.3.4 hatten wir für zwei Merkmale $X, Y$ den empirischen Korrelationskoeffizienten erklärt durch

$$r_{XY} := \frac{\langle \delta_X, \delta_Y \rangle}{\|\delta_X\| \cdot \|\delta_Y\|},$$

wobei $\delta_X = X - \bar{x} \cdot \mathbf{1} \neq \mathbf{o}$ und $\delta_Y = Y - \bar{y} \cdot \mathbf{1} \neq \mathbf{o}$ die Abweichungsvektoren bezeichnen.

Sind nun $X, Y \colon \Omega \to \mathbb{R}$ Zufallsvariable auf einem endlichen Wahrscheinlichkeitsraum $(\Omega, P)$ mit $\sigma_X \neq 0$ und $\sigma_Y \neq 0$, so kann man analog einen *Korrelationskoeffizienten*

$$\rho_{X,Y} := \frac{\mathrm{Cov}(X, Y)}{\sigma_X \cdot \sigma_Y}$$

erklären. In 1.4.3 hatten wir gezeigt, dass es genau dann eine lineare Beziehung

$$Y = aX + b \cdot \mathbf{1} \quad \text{mit} \quad a, b \in \mathbb{R}$$

gibt, wenn $|r_{XY}| = 1$. Sind $X$ und $Y$ Zufallsvariable, so kann man höchstens erwarten, dass es $a, b \in \mathbb{R}$ gibt derart, dass eine solche lineare Beziehung extrem wahrscheinlich ist, das heißt

$$P(aX + b - Y = 0) = 1.$$

Um das näher zu untersuchen, betrachtet man für beliebige $a, b \in \mathbb{R}$ die Zufallsvariable

$$Z_{a,b} := aX + b - Y.$$

Bei Merkmalen $X, Y \colon \{1, \dots, n\} \to \mathbb{R}$ hatten wir in 1.4.2 die Norm des Fehlervektors, oder gleichwertig damit ihr Quadrat

$$\|v(a,b)\|^2 = \|aX + b \cdot \mathbf{1} - Y\|^2 = \sum_{j=1}^{n} (ax_j + b - y_j)^2$$

minimiert. Betrachtet man $\Omega = \{1, \dots, n\}$ mit Gleichverteilung wie in 2.1.5 beschrieben, so ist

$$\|v(a,b)\|^2 = n \cdot E\left(Z_{a,b}^2\right).$$

Also ist es für die Zufallsvariable angemessen, den Erwartungwert von $Z_{a,b}^2$ zu minimieren, um mit $aX + b$ eine möglichst gute Approximation von $Y$ zu erhalten. Analog zum Satz aus 1.4.2 gilt:

**Satz 1** *Für Zufallsvariable $X, Y$ mit $V(X) \neq 0$ hat der Erwartungswert $E\left(Z_{a,b}^2\right)$ ein Minimum für*

$$a = a^* := \frac{\mathrm{Cov}(X, Y)}{V(X)} \quad \text{und} \quad b = b^* := E(Y) - a^* \cdot E(X).$$

Offensichtlich gilt nach der Definition des Erwartungswerts

$$E\left(Z^2_{a,b}\right) = 0 \Leftrightarrow P\left(Z^2_{a,b} = 0\right) = 1 \Leftrightarrow P\left(Z_{a,b} = 0\right) = 1.$$

Dieser Extremfall wird durch den Korrelationskoeffizienten kontrolliert:

**Satz 2**  *Für Zufallsvariable $X, Y$ mit $\sigma_X \neq 0$ und $\sigma_Y \neq 0$ sind folgende Bedingungen äquivalent:*

(i) *Es gibt $a, b \in \mathbb{R}$, so dass $P(aX + b - Y = 0) = 1$*
(ii) *$|\rho_{XY}| = 1$*

Beweise dieser beiden Sätze findet man etwa in [HE, 21.8 und 21.9]. Die Sätze aus 1.4.2 und 1.4.3 folgen aus diesen allgemeinen Ergebnissen, wenn man Merkmale als Zufallsvariable bei Gleichverteilung ansieht.

## 2.4.7  Aufgaben

**Aufgabe 2.31**   (angelehnt an [Bos, Beispiel B 8.20]) Gegeben sei ein endlicher Wahrscheinlichkeitsraum $(\Omega, P)$ und zwei Zufallsvariablen $X, Y: \Omega \to \mathbb{R}$. Die Verteilung von $X$ und $Y$ ist in der folgenden Tabelle mit den Werten $p_{i,j} = P(X = x_i, Y = y_j)$ mit $i = 1, 2$ und $j = 1, 2, 3$ angegeben.

| $x_i$ ＼ $y_j$ | 0 | 1 | 2 | $p_{i,+} = P(X = x_i)$ |
|---|---|---|---|---|
| 0 | 0 | 1/2 | 0 | |
| 2 | 1/4 | 0 | 1/4 | |
| $p_{+,j} = P(Y = y_j)$ | | | | |

(a) Ermitteln Sie die Randverteilungen $p_{i,+}$ bzw. $p_{+,j}$ von $X$ bzw. $Y$.
(b) Ermitteln Sie die Erwartungswerte der Zufallsvariablen $X$ und $Y$.
(c) Sind die Zufallsvariablen $X$ und $Y$ (stochastisch) unabhängig, sind sie unkorreliert?

**Aufgabe 2.32**   Wir werfen einen fairen 5-seitigen Würfel 3-mal hintereinander. Die Seiten des Würfels seien mit $1, 2, \ldots, 5$ beschriftet. Das Ergebnis des $i$-ten Wurfes werde durch die Zufallsvariable $X_i$ ($i = 1, 2, 3$) beschrieben.
Definiert seien weiterhin die Zufallsvariablen

$$S := 5X_1 + 4X_2 + 3X_3 \quad \text{und} \quad D := 5X_1 - 4X_2 - 3X_3$$

(a) Bestimmen Sie $E(X_i)$ und $V(X_i)$ für $i = 1, 2, 3$.
(b) Bestimmen Sie $E(X_1 \cdot X_2)$ und $E(X_1 \cdot X_2 \cdot X_3)$.
(c) Bestimmen Sie $\text{Cov}(S, D)$.

**Aufgabe 2.33**   Wir betrachten erneut Beispiel 2 aus Abschnitt 2.2.7 (Zweimal Würfeln)

(a) Berechnen Sie die Erwartungswerte $E(X)$, $E(Y)$ und $E(X+Y)$.
(b) Zeigen Sie, dass $E(X \cdot Y) = E(X) \cdot E(Y)$.

**Aufgabe 2.34**   Eine Firma stellt ein Produkt her, wobei sich die Herstellungskosten für jedes Produktstück auf 800 € belaufen. In jedem Produkt ist jeweils genau einmal ein Bauteil $B_1$ und ein Bauteil $B_2$ verbaut. Während der Garantiezeit fällt das Bauteil $B_1$ mit einer Wahrscheinlichkeit von $p_1 = 0.2$ genau einmal und das Bauteil $B_2$ (unabhängig davon) mit einer Wahrscheinlichkeit von $p_2 = 0.01$ genau einmal aus. Die Reparaturkosten von $B_1$ betragen 30 €, die von $B_2$ hingegen 400 €.

(a) Wie hoch sind die während der Garantiezeit zu erwartenden Reparaturkosten $X$ des Produktes? Bestimmen Sie auch $V(X)$.
(b) Zu welchem Preis $P$ muss das Produkt verkauft werden, so dass ein Reingewinn von mindestens 150 € erwartet werden darf?
(c) Schätzen Sie mit Hilfe der CHEBYSHEV-Ungleichung ab, mit welcher Wahrscheinlichkeit beim Verkauf von 500 Geräten damit zu rechnen ist, dass die Gesamtreparaturkosten $Y$ mehr als 1000 € vom erwarteten Wert abweichen?
(d) Wie viele Produkte müssen mindestens verkauft werden, wenn die anfallenden durchschnittlichen Gesamtreparaturkosten $Z$ mit einer Wahrscheinlichkeit von mindestens 95% um weniger als 10 € vom Erwartungswert abweichen sollen (Abschätzung mit CHEBYSHEV)?

**Aufgabe 2.35**   (aus [ISB, Leistungskursabitur 2007]) Nach dem schriftlichen Abitur trifft sich der Mathematik-Leistungskurs in der Eisdiele „La dolce vita". Der Pächter Roberto ist gerade ungehalten, weil er in einem Karton 4 zerbrochene Eiswaffeln entdeckt hat. Roberto bekommt seine Eiswaffeln in Kartons zu je 48 Stück. Er berichtet, dass er schon von der letzten Lieferung aus 50 Kartons insgesamt 72 Waffeln wegwerfen musste, weil sie zerbrochen waren.
Die Kollegiaten geraten ins Fachsimpeln. Im Folgenden wird angenommen, dass im Mittel der Anteil der zerbrochenen Waffeln genau dem aus der letzten Lieferung von 2400 Waffeln entspricht und dass die zerbrochenen Waffeln zufällig verteilt sind.

(a) Wie groß ist die Wahrscheinlichkeit dafür, dass in einem Karton genau 4 Waffeln zerbrochen sind?                                                                  (Ergebnis: 4.13%)
(b) Wie viele Kartons muss man mindestens öffnen, um mit einer Wahrscheinlichkeit von mehr als 90% wenigstens in einem Karton genau 4 zerbrochene Waffeln vorzufinden?
(c) Wie groß ist die Wahrscheinlichkeit dafür, dass die Anzahl der zerbrochenen Waffeln in einer Lieferung von 50 Kartons um höchstens 12 vom Erwartungswert abweicht? Schätzen Sie diese Wahrscheinlichkeit mit der Ungleichung von CHEBYSHEV ab.

**Aufgabe 2.36**    Sei $X\colon \Omega \to \mathbb{R}$ eine Zufallsvariable mit $X(\Omega) = \{1,2\}$ und $P(X=1) = p$. Bestimmen Sie alle Werte von $p$, für die

$$E\left(\frac{1}{X}\right) = \frac{1}{E(X)}$$

gilt.

# 2.5 Normalverteilung und Grenzwertsätze

## 2.5.1 Vorbemerkung

Wir beginnen mit einem

**Beispiel** (*Wahlumfrage*)
Von den insgesamt 10 Millionen Wahlberechtigten bei einer Wahl seien 4 Millionen Anhänger einer Partei $A$. Diese Zahl soll feststehen, aber unbekannt sein. Nun werden 1 000 Wahlberechtigte gefragt, ob sie für Partei $A$ stimmen werden. Mit der Auswertung eines solchen Ergebnisses werden wir uns in den Kapiteln 3 und 4 näher beschäftigen. Hier soll nur vorweg ein wichtiges technisches Problem aufgezeigt werden.

Die Umfrage kann man beschreiben durch Ziehen aus einer Urne mit $N = 10^7$ Kugeln, wovon $r = 4 \cdot 10^6$ rot sind. Es wird $n$-mal gezogen, mit $n = 10^3$. Da $n$ sehr viel kleiner als $N$ ist, kann man annehmen, dass die Zufallsvariable $X$, mit der die Trefferzahl angegeben wird, binomial verteilt ist, mit den Parametern $n = 10^3$ und $p = 0.4$. Daher ist

$$P(X = k) = \binom{10^3}{k} \cdot 0.4^k \cdot 0.6^{10^3 - k} \quad \text{für} \quad k = 0, ..., 10^3.$$

Das ergibt Produkte von extrem großen mit extrem kleinen Zahlen. Mit einem guten Rechner erhält man für den zentralen Wert

$$P(X = 400) \approx 4.965 \cdot 10^{290} \cdot 5.185 \cdot 10^{-293} \approx 0.025\,7.$$

Dieser Wert alleine sagt sehr wenig aus. Interessanter sind kumulative Wahrscheinlichkeiten, wie etwa

$$P(370 \leqslant X \leqslant 430) = \sum_{k=370}^{430} P(X = k) \approx 0.951,$$

bei deren Berechnung die Gefahr von Rundungsfehlern erheblich ist.

Das praktische Problem besteht nun allgemein darin, für eine binomial verteilte Zufallsvariable und $a < b$ einfach zu berechnende Näherungen von

$$P(a \leqslant X \leqslant b)$$

zur Verfügung zu haben.

Der allgemeinere Rahmen sieht so aus: Ist $(\Omega, P)$ ein endlicher Wahrscheinlichkeitsraum und $X \colon \Omega \to \mathbb{R}$ eine Zufallsvariable, so ist die durch

$$F_X(x) = P(X \leqslant x)$$

definierte Verteilungsfunktion eine monoton steigende Treppenfunktion mit Sprungstellen, also nicht stetig. Man kann aber versuchen, $F_X$ durch eine relativ leicht zu berechnende und sogar differenzierbare Funktion zu approximieren. Als Ergebnis erhalten wir Grenzwertsätze mit Hilfe von Normalverteilungen.

## 2.5.2 Die Glockenfunktion nach GAUSS

Wenn man die Bilder der Binomialverteilungen in Beispiel 1 aus 2.3.3 betrachtet, fällt sofort eine Ähnlichkeit mit der *Glockenfunktion* auf, das ist die Funktion

$$\varphi\colon \mathbb{R} \to \mathbb{R}_+ \quad \text{mit} \quad \varphi(t) = \frac{1}{\sqrt{2\pi}} e^{-\frac{t^2}{2}}.$$

Es ist $\varphi(0) = \frac{1}{\sqrt{2\pi}} = 0.398\,492....$ Der Graph von $\varphi$ ist in verschiedenen Maßstäben hier dargestellt.

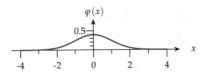

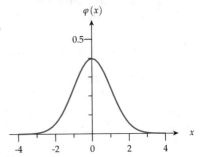

Wie man aus der Analysis weiß, ist die Funktion $\exp\left(-t^2/2\right)$ schwer zu integrieren. Etwa mit Hilfe des Residuensatzes der komplexen Analysis erhält man

$$\int_{-\infty}^{\infty} e^{-\frac{t^2}{2}}\,dt = \sqrt{2\pi}, \quad \text{also ist} \quad \int_{-\infty}^{\infty} \varphi(t)\,dt = 1.$$

Die Glockenfunktion lässt sich als Lösung einer Differentialgleichung charakterisieren:

**Lemma**  *Die Glockenfunktion $\varphi\colon \mathbb{R} \to \mathbb{R}$ ist eindeutig festgelegt durch folgende Bedingungen:*

*a) $\varphi$ ist differenzierbar,*

*b) $\frac{d}{dt}\varphi(t) = -t \cdot \varphi(t)$*

*c) $\varphi(0) = \frac{1}{\sqrt{2\pi}}.$*

*Beweis*  Ist $f(t) := \exp\left(-t^2/2\right)$, so gilt

$$\frac{d}{dt}f(t) = -t \cdot f(t).$$

Also ist nach den Sätzen über die Eindeutigkeit der Lösungen von Differentialgleichungen (vgl. etwa [FO₂, § 12]) jede Lösung von *b)* gleich $c \cdot f(t)$. Aus Bedingung *c)* folgt

$$c = \frac{1}{\sqrt{2\pi}}.$$

Aus der Glockenfunktion $\varphi$ erhält man durch Integration eine *Verteilungsfunktion*

$$\Phi\colon \mathbb{R} \to {]}0,1[ \quad \text{mit} \quad \Phi(x) := \int\limits_{-\infty}^{x} \varphi(t)\,dt.$$

Diese Integrale kann man nicht explizit ausrechnen, aber numerisch approximieren. Dabei genügt es, $\Phi(x)$ für positive $x$ zu berechnen, denn wegen $\varphi(-t) = \varphi(t)$ gilt

$$\Phi(0) = \frac{1}{2} \quad \text{und} \quad \Phi(-x) = 1 - \Phi(x).$$

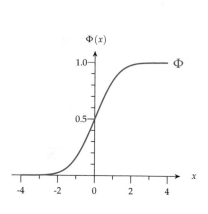

| $x$ | $\Phi(x)$ |
|---|---|
| 0 | 0.500 |
| 0.500 | 0.691 |
| 0.674 | 0.750 |
| 1.000 | 0.841 |
| 1.282 | 0.900 |
| 1.500 | 0.933 |
| 1.960 | 0.975 |
| 2.000 | 0.977 |
| 2.326 | 0.990 |
| 2.500 | 0.994 |
| 2.576 | 0.995 |
| 3.000 | 0.999 |

Wie man sieht, sind nur die Werte für $x \in [-3,3]$ wichtig. Für $x < -3$ ist $\Phi$ sehr nahe bei 0, für $x > 3$ ist $\Phi(x)$ sehr nahe bei 1. Weitere Werte findet man in Tabelle 1 in Anhang 4.

In 2.6 werden wir zeigen, wie man eine Zufallsvariable $X$ konstruieren kann, die eine stetige Funktion $\Phi$ als Verteilungsfunktion hat. Dazu muss die Ergebnismenge allerdings überabzählbar sein.

## 2.5.3 Binomialverteilung und Glockenfunktion

Die schon öfters gemachte Beobachtung, dass Binomialverteilungen die Form einer Glocke annehmen, soll nun präzisiert werden. Dazu konstruieren wir zunächst zu einer binomial verteilten Zufallsvariablen $X$ mit Parametern $n$ und $p$ eine Treppenfunktion $\psi_{n,p}$, und lassen dann bei festem $p$ die Zahl $n$ größer werden. Eine kleine Vorschau für $p = 0.5$ gibt folgendes Bild:

$$P(X = k) \xrightarrow{\text{Standardisierung}} P(X^* = a(k)) \longrightarrow \quad \text{Histogramm}$$

Die Werte von $X$ sind $0, ..., n$ und

$$P(X = k) = \binom{n}{k} p^k (1 - p)^{n-k} = b_{n,p}(k) \quad \text{für} \quad k = 0, ..., n.$$

Weiter setzen wir zur Abkürzung

$$\mu_{n,p} := E(X) = n \cdot p \quad \text{und} \quad \sigma_{n,p} = \sqrt{V(X)} = \sqrt{np(1 - p)}.$$

Im ersten Schritt wird $X$ standardisiert zu

$$X^* = \frac{X - \mu_{n,p}}{\sigma_{n,p}}.$$

Die Werte von $X^*$ sind

$$a_{n,p}(k) = \frac{k - \mu_{n,p}}{\sigma_{n,p}} \quad \text{für} \quad k = 0, ..., n \quad \text{und} \quad P(X^* = a_{n,p}(k)) = b_{n,p}(k).$$

Im zweiten Schritt bauen wir aus der Verteilung von $X^*$ eine Treppenfunktion analog zu einem Histogramm. Dazu halten wir vorübergehend die Parameter $n$ und $p$ fest, und setzen zur Abkürzung

$$\mu := \mu_{n,p}, \quad \sigma := \sigma_{n,p} \quad \text{und} \quad a(k) := a_{n,p}(k) = \frac{k - \mu}{\sigma}.$$

Das Intervall $[a(0), a(n)]$ ist durch die Werte $a(k)$ äquidistant unterteilt, es ist

$$a(k+1) - a(k) = \frac{k+1-\mu-(k-\mu)}{\sigma} = \frac{1}{\sigma}.$$

Nun führen wir äquidistante Schnittstellen $s_0 < s_1 < ... < s_{n+1}$ ein derart, dass

$$s_k = \frac{k - \frac{1}{2} - \mu}{\sigma} \quad \text{für} \quad k = 0, ..., n+1, \quad \text{also}$$

$$a(k) = \frac{s_k + s_{k+1}}{2} \quad \text{für} \quad k = 0, ..., n.$$

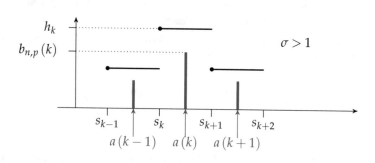

Analog zu einem Histogramm erklären wir nun eine Treppenfunktion $\psi_{n,p}$ durch

$$\psi_{n,p}(t) := h_k \quad \text{für} \quad s_k \leqslant t < s_{k+1} \quad \text{mit} \quad h_k := \sigma \cdot b_{n,p}(k) = \sigma \cdot P(X^* = a(k))$$

$$\text{und} \quad \psi_{n,p}(t) = 0 \quad \text{für} \quad t < s_0 \quad \text{und} \quad t \geqslant s_{n+1}.$$

Insbesondere ist $\psi_{n,p}(a(k)) = h_k$.

Der Zusammenhang der Verteilung von $X$ mit der Treppenfunktion $\psi_{n,p}$ sieht so aus:

$$\int_{s_k}^{s_{k+1}} \psi_{n,p}(t)dt = \frac{h_k}{\sigma} = b_{n,p}(k) = P(X = k),$$

daraus folgt

$$\int\limits_{-\infty}^{\infty} \psi_{n,p}(t)dt = \int\limits_{s_0}^{s_{n+1}} \psi_{n,p}(t)dt = \sum_{k=0}^{n} \int\limits_{s_k}^{s_{k+1}} \psi_{n,p}(t)dt = \sum_{k=0}^{n} P(X=k) = 1.$$

Die Treppenfunktion $\psi_{n,p}$ kann man als *Dichtefunktion* der Standardisierung einer binomial verteilten Zufallsvariablen mit Parametern $n$ und $p$ bezeichnen. Für $p \neq \frac{1}{2}$ ist $\psi_{n,p}$ nicht symmetrisch zu Null. Etwa für $p = 0.1$ und $n \in \{2, 10, 50\}$ sehen die Histogramme so aus:

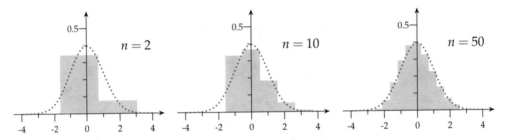

Mit wachsendem $n$ nähern sie sich aber ebenfalls der symmetrischen Glockenfunktion.

Das entscheidende Resultat ist nun folgende Konvergenzaussage:

**Lokaler Grenzwertsatz**  *Für jedes feste $p \in {]}0,1{[}$ konvergiert die Folge der Treppenfunktionen $\psi_{n,p}$ mit wachsendem n gleichmäßig gegen die Glockenfunktion $\varphi$.*

Für diesen Satz gibt es viele Beweise, sie sind alle unvermeidlich recht technisch und helfen nur bedingt zum Verständnis. Wir geben hier eine Skizze für einen relativ einfachen Beweis unter der Annahme, dass die Folge $\psi_{n,p}$ gleichmäßig gegen eine differenzierbare Funktion $\psi$ konvergiert, und im Spezialfall $p = 0.5$. Zur Abkürzung schreiben wir $\psi_n := \psi_{n,0.5}$. Dann können wir das Lemma aus 2.5.2 benutzen; demnach genügt es zu zeigen, dass die Grenzfunktion $\psi$ der Differentialgleichung

$$\frac{d}{dt}\psi(t) = -t \cdot \psi(t) \quad \text{mit} \quad \psi(0) = \frac{1}{\sqrt{2\pi}}$$

genügt.

Wir behandeln zunächst die Anfangsbedingung, sie zeigt die Bedeutung der STIRLINGschen Formel (vgl. 2.3.1) für den Grenzwertsatz. Wir benutzen dazu die Asymptotik

$$\binom{2m}{m} = \frac{(2m)!}{(m!)^2} \sim \frac{\sqrt{4\pi m}\left(\frac{2m}{e}\right)^{2m}}{2\pi m \left(\frac{m}{e}\right)^{2m}} = \frac{2^{2m}}{\sqrt{\pi m}}. \tag{1}$$

Sie zeigt, wie schnell für gerades $n = 2m$ der „mittlere" Binomialkoeffizient ansteigt.

Da wir die Konvergenz der Folge von Treppenfunktionen vorausgesetzt haben, genügt es zu zeigen, dass die Folge $\psi_n(0)$ für gerade $n = 2m$ gegen $\left(\sqrt{2\pi}\right)^{-1}$ konvergiert. Für $p = 0.5$ und $n = 2m$ ist mit $a_n := a_{n,0.5}$

$$a_n(k) = \frac{2k - n}{\sqrt{n}}, \quad \text{also} \quad a_n\left(\frac{n}{2}\right) = a_n(m) = 0.$$

Aus der Definition von $\psi_n = \psi_{n,0.5}$ folgt

$$\psi_n(0) = \psi_n(a_n(m)) = h_m = \frac{1}{2}\sqrt{2m} \cdot \frac{1}{2^{2m}}\binom{2m}{m},$$

und die Asymptotik **(1)** ergibt

$$\psi_n(0) \sim \frac{\frac{1}{2}\sqrt{2m}}{2^{2m}} \cdot \frac{2^{2m}}{\sqrt{\pi m}} = \frac{1}{\sqrt{2\pi}}.$$

Diese Asymptotik bedeutet

$$\lim_{n\to\infty} \sqrt{2\pi} \cdot \psi_n(0) = 1, \quad \text{also} \quad \lim_{n\to\infty} \psi_n(0) = \frac{1}{\sqrt{2\pi}}.$$

Nun zur Berechnung der Ableitung von $\psi$ an einer Stelle $t \in \mathbb{R}$. Ist $k \in \{0,\ldots,n-1\}$ und $t \in [a_n(k), a_n(k+1)]$, so berechnen wir dazu den Differenzenquotienten

$$\frac{\psi_n(a_n(k+1)) - \psi_n(a_n(k))}{a_n(k+1) - a_n(k)}. \tag{0}$$

Ist etwa $n = 3$ und $k = 2$, so wird die Ableitung von $\psi$ für $t \in [a_3(2), a_3(3)]$ verglichen mit dem relativen Anstieg der Treppenfunktion $\psi_3$ zwischen $a_3(2)$ und $a_3(3)$, das ist die Steigung der blau gezeichneten Gerade:

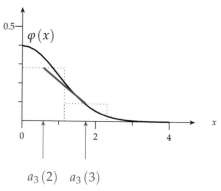

$$a_3(2) \quad a_3(3)$$

Ein Problem dabei ist, dass man bei festem $t$ und wachsendem $n$ nicht mit einem $k$ auskommt: Man muss für jedes $n$ nach einem passenden $k$ suchen. Dazu sind einige technische Vorbereitungen nötig. Zunächst benutzen wir, dass im Fall $p = \frac{1}{2}$ für $k = 0,\ldots,n$

$$a_n(k) = \frac{2k - n}{\sqrt{n}}, \quad \text{also} \quad k = \frac{1}{2}\left(\sqrt{n} \cdot a_n(k) + n\right) \quad \text{und} \quad \psi_n(a_n(k)) = \frac{\sqrt{n}}{2^{n+1}}\binom{n}{k}. \tag{2}$$

Weiterhin ist

$$a_n(k+1) - a_n(k) = \frac{1}{\sigma_n} = \frac{2}{\sqrt{n}}. \tag{3}$$

Da $|a_n(0)| = a_n(n) = \sqrt{n}$ gibt es zu jedem $t \in \mathbb{R}$ und genügend großem $n$ genau ein $k_n \in \{0,...,n\}$ mit

$$a_n(k_n) \leqslant t < a_n(k_n + 1). \tag{4}$$

Wegen (3) folgt daraus für festes $t$, dass

$$\lim_{n \to \infty} a_n(k_n) = t \quad \text{und weiter} \quad \lim_{n \to \infty} \frac{a_n(k_n)}{\sqrt{n}} = 0. \tag{5}$$

Schließlich benötigen wir noch die Formel

$$\binom{n}{k+1} - \binom{n}{k} = \frac{n - 2k - 1}{k+1} \cdot \binom{n}{k}, \tag{6}$$

sie folgt sofort aus

$$\binom{n}{k+1} = \frac{n \cdot ... \cdot (n-k+1)(n-k)}{(k+1) \cdot k \cdot ... \cdot 1} = \frac{n-k}{k+1} \cdot \binom{n}{k}.$$

Damit können wir den für die Approximation von $\frac{d}{dt}\psi(t)$ erforderlichen Differenzenquotienten (0) berechnen:

$$\frac{\psi_n(a_n(k_n+1)) - \psi_n(a_n(k_n))}{a_n(k_n+1) - a_n(k_n)} = \frac{\sqrt{n}}{2} \cdot \frac{n - 2k_n - 1}{k_n + 1} \cdot \psi_n(a_n(k_n)) \quad \text{nach } (2),(3),(6).$$

Weiter folgt durch Einsetzen von $k = k_n$ in (2)

$$\frac{\sqrt{n}}{2} \cdot \frac{n - 2k_n - 1}{k_n + 1} = \frac{-n \cdot a_n(k_n) - \sqrt{n}}{\sqrt{n} \cdot a_n(k_n) + n + 2} = \frac{-a_n(k_n) - \frac{1}{\sqrt{n}}}{\frac{a_n(k_n)}{\sqrt{n}} + \frac{2}{n} + 1}.$$

Mit (5) folgt, dass dieser letzte Quotient gegen $-t$ konvergiert, und mit Hilfe der nötigen präzisen Argumente folgt daraus

$$\frac{d}{dt}\psi(t) = -t \cdot \psi(t).$$

Wohlgemerkt, dieser „Beweis" ist nur eine Skizze, aber er enthält doch einige wesentliche Bestandteile. ∎

Den Grenzwertsatz kann man anwenden, um für eine binomial verteilte Zufallsvariable $X$ mit Parametern $n$ und $p$ die Werte $P(X = k)$ näherungsweise zu berechnen. Dabei benutzt man die obige Konstruktion

$$P(X = k) = P(X^* = a_n(k)) = \frac{1}{\sigma_{n,p}}\psi_{n,p}(a_n(k)) \approx \frac{1}{\sigma_{n,p}} \cdot \varphi(a_n(k)).$$

Über die Qualität der Approximation macht der Beweis des Grenzwertsatzes keine Aussage; wir berechnen einige Werte:

**Beispiel**
Wir verwenden für die Näherungswerte von $P(X = k)$ die Abkürzung

$$f(k) := \frac{1}{\sigma_{n,p}} \varphi(a_n(k)).$$

Sei zunächst $n = 8$ und $p = 0.5$, sowie $p = 0.1$.

| | $p = 0.5$ | | $p = 0.1$ | | |
|---|---|---|---|---|---|
| $k$ | $P(X = k)$ | $f(k)$ | $P(X = k)$ | $f(k)$ | $g(k)$ |
| 0 | 0.003 90 | 0.005 17 | 0.430 | 0.301 | 0.049 |
| 1 | 0.031 3 | 0.029 7 | 0.383 | 0.457 | 0.359 |
| 2 | 0.109 | 0.104 | 0.149 | 0.173 | 0.144 |
| 3 | 0.219 | 0.220 | 0.033 1 | 0.016 3 | 0.038 3 |
| 4 | 0.273 | 0.282 | 0.004 59 | 0.000 384 | 0.007 67 |

Für $k \geqslant 5$ verlaufen die Werte bei 0.5 spiegelbildlich zurück; bei $p = 0.1$ werden sie extrem klein, und die „Approximationen" durch $f(k)$ sind unbrauchbar. In der letzten Spalte ist der für kleine $p$ viel bessere Wert

$$g(k) = \frac{\lambda^k}{k!} e^{-\lambda}$$

der POISSON-Approximation mit $\lambda = n \cdot p = 0.8$ eingetragen (vgl. 2.3.7).

Im Vergleich dazu erhält man für $n = 100$

$$P(X = 50) = 0.079\,590 \quad \text{und} \quad f(50) = 0.079\,788 \quad \text{für} \quad p = 0.5,$$

$$P(X = 10) = 0.131\,865 \quad \text{und} \quad f(10) = 1.132\,980 \quad \text{für} \quad p = 0.1.$$

An diesen Ergebnissen sieht man, wie sich die Qualität der Approximationen mit steigendem $n$ verbessert, und dass sie für kleine $p$ schlechter wird.

Im Beispiel aus 2.5.1 hat man

$$P(X = 400) = 0.025\,745 \quad \text{und} \quad f(400) = 0.025\,752.$$

Das ist in der Tat eine enorme Vereinfachung!

## 2.5.4  Der Grenzwertsatz von DE MOIVRE-LAPLACE

Wie wir in 2.5.3 gesehen haben, kann man mit Hilfe der Glockenfunktion $\varphi$ die Werte $P(X = k)$ einer Binomialverteilung bei genügend großem $n$ gut approximieren. Daraus erhält man eine gute Approximation von kumulierten Werten $P(\alpha \leqslant X \leqslant \beta)$ mit Hilfe der Verteilungsfunktion $\Phi$. Grundlage dafür ist der

**Grenzwertsatz von DE MOIVRE-LAPLACE**  *Sei $p \in\, ]0,1[$ fest und $(X_n)_{n\geqslant 1}$ eine Folge von binomial verteilten Zufallsvariablen mit Parametern $n$ und $p$. Dann gilt für reelle Zahlen $a < b$ und die Standardisierungen $X_n^*$ von $X_n$, dass*

$$\lim_{n\to\infty} P(a \leqslant X_n^* \leqslant b) = \Phi(b) - \Phi(a).$$

In Kurzform: Ist $X^*$ die Standardisierung einer binomial verteilten Zufallsvariablen $X$ mit Parametern $n$ und $p$, so gilt

$$P(a \leqslant X^* \leqslant b) \approx \Phi(b) - \Phi(a). \tag{$*$}$$

Die Approximation ist umso besser, je größer $n$ ist.

Als Anwendung dieses Satzes kann man für eine binomial verteilte Zufallsvariable $X$ mit Parametern $n, p$ und natürliche Zahlen $k < l$ die kumulativen Wahrscheinlichkeiten

$$P(k \leqslant X \leqslant l)$$

approximativ berechnen. Mit $\mu_X = np$ und $\sigma_X = \sqrt{np(1-p)}$ haben wir die Standardisierung

$$X^* = \frac{X - \mu_X}{\sigma_X}.$$

Setzt man

$$a := \frac{k - \mu_X}{\sigma_X} \quad \text{und} \quad b := \frac{l - \mu_X}{\sigma_X}, \quad \text{so folgt}$$

$$P(k \leqslant X \leqslant l) = P(a \leqslant X^* \leqslant b) \approx \Phi(b) - \Phi(a) = \Phi\left(\frac{l - \mu_X}{\sigma_X}\right) - \Phi\left(\frac{k - \mu_X}{\sigma_X}\right).$$

Man beachte dabei, dass $a$ und $b$ nicht nur von $k$ und $l$, sondern wie $\mu_X$ und $\sigma_X$ auch von $n$ und $p$ abhängen. Zusammengefasst erhält man daraus die Approximation

$$P(k \leqslant X \leqslant l) \approx \Phi\left(\frac{l - \mu_X}{\sigma_X}\right) - \Phi\left(\frac{k - \mu_X}{\sigma_X}\right). \tag{$**$}$$

**Beispiel 1**

Ist $p = 0.5$, so erhalten wir für verschiedene $n$ folgende Werte:

| $n$ | $\mu_X$ | $\sigma_X$ | $k$ | $l$ | $a$ | $b$ | $P(k \leqslant X \leqslant l)$ | $\Phi(b) - \Phi(a)$ |
|---|---|---|---|---|---|---|---|---|
| 16 | 8 | 2 | 6 | 10 | $-1$ | 1 | 0.789 886 | 0.682 690 |
| 36 | 18 | 3 | 15 | 21 | $-1$ | 1 | 0.757 015 | 0.682 690 |
| 64 | 32 | 4 | 28 | 36 | $-1$ | 1 | 0.739 565 | 0.682 690 |
| 400 | 200 | 10 | 190 | 210 | $-1$ | 1 | 0.706 292 | 0.682 690 |

Das ist kein überzeugendes Ergebnis.

Um die Qualität der recht schlappen Approximation (∗∗) verbessern zu können, muss man sich noch einmal die Approximation von $\varphi$ durch die Treppenfunktionen $\psi_{n,p}$ ansehen.

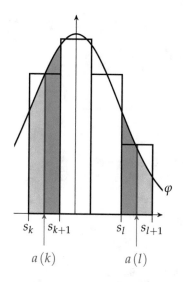

Nach 2.5.3 ist für $k$ und $l$

$$P(X = k) \; = \; \int_{s_k}^{s_{k+1}} \psi_{n,p}(t)dt \approx \int_{s_k}^{s_{k+1}} \varphi(t)dt \quad \text{und}$$

$$P(X = l) \; = \; \int_{s_l}^{s_{l+1}} \psi_{n,p}(t)dt \approx \int_{s_l}^{s_{l+1}} \varphi(t)dt,$$

wobei $\quad s_k = \dfrac{k - \frac{1}{2} - \mu_X}{\sigma_X} \quad$ und $\quad s_{l+1} = \dfrac{l + \frac{1}{2} - \mu_X}{\sigma_X}$.

Daher wird die Approximation besser, wenn man $\varphi$ nicht nur von $a(k)$ bis $a(l)$, sondern von $s_k$ bis $s_{l+1}$ integriert. Dadurch werden die Werte $P(X = k)$ und $P(X = l)$ voll berücksichtigt.

Das ergibt die Verbesserung

$$P(k \leqslant X \leqslant l) \approx \Phi\left(\frac{l + \frac{1}{2} - \mu_X}{\sigma_X}\right) - \Phi\left(\frac{k - \frac{1}{2} - \mu_X}{\sigma_X}\right) \qquad (\ast\ast\ast)$$

der Approximation (∗∗) mit der sogenannten *Stetigkeitskorrektur*. Die quantitative Auswirkung dieser Korrektur zeigen wir an Beispielen. Dabei setzen wir zur Abkürzung

$$a' := \frac{k - \frac{1}{2} - \mu_X}{\sigma_X} \quad \text{und} \quad b' := \frac{l + \frac{1}{2} - \mu_X}{\sigma_X}.$$

**Beispiel 2**
In obigem Beispiel 1 hat man

| $n$ | $k$ | $l$ | $a'$ | $b'$ | $P(k \leqslant X \leqslant l)$ | $\Phi(b') - \Phi(a')$ |
|-----|-----|-----|------|------|-------------------------------|------------------------|
| 16  | 6   | 10  | $-1.250$ | 1.250 | 0.789 886 | 0.788 700 |
| 36  | 15  | 21  | $-1.167$ | 1.167 | 0.757 015 | 0.756 656 |
| 64  | 28  | 36  | $-1.125$ | 1.125 | 0.739 565 | 0.739 410 |
| 400 | 190 | 210 | $-1.050$ | 1.050 | 0.706 292 | 0.706 282 |

Ein Vergleich mit den Werten aus Beispiel 1 zeigt die Bedeutung der Stetigkeitskorrektur.

**Beispiel 3** (*Wahlumfrage*)
Im Beispiel aus 2.5.1 erhält man durch direkte Rechnung mit MAPLE

$$P(370 \leqslant X \leqslant 430) = 0.951\,079$$

und mit

$$b := \frac{30}{\sqrt{240}}, \quad a := -b, \quad b' := \frac{30.5}{\sqrt{240}}, \quad a' := -b'$$

die Approximationen

$$\Phi(b) - \Phi(a) = 0.947\,192, \quad \Phi(b') - \Phi(a') = 0.951\,020.$$

**Beispiel 4**
Für kleine $n$ und $p$ nahe bei 0 oder 1 wird die Approximation schlecht:

Für $n = 8$ und $p = 0.1$ ist $P(0 \leqslant X \leqslant 2) = 0.961\,908$.

Dagegen ist $\Phi(b) - \Phi(a) = 0.748\,460$ und $\Phi(b') - \Phi(a') = 0.914\,683$.

Für $n = 16$ und $p = 0.1$ ist $P(0 \leqslant X \leqslant 3) = 0.931\,594$.

Dagegen ist $\Phi(b) - \Phi(a) = 0.787\,116$ und $\Phi(b') - \Phi(a') = 0.903\,268$.

Zum *Beweis* des Grenzwertsatzes von DE MOIVRE-LAPLACE muss man sich zunächst noch einmal genauer ansehen, wie die Werteskala bei der Standardisierung transformiert wird. Die Werte von $X_n$ sind natürliche Zahlen $k \in \{0, ..., n\}$. Die entsprechenden Werte von $X_n^*$ sind, mit den Bezeichnungen aus 2.5.3, die reellen Zahlen

$$a_n(k) = \frac{k - \mu_n}{\sigma_n}, \quad \text{also} \quad k = \sigma_n \cdot a_n(k) + \mu_n,$$

wobei wir zur Vereinfachung der Schreibweise den festen Wert $p$ unterdrückt haben. Zu $a < b$ auf der standardisierten Skala gehören also die Zahlen $\alpha := \sigma_n \cdot a + \mu_n$ und $\beta := \sigma_n \cdot b + \mu_n$. Nun gibt es eindeutig bestimmte ganze Zahlen $\alpha_n$ und $\beta_n$ mit

$$\alpha_n - 1 < \alpha \leqslant \alpha_n \quad \text{und} \quad \beta_n \leqslant \beta < \beta_n + 1.$$

Für $p = \frac{1}{2}$ und $n = 6$ sieht das so aus:

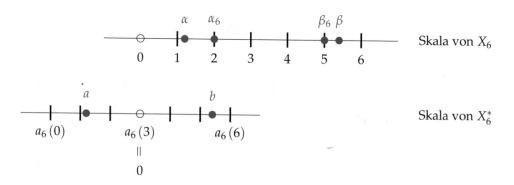

Dann ist entsprechend der Wahl von $\alpha_n$ und $\beta_n$

$$P(a \leqslant X_n^* \leqslant b) = P(\alpha_n \leqslant X_n \leqslant \beta_n) = \sum_{k=\alpha_n}^{\beta_n} P(X_n = k). \qquad (1)$$

Weiterhin ist nach der Konstruktion der Treppenfunktion $\psi_n$ in 2.5.3

$$P(a \leqslant X_n^* \leqslant b) = \sum_{k=\alpha_n}^{\beta_n} \frac{1}{\sigma_n} \psi_n(a_n(k)) = \int_{a_n(\alpha_n)}^{a_n(\beta_n)} \psi_n(t)dt, \qquad (2)$$

und für die Integrationsgrenzen gilt nach Definition von $\alpha_n$ und $\beta_n$ wegen $\lim\limits_{n \to \infty} (\sigma_n)^{-1} = 0$, dass

$$\lim_{n \to \infty} a_n(\alpha_n) = a \quad \text{und} \quad \lim_{n \to \infty} a_n(\beta_n) = b. \qquad (3)$$

Aus der Approximation des Integrals über $\varphi$ durch Riemannsche Summen und (3) erhält man

$$\int_a^b \varphi(t)dt = \lim_{n \to \infty} \sum_{k=\alpha_n}^{\beta_n} \frac{1}{\sigma_n} \cdot \varphi(\alpha_n(k)). \qquad (4)$$

Wegen der gleichmäßigen Konvergenz der Folge $\psi_n$ gegen $\varphi$ folgt schließlich aus (2) und (4)

$$\lim_{n \to \infty} P(a \leqslant X_n^* \leqslant b) = \int_a^b \varphi(t)dt = \Phi(b) - \Phi(a).$$

∎

Bevor wir den Grenzwertsatz anwenden, wollen wir die üblichen Namen einführen. Dazu ist eine Vorbemerkung angebracht. Ist $X$ eine binomial verteilte Zufallsvariable mit Parametern $n$ und $p$, so betrachten wir zur Standardisierung $X^*$ die Verteilungsfunktion

$$F_{n,p} \colon \mathbb{R} \to [0,1] \quad \text{mit} \quad F_{n,p}(x) := P(X^* \leqslant x).$$

Das ist eine monoton steigende Treppenfunktion mit Sprungstellen. Den Grenzwertsatz kann man dann schreiben in der Form

$$\lim_{n \to \infty} F_{n,p} = \Phi \quad \text{für alle} \quad p \in ]0,1[.$$

Da die Grenzfunktion $\Phi$ stetig ist, kann sie nicht Verteilungsfunktion einer Zufallsvariablen sein, die auf einem endlichen oder abzählbar unendlichen Wahrscheinlichkeitsraum erklärt ist. In Abschnitt 2.6 werden wir überabzählbare Ergebnismengen, etwa $\Omega = \mathbb{R}$ und darauf Zufallsvariablen $X$ betrachten, die eine stetige Verteilungsfunktion

$$F_X \colon \mathbb{R} \to [0,1] \quad \text{mit} \quad F_X(x) = P(X \leqslant x)$$

besitzen. Solch eine Zufallsvariable wird *standard-normalverteilt* (oder N(0,1)-*verteilt*) genannt, wenn $F_X = \Phi$.

Für eine Standard-Normalverteilung nennt man $\Phi$ die *Verteilungsfunktion* und $\varphi$ die *Dichtefunktion*.

Man kann auch für solch allgemeinere Zufallsvariablen $X$ einen Erwartungswert $\mu$ und eine Varianz $\sigma^2$ erklären. Dann sagt man, $X$ ist *normalverteilt* mit *Parametern* $\mu, \sigma^2$ (oder N$(\mu, \sigma^2)$-*verteilt*), wenn $X^*$ standard-normalverteilt ist, d.h.

$$P(X \leqslant x) = \Phi\left(\frac{x - \mu}{\sigma}\right) \quad \text{für alle} \quad x \in \mathbb{R}.$$

In diesem Fall ergibt sich als Verteilungsfunktion von $X$ die transformierte

$$\Phi_{\mu,\sigma^2}(x) := \Phi\left(\frac{x - \mu}{\sigma}\right)$$

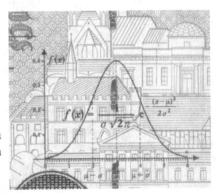

von $\Phi$, und durch Differentiation von $\Phi_{\mu,\sigma^2}(x)$ nach $x$ die zugehörige Dichtefunktion

$$\varphi_{\mu,\sigma^2}(t) := \frac{1}{\sigma\sqrt{2\pi}} \exp\left(-\frac{(t - \mu)^2}{2\sigma^2}\right)$$

Ein Bild davon war schon auf den alten 10-DM-Scheinen zu sehen, zum Andenken an C. F. GAUSS.

## 2.5.5 Sigma-Regel und Quantile

Bei einer standard-normalverteilten Zufallsvariablen $X$ kann man aus dem Verlauf der Verteilungsfunktion $\Phi$ einige nützliche Informationen erhalten. Dazu wollen wir zunächst illustrieren, wie die verschiedenen kumulierten Wahrscheinlichkeiten als Flächen unterhalb der Funktion $\varphi$ beschreibbar sind.

$$P(X \leqslant b) = \int_{-\infty}^{b} \varphi(t)\,dt = \Phi(b)$$

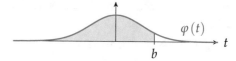

$$P(X \geqslant a) = \int_{a}^{\infty} \varphi(t)\,dt = 1 - \Phi(a)$$

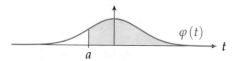

$$P(a \leqslant X \leqslant b) = \int_{a}^{b} \varphi(t)\,dt = \Phi(b) - \Phi(a)$$

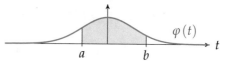

Für $c \geqslant 0$ ist

$$P(|X| \leqslant c) = 2 \cdot \Phi(c) - 1 \quad \text{und}$$
$$P(|X| \geqslant c) = 2 - 2 \cdot \Phi(c).$$

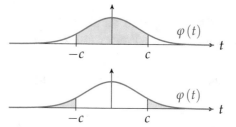

Das folgt sofort aus der Umformung

$$P(|X| \leqslant c) = \int_{-c}^{c} \varphi(t)\,dt = \Phi(c) - \Phi(-c) = \Phi(c) - (1 - \Phi(c))$$

und $P(|X| \geqslant c) = 1 - P(|X| \leqslant c)$.

Für die Standardisierung einer binomial verteilten Zufallsvariablen mit Parametern $n$ und $p$ gelten die obigen Bezeichnungen nur approximativ, falls $n$ genügend groß ist. Da es sich nur um Approximationen handelt, ist die Unterscheidung von $\leqslant$ und $<$ an den Grenzen irrelevant.

Die letzte Gleichung legt einen Vergleich mit der Ungleichung von CHEBYSHEV nahe. Danach gilt für jede beliebige standardisierte Zufallsvariable $X$ die Abschätzung

$$P(|X| \geqslant c) \leqslant \frac{1}{c^2}.$$

| $c$ | $1/c^2$ | $2 - 2\Phi(c)$ |
|---|---|---|
| 1 | 1 | 0.317 |
| 2 | 0.250 | 0.046 |
| 3 | 0.111 | 0.003 |

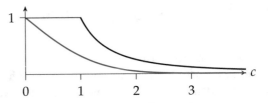

Dieser Vergleich zeigt, welch starke Konsequenzen die Voraussetzung einer Normalverteilung hat.

Ist $X$ normalverteilt mit Parametern $\mu$ und $\sigma^2$, und $X^*$ die Standardisierung von $X$, so gilt nach 2.5.4 für alle $x \in \mathbb{R}$

$$P(X \leqslant x) = P\left(X^* \leqslant \frac{x - \mu}{\sigma}\right) = \Phi\left(\frac{x - \mu}{\sigma}\right).$$

Die Bedeutung der Standardabweichung $\sigma$ kann man etwas besser verstehen, wenn man $P(|X - \mu| \leqslant y)$ für Werte $y = c \cdot \sigma$ mit $c > 0$ berechnet. Es gilt

$$
\begin{aligned}
P(|X - \mu| \leqslant c \cdot \sigma) &= P(-c \cdot \sigma \leqslant X - \mu \leqslant c \cdot \sigma) \\
&= P\left(-c \leqslant \frac{X - \mu}{\sigma} \leqslant c\right) = P(|X^*| \leqslant c) \\
&= 2\Phi(c) - 1.
\end{aligned}
$$

Diese Gleichung wird oft als *Sigma-Regel* (oder $\sigma$-*Regel*) bezeichnet. Besonders markant sind dabei die Werte $c = 1, 2, 3$ mit

$$2\Phi(1) - 1 = 0.683 \qquad 2\Phi(2) - 1 = 0.954 \qquad 2\Phi(3) - 1 = 0.998$$

In Worten: Mit etwa 68% Wahrscheinlichkeit ist der Wert von $X$ um höchstens $\sigma$ von $\mu$ entfernt, u.s.w. An diesem Ergebnis kann man eine anschauliche Bedeutung des Wertes der Standardabweichung $\sigma$ erkennen, wenn $X$ normalverteilt ist: Er gibt an, wie weit man sich nach beiden Seiten vom Erwartungswert $\mu$ entfernen muss, wenn man 68 % der Wahrscheinlichkeit von $X$ einfangen will. Für andere Verteilungen gibt es keine so einfache Regel.

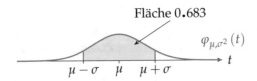

In der beschreibenden Statistik hatten wir für ein Merkmal $X$ und $p \in ]0,1[$ ein $p$-Quantil $\tilde{x}_p$ erklärt durch die Bedingung

$$r(X < \tilde{x}_p) \leqslant p \leqslant r(X \leqslant \tilde{x}_p).$$

Diese Bedingung ist relativ kompliziert, weil die Verteilungsfunktion $F_X(x) = r(X \leqslant x)$ eine unstetige Treppenfunktion ist. Das gleiche Problem tritt auf für eine Zufallsvariable $X$ auf einem endlichen Wahrscheinlichkeitsraum; auch hier ist eine Verteilungsfunktion $F_X(x) = P(X \leqslant x)$ eine unstetige Treppenfunktion. Kann man jedoch $F_X$ approximieren durch eine stetige streng monoton steigende Funktion $\Phi$, so ist alles viel einfacher: Ist $\beta \in ]0,1[$, so heißt $u_\beta \in \mathbb{R}$ ein *unteres Quantil* der Standard-Normalverteilung, wenn

$$\Phi(u_\beta) = \beta.$$

Da $\Phi$ als streng monoton steigende und stetige Funktion eine Umkehrfunktion $\Phi^{-1}$ besitzt, ist

$$u_\beta = \Phi^{-1}(\beta)$$

eindeutig bestimmt. Wird $F_X$ durch $\Phi$ approximiert, so folgt

$$P(X \leqslant u_\beta) \approx \beta.$$

Aus $\Phi(-u_\beta) = 1 - \Phi(u_\beta) = 1 - \beta$ folgt $u_{1-\beta} = -u_\beta$.

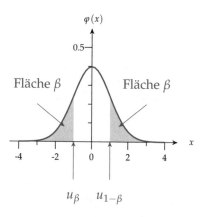
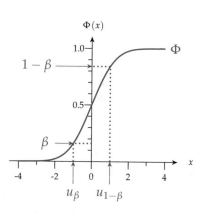

Die Werte $u_\beta$ kann man mit Hilfe der Tabelle im Anhang ermitteln. Für einige besonders wichtige $\beta \geqslant 0.5$ findet man sie in der folgenden Tabelle. Für $\beta < 0.5$ benutzt man die Regel $u_{1-\beta} = -u_\beta$, also etwa

$$u_{0.4} = -u_{0.6} = -0.253\,3.$$

| $\beta$ | $u_\beta$ |
|---------|-----------|
| 0.5 | 0 |
| 0.55 | 0.125 7 |
| 0.6 | 0.253 3 |
| 0.65 | 0.385 3 |
| 0.7 | 0.524 4 |
| 0.75 | 0.674 5 |

| $\beta$ | $u_\beta$ |
|---------|-----------|
| 0.8 | 0.841 6 |
| 0.85 | 1.036 4 |
| 0.9 | 1.281 6 |
| 0.925 | 1.439 6 |
| 0.95 | 1.644 9 |
| 0.975 | 1.960 0 |

| $\beta$ | $u_\beta$ |
|---------|-----------|
| 0.99 | 2.326 3 |
| 0.992 5 | 2.432 3 |
| 0.995 | 2.575 8 |
| 0.997 5 | 2.807 0 |
| 0.999 | 3.090 2 |
| 0.999 5 | 3.290 6 |

## 2.5.6 Der Zentrale Grenzwertsatz[*]

Wir erinnern zunächst an den Grenzwertsatz von DE MOIVRE-LAPLACE aus 2.5.4. Die dort zugrunde liegende binomial verteilte Zufallsvariable $X$ mit Parametern $n$ und $p$ kann man auch darstellen als

$$X = X_1 + \ldots + X_n,$$

wobei $X_1, \ldots, X_n$ unabhängige binomial verteilte Zufallsvariablen mit den Parametern 1 und $p$ sind. Das entspricht der Beschreibung durch eine BERNOULLI-Kette in 2.3.3. Im Grenzwertsatz von DE MOIVRE-LAPLACE wurde die Verteilung von $X$ durch eine Normalverteilung approximiert.

Nun kann man viel allgemeiner auf einem endlichen Wahrscheinlichkeitsraum $(\Omega, P)$ eine Folge $X_1, X_2, \ldots$ von Zufallsvariablen betrachten. Sie heißen *identisch verteilt*, wenn

$$P(X_i = x) = P(X_j = x) \quad \text{für alle } i, j \in \mathbb{N}^* \text{ und alle } x \in \mathbb{R}.$$

Weiter heißen $X_1, X_2, \ldots$ *unabhängig*, wenn $X_1, \ldots, X_n$ unabhängig sind für alle $n \in \mathbb{N}^*$.

Nun betrachten wir für jedes $n \in \mathbb{N}^*$ die Summe

$$S_n := X_1 + \ldots + X_n$$

und den Mittelwert

$$M_n := \frac{1}{n}(X_1 + \ldots + X_n) = \frac{1}{n}S_n.$$

Mit Hilfe der Faltungsformel aus 2.2.7 kann man die Verteilung von $S_n$ und damit von $M_n$ berechnen, und untersuchen, wie sich diese Verteilungen mit wachsendem $n$ verändern.

**Beispiel 1** (*Verteilungen der Summen*)
In diesem Beispiel betrachten wir vier verschiedene Typen von $X_i$, wobei in allen vier Fällen $X_i(\Omega) = \{1, 2, 3\}$.

| | Typ $a$ | Typ $b$ | Typ $c$ | Typ $d$ |
|---|---|---|---|---|
| $p_1 = P(X_i = 1)$ | $\frac{1}{3}$ | 0.1 | 0.1 | 0.4 |
| $p_2 = P(X_i = 2)$ | $\frac{1}{3}$ | 0.3 | 0.8 | 0.2 |
| $p_3 = P(X_i = 3)$ | $\frac{1}{3}$ | 0.6 | 0.1 | 0.4 |
| $E(X_i)$ | 2.0 | 2.5 | 2.0 | 2.0 |
| $V(X_i)$ | $\frac{2}{3}$ | 0.45 | 0.2 | 0.8 |

Wir berechnen die Werte

$$P(S_n = k) = P\left(M_n = \frac{k}{n}\right) \quad \text{für } k = n, n+1, \ldots, 3n.$$

Unter der Annahme der Unabhängigkeit der $X_1, \ldots, X_n$ gilt nach der Faltungsformel für $k_1, k_2, k_3 \in \{1, 2, 3\}$, dass

$$\begin{aligned}
P(S_n = k) &= \sum_{k_1 + k_2 + k_3 = k} P(X_1 = k_1) \cdot P(X_2 = k_2) \cdot P(X_3 = k_3) \\
&= \sum_{\substack{l_1 + l_2 + l_3 = n, \\ l_1 + 2l_2 + 3l_3 = k}} \frac{n!}{l_1! \cdot l_2! \cdot l_3!} p_1^{l_1} \cdot p_2^{l_2} \cdot p_3^{l_3}.
\end{aligned}$$

Die letzte Summe ist eine Teilsumme von (vgl. 2.3.2)

$$(p_1 + p_2 + p_3)^n = \sum_{l_1 + l_2 + l_3 = n} \frac{n!}{l_1! \cdot l_2! \cdot l_3!} p_1^{l_1} \cdot p_2^{l_2} \cdot p_3^{l_3} = 1^n = 1.$$

Für $n = 2$ ergibt das

$$P(S_2 = 2) = p_1^2, \qquad P(S_2 = 3) = 2p_1 p_2,$$

$$P(S_2 = 4) = 2p_1 p_3 + p_2^2$$

$$P(S_2 = 5) = 2p_2 p_3, \qquad P(S_2 = 6) = p_3^2,$$

und für $n = 3$

$$P(S_3 = 3) = p_1^3, \quad P(S_3 = 4) = 3p_1^2 p_2, \quad P(S_3 = 5) = 3p_1^2 p_3 + 3p_1 p_2^2,$$

$$P(S_3 = 6) = 6p_1 p_2 p_3 + p_2^3$$

$$P(S_3 = 7) = 3p_1 p_3^2 + 3p_2^2 p_3, \quad P(S_3 = 8) = 3p_2 p_3^2, \quad P(S_3 = 9) = 3p_3^3,$$

Führt man die entsprechenden Rechnungen auch für $n = 10$ durch, so erhält man etwa

$$P(S_{10} = 10) = p_1^{10}, \qquad P(S_{10} = 30) = p_3^{10} \quad \text{und}$$

$$P(S_{10} = 20) = 252 p_1^5 p_3^5 + 3\,150 p_1^4 p_2^2 p_3^4 + 4\,200 p_1^3 p_2^4 p_3^3 + 1\,260 p_1^2 p_2^6 p_3^2 + 90 p_1 p_2^8 p_3 + p_2^{10}.$$

Graphisch aufgetragen ergeben sich die Verteilungen von $M_1, M_2, M_3$ und $M_{10}$ für die Typen von $a$ bis $d$:

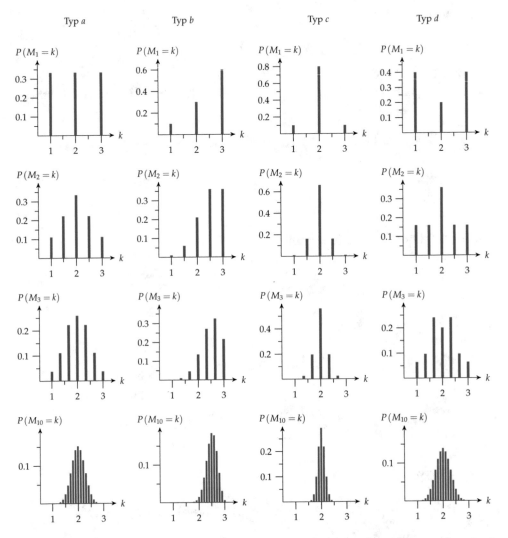

Was sich schon in den Formeln zur Berechnung von $P(S_n = k)$ angedeutet hat, ist in der Grafik offensichtlich: eine starke Konzentration der Wahrscheinlichkeiten hin „zur Mitte", genauer zum Erwartungswert, und die Näherung an eine GAUSS-Glocke. Bei den Typen $a$ und $c$ geht das schneller, aber auch bei den ganz anderen Typen $b$ und $d$ ist schon für $n = 10$ eine Normalverteilung in Sicht.

Um die Annäherung der Summe $S_n$ und des Mittelwerts $M_n$ mit steigendem $n$ an eine Normalverteilung zu untersuchen, ist es von Vorteil, für die unabhängigen und identisch verteilten Zufallsvariablen $X_1, X_2, \ldots$ die Standardisierungen

$$S_n^* = \frac{S_n - E(S_n)}{\sqrt{V(S_n)}} = \frac{S_n - n\mu}{\sqrt{n} \cdot \sigma}, \quad \text{wobei} \quad \mu = E(X_i) \quad \text{und} \quad \sigma^2 = V(X_i) > 0,$$

zu betrachten. Da $M_n = \frac{1}{n} \cdot S_n$ ist $M_n^* = S_n^*$.

Nach diesen Vorbereitungen können wir das zentrale Ergebnis für einen elementaren aber wichtigen Spezialfall formulieren:

**Zentraler Grenzwertsatz**   *Auf einem endlichen Wahrscheinlichkeitsraum* $(\Omega, P)$ *sei eine Folge* $X_1, X_2, \ldots$ *von unabhängigen identisch verteilten Zufallsvariablen mit* $V(X_i) > 0$ *gegeben. Ist*

$$S_n := X_1 + \ldots + X_n$$

*und* $S_n^*$ *die Standardisierung von* $S_n$, *so konvergieren die Verteilungsfunktionen* $F_{S_n^*}$ *von* $S_n^*$ *gleichmäßig gegen die* GAUSS-*Funktion* $\Phi$, *kurz*

$$\lim_{n \to \infty} F_{S_n^*} = \Phi.$$

Die Aussage der gleichmäßigen Konvergenz der Funktionenfolge kann man auch so ausdrücken: Ist

$$d_n := \sup_{x \in \mathbb{R}} |F_{S_n^*}(x) - \Phi(x)|, \quad \text{so gilt} \quad \lim_{n \to \infty} d_n = 0.$$

Der Grenzwertsatz von DE MOIVRE-LAPLACE ist offensichtlich ein Spezialfall des Zentralen Grenzwertsatzes. Dazu muss man nur

$$X_i(\Omega) = \{0, 1\}, \quad X_i(1) = p \quad \text{und} \quad X_i(0) = 1 - p \quad \text{mit} \quad p \in ]0, 1[$$

setzen.

Diese zentrale Bedeutung der Normalverteilung wurde erst um 1900 entdeckt, seither hat man viele Beweise und Verallgemeinerungen gefunden. Einzelheiten dazu finden sich etwa in [KRE, 12.2] und [GEO, 5.3]. Wichtige Anwendungen hat dieser Grenzwertsatz in der Statistik: Dort sind Stichproben durch unabhängige, identisch verteilte Zufallsvariable $X_1, \ldots, X_n$ beschrieben. Dann ist es eine enorme Vereinfachung, wenn man die Verteilung der Mittelwerte bei großem $n$ unabhängig von der gemeinsamen und oft nicht genau bekannten Verteilung der $X_i$ durch eine Normalverteilung approximieren kann. Daher kann man von einer „Universalität der Normalverteilung" sprechen.

Der Zentrale Grenzwertsatz ist sehr nützlich, um Wahrscheinlichkeiten schnell und einfach annähernd zu berechnen. Dabei ist in den Anwendungen oft nicht sicher, ob die Voraussetzungen der identischen Verteilung und der Unabhängigkeit erfüllt sind. Die Unabhängigkeit ist meist mehr eine fromme Hoffnung, als eine überprüfbare Tatsache, wie etwa im folgenden Beispiel 3.

**Beispiel 2**  (*n-mal Würfeln*)
Wie wir schon in Beispiel 3 in 2.2.7 gesehen hatten, war es etwas mühsam gewesen, die Wahrscheinlichkeiten für die verschiedenen Augensummen durch systematisches Zählen zu ermitteln. Für $n = 3$ ist nach den Rechnungen von dort mit $S_3 = X_1 + X_2 + X_3$

$$P(8 \leqslant S_3 \leqslant 12) = \frac{1}{216}(21 + 25 + 27 + 27 + 25) = 0.579.$$

Wie man leicht nachrechnet, gilt

$$\mu := E(X_i) = \frac{7}{2} = 3.5 \quad \text{und} \quad \sigma := \sqrt{V(X_i)} = \sqrt{\frac{35}{12}} = 1.708.$$

Mit $a = \dfrac{8 - 3\mu}{\sqrt{3} \cdot \sigma} = -0.845$ und $b = \dfrac{12 - 3\mu}{\sqrt{3} \cdot \sigma} = 0.507$ erhält man die Approximation

$$P(8 \leqslant S_3 \leqslant 12) \approx \Phi(b) - \Phi(a) = 0.495.$$

Sie kann verbessert werden durch die Stetigkeitskorrektur mit

$$a' = \frac{7.5 - 3\mu}{\sqrt{3} \cdot \sigma} = -1.014 \quad \text{und} \quad b' = \frac{12.5 - 3\mu}{\sqrt{3} \cdot \sigma} = 0.676,$$

$$\text{also} \quad P(8 \leqslant S_3 \leqslant 12) \approx \Phi(b') - \Phi(a') = 0.595.$$

Für größere $n$ wird der Rechenaufwand noch weit stärker reduziert.

**Beispiel 3** (*Wahlen in Russland, nach* [Z1])
In Russland wurde der Zentrale Grenzwertsatz als Protestmittel gegen Wahlfälschung genutzt: Am 4. Dezember 2011 halten Demonstranten ein Plakat hoch, das die Wahlergebnisse der Parteien in den rund 95 000 Wahlbezirken in Russland zeigt. Die Originalgrafik ist hier dargestellt.

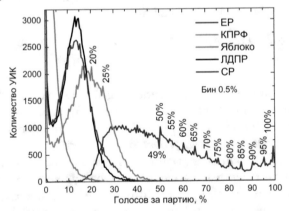

Bei der Kurve der EP fallen zwei Aspekte ins Auge. Einerseits sind auffällige Spitzen bei den glatten Wahlergebnissen 50%, 60%, 65% usw. ersichtlich. Darüber hinaus tritt eine Spitze bei 99% auf. Aus dem Zentralen Grenzwertsatz folgt jedoch, dass bei der großen Zahl an Wahlberechtigten in Russland diese Verteilung sehr unwahrscheinlich ist. Die Stimmabgabe jedes Bürgers kann als unabhängige Durchführung eines Zufallsexperiments mit den Ergebnissen „Wahl von Partei $i$" angesehen werden. Eine Zufallsvariable $S_i$, welche die Zahl der Stimmen für die Partei $i$ angibt, ist dann als Summe unabhängiger Zufallsvariablen auf der Menge der Wahlberechtigten in einem Wahllokal nach dem Zentralen Grenzwertsatz annähernd normalverteilt. Bei 95 000 Wahlbezirken ist es also sehr unwahrscheinlich, dass genau bei 99% eine Spitze auftritt.

Zum Vergleich betrachten wir die Wahlergebnisse der Bundestagswahl 2009 in Deutschland (Zweitstimmen), ebenfalls aufgeschlüsselt nach Wahllokalen.

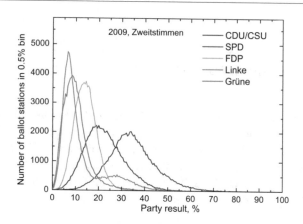

In diesen Kurven sind keinerlei Spitzen zu erkennen, die Aussage des Zentralen Grenzwertsatzes ist hier deutlich sichtbar. Die beiden Grafiken wurden von MAXIM PSHENICHNIKOV angefertigt.

## 2.5.7 Aufgaben

**Aufgabe 2.37**  Die Zufallsvariablen $X_1$ und $X_2$ seien unabhängig und normalverteilt mit $E(X_1) = 1$, $E(X_2) = 3$ und $V(X_1) = V(X_2) = 2$. Weiterhin sei eine Zufallsvariable $Z := X_1 + X_2$ gegeben.

(a) Berechnen Sie $E(Z)$ und $V(Z)$.
(b) Berechnen Sie die Wahrscheinlichkeit $P(2 \leqslant Z \leqslant 6)$.

**Aufgabe 2.38**  Aus einer Urne mit 5 roten und 10 schwarzen Kugeln wird 3 600 mal mit Zurücklegen gezogen. Die Zufallsvariable $X$ bezeichne die Anzahl der Ziehungen, in denen eine rote Kugel gezogen wird. Weiterhin sei $X_i = 1$, falls die $i$-te Kugel rot ist, $X_i = 0$, falls die $i$-te Kugel schwarz ist ($i = 1, \dots, 3\,600$).

(a) Berechnen Sie $E(X_i)$ und $V(X_i)$.
(b) Berechnen Sie $E(X)$ und $V(X)$.

Benutzen Sie im Folgenden $E(X) = 1\,200$ und $V(X) = 800$.

(c) Ermitteln Sie mit der Ungleichung von CHEBYSCHEV eine untere Schranke für die Wahrscheinlichkeit $P(1000 < X < 1400)$.
(d) Approximieren Sie $P(1000 < X < 1400)$ mit dem Zentralen Grenzwertsatz.

**Aufgabe 2.39**  (aus [ISB, Leistungskursabitur 2007]) In einer Spezialklinik hält sich jeder Patient (unabhängig von anderen Patienten) mindestens 3 Tage, höchstens aber 5 Tage auf. Die Verwaltung legt für die Aufenthaltsdauer $X$ eines Patienten in Tagen folgende Wahrscheinlichkeitsverteilung zugrunde:

| $k$ | 3 | 4 | 5 |
|---|---|---|---|
| $P(X = k)$ | 60% | 10% | 30% |

Jeder Patient zahlt für die Aufnahme 110 € Verwaltungsgebühr und 450 € pro Aufenthaltstag.

(a) Bestimmen Sie den Erwartungswert und die Standardabweichung der Zufallsgröße
   $Y$: Einnahmen pro Patient (in €).         (Ergebnis: $E(Y) = 1\,775$ und $\sigma_Y = 405$)
(b) Die Klinik benötigt jährlich mindestens 4.4 Millionen € Einnahmen. Mit welcher
   Wahrscheinlichkeit wird bei einer jährlichen Belegung von 2500 Patienten mindestens dieser Betrag erreicht? Nach dem Zentralen Grenzwertsatz kann die Normalverteilung zugrunde gelegt werden.

**Aufgabe 2.40**   Die Zufallsvariable $X$ sei normalverteilt mit den Parametern

(a) $\mu = 9$ und $\sigma^2 = 4$. Berechnen Sie die Wahrscheinlichkeiten

$$P(X \leqslant 7) \quad \text{und} \quad P(8 \leqslant X \leqslant 14).$$

(b) $\mu = 7.55$ und $\sigma^2 = 1$. Berechnen Sie die Wahrscheinlichkeit: $P(X > 9)$.
(c) $\mu = 5$ und $\sigma^2 = 2$. Berechnen Sie die Wahrscheinlichkeit $P(X \leqslant 7)$.

**Aufgabe 2.41**   Eine Fluggesellschaft setzt auf einer festgelegten Strecke immer ein
Flugzeug eines bestimmten Typs ein, das maximal 200 Passagiere fassen kann. Erfahrungsgemäß wird eine Reservierung mit einer Wahrscheinlichkeit von 15% storniert.
Durch einen tatsächlich fliegenden Passagier nimmt die Fluggesellschaft 350 € ein, bei
einer Stornierung nur 100 €.
Zunächst nehmen wir an, dass alle 200 verfügbaren Tickets (also genau 200 Tickets)
reserviert wurden.

(a) Berechnen Sie die Wahrscheinlichkeit, dass beim nächsten Flug
   (i) genau 175 Plätze belegt sind. (Genauer Wert).
   (ii) mehr als 175 Plätze belegt sind. (Approximation mit Grenzwertsatz von DE
      MOIVRE-LAPLACE).
(b) Welche Einnahmen kann die Fluggesellschaft pro Flug auf dieser Strecke erwarten,
   wenn man davon ausgeht, dass vorab alle Plätze ausgebucht sind?
(c) Um die Flugzeuge besser auszulasten, bietet die Fluggesellschaft stets mehr Plätze
   als verfügbar zum Verkauf an. Wie viele Reservierungen darf die Fluggesellschaft
   akzeptieren, damit die Wahrscheinlichkeit einer Überbuchung höchstens 0.025 beträgt? (Approximation mit Grenzwertsatz von DE MOIVRE-LAPLACE mit Stetigkeitskorrektur.)

**Aufgabe 2.42**   In der Physik wird häufig die volle Halbwertsbreite (full width half
maximum, FWHM) $\sigma_F$ zur Charakterisierung der Breite einer Glockenkurve verwendet.

Dies ist der Abszissenabstand der beiden Punkte, die als Ordinate genau die Hälfe des Maximalwertes haben. Weisen Sie nach, dass $\sigma_F \approx 2.35$.

**Aufgabe 2.43**   Sind folgende Aussagen richtig oder falsch? Begründen Sie Ihre Aussage.

(a) Für Zufallsvariablen $X, Y$ gilt: $E(X \cdot Y) \geqslant E(X) \cdot E(Y)$.

(b) Sind $X_1, \ldots X_n$ Zufallsvariable derart, dass $X_i$ unabhängig von $X_j$ für alle $i \neq j$, so sind $X_1, \ldots, X_n$ unabhängig.

(c) Für jede Zufallsvariable $X$ gilt: $V(-X) = V(X)$.

(d) Zwei Zufallsvariablen $X$ und $Y$ mit $\mathrm{Cov}(X, Y) = 0$ sind unabhängig.

(e) Gegeben sei eine Zufallsvariable $X$. Dann gilt: $E(X) < 0 \Rightarrow X \leqslant 0$.

(f) Gegeben seien Zufallsvariable $X$ und $Y$.
Dann folgt aus $V(X) = 2$, $V(Y) = 4$, $Z := X - Y$ immer $V(Z) = 6$.

(g) Gegeben sei eine Zufallsvariable $X$.
Aus $E(X) = 5$, $V(X) = 4$ folgt $P(-1 < X < 11) \geqslant \frac{8}{9}$.

(h) Sei $\Omega = \{0, 1, 2, 3, 4\}$ und $p \colon \Omega \to [0, 1]$ mit

$$p(0) = \frac{1}{81}, \quad p(1) = 4 \cdot \frac{1}{27} \cdot \frac{2}{3}, \quad p(2) = 6 \cdot \frac{1}{9} \cdot \frac{4}{9}, \quad p(3) = 4 \cdot \frac{1}{3} \cdot \frac{8}{27}, \quad p(4) = \frac{16}{81}.$$

Dann handelt es sich bei $p$ um eine Wahrscheinlichkeitsfunktion auf $\Omega$.

(i) Sei $\Omega = \{0, 1, 2, \ldots\}$ und $p \colon \Omega \to [0, 1]$ mit $p(\omega_i) = \dfrac{0.5^i}{i!}$.
Dann handelt es sich bei $p$ um eine Wahrscheinlichkeitsfunktion auf $\Omega$.

(j) Gegeben seien beliebige Zufallsvariablen $X$ und $Y$. Dann gilt

$$V(X + Y) \geqslant V(X) + V(Y).$$

(k) Gegeben sei eine binomial verteilte Zufallsvariable $X$ mit den Parametern $n, p$ und deren Standardisierung $X^*$. Dann gilt $E(X^*) \leqslant E(X)$.

(l) Gegeben sei eine hypergeometrisch verteilte Zufallsvariable $X$ mit den Parametern $n, N, r$. Dann gilt $\lim\limits_{n \to N} V(X) = 0$.

(m) Gegeben sei eine standardisierte Zufallsvariable $X$. Dann gilt $P(|X| < 2) \geqslant \frac{3}{4}$.

# 2.6 Kontinuierliche Ergebnisse und stetige Verteilungen[*]

## 2.6.1 Vorbemerkungen

Wie schon in 2.1.3 erwähnt ist es angebracht auch überabzählbare Ergebnismengen, etwa $\Omega = \mathbb{R}$, zu betrachten. Das ist besonders nützlich für eine elegante Theorie und wird zum Beispiel in der Quantenmechanik systematisch verwendet. Dort hat ein Teilchen keinen festen Ort, man kann seinen Aufenthalt nur noch mit bestimmten Wahrscheinlichkeiten angeben.

Überabzählbare Ergebnismengen können aber auch ganz anders entstehen. Denkt man sich einen Münzwurf unendlich oft hintereinander ausgeführt, so ist die Ergebnismenge

$$\Omega = \{0,1\}^{\mathbb{N}} = \{(\omega_0, \omega_1, \ldots) : \omega_i \in \{0,1\}\},$$

und dieses $\Omega$ ist überabzählbar, wie man mit dem zweiten Diagonalverfahren von Cantor leicht nachweist.

Um den Leser für solche Situationen etwas vorzubereiten, geben wir in diesem Abschnitt eine kurze Einführung in die allgemeine Theorie von Wahrscheinlichkeitsräumen in Form eines „Steilkurses". Für die teilweise sehr technischen Details verweisen wir auf die umfangreiche Literatur zur Wahrscheinlichkeitstheorie, insbesondere auf [Geo] und [Kre, § 10 und § 11].

Ein konkretes Ziel dieses Ausflugs in die allgemeine Theorie ist die präzise Beschreibung von Normalverteilungen, und ein Ergebnis über die Summen normalverteilter Zufallsvariablen, das in der Testtheorie verwendet wird.

## 2.6.2 Sigma-Algebren und Wahrscheinlichkeitsmaße

Ist $\Omega$ eine überabzählbare Menge, so ist es im Allgemeinen nicht möglich, für jede beliebige Teilmenge $A \subset \Omega$ ein brauchbares „Maß" $P(A)$ anzugeben. Ist etwa $\Omega = [0,1[ \subset \mathbb{R}$, so hat man für jedes Intervall $A = [a,b[ \subset \Omega$ als Maß die Länge $P(A) := b - a$, aber es kann sehr verrückte Teilmengen $A \subset [0,1[$ geben, für die keine angemessene Länge angegeben werden kann. Daher ist es angesagt, eine möglichst große Teilmenge $\mathcal{A} \subset \mathcal{P}(\Omega)$ auszuwählen derart, dass wenigstens für jedes $A \in \mathcal{A}$ ein brauchbares Maß $P(A)$ existiert. Die entscheidende Eigenschaft für ein solches $\mathcal{A}$ wird beschrieben durch die folgende

**Definition**  *Sei $\Omega \neq \emptyset$ eine beliebige Menge. Dann heißt eine Teilmenge $\mathcal{A} \subset \mathcal{P}(\Omega)$ eine $\sigma$-Algebra in $\Omega$, wenn*

> *$\sigma 1)$*  $\Omega \in \mathcal{A}$
> *$\sigma 2)$*  $A \in \mathcal{A} \;\Rightarrow\; \overline{A} \in \mathcal{A}$
> *$\sigma 3)$*  $A_1, A_2, \ldots \in \mathcal{A} \;\Rightarrow\; A_1 \cup A_2 \cup A_3 \cup \ldots \in \mathcal{A}.$

Die extremen Beispiele sind $\mathcal{A} = \mathcal{P}(\Omega)$ und $\mathcal{A} = \{\varnothing, \Omega\}$ für beliebiges $\Omega \neq \varnothing$.

Die Existenz genau einer passenden $\sigma$-Algebra zu einer gegebenen Teilmenge $\mathcal{E} \subset \mathcal{P}(\Omega)$, sie wird *Erzeuger* genannt, ergibt sich aus folgendem

**Lemma 1**  *Sei $\Omega \neq \varnothing$ und $\mathcal{E} \subset \mathcal{P}(\Omega)$. Dann gibt es dazu eine kleinste $\sigma$-Algebra $\mathcal{A}(\mathcal{E})$ mit*

$$\mathcal{E} \subset \mathcal{A}(\mathcal{E}) \subset \mathcal{P}(\Omega).$$

$\mathcal{A}(\mathcal{E})$ heißt die von $\mathcal{E}$ *erzeugte* $\sigma$-Algebra.

*Beweis* Der Durchschnitt beliebig vieler $\sigma$-Algebren in $\Omega$ ist wieder eine $\sigma$-Algebra; das prüft man ganz einfach mit den Bedingungen $\sigma 1)$ bis $\sigma 3)$ nach. Dann kann man $\mathcal{A}(\mathcal{E})$ erklären als den Durchschnitt aller $\sigma$-Algebren $\mathcal{A}$ mit

$$\mathcal{E} \subset \mathcal{A} \subset \mathcal{P}(\Omega).$$

Dieser Durchschnitt ist nicht leer, denn $\mathcal{P}(\Omega)$ ist eine $\sigma$-Algebra. ∎

**Beispiel 1**
Ist $\Omega \neq \varnothing$ beliebig und $A \subset \Omega$, so kann man $\mathcal{E} := \{A\}$ wählen. Dann ist

$$\mathcal{A}(\mathcal{E}) = \{0, A, \overline{A}, \Omega\}.$$

**Beispiel 2**
Ist $\Omega \neq \varnothing$ abzählbar (d.h. endlich oder abzählbar unendlich) und $\mathcal{E}$ die Menge aller einelementigen Teilmengen von $\Omega$, so ist $\mathcal{A}(\mathcal{E}) = \mathcal{P}(\Omega)$.

**Beispiel 3**
Ist $\Omega = \mathbb{R}$ und $\mathcal{E} := \{]a,b] \subset \mathbb{R} : a < b\}$ die Menge aller halboffenen Intervalle, so heißt

$$\mathcal{B} := \mathcal{A}(\mathcal{E}) \subset \mathcal{P}(\mathbb{R})$$

die $\sigma$-Algebra der **Borelschen Mengen** in $\mathbb{R}$. In $\mathcal{B}$ sind alle offenen und alle abgeschlossenen Mengen von $\mathbb{R}$ enthalten. Mit etwas Mühe kann man beweisen, dass $\mathcal{B} \neq \mathcal{P}(\mathbb{R})$. Aber man kann keine nicht-Borelsche Menge von $\mathbb{R}$ explizit angeben.

Allgemeiner kann man für $\Omega = \mathbb{R}^n$ als Erzeuger die Produkte halboffener Intervalle, d.h. die Mengen der Form

$$\{(x_1, ..., x_n) \in \mathbb{R}^n : a_i < x_i \leqslant b_i \quad \text{für} \quad i = 1, ..., n\}$$

betrachten, wobei die $a_i$ und $b_i$ mit $a_i < b_i$ beliebig gewählt sind. Die Elemente der davon erzeugten $\sigma$-Algebra $\mathcal{B}_n \subset \mathcal{P}(\mathbb{R}^n)$ heißen **Borelsche Mengen** in $\mathbb{R}^n$.

**Beispiel 4**

Ist $\{0,1\}^{\mathbb{N}}$ die Menge aller $0,1$-Folgen, so kann man für $\mathcal{E}$ die Menge aller Folgen wählen, die an endlich vielen Stellen vorgegebene Werte haben. Auch in diesem Fall ist $\mathcal{A}(\mathcal{E}) \neq \mathcal{P}(\Omega)$ (vgl. dazu etwa [GEO, 1.1.2]).

In der Wahrscheinlichkeitstheorie betrachtet man Mengen $\Omega$ von Ergebnissen, und man möchte für einzelne Ergebnisse $\omega \in \Omega$ und Ereignisse $A \subset \Omega$ Wahrscheinlichkeiten $P(\omega)$ und $P(A)$ angeben. Ist $\Omega$ überabzählbar, so wird im Allgemeinen $P(\omega) = 0$ sein für alle $\omega \in \Omega$, und $P(A)$ nur erklärt sein für alle $A$ aus einer $\sigma$-Algebra $\mathcal{A} \subset \mathcal{P}(\Omega)$. Dazu die grundlegende

**Definition** *Sei $\Omega \neq \varnothing$ eine beliebige Menge und $\mathcal{A} \subset \mathcal{P}(\Omega)$ eine $\sigma$-Algebra in $\Omega$. Ein Wahrscheinlichkeitsmaß $P$ auf $\mathcal{A}$ ist eine Abbildung*

$$P\colon \mathcal{A} \to [0,1], \quad A \mapsto P(A),$$

*mit folgenden Eigenschaften*

> **W1** $P(\Omega) = 1$
>
> **W2** *Für disjunkte $A_1, A_2, \ldots \in \mathcal{A}$ gilt $P(A_1 \cup A_2 \cup \ldots) = P(A_1) + P(A_2) + \ldots$ .*

*Eigenschaft **W1** nennt man **Normiertheit**, Eigenschaft **W2** $\sigma$-Additivität .*

*Ein **Wahrscheinlichkeitsraum** ist ein Tripel $(\Omega, \mathcal{A}, P)$ bestehend aus*

- *einer Menge $\Omega \neq \varnothing$,*

- *einer $\sigma$-Algebra $\mathcal{A} \subset \mathcal{P}(\Omega)$,*

- *einem Wahrscheinlichkeitsmaß $P$ auf $\mathcal{A}$.*

*Die Elemente $\omega \in \Omega$ heißen **Ergebnisse**, die Mengen $A \in \mathcal{A}$ heißen **Ereignisse**.*

Aus der $\sigma$-Additivität folgen einfache Stetigkeitseigenschaften von Wahrscheinlichkeitsmaßen:

**Lemma 2** *Sei $(\Omega, \mathcal{A}, P)$ ein Wahrscheinlichkeitsraum. Für eine aufsteigende Folge von Ereignissen $B_1 \subset B_2 \subset \ldots$ aus $\mathcal{A}$ und $B := \bigcup_{n=1}^{\infty} B_n$ gilt*

$$\lim_{n \to \infty} P(B_n) = P(B).$$

*Für eine absteigende Folge von Ereignissen $C_1 \supset C_2 \supset \ldots$ aus $\mathcal{A}$ und $C := \bigcap_{n=1}^{\infty} C_n$ gilt*

$$\lim_{n \to \infty} P(C_n) = P(C).$$

*Beweis* Im aufsteigenden Fall erklären wir

$$A_1 := B_1 \quad \text{und} \quad A_n := B_n \setminus B_{n-1} \quad \text{für} \quad n \geqslant 2.$$

Dann sind die Mengen $A_n$ disjunkt und $B_n = A_1 \cup ... \cup A_n$, sowie $B = \bigcup\limits_{n=1}^{\infty} A_n$. Mit Hilfe von **W2** folgt

$$P(B) = P\left(\bigcup_{n=1}^{\infty} A_n\right) = \sum_{n=1}^{\infty} P(A_n) = \lim_{n \to \infty} P(A_1 \cup ... \cup A_n) = \lim_{n \to \infty} P(B_n).$$

Den absteigenden Fall kann man daraus folgern, indem man die Komplemente $B_n := \Omega \setminus C_n$ betrachtet und $P(C_n) = 1 - P(B_n)$ benutzt. ■

Hat man eine Ergebnismenge $\Omega$ und eine $\sigma$-Algebra $\mathcal{A} \subset \mathcal{P}(\Omega)$ gegeben, so entsteht das Problem, auf $\mathcal{A}$ ein Wahrscheinlichkeitsmaß $P$ zu finden, das der Entstehung der Ereignisse angemessen ist. Wird $\mathcal{A}$ erzeugt von einem einfach beschreibbaren System $\mathcal{E}$ (wie etwa in den obigen Beispielen 1 bis 4), so ist es naheliegend zunächst die Werte $P(A)$ für alle $A \in \mathcal{E}$ zu erklären, und anschließend zu versuchen, die Abbildung $P$ von $\mathcal{E}$ auf $\mathcal{A}$ fortzusetzen. Ein sehr allgemeiner *Fortsetzungssatz für Maße* sagt aus, dass dies in eindeutiger Weise möglich ist, wenn die Menge $\mathcal{E}$ und die Funktion $P$ auf $\mathcal{E}$ gewisse Bedingungen erfüllen. Diese Bedingungen präzise zu formulieren ist etwas aufwändig, das ist Gegenstand einer Vorlesung über allgemeine Maßtheorie (vgl. etwa [FO3, § 3]). Wir begnügen uns hier mit dem Versprechen an die Leser, dass der Fortsetzungssatz in den Fällen des folgenden Abschnitts anwendbar ist.

Eine ähnliche, aber viel einfachere Situation hat man in der Linearen Algebra, wenn man eine lineare Abbildung auf einem Vektorraum durch Vorgabe ihrer Werte auf einem Erzeugendensystem sucht.

## 2.6.3 Dichtefunktionen und Verteilungsfunktionen

Ist $(\Omega, \mathcal{P})$ ein abzählbarer Wahrscheinlichkeitsraum und $X: \Omega \to \mathbb{R}$ eine Zufallsvariable, so hat man auf der abzählbaren Menge $X(\Omega) = \{a_0, a_1, ...\} \subset \mathbb{R}$ eine Wahrscheinlichkeitsfunktion

$$p_X: X(\Omega) \to [0,1] \quad \text{mit} \quad p_X(a_i) := P(X^{-1}(a_i)),$$

ein Wahrscheinlichkeitsmaß

$$P_X: \mathcal{P}(X(\Omega)) \to [0,1] \quad \text{mit} \quad P_X(A) := P(X^{-1}(A))$$

und eine Verteilungsfunktion

$$F_X: \mathbb{R} \to [0,1] \quad \text{mit} \quad F_X(x) = P(X^{-1}(]-\infty, x]).$$

mit Sprungstellen an allen $a_i$ mit $p_X(a_i) > 0$.

Allgemeinere Wahrscheinlichkeitsmaße, nicht nur auf der abzählbaren Menge $X(\Omega) \subset \mathbb{R}$ sondern auf ganz $\mathbb{R}$, kann man erhalten, indem man eine solche Wahrscheinlichkeitsfunktion $p_X$ auf $X(\Omega)$, wie schon bei der Konstruktion von Histogrammen, zu einer integrierbaren Funktion auf ganz $\mathbb{R}$ „verschmiert"; dabei ensteht eine „Dichtefunktion" $f$. Die entsprechende Verteilungsfunktion wird dadurch geglättet zu einer stetigen Funktion $F$. Diese neuen Begriffe müssen zunächst präzisiert werden.

**Definition**   *Eine Funktion $f: \mathbb{R} \to \mathbb{R}_+$ heißt Dichtefunktion (oder kurz Dichte), wenn sie integrierbar ist und das uneigentliche Integral*

$$\int\limits_{-\infty}^{\infty} f(t)dt = 1$$

*ist. Wir beschränken uns hier auf den Fall, dass $f$ bis auf endlich viele Sprungstellen stetig und somit* RIEMANN-*integrierbar ist.*

*Eine Funktion $F: \mathbb{R} \to [0,1]$ heißt Verteilungsfunktion, wenn sie folgende Bedingungen erfüllt:*

**V1**      *$F$ ist rechtsseitig stetig, d.h. für alle $x \in \mathbb{R}$ ist $\lim\limits_{x \leftarrow x_n} F(x_n) = F(x)$.*

**V2**      *$F$ ist monoton wachsend (nicht notwendig strikt).*

**V3**      *$\lim\limits_{-\infty \leftarrow x} F(x) = 0$   und   $\lim\limits_{x \to \infty} F(x) = 1$.*

Zwischen solchen Funktionen und Wahrscheinlichkeitsmaßen für $\Omega = \mathbb{R}$ bestehen enge Beziehungen. Aus den Definitionen folgt leicht

**Bemerkung 1**      *Ist $f: \mathbb{R} \to \mathbb{R}_+$ eine bis auf höchstens endlich viele Sprungstellen stetige Dichte, so ist durch*

$$F(x) = \int\limits_{-\infty}^{x} f(t)dt$$

*eine stetige Verteilungsfunktion $F: \mathbb{R} \to [0,1]$ erklärt.*

Besteht diese Beziehung, so nennt man $f$ eine *Dichte zur Verteilungsfunktion $F$.*

**Bemerkung 2**      *Zu einer Verteilungsfunktion $F$, die bis auf eine endliche Menge $M \subset \mathbb{R}$ stetig differenzierbar ist, gibt es eine Dichte $f$.*

*Beweis* Man erhält $f$ durch $f(x) = \dfrac{d}{dx}F(x)$   für $x \in \mathbb{R} \setminus M$ und $f(x) = 0$ für $x \in M$.  ∎

Man beachte, dass eine Dichte $f$ zu $F$ nicht eindeutig bestimmt ist. Man kann etwa die Werte von $f$ an endlich vielen Stellen beliebig ändern, ohne die Werte der Integrale zu ändern.

**Bemerkung 3**    *Es gibt stetige Verteilungsfunktionen $F$, zu denen man keine Dichte $f$ konstruieren kann.*

Ein Beispiel ist die *Teufelstreppe* in Anhang 2.

**Bemerkung 4**    *Ist $P$ ein Wahrscheinlichkeitsmaß auf der Menge $\mathcal{B} \subset \mathcal{P}(\mathbb{R})$ der BORELschen Mengen, so ist durch*

$$F(x) := P(]-\infty, x])$$

*eine Verteilungsfuntion erklärt, und es gilt*

$$P(]a,b]) = F(b) - F(a) \quad \text{für} \quad a < b.$$

*Ist $F$ in $a \in \mathbb{R}$ auch linksseitig stetig, so folgt $P(\{a\}) = 0$.*

Man nennt $F$ die zu $P$ gehörende *Verteilungsfunktion*.

*Beweis* Die Monotonie von $F$ ist klar, denn für $x \leqslant y$ ist $]-\infty, x] \subset ]-\infty, y]$.

Um die rechtsseitige Stetigkeit im Punkt $x \in \mathbb{R}$ zu zeigen, betrachten wir eine Folge $x \leqslant ... \leqslant x_2 \leqslant x_1$ und $C_i := ]-\infty, x_i]$. Nach Lemma 2 aus 2.6.2 ist

$$F(x) = P\left(\bigcap_{n=1}^{\infty} C_n\right) = \lim_{n \to \infty} P(C_n) = \lim_{n \to \infty} F(x_n).$$

Dass $F$ nicht linksseitig stetig sein muss, sieht man mit Hilfe einer Folge $x_1 \leqslant x_2 \leqslant ... < x$.

Für $-\infty \leftarrow x_n$ ist $\lim_{n \to \infty} F(x_n) = \lim_{n \to \infty} P(C_n) = P\left(\bigcap_{n=1}^{\infty} C_n\right) = P(\emptyset) = 0$.

Für $x_n \to \infty$ setzen wir $B_n := ]-\infty, x_n]$. Wieder nach Lemma 2 aus 2.6.2 ist

$$\lim_{n \to \infty} F(x_n) = \lim_{n \to \infty} P(B_n) = P\left(\bigcup_{n=1}^{\infty} B_n\right) = P(\mathbb{R}) = 1.$$

Aus der disjunkten Zerlegung $]-\infty, b] = ]-\infty, a] \cup ]a, b]$ folgt dann

$$P(]a,b]) = F(b) - F(a).$$

Ist umgekehrt $F$ gegeben, so definieren wir

$$P(]a,b]) := F(b) - F(a) \quad \text{für} \quad a < b.$$

Nach dem in 2.6.2 erwähnten Fortsetzungssatz für Maße kann dieses $P$ eindeutig zu einem Wahrscheinlichkeitsmaß auf $\mathcal{B}$ ausgedehnt werden.

Ist $F$ in $a$ linksseitig stetig, so wählen wir eine gegen $a$ konvergente Folge $x_1 \leqslant x_2 \leqslant \ldots < a$ und setzen $C_n := ]x_n, a]$. Wieder nach Lemma 2 aus 2.6.2 folgt

$$P(\{a\}) = P\left(\bigcap_{n=1}^{\infty} C_n\right) = \lim_{n \to \infty} P(C_n) = \lim_{n \to \infty} (F(a) - F(x_n)) = 0.$$

∎

**Beispiel 1** (*Zähldichten*)
Sei $F$ eine monoton steigende Treppenfunktion mit Sprungstellen $c_1 < \ldots < c_n$, sowie

$$F(x) = \begin{cases} 0 & \text{für } x < c_1 \\ 1 & \text{für } x \geqslant c_n, \end{cases}$$

$$F(c_1) = p_1 > 0 \quad \text{und} \quad F(c_k) - F(c_{k-1}) = p_k > 0 \quad \text{für} \quad k = 2, \ldots, n.$$

Dabei muss $p_1 + \ldots + p_n = 1$ sein. Dadurch erhält man nicht nur ein Wahrscheinlichkeitsmaß auf der endlichen Menge $\{c_1, \ldots, c_n\} \subset \mathbb{R}$, sondern auch auf ganz $\mathbb{R}$ durch die Definition

$$P(]a, b]) := F(b) - F(a).$$

Es kann nicht nur auf $\mathcal{B} \subset \mathcal{P}(\mathbb{R})$, sondern sogar auf ganz $\mathcal{P}(\mathbb{R})$ ausgedehnt werden. Ist $A \subset \mathbb{R}$ und ist $\{c_{i_1}, \ldots, c_{i_k}\} = \{c_1, \ldots c_n\} \cap A$, so setzt man

$$P(A) := p_{i_1} + \ldots + p_{i_k}.$$

Dieses Maß ist in den Punkten $c_1, \ldots, c_n$ konzentriert, dazu gibt es keine Dichtefunktion. Als Ersatz dafür kann man eine **Distribution** konstruieren (vgl. dazu etwa [FO$_3$, § 17]).

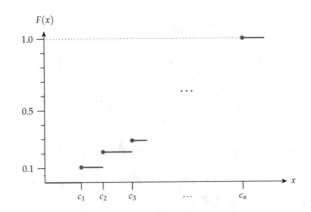

Bis auf die Punkte $c_1, \ldots, c_n$ ist $F$ linksseitig stetig. Es gilt $P(\{c_k\}) = p_k > 0$ für $k = 1, \ldots, n$.

**Beispiel 2** (*Gleichverteilung*)

Mit reellen Zahlen $c < d$ ist durch

$$f(t) = \begin{cases} \frac{1}{d-c} & \text{für} \quad t \in [c,d], \\ 0 & \text{sonst,} \end{cases}$$

eine Dichtefunktion erklärt. Die zugehörige Verteilungsfunktion ist dann

$$F(x) = \begin{cases} 0 & \text{für} \quad x \leqslant c, \\ (x-c)/(d-c) & \text{für} \quad c < x < d, \\ 1 & \text{für} \quad d \leqslant x. \end{cases}$$

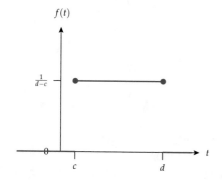 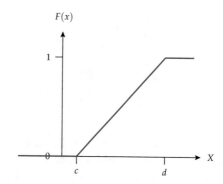

In diesem Fall spricht man von einer *Gleichverteilung*. Für alle $a \in \mathbb{R}$ ist $P(\{a\}) = 0$, denn $F$ ist stetig.

**Beispiel 3** (*Standard-Normalverteilung*)

Zur Dichtefunktion $\varphi \colon \mathbb{R} \to \mathbb{R}_+$ mit

$$\varphi(t) := \frac{1}{\sqrt{2\pi}} \exp\left(-\frac{t^2}{2}\right)$$

gehört die Verteilungsfunktion

$$\Phi(x) := \int_{-\infty}^{x} \varphi(t)\,dt.$$

Die Bedeutung der **Standard-Normalverteilung** erkennt man an den verschiedenen Grenzwertsätzen (vgl. 2.5.4 und 2.5.6).

**Beispiel 4** (CAUCHY-*Verteilung*)

Für $\Omega = \mathbb{R}$ sei die Dichte gegeben durch

$$f(t) := \frac{1}{\pi} \cdot \frac{1}{1+t^2}.$$

Damit erhält man die Verteilungsfunktion

$$F(x) = \int\limits_{-\infty}^{x} f(t)dt = \frac{1}{\pi} \arctan t \Big|_{-\infty}^{x} = \frac{1}{\pi}\left(\arctan x + \frac{\pi}{2}\right)$$

der sogenannten CAUCHY-*Verteilung*.

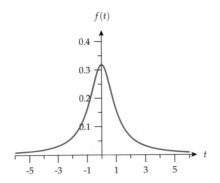 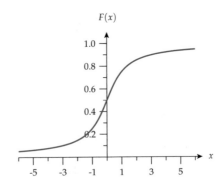

Sie hat eine physikalische Bedeutung: Betrachtet man eine punktförmige Lichtquelle im Abstand 1 von einer Ebene, so ist die Dichte des einfallenden Lichtes in einem Punkt auf der Ebene proportional zu $1/r^2$. Dabei bezeichnet $r$ den Abstand des Punktes von der Ebene, also ist die Dichte proportional zu $1/(1 + t^2)$.

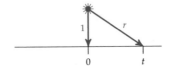

## 2.6.4   Zufallsvariable

Für abzählbares $\Omega$ ist eine Zufallsvariable als beliebige Abbildung $X\colon \Omega \to \mathbb{R}$ erklärt. Ist nun $(\Omega, \mathcal{A}, P)$ ein allgemeiner Wahrscheinlichkeitsraum, so soll für eine Abbildung $X\colon \Omega \to \mathbb{R}$ und $]a, b] \subset \mathbb{R}$ die Wahrscheinlichkeit

$$P(a < X \leqslant b) := P(X^{-1}(]a, b]))$$

erklärt sein. Dazu muss sichergestellt sein, dass $X^{-1}(]a, b]) \in \mathcal{A}$ gilt. Da die halboffenen Intervalle die $\sigma$-Algebra $\mathcal{B} \subset \mathcal{P}(\mathbb{R})$ erzeugen, ist folgende Definition sinnvoll:

**Definition**   *Ist $(\Omega, \mathcal{A}, P)$ ein Wahrscheinlichkeitsraum, so heißt eine Abbildung $X\colon \Omega \to \mathbb{R}$ Zufallsvariable, wenn sie messbar ist, d.h. für alle $B \in \mathcal{B}$ ist $X^{-1}(B) \in \mathcal{A}$.*

Wir überlassen dem Leser den einfachen Nachweis von einigen Folgerungen:

a) $X$ ist dann messbar, wenn $X^{-1}(]a,b]) \in \mathcal{A}$ für alle $]a,b] \in \mathcal{B}$.

b) Im Fall $\Omega = \mathbb{R}$ und $\mathcal{A} = \mathcal{B}$ sind sowohl stetige als auch monotone Funktionen $X\colon \mathbb{R} \to \mathbb{R}$ messbar.

c) Sind $X_1,...,X_n\colon \Omega \to \mathbb{R}$ Zufallsvariable und $\lambda_1,...,\lambda_n \in \mathbb{R}$, so sind auch

$$\lambda_1 X_1 + ... + \lambda_n X_n \quad \text{und} \quad X_1 \cdot ... \cdot X_n$$

Zufallsvariable.

Ist $(\Omega,\mathcal{A},P)$ ein beliebiger Wahrscheinlichkeitsraum und $X\colon \Omega \to \mathbb{R}$ eine Zufallsvariable, so entsteht dadurch ein neuer Wahrscheinlichkeitsraum mit der Ergebnismenge $\mathbb{R}$, der $\sigma$-Algebra $\mathcal{B}$ der BORELschen Mengen und dem Wahrscheinlichkeitsmaß $P_X$, das erklärt ist durch

$$P_X(]a,b]) := P(X^{-1}(]a,b])).$$

Man nennt den neu entstandenen Wahrscheinlichkeitsraum $(\mathbb{R},\mathcal{B},P_X)$ das *Bild* von $(\Omega,\mathcal{A},P)$ unter $X$.

Zu $P_X$ gehört die *Verteilungsfunktion* $F_X\colon \mathbb{R} \to [0,1]$, erklärt durch

$$F_X(x) := P_X(]-\infty,x]) = P(X \leqslant x) = P(X^{-1}(]-\infty,x])) \quad \text{für} \quad x \in \mathbb{R}.$$

Eine *Dichte* (oder *Dichtefunktion*) zu $X$ ist eine integrierbare Funktion $f_X\colon \mathbb{R} \to \mathbb{R}_+$ derart, dass

$$F_X(x) = \int\limits_{-\infty}^{x} f_X(t)dt \quad \text{für alle} \quad x \in \mathbb{R}.$$

Man nennt $X$ *stetig verteilt*, wenn die Verteilungsfunktion $F_X$ auf ganz $\mathbb{R}$ stetig ist. Insbesondere ist dann $P_X(\{a\}) = 0$ für alle $a \in \mathbb{R}$.

Wir benötigen später noch einen einfachen Spezialfall der

**Transformationsformel für Dichten**   Sei $X$ eine Zufallsvariable mit Dichte $f$ und $Y := aX + b$ mit $a,b \in \mathbb{R}$ und $a > 0$. Dann ist eine Dichte von $Y$ gegeben durch

$$g(s) = \frac{1}{a} \cdot f\left(\frac{s-b}{a}\right).$$

*Beweis* Mit $s = at + b$, also $dt = \frac{1}{a}ds$ folgt für die Verteilungsfunktion von $Y$

$$F_Y(y) \;=\; P(Y \leqslant y) = P(aX + b \leqslant y) = P\left(X \leqslant \frac{y-b}{a}\right) = F_X\left(\frac{y-b}{a}\right)$$

$$=\; \int\limits_{-\infty}^{\frac{y-b}{a}} f(t)dt = \int\limits_{-\infty}^{y} \frac{1}{a} f\left(\frac{s-b}{a}\right) ds = \int\limits_{-\infty}^{y} g(s)ds. \qquad \blacksquare$$

Mit Hilfe einer Dichtefunktion kann man nun daran gehen, Erwartungswert und Varianz einer allgemeinen Zufallsvariablen zu erklären. Für endliches $\Omega$ war das ganz einfach gewesen. Ist $X(\Omega) = \{a_1, ..., a_r\}$, so war nach 2.4.1

$$E(X) = \sum_{k=1}^{r} a_k \cdot P(X = a_k).$$

Ist $\Omega$ abzählbar unendlich, so kann auch $X(\Omega) = \{a_1, a_2, ...\}$ abzählbar unendlich sein, und man erhält eine i.a. unendliche Summe

$$\sum_{k=1}^{\infty} a_k \cdot P(X = a_k).$$

Die Reihenfolge der Werte $a_k$ und damit der Summanden ist nicht eindeutig. Daher ist es angebracht, für die Existenz eines Erwartungswertes von $X$ die absolute Konvergenz dieser Summe, d.h. die Konvergenz von

$$\sum_{k=1}^{\infty} |a_k| \cdot P(X = a_k) \qquad (*)$$

zu verlangen.

**Definition** *Ist $(\Omega, P)$ ein abzählbarer Wahrscheinlichkeitsraum und $X \colon \Omega \to \mathbb{R}$ eine Zufallsvariable mit $X(\Omega) = \{a_1, a_2, ...\}$ derart, dass die Summe $(*)$ konvergent ist, so ist der Erwartungswert von $X$ erklärt durch*

$$E(X) := \sum_{k=1}^{\infty} a_k \cdot P(X = a_k).$$

Man beachte, dass bei dieser Definition unendliche Erwartungswerte ausgeschlossen sind.

Die Varianz war für endliches $\Omega$ erklärt als

$$V(X) := E\left((X - E(X))^2\right) = \sum_{k=1}^{r} (a_k - E(X))^2 \cdot P(X = a_k).$$

Ist $\Omega$ abzählbar und $X \colon \Omega \to \mathbb{R}$ eine Zufallsvariable, für die der Erwartungswert $E(X)$ existiert, so ist die *Varianz* von $X$ erklärt durch

$$V(X) := E\left((X - E(X))^2\right) = \sum_{k=1}^{\infty} (a_k - E(X))^2 \cdot P(X = a_k), \qquad (**)$$

falls diese Summe $(**)$ konvergiert. Man kann leicht zeigen, dass dafür die Existenz von $E(X^2)$ ausreicht (siehe etwa [KRE, 3.5]).

Wie man sich leicht überlegen kann, gelten die in 2.4.1 und 2.4.3 bewiesenen Rechenregeln für Erwartungswert und Varianz auch für abzählbare Wahrscheinlichkeitsräume.

**Beispiel 1** (*Geometrische Verteilung*)
Wie in 2.3.6 erklärt, ist $X \colon \Omega \to \mathbb{R}$ geometrisch verteilt mit dem Parameter $p \in\, ]0,1[$, wenn $X(\Omega) = \{1,2,...\}$ und

$$P(X = k) = p \cdot (1 - p)^{k-1} \quad \text{für} \quad k \in \{1,2,...\}.$$

Wir wollen nun zeigen, dass dann

$$E(X) = \frac{1}{p} \quad \text{und} \quad V(X) = \frac{1-p}{p^2}.$$

Dazu benutzen wir die folgenden Formeln (vgl. [HE, 24.1]):

$$\sum_{k=0}^{\infty} x^k = \frac{1}{1-x}, \quad \sum_{k=1}^{\infty} k \cdot x^{k-1} = \frac{1}{(1-x)^2}, \quad \sum_{k=2}^{\infty} k \cdot (k-1) \cdot x^{k-2} = \frac{2}{(1-x)^3} \quad \text{für } |x| < 1$$

$$(*)$$

und

$$V(X) = E(X^2) - E(X)^2 = E(X \cdot (X-1)) + E(X) - E(X)^2. \qquad (**)$$

Dabei ist $(*)$ die geometrische Reihe mit ihren Ableitungen, $(**)$ folgt aus den Rechenregeln für Erwartungswert und Varianz.

Nun erhält man mit Hilfe von $x = 1 - p$ und $(*)$

$$E(X) = \sum_{k=1}^{\infty} k \cdot p \cdot (1-p)^{k-1} = p \sum_{k=1}^{\infty} k \cdot (1-p)^{k-1} = \frac{p}{p^2} = \frac{1}{p}.$$

Man kann also beim Münzwurf bzw. beim Würfeln „erwarten", im zweiten bzw. sechsten Wurf zum ersten Mal Zahl bzw. eine Sechs zu werfen.

Weiter ergibt sich mit $(*)$ und $(**)$

$$
\begin{aligned}
E(X(X-1)) &= \sum_{k=1}^{\infty} k(k-1)p(1-p)^{k-1} = p(1-p) \sum_{k=2}^{\infty} k(k-1)(1-p)^{k-2} \\
&= \frac{2p(1-p)}{p^3} = \frac{2(1-p)}{p^2}, \\
V(X) &= \frac{2(1-p)}{p^2} + \frac{1}{p} - \frac{1}{p^2} = \frac{1-p}{p^2}.
\end{aligned}
$$

**Beispiel 2** (POISSON-*Verteilung*)

Wie in 2.3.7 erklärt, ist $X\colon \Omega \to \mathbb{R}$ POISSON-verteilt mit dem Parameter $\lambda > 0$, wenn $X(\Omega) = \mathbb{N}$ und

$$P(X = k) = \frac{\lambda^k}{k!} e^{-\lambda} \quad \text{für} \quad k \in \mathbb{N}.$$

Es soll gezeigt werden, dass dann

$$E(X) = V(X) = \lambda.$$

Zunächst ist

$$E(X) = \sum_{k=1}^{\infty} k \cdot \frac{\lambda^k}{k!} e^{-\lambda} = \lambda \cdot e^{-\lambda} \cdot \sum_{k=1}^{\infty} \frac{\lambda^{k-1}}{(k-1)!} = \lambda \cdot e^{-\lambda} \cdot e^{\lambda} = \lambda.$$

Weiter hat man

$$E\left(X(X-1)\right) = \sum_{k=2}^{\infty} k \cdot (k-1) \cdot \frac{\lambda^k}{k!} e^{-\lambda} = \lambda^2 \cdot e^{-\lambda} \cdot \sum_{k=2}^{\infty} \frac{\lambda^{k-2}}{(k-2)!} = \lambda^2 \cdot e^{-\lambda} \cdot e^{\lambda} = \lambda^2.$$

Mit der Formel $(\ast\ast)$ aus Beispiel 1 folgt

$$V(X) = \lambda^2 + \lambda - \lambda^2 = \lambda.$$

**Beispiel 3** (*Das St. Petersberger Paradoxon*)

Aus den Anfängen der Wahrscheinlichkeitsrechnung stammt die Behandlung eines speziellen Glücksspiels, das D. BERNOULLI im Jahr 1783 in einem Artikel der *St. Petersburger Akademie* analysiert hat.

Das Spiel verläuft wie folgt: Man wirft eine faire Münze so oft, bis zum ersten Mal „Zahl" erscheint. Ist das beim $k$-ten Wurf der Fall, so werden $2^{k-1}$ € ausbezahlt. Um einen angemessenen Einsatz für dieses Spiel festzulegen, muss man den Erwartungswert des Gewinns bestimmen. Zunächst ist die Ergebnismenge

$$\Omega = \{1, 2, \dots\},$$

wobei $k \in \Omega$ die Nummer des ersten Treffers („Zahl") angibt. Da die Würfe als unabhängig vorausgesetzt werden können, ist

$$P(k) = \left(\frac{1}{2}\right)^{k-1} \cdot \frac{1}{2} = \frac{1}{2^k} \quad \text{für} \quad k \in \Omega.$$

Der Gewinn ist der Wert der Zufallsvariable

$$X\colon \Omega \to \mathbb{R} \quad \text{mit} \quad X(k) = 2^{k-1}.$$

Ein Erwartungswert dafür wäre

$$E(X) = \sum_{k=1}^{\infty} 2^{k-1} \cdot \frac{1}{2^k} = \sum_{k=1}^{\infty} \frac{1}{2},$$

diese Summe ist divergent. Daher gibt es keinen angemessenen endlichen Einsatz.

Man kann das Spiel dennoch durchführen, wenn man es nach einer vorgegebenen Anzahl von $n$ Schritten abbricht. Ist bis dahin nie „Zahl" gefallen, kann man es ohne Gewinn enden lassen, oder - was gerechter erscheint - den Gewinn wie für $k = n + 1$ festlegen. Das ergibt die modifizierte Zufallsvariable

$$X_n \colon \Omega \to \mathbb{R} \quad \text{mit} \quad X_n(k) = \begin{cases} 2^{k-1} & \text{für} \quad k < n, \\ 2^n & \text{für} \quad k > n. \end{cases}$$

Dann ist

$$E(X_n) = \sum_{k=1}^{n} \frac{1}{2} + 2^n \cdot \sum_{k=n+1}^{\infty} \frac{1}{2^k} = \frac{n}{2} + 1 = \frac{n+2}{2}$$

der angemessene Einsatz, falls die Spielbank ohne Gewinn arbeitet. Setzt man etwa $n = 10$, so ist der Einsatz gleich 6 € und der höchst mögliche Gewinn 1024 €. Das klingt sehr verlockend, aber die Wahrscheinlichkeit, mehr als den Einsatz zu gewinnen, ist nur gleich

$$P(X_{10} > 6) = \sum_{k=4}^{\infty} P(k) = \frac{1}{2^3} = 0.125.$$

Für größere $n$ wird die Chance kleiner

$$P(X_{20} > 11) = \sum_{k=5}^{\infty} P(k) = \frac{1}{2^4} = 0.062\,5,$$

aber der maximale Gewinn ist dann gleich 1 048 576 €! Das erfordert eine starke Spielbank!

Für einen allgemeinen Wahrscheinlichkeitsraum $(\Omega, \mathcal{A}, P)$ und eine Zufallsvariable $X \colon \Omega \to \mathbb{R}$ ist es schwieriger, Erwartungswert und Varianz zu erklären. Unter der Voraussetzung, dass es zu $X$ eine Dichtefunktion $f_X$ gibt, kann man die obigen Summen durch passende Integrale ersetzen.

Dabei ist folgendes zu beachten: Ist $g \colon \mathbb{R} \to \mathbb{R}$ eine Funktion, die über jedem Intervall $[a,b] \subset \mathbb{R}$ RIEMANN-integrierbar ist, so bedeutet die Konvergenz des Integrals

$$\int_{-\infty}^{\infty} g(t)dt,$$

dass für jede Folge $c_n \to \infty$ die beiden Folgen

$$\int_{0}^{c_n} g(t)dt \quad \text{und} \quad \int_{-c_n}^{0} g(t)dt$$

konvergieren. Dann ist

$$\int_{-\infty}^{\infty} g(t)dt := \lim_{n \to \infty} \int_{-c_n}^{0} g(t)dt + \lim_{n \to \infty} \int_{0}^{c_n} g(t)dt.$$

**Definition** *Sei* $(\Omega, \mathcal{A}, P)$ *ein Wahrscheinlichkeitsraum und* $X: \Omega \to \mathbb{R}$ *eine Zufallsvariable, die eine Dichtefunktion* $f_X$ *besitzt. Falls das uneigentliche Integral*

$$\int_{-\infty}^{\infty} |t| f_X(t)dt$$

*konvergiert, ist der* **Erwartungswert** *von X erklärt durch*

$$E(X) := \int_{-\infty}^{\infty} t \cdot f_X(t)dt.$$

*Wenn der Erwartungswert existiert, erklärt man*

$$V(X) := \int_{-\infty}^{\infty} (t - E(X)^2) \cdot f_X(t)dt$$

*als* **Varianz** *von X, falls auch dieses Integral konvergiert.*

Man beachte, dass bei diesen Definitionen nur endliche Erwartungswerte und Varianzen betrachtet werden.

Nun kann man – wenn auch mit etwas Mühe – beweisen, dass für Erwartungswert und Varianz in dieser allgemeinen Situation die gleichen Rechenregeln gelten, wie sie in 2.4 für endliches $\Omega$ zusammengestellt sind.

**Beispiel 4** (*Gleichverteilung*)
Sei, wie in Beispiel 2 aus 2.6.3,

$$f_X(t) = \begin{cases} 1/(d-c) & \text{für } c \leqslant t \leqslant d, \\ 0 & \text{sonst.} \end{cases}$$

Dann ist

$$E(X) = \int_{c}^{d} \frac{t}{d-c}dt = \frac{1}{2}(c+d) \quad \text{und} \quad V(X) = \int_{c}^{d} \frac{(t - \frac{1}{2}(c+d))^2}{d-c}dt = \frac{(d-c)^2}{12}.$$

Also ist – wie zu erwarten war – der Erwartungswert gleich dem Mittelwert von $c$ und $d$ und die Varianz ist proportional zu $(d-c)^2$.

**Beispiel 5** (*Standard-Normalverteilung*)
Bei einer **standard-normalverteilten Zufallsvariablen** gilt für Dichtefunktion und
Verteilungsfunktion

$$\varphi(t) = \frac{1}{\sqrt{2\pi}} e^{-\frac{t^2}{2}} \quad \text{und} \quad \Phi(x) = \int\limits_{-\infty}^{x} \varphi(t) dt.$$

Wir wollen nun zeigen, dass

$$E(X) = 0 \quad \text{und} \quad V(X) = 1$$

im Sinne der allgemeinen Definition von Erwartungswert und Varianz. Dazu müssen
wir die uneigentlichen Integrale

$$\int\limits_{-\infty}^{\infty} t \cdot \varphi(t) dt = 0 \quad \text{und} \quad \int\limits_{-\infty}^{\infty} t^2 \cdot \varphi(t) dt = 1$$

berechnen. Da $\frac{d}{dt}\left(e^{-\frac{t^2}{2}}\right) = -te^{-\frac{t^2}{2}}$ folgt für $c > 0$

$$\int\limits_{0}^{c} t \cdot e^{-\frac{t^2}{2}} dt = -e^{-\frac{t^2}{2}} \Big|_{0}^{c} = 1 - e^{-\frac{c^2}{2}} \quad \text{und} \quad \int\limits_{0}^{\infty} t \cdot e^{-\frac{t^2}{2}} dt = 1.$$

Analog folgt

$$\int\limits_{-\infty}^{0} t \cdot e^{-\frac{t^2}{2}} dt = -1, \quad \text{also} \quad \int\limits_{-\infty}^{\infty} t \cdot \varphi(t) dt = \frac{1}{\sqrt{2\pi}}(1 - 1) = 0.$$

Nun zur Varianz. Partielle Integration ergibt

$$\int\limits_{0}^{c} t^2 e^{-\frac{t^2}{2}} dt = \int\limits_{0}^{c} t \cdot te^{-\frac{t^2}{2}} = -te^{-\frac{t^2}{2}} \Big|_{0}^{c} + \int\limits_{0}^{c} e^{-\frac{t^2}{2}} dt \quad \text{und} \quad \int\limits_{0}^{\infty} t^2 e^{-\frac{t^2}{2}} dt = \frac{1}{2}\sqrt{2\pi}.$$

Analog folgt

$$\int\limits_{-\infty}^{0} t^2 e^{-\frac{t^2}{2}} dt = \frac{1}{2}\sqrt{2\pi}, \quad \text{also} \quad \int\limits_{-\infty}^{\infty} t^2 \varphi(t) dt = \frac{1}{\sqrt{2\pi}} \left(\frac{1}{2} + \frac{1}{2}\right) \sqrt{2\pi} = 1.$$

Die etwas überraschende Gleichung

$$\int\limits_{0}^{\infty} e^{-\frac{t^2}{2}} dt = \int\limits_{0}^{\infty} t^2 e^{-\frac{t^2}{2}} dt$$

kann man durch ein Bild illustrieren:

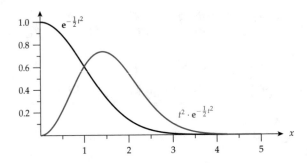

Aus einer standard-normalverteilten Zufallsvariablen $X$ erhält man mit $\sigma, \mu \in \mathbb{R}$ und $\sigma > 0$ eine Zufallsvariable

$$Y = \sigma X + \mu,$$

für die nach den Rechenregeln für Erwartungswert und Varianz

$$E(Y) = \sigma \cdot E(X) + \mu = \mu \quad \text{und} \quad V(Y) = \sigma^2 \cdot V(X) = \sigma^2$$

gilt. Weiter ist $X$ die Standardisierung von $Y$, also

$$X = Y^* = \frac{Y - \mu}{\sigma}.$$

Nach der Transformationsformel für Dichten hat $Y$ die Dichte

$$\varphi_{\mu,\sigma^2}(t) := \frac{1}{\sigma \cdot \sqrt{2\pi}} \exp\left(-\frac{(t-\mu)^2}{2\sigma}\right).$$

Damit kommen wir zu der wichtigen

**Definition**  *Eine Zufallsvariable $Y$ mit $\mu = E(Y)$ und $\sigma^2 = V(Y)$ heißt normalverteilt, wenn sie $\varphi_{\mu,\sigma^2}$ als Dichtefunktion hat.*

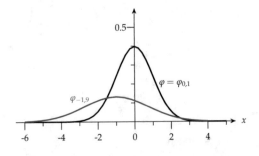

**Beispiel 6** (CAUCHY-*Verteilung*)
Dichte und Verteilungsfunktion sind gegeben durch

$$f(t) := \frac{1}{\pi(1+t^2)} \quad \text{und} \quad F(x) = \frac{1}{\pi}\left(\arctan x + \frac{\pi}{2}\right)$$

(siehe Beispiel 4 in 2.6.3). Will man den Erwartungswert einer Zufallsvariablen mit dieser Verteilung bestimmen, so muss man das Integral

$$\int t \cdot f(t)dt = \frac{1}{2\pi}\log(1+t^2)$$

betrachten. Es gilt

$$\int_0^x t \cdot f(t)dt = \frac{1}{2\pi}\log(1+x^2) \quad \text{für} \quad x > 0, \quad \text{und}$$

$$\int_x^0 t \cdot f(t)dt = -\frac{1}{2\pi}\log(1+x^2) \quad \text{für} \quad x < 0,$$

also sind die uneigentlichen Integrale

$$\int_0^\infty t \cdot f(t)dt, \quad \int_{-\infty}^0 t \cdot f(t)dt, \quad \int_{-\infty}^\infty t \cdot f(t)dt \quad \text{und} \quad \int_{-\infty}^\infty |t| \cdot f(t)dt$$

nicht konvergent. Daher hat eine Zufallsvariable $X$ mit dieser Verteilung auch keinen Erwartungswert im Sinne der Definition, obwohl man wegen

$$\int_{-c}^c t \cdot f(t)dt = 0 \quad \text{für alle} \quad c > 0$$

zunächst einen Erwartungswert Null vermuten würde.

**Beispiel 7** (*Exponentialverteilung*)
In 2.3.6 und obigem Beispiel 1 hatten wir eine geometrisch verteilte Zufallsvariable $X: \Omega \to \mathbb{N}^*$ mit Parameter $p \in {]0,1[}$ betrachtet. Das konnte man auch so interpretieren, dass der Wert von $X$ angibt, bei welchem Wurf der erste Treffer erzielt wurde. Die Wahrscheinlichkeit dafür, dass dies beim $(k+1)$-ten Wurf der Fall ist, ist

$$P(X = k+1) = p \cdot (1-p)^k.$$

Diese Frage kann man nun variieren. Angenommen man hat in den ersten $k$ Würfen eine Niete geworfen; wie groß ist danach die Wahrscheinlichkeit für einen Treffer im Wurf $k+1$? Eine weit verbreitete Hoffnung ist es, diese Wahrscheinlichkeit würde mit

größer werdendem $k$ größer werden. Um das nachzuprüfen, setzen wir $q := 1 - p$. Mit
Hilfe der geometrischen Reihe erhält man für die Verteilungsfunktion von $X$

$$F_X(k) = \sum_{l=1}^{k} P(X = l) = 1 - q^k.$$

Die Wahrscheinlichkeit dafür, dass nach $k$ Nieten im Wurf $k + 1$ ein Treffer erzielt wurde,
ist dann eine bedingte Wahrscheinlichkeit:

$$P_{\{X>k\}}(X \leqslant k + 1) = \frac{P(X \leqslant k + 1, X > k)}{P(X > k)} = \frac{P(X = k + 1)}{P(X > k)}$$

$$= \frac{F_X(k+1) - F_X(k)}{1 - F_X(k)} = \frac{p \cdot q^k}{q^k} = p.$$

Damit ist gezeigt, dass diese Wahrscheinlichkeit gleich bleibt, egal wie groß $k$ war. Sie
ist also nach beliebig vielen Nieten genau so groß wie beim ersten Wurf. Aus diesem
Grund nennt man die geometrische Verteilung *gedächtnislos*.

Außerdem sieht man an der obigen Rechnung, wie der Parameter $p$ aus den Werten
von $F_X$ an zwei beliebig aufeinanderfolgenden Stellen $k$ und $k + 1$ berechnet werden
kann. Diese Überlegungen zur geometrischen Verteilung dienen der Vorbereitung des
folgenden „kontinuierlichen Falls."

Will man etwa die Wahrscheinlichkeit dafür bestimmen, nach welcher Zeit der nächs-
te spontane Stromausfall eintritt, oder ein radioaktiver Zerfallsvorgang einsetzt, so ist
dieser Zeitpunkt der Wert einer Zufallsvariablen $X$ mit Werten in $\mathbb{R}_+$. Um die Verteilungsfunktion $F$ einer solchen Zufallsvariablen zu bestimmen, kann man nun in der
oben beschriebenen geometrischen Verteilung den Parameter $p \in ]0,1[$ durch eine von
der Zeit $t$ abhängigen *Eintrittsrate* $\lambda(t) \in \mathbb{R}_+$ ersetzen. Aus der Gleichung

$$\frac{1}{1 - F(k)} \cdot \frac{F(k+1) - F(k)}{1} = p$$

im diskreten Fall wird dann die Bedingung

$$\frac{1}{1 - F(t)} \cdot \lim_{\Delta t \to 0} \frac{F(t + \Delta t) - F(t)}{\Delta t} = \lambda(t),$$

und das ergibt für $F$ die Differentialgleichung

$$\dot{F}(t) = \lambda(t) \cdot (1 - F(t)), \quad F(0) = 0. \tag{$*$}$$

Im Spezialfall von solchen Ereignissen, bei denen man $\lambda$ als von $t$ unabhängige Konstante voraussehen kann, hat die Differentialgleichung $(*)$ die einfache Lösung

$$F(t) = 1 - e^{-\lambda t}, \quad \text{also} \quad f(t) = \lambda \cdot e^{-\lambda t}.$$

Allgemein nennt man eine Zufallsvariable $X\colon \Omega \to \mathbb{R}$ *exponential verteilt* mit Parameter $\lambda > 0$, wenn

$$F_X(x) = 1 - e^{-\lambda x} \quad \text{für} \quad x \geqslant 0 \quad \text{und} \quad F_X(x) = 0 \quad \text{für} \quad x < 0.$$

Im Fall $\lambda = \frac{1}{6}$ hat $F_X$ einen ähnlichen Verlauf wie die Verteilungsfunktion einer geometrischen Verteilung mit $p = \frac{1}{6}$ (vgl. 2.3.6):

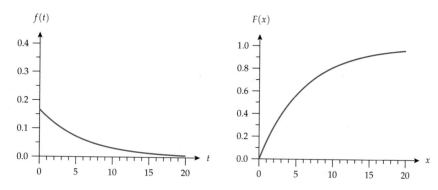

Für $\lambda = 2$ steigt $F_X$ viel steiler an:

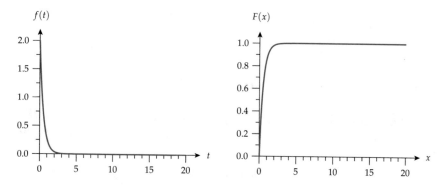

Mit etwas Rechnung findet man, dass

$$E(X) = \frac{1}{\lambda} \quad \text{und} \quad V(X) = \frac{1}{\lambda^2}, \quad \textit{falls X exponential verteilt ist mit Parameter } \lambda > 0.$$

Daraus ergibt sich auch eine Interpretation der Eintrittsrate $\lambda$: Sie ist das Inverse des Erwartungswertes für das erste Eintreten des Ereignisses. Je größer $\lambda$, desto schneller kann das Ereignis eintreten.

Wie eine geometrische Verteilung ist auch eine Exponentialverteilung *gedächtnislos*. Das kann man formal so beschreiben: Für jede Zeit $t \geqslant 0$ ist $P(X > t)$ die Wahrscheinlichkeit dafür, dass der erste „Treffer" noch nicht gefallen ist. Angenommen zum Zeitpunkt

$t$ sei noch kein Treffer gefallen. Ist dann $x > 0$, so kann man die bedingte Wahrscheinlichkeit für das Fallen des ersten Treffers später als $t + x$, unter der Annahme $X > t$, berechnen. Nach Definition der bedingten Wahrscheinlichkeit ist

$$
\begin{aligned}
P_{\{X>t\}}(X > t + x) &= \frac{P(X > t + x, X > t)}{P(X > t)} = \frac{P(X > t + x)}{P(X > t)} \\
&= \frac{1 - F_X(t + x)}{1 - F_X(t)} = \frac{\mathrm{e}^{-\lambda(t+x)}}{\mathrm{e}^{-\lambda t}} = \mathrm{e}^{-\lambda x} \\
&= P(X > x) = P(X > 0 + x).
\end{aligned}
$$

Das kann man auch so ausdrücken: Ist bis zur Zeit $t$ kein Treffer gefallen, so ist die voraussichtliche weitere Wartezeit $x$ bis zum ersten Treffer unabhängig von $t$, also genau so lange wie für $t = 0$. Nach einer beliebig langen Zeit $t$ ohne Treffer wird die Wahrscheinlichkeit für einen Treffer also nicht größer! Das setzt natürlich voraus, dass die Eintrittsrate $\lambda$ als von der Zeit unabhängig angenommen werden darf, was bedeutet, dass die „Treffer" wie etwa Stromausfälle spontan, aber mit einer festen zeitlichen Rate eintreten.

Etwa bei Maschinen sind *Ausfallraten* interessante „Eintrittsraten", sie können wegen fortschreitender Abnutzung stark zeitabhängig sein. Dann ergeben sich auch andere Lösungen der Differentialgleichung (∗). Ein Beispiel ist $\lambda(t) = abt^{b-1}$ mit $a, b > 0$, daraus erhält man eine sogenannte **Weibull**-*Verteilung* mit

$$
F(x) = 1 - \exp(-ax^b).
$$

Mehr dazu findet man bei [He, 31.7].

## 2.6.5 Unabhängigkeit von Zufallsvariablen

In 2.2.4 hatten wir für Zufallsvariable $X_1, ..., X_n$, die auf einem endlichen Wahrscheinlichkeitsraum erklärt sind, die Unabhängigkeit durch die Gültigkeit der Produktregeln

$$
P(X_1 = a_1, ..., X_n = a_n) = P(X_1 = a_1) \cdot ... \cdot P(X_n = a_n) \tag{∗}
$$

für alle $a_1, ..., a_n \in \mathbb{R}$ erklärt. Sind die $X_1, ..., X_n$ stetig verteilt, so lautet die Gleichung (∗) nur $0 = 0$ für alle $a_1, ..., a_n$. Daher muss man die Unabhängigkeit im allgemeinen Fall etwas anders erklären.

**Definition**  *Zufallsvariable $X_1, ..., X_n$ auf einem Wahrscheinlichkeitsraum $(\Omega, \mathcal{A}, P)$ werden unabhängig genannt, wenn für alle $a_1, ..., a_n \in \mathbb{R}$ die Produktregeln*

$$
P(X_1 \leqslant a_1, ..., X_n \leqslant a_n) = P(X_1 \leqslant a_1) \cdot ... \cdot P(X_n \leqslant a_n) \tag{∗∗}
$$

*gelten.*

Die Unabhängigkeit von Zufallsvariablen kann man auch mit Hilfe von Dichten beschreiben. Dazu betrachtet man zu $X_1, ..., X_n$ mit Werten in $\mathbb{R}$ die *vektorwertige Zufallsvariable*

$$X = (X_1, ..., X_n) \colon \Omega \to \mathbb{R}^n \quad \text{mit} \quad X(\omega) := (X_1(\omega), ..., X_n(\omega)).$$

Die auf der linken Seite der Produktregel $(**)$ stehende Wahrscheinlichkeit kann man dann so beschreiben: Zu $a_1, ..., a_n \in \mathbb{R}$ betrachtet man die BORELsche Menge

$$B := \{(x_1, ..., x_n) \in \mathbb{R}^n : x_i \leqslant a_i \quad \text{für} \quad i = 1, ..., n\} \in \mathcal{B}_n \subset \mathcal{P}(\mathbb{R}^n).$$

Dann ist

$$P(X_1 \leqslant a_1, ..., X_n \leqslant a_n) = P(X^{-1}(B)).$$

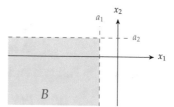

Für $n = 2$ ist $B$ rechts skizziert.

Allgemeiner ist für jede BORELsche Menge $B \subset \mathbb{R}^n$ die Wahrscheinlichkeit

$$P(X \in B) := P(X^{-1}(B))$$

erklärt, und eine integrierbare Funktion $f_X \colon \mathbb{R}^n \to \mathbb{R}_+$ heißt *Dichtefunktion* von $X$, wenn

$$P(X \in B) = \int_B f_X(t_1, ..., t_n) dt_1 ... dt_n$$

für alle $B \in \mathcal{B}_n$. Die zugehörige Verteilungsfunktion $F_X$ von $X$ ist dann mit

$$B := \{(t_1, ..., t_n) \in \mathbb{R}^n : t_i \leqslant x_i\}$$

gegeben durch

$$F_X(x_1, ..., x_n) := P(X \in B) = \int_B f_X(t_1, ..., t_n) dt_1 ... dt_n.$$

Mit Hilfe elementarer Techniken der Maß- und Integrationstheorie erhält man den

**Satz** *Seien $X_1, ..., X_n$ Zufallsvariable mit Dichtefunktionen $f_1, ..., f_n$. Dann sind folgende Bedingungen gleichwertig:*

*i) $X_1, ..., X_n$ sind unabhängig.*

*ii) $(t_1, ..., t_n) \mapsto f_1(t_1) \cdot ... \cdot f_n(t_n)$ ist eine Dichtefunktion von $X = (X_1, ... X_n)$.*

Dies ist eine etwas andere Beschreibung der Produktregel $(**)$ mit Hilfe von Dichtefunktionen. Zum Beweis siehe etwa [KRE, 11.3].

### 2.6.6   Summen von Zufallsvariablen

Etwa bei der Bildung von Mittelwerten betrachtet man zu Zufallsvariablen $X_1, ..., X_n \colon \Omega \to \mathbb{R}$ die Summe

$$Y := X_1 + ... + X_n \colon \Omega \to \mathbb{R}.$$

Gibt es zu $X_1, ..., X_n$ Dichten, so möchte man eine Dichte $f_Y$ von $Y$ bestimmen. Durch Iteration kann man das auf den Fall $n = 2$ zurückführen.

Sei also $(\Omega, \mathcal{A}, P)$ ein Wahrscheinlichkeitsraum mit Zufallsvariablen $X_1, X_2 \colon \Omega \to \mathbb{R}$,

$$Y = X_1 + X_2 \colon \Omega \to \mathbb{R} \quad \text{und} \quad X = (X_1, X_2) \colon \Omega \to \mathbb{R}^2.$$

Weiter seien Dichten $f_1, f_2$ von $X_1, X_2$ und $f_X$ von $X$ gegeben. Ist dann für $y \in \mathbb{R}$

$$\Delta := \{(t_1, t_2) \in \mathbb{R}^2 : t_1 + t_2 \leqslant y\},$$

so gilt analog zum Fall von endlichen $\Omega$ in 2.2.7 für die Verteilungsfunktion von $Y$

$$F_Y(y) = P(Y \leqslant y) = P(X \in \Delta) = \int_\Delta f_X(t_1, t_2) dt_1 dt_2.$$

Sind $X_1, X_2$ unabhängig, so folgt aus dem Satz in 2.6.5, dass

$$F_Y(y) = \int_\Delta f_1(t_1) \cdot f_2(t_2) dt_1 dt_2.$$

Zur Berechnung dieses Integrals über den Bereich $\Delta$ mit der schrägen Begrenzung hilft die Substitution

$$s_1 := t_1 + t_2 \quad \text{und} \quad s_2 := t_2.$$

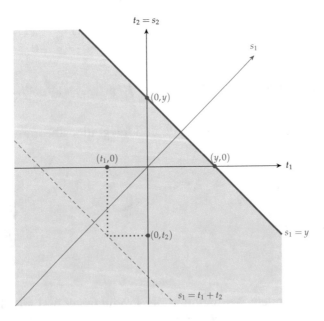

Da $\det\left(\frac{\partial s_i}{\partial t_j}\right) = 1$, folgt aus der Transformationsformel für Integrale (siehe z.B. [FO3, § 9])

$$F_Y(y) = \int\limits_{-\infty}^{y} \int\limits_{-\infty}^{\infty} f_1(s_1 - s_2)f_2(s_2)ds_2 \, ds_1.$$

Unter der Verwendung der *Faltung* $f_1 * f_2 \colon \mathbb{R} \to \mathbb{R}_+$ von $f_1$ und $f_2$, die durch

$$(f_1 * f_2)(s_1) := \int\limits_{-\infty}^{\infty} f_1(s_1 - s_2)f_2(s_2)ds_2.$$

erklärt ist, lässt sich $F_Y$ kürzer schreiben:

$$F_Y(y) = \int\limits_{-\infty}^{y} (f_1 * f_2)(s_1)ds_1.$$

Das Ergebnis dieser Überlegungen kann man so zusammenfassen:

**Lemma** *Sind $X_1$ und $X_2$ unabhängige Zufallsvariable mit Dichten $f_1$ und $f_2$, so ist die Faltung $f_1 * f_2$ eine Dichte zu $X_1 + X_2$.*

Nun kommen wir endlich zu dem bei den GAUSS-Tests in 4.3 benutzten Ergebnis, dass die Summen unabhängiger normalverteilter Zufallsvariablen wieder normalverteilt sind. Wir beschränken uns beim Beweis auf zwei Summanden.

**Satz** *Sind $X_1, X_2$ unabhängig und normalverteilt mit $E(X_i) = \mu_i$ und $V(X_i) = \sigma_i^2$ für $i = 1, 2$, so ist $X_1 + X_2$ normalverteilt mit*

$$E(X_1 + X_2) = \mu_1 + \mu_2 \quad und \quad V(X_1 + X_2) = \sigma_1^2 + \sigma_2^2 =: \sigma^2.$$

*Beweis* Nach der Transformationsformel für Dichten aus 2.6.4 genügt es zu zeigen, dass mit $X_i' := X_i - \mu_i$ die Summe $X_1' + X_2'$ normalverteilt ist. Daher können wir zur Vereinfachung $\mu_1 = \mu_2 = 0$ annehmen. Dann sind die Dichten von $X_i$ nach 2.6.4 gegeben durch

$$\varphi_{0,\sigma_i^2}(t) = \frac{1}{\sigma_i \sqrt{2\pi}} \exp\left(-\frac{t^2}{2\sigma_i^2}\right).$$

Nach dem obigen Lemma ist die Dichtefunktion von $X_1 + X_2$ gegeben durch die Faltung

$$(\varphi_{0,\sigma_1^2} * \varphi_{0,\sigma_2^2})(t) = \frac{1}{2\pi\sigma_1\sigma_2} \int\limits_{-\infty}^{\infty} \exp\left(-\frac{1}{2}\left(\frac{(t-s)^2}{\sigma_1^2} + \frac{s^2}{\sigma_2^2}\right)\right) ds.$$

Um dieses Integral zu knacken, ist ein Kniff nötig. Man setzt

$$z := \frac{\sigma}{\sigma_1 \sigma_2} s - \frac{\sigma_2}{\sigma \sigma_1} t.$$

Dann ist

$$z^2 + \frac{t^2}{\sigma^2} = \frac{(t-s)^2}{\sigma_1^2} + \frac{s^2}{\sigma_2^2},$$

das ist der Ausdruck im Integranden. Weiterhin ist

$$ds = \frac{\sigma_1 \sigma_2}{\sigma} \, dz.$$

Damit erhält man

$$
\begin{aligned}
(\varphi_{0,\sigma_1^2} * \varphi_{0,\sigma_2^2})(t) &= \frac{1}{2\pi\sigma_1\sigma_2} \int_{-\infty}^{\infty} \exp\left(-\frac{1}{2}\left(z^2 + \frac{t^2}{\sigma^2}\right)\right) \frac{\sigma_1\sigma_2}{\sigma} \, dz \\
&= \frac{1}{2\pi\sigma} \cdot \exp\left(-\frac{t^2}{2\sigma^2}\right) \cdot \int_{-\infty}^{\infty} e^{-\frac{z^2}{2}} \, dz \\
&= \frac{1}{\sigma\sqrt{2\pi}} \exp\left(-\frac{t^2}{2\sigma^2}\right) = \varphi_{0,\sigma^2}(t).
\end{aligned}
$$

∎

# 2.7 Gesetze großer Zahlen*

Schon in 2.1.1 hatten wir bemerkt, dass die naheliegende Idee, Wahrscheinlichkeiten als Grenzwerte von relativen Häufigkeiten zu erklären, nicht ausführbar ist. Wie dort versprochen, soll nun nachgetragen werden, was von dieser Idee mit Hilfe der Techniken der auf Axiome gegründeten Wahrscheinlichkeitsrechnung zu retten ist.

## 2.7.1 Schwaches Gesetz großer Zahlen

Zunächst sei noch einmal erinnert an den Versuch, Wahrscheinlichkeiten als Grenzwerte relativer Häufigkeiten zu erklären. Dazu betrachten wir eine endliche Menge $\Omega$ mit möglichen Ergebnissen eines Zufallsexperiments und eine beliebige Teilmenge $A \subset \Omega$. Stellt man sich nun vor, das Zufallsexperiment werde $k$-mal mit $k \geqslant 1$ wiederholt, so erhält man ein Ergebnis

$$\omega = (\omega_1, ..., \omega_k) \in \Omega^k.$$

Dann kann man die relative Häufigkeit

$$R_k(A)(\omega) := \frac{1}{k} \cdot \#\{i \in \{1, ..., k\} : \omega_i \in A\}.$$

erklären. Das ist die relative „Trefferquote" für $A$ bei $k$ Experimenten. Die Frage ist nun, ob und wie sich diese Trefferquote bei wachsendem $k$ stabilisiert.

Um eine erste Antwort auf diese Frage zu erhalten, betrachten wir einen endlichen Wahrscheinlichkeitsraum $(\Omega, P)$ und ein Ereignis $A \subset \Omega$ mit $p := P(A)$.

Zu einem Zufallsexperiment gehört dann die Indikatorfunktion

$$X: \Omega \to [0,1] \quad \text{mit} \quad X(\omega) = \begin{cases} 1 & \text{für } \omega \in A \\ 0 & \text{sonst,} \end{cases}$$

mit $E(X) = p$. Wiederholt man das Zufallsexperiment $k$ mal, so liegt das Ergebnis in $\Omega^k$, und erfolgt die Wiederholung unabhängig, so ist auf $\Omega^k$ das Produktmaß $P_k$ mit

$$P_k(\omega_1, ..., \omega_k) = P(\omega_1) \cdot ... \cdot P(\omega_k)$$

angemessen. Zu den $k$ Wiederholungen gehören dann Zufallsvariable $X_1, ..., X_k$ auf $\Omega^k$, und wir erhalten daraus die Zufallsvariable

$$R_k(A) := \frac{1}{k}(X_1 + ... + X_k): \Omega^k \to \mathbb{R}.$$

Dabei ist $R_k(A)(\omega_1, ..., \omega_k)$ die relative Trefferhäufigkeit, d.h. die relative Häufigkeit für $\omega \in A$. Aus

$$E(X_i) = E(X) = p \quad \text{folgt} \quad E(R_k(A)) = p.$$

Das klingt schon ganz gut: Wenigstens der Erwartungswert der relativen Häufigkeiten ist gleich $p$. In der Sprache der Schätztheorie ist $R_k(A)$ ein erwartungstreuer Schätzer für $p$. Für die Abweichung vom Erwartungswert kann man mit Hilfe der Varianz eine Wahrscheinlichkeit berechnen. Man hat

$$V(X) = E(X^2) - E(X)^2 = p(1-p),$$

und wegen der vorausgesetzten Unabhängigkeit der $X_1, ..., X_k$ gilt

$$V(R_k(A)) = \frac{p(1-p)}{k}.$$

Nun kann man auf die Zufallsvariable $R_k(A)$ die Ungleichung von CHEBYSHEV anwenden. Danach gilt für jedes $\varepsilon > 0$ wegen $E(R_k(A)) = p$

$$P_k(|R_k(A) - p| \geqslant \varepsilon) \leqslant \frac{p(1-p)}{k\varepsilon^2}.$$

Mit der Abschätzung $p(1-p) \leqslant \frac{1}{4}$ erhält man daraus das für alle $p$ gültige

**Schwaches Gesetz großer Zahlen** *Ist $(\Omega, P)$ ein endlicher Wahrscheinlichkeitsraum und $A \subset \Omega$ mit $p = P(A)$, so gilt für beliebiges $\varepsilon > 0$ und $k \geqslant 1$ mit $R_k(A)$ und $P_k$ wie oben erklärt*

$$P_k(|R_k(A) - p| < \varepsilon) \geqslant 1 - \frac{1}{4k\varepsilon^2}.$$

Ein Gesetz dieser Art hatte J. BERNOULLI schon 1713 mit ganz elementaren Hilfsmitteln hergeleitet. Zum besseren Verständnis wollen wir es noch einmal ausführlicher erläutern: Zu festem $\varepsilon$ und $k$ hat das Ereignis

$$\{\omega = (\omega_1, ..., \omega_k) \in \Omega^k : |R_k(A)(\omega) - p| < \varepsilon\} \subset \Omega^k$$

die Wahrscheinlichkeit bezüglich $P_k$ von mindestens $1 - 1/(4k\varepsilon^2)$. Bei festem $\varepsilon > 0$ geht sie also mit größer werdendem $k$ gegen 1.

Da man ein Zufallsexperiment in der Praxis immer nur endlich oft wiederholen kann, ist dieses „schwache" Gesetz schon recht nützlich. In der Theorie kann man sich dagegen unendlich viele Wiederholungen vorstellen, davon handelt der folgende Abschnitt.

## 2.7.2 Starkes Gesetz großer Zahlen

Für das schwache Gesetz großer Zahlen hatten wir ein Zufallsexperiment mit Ergebnis in $\Omega$ insgesamt $k$-mal wiederholt. Das Gesamtergebnis liegt dann in $\Omega^k$. Ist $\Omega$ endlich, so ist auch $\Omega^k$ endlich, man bleibt also bei endlichen Wahrscheinlichkeitsräumen.

Für die Theorie ist es jedoch interessant, sich unendliche Folgen von Zufallsexperimenten auszudenken. Deren Gesamtergebnis liegt dann in

$$\Omega^* := \Omega \times \Omega \times \dots$$

und selbst für ein endliches $\Omega$ mit mindestens zwei Elementen ist $\Omega^*$ nicht mehr abzählbar (vgl. dazu 2.6.1). Damit ist der Rahmen der endlichen Wahrscheinlichkeitsräume gesprengt, man ist in der allgemeinen Wahrscheinlichkeitstheorie gelandet. Die in diesem Rahmen erzielten Ergebnisse wollen wir hier nur in einem einfachen Spezialfall skizzieren.

Sei also $(\Omega, P)$ ein endlicher Wahrscheinlichkeitsraum und $A \subset \Omega$ mit

$$p := P(A).$$

Das Ergebnis einer Folge von Zufallsexperimenten, bei denen jeweils ein Element von $\Omega$ ausgewählt wird, ist dann

$$\omega = (\omega_1, \omega_2, \dots) \in \Omega^*.$$

Zunächst benötigt man für $\Omega^*$ eine $\sigma$-Algebra $\mathcal{A}$ und darauf ein Wahrscheinlichkeitsmaß $P_*$, die der Annahme entsprechen, dass die Ergebnisse der Einzelexperimente unabhängig voneinander zustande kommen. Dazu passend ist als Erzeuger von $\mathcal{A}$ das System bestehend aus allen Mengen

$$A^*(A_1, \dots, A_n) := \{\omega \in \Omega^* : \omega_1 \in A_1, \dots, \omega_n \in A_n\} \subset \Omega^*,$$

wobei $n \geqslant 1$ und $A_1, \dots, A_n \subset \Omega$ beliebig gewählt sind. Das gesuchte Wahrscheinlichkeitsmaß $P_*$ auf $\mathcal{A}$ erklärt man zunächst auf den Erzeugern durch

$$P_*(A^*(A_1, \dots, A_n)) := P(A_1) \cdot \dots \cdot P(A_n).$$

Das ist angemessen, da die Ergebnisse der ersten $n$ Zufallsexperimente unabhängig, und die restlichen Ergebnisse offen sind. Aus allgemeinen Sätzen der Maßtheorie, insbesondere einem Fortsetzungssatz von KOLMOGOROFF (vgl. etwa [DU, App.7]) folgt, dass dadurch ein Maß $P_*$ auf $\mathcal{A} \subset \mathcal{P}(\Omega^*)$ erklärt ist, es wird *Produktmaß* genannt. Damit ist

$$(\Omega^*, \mathcal{A}, P_*)$$

ein Wahrscheinlichkeitsraum. Man beachte, dass für ein gegebenes $\omega \in \Omega^*$ stets $P_*(\omega) = 0$ gilt: Die Wahrscheinlichkeit dafür, dass bei einer unendlichen Folge von Zufallsexperimenten vorgegebene Werte angenommen werden, ist gleich Null.

Nun hat man zu $i = 1, 2, \dots$ die Indikatorfunktionen

$$X_i \colon \Omega^* \to \{0, 1\} \quad \text{mit} \quad X_i(\omega) = \begin{cases} 1 & \text{falls} \quad \omega_i \in A \\ 0 & \text{sonst,} \end{cases}$$

mit $E(X_i) = p$. Die Wahl des Produktmaßes $P_*$ auf $\Omega^*$ passt zu der Annahme der Unabhängigkeit der Zufallsexperimente und damit der Zufallsvariablen $X_i$. Für $k \geqslant 1$ hat man eine weitere Zufallsvariable

$$R_k \colon \Omega^* \to [0,1] \quad \text{mit} \quad R_k(\omega) := \frac{1}{k}(X_1(\omega) + \ldots + X_k(\omega)).$$

Das sind die relativen Trefferhäufigkeiten bei den ersten $k$ Zufallsexperimenten; offensichtlich ist $E(R_k) = p$. Damit können wir eine Verschärfung des schwachen Gesetzes großer Zahlen in dem in 2.7.1 behandelten einfachen Spezialfall formulieren:

**Starkes Gesetz großer Zahlen**   *Gegeben seien wie oben $A \subset \Omega$ mit $p = P(A)$ und*

$$\Omega^* = \Omega \times \Omega \times \ldots,$$

*sowie die unabhängigen Zufallsvariablen*

$$X_1, X_2, \ldots \colon \Omega^* \to \{0,1\}$$

*mit $E(X_i) = p$ für $i = 1,2,\ldots$ und $R_k := \frac{1}{k}(X_1 + \ldots + X_k)$. Dann gilt*

$$P_*\left(\{\omega \in \Omega^* : \lim_{k \to \infty} R_k(\omega) = p\}\right) = 1.$$

Anders herum ausgedrückt: Die Wahrscheinlichkeit dafür, dass bei einer Folge von Zufallsexperimenten die relativen Trefferhäufigkeiten nicht wie bei fast allen anderen Folgen gegen den gleichen festen Wert $p$ konvergieren, ist gleich Null. Dafür ist der Name *fast-sichere Konvergenz* der Zufallsvariablen $R_k$ gegen die Konstante $p$ üblich. *Beweise* findet man z.B. bei [GEO, 5.1.3] und [KRE, 12.1].

Das starke Gesetz großer Zahlen zeigt, wieso eine Definition von Wahrscheinlichkeiten als Grenzwerte relativer Häufigkeiten in einer unendlichen Folge von Zufallsexperimenten nicht gelingen kann. Die Konvergenz einer Folge von relativen Häufigkeiten ist eben nicht sicher, sondern nur fast-sicher. Man kann die Existenz verrückter Folgen nicht ausschließen, sondern nur zeigen, dass die Wahrscheinlichkeit dafür Null ist. Und um das zu formulieren und zu beweisen, braucht man eine ganze Menge von Wahrscheinlichkeitstheorie, die auf Axiomen gegründet ist. Damit hat sich ein langer Kreis geschlossen.

# Kapitel 3

# Schätzungen

Die nun folgenden Kapitel 3 und 4 beschäftigen sich mit Themen der sogenannten beurteilenden Statistik. Das ist eine Kombination von beschreibender Statistik und Wahrscheinlichkeitsrechnung: Es werden, ganz grob ausgedrückt, Wahrscheinlichkeiten dafür berechnet, dass Ergebnisse von Stichproben auf eine Gesamtheit übertragen werden können.

In vielen Fällen ist es hilfreich, für die betrachteten Zufallsvariablen Annahmen über eine Normalverteilung zu machen. Das ist oft gerechtfertigt und damit kann man gut rechnen. Um den theoretischen Aufwand möglichst gering zu halten, setzen wir jedoch voraus, dass die betrachteten Ergebnismengen endlich sind. Dann können die Annahmen über eine Normalverteilung selbstverständlich stets nur annäherungsweise erfüllt sein.

## 3.1 Punktschätzungen

Ziel dieses Abschnitts ist die Schätzung eines unbekannten Parameters $\vartheta$ aus einer vorliegenden Stichprobe. Bevor wir diese Begriffe näher erläutern, geben wir einige Beispiele, auf die im Folgenden mehrmals Bezug genommen wird.

### 3.1.1 Beispiele

**Beispiel 1** (*Wahlumfrage*)
Eine Partei $A$ möchte das Ergebnis der bevorstehenden Wahl, d.h. den Stimmenanteil $p \in [0,1]$, vorhersagen. Dazu werden $n$ Wahlberechtigte gefragt. Stimmen $k$ davon für die Partei $A$, so ist

$$p \approx \frac{k}{n}$$

eine grobe Schätzung.

**Beispiel 2** (*Fische im Teich*)
Die Zahl $N$ der Karpfen in einem sehr trüben Teich soll geschätzt werden. Dazu fängt man zunächst $r$ Karpfen und markiert sie mit einem roten Fleck. Nachdem sie in den Teich zurückgelegt wurden und einige Zeit vergangen ist, fängt man in einem zweiten Fang $n$ Karpfen. Sind $x$ davon rot markiert, so hat man die groben Schätzungen

$$\frac{r}{N} \approx \frac{x}{n}, \quad \text{also} \quad N \approx \frac{r \cdot n}{x}.$$

**Beispiel 3** (*Das Taxi-Problem*)
Man möchte die Zahl $N$ aller in einer Stadt registrierten Taxis schätzen. Dazu notiert man sich die Registriernummern $r_1, ..., r_n$ von $n$ an einem Taxistand stehenden Fahrzeugen. Eine ganz grobe Schätzung ist dann

$$N \approx \frac{2}{n}(r_1 + \cdots + r_n),$$

das ist der doppelte Mittelwert.

**Beispiel 4** (*Gewicht von Semmeln*)
In einer Großbäckerei produziert eine Maschine vollautomatisch Semmeln. Zur Kontrolle der Maschine sollen das mittlere Gewicht $\mu$ und die Standardabweichung $\sigma$ des Gewichts geschätzt werden. Man entnimmt zu diesem Zweck aus der Produktion $n$ Semmeln und bestimmt ihre Gewichte $x_1, ..., x_n$. Dann hat man die groben Schätzungen

$$\mu \approx \frac{1}{n}(x_1 + \cdots + x_n) =: \overline{x} \quad \text{und} \quad \sigma^2 \approx \frac{1}{n}\sum_{i=1}^{n}(x_i - \overline{x})^2,$$

oder alternativ

$$\sigma^2 \approx \frac{1}{n-1}\sum_{i=1}^{n}(x_i - \overline{x})^2.$$

## 3.1.2 Parameterbereich und Stichprobenraum

Hintergrund der Beispiele aus Abschnitt 3.1.1 ist das folgende allgemeine

**Problem**   *Es soll ein feststehender, aber unbekannter Parameter $\vartheta$ geschätzt werden. Man kennt nur die Menge $\Theta$ der möglichen Werte, nicht aber den wirklichen Wert von $\vartheta \in \Theta$. In den meisten Fällen ist $\Theta \subset \mathbb{R}$.*

In **Beispiel 1** ist $\vartheta = p \in [0,1] = \Theta$.

In den **Beispielen 2 und 3** ist $\vartheta = N \in \mathbb{N} = \Theta$.

In **Beispiel 4** sind die zwei Parameter $\vartheta_1 = \mu$ und $\vartheta_2 = \sigma^2$ zu schätzen. Also kann man zunächst $\vartheta = (\vartheta_1, \vartheta_2) \in \mathbb{R}_+ \times \mathbb{R}_+ = \Theta$ setzen. Dieses Beispiel wird in 3.1.4 weiter behandelt.

Grundlage der Schätzung ist eine *Stichprobe* mit einem Ergebnis $x$, das Element eines *Stichprobenraums* $\mathcal{X}$ ist, also ist $x \in \mathcal{X}$.

In **Beispiel 1** ist $x = (x_1, \ldots, x_n) \in \{0,1\}^n = \mathcal{X}$.

Dabei ist $x_i = \begin{cases} 1 & \text{wenn die Person } i \text{ die Partei } A \text{ wählt,} \\ 0 & \text{sonst.} \end{cases}$

In **Beispiel 2** ist $x \in \{0, \ldots, n\} = \mathcal{X}$.

In **Beispiel 3** ist $x = \{r_1, \ldots, r_n\} \subset \{1, \ldots, N\}$. Also ist $\mathcal{X}$ die Menge der $n$-elementigen Teilmengen von $\{1, \ldots, N\}$.

In **Beispiel 4** werden Gewichte $x_i$ bestimmt, das geht nur auf eine begrenzte Zahl von Dezimalstellen genau und innerhalb plausibler Schranken. Daher gibt es eine endliche Teilmenge $\mathcal{Y} \subset \mathbb{R}$, so dass $x_i \in \mathcal{Y}$ für alle $i = 1, \ldots, n$. Dann ist

$$x = (x_1, \ldots, x_n) \in \mathcal{Y}^n = \mathcal{X}.$$

Die in den Beispielen auftretende Zahl $n$ heißt *Stichprobenumfang*.

Nach diesen einfachen Vorbereitungen folgt der entscheidende Schritt der Modellierung des Schätzproblems. Die Ergebnisse der Stichproben sind vom Zufall bestimmt, und die Wahrscheinlichkeiten dafür hängen von dem unbekannten Parameter $\vartheta$ ab. Daher ist es angebracht, auf dem Stichprobenraum $\mathcal{X}$ für jeden möglichen Parameter $\vartheta \in \Theta$ ein passendes Wahrscheinlichkeitsmaß

$$P_\vartheta \colon \mathcal{X} \to [0,1]$$

anzugeben. Das ergibt eine ganze Familie $(P_\vartheta)_{\vartheta \in \Theta}$ von Wahrscheinlichkeitsmaßen auf $\mathcal{X}$.

In **Beispiel 1** sei $\Omega$ die Menge der Wahlberechtigten. Da die Auswahl der befragten Personen „repräsentativ" sein soll, ist als Wahrscheinlichkeitsmaß $P^*$ auf $\Omega$ die Gleichverteilung angemessen. Die Zufallsvariable

$$X \colon \Omega \to \{0,1\}, \quad X(\omega) = 1, \text{ wenn } \omega \text{ Partei } A \text{ wählt, sonst } X(\omega) = 0,$$

hat somit die Verteilung $P^*(X = 1) = p$ und $P^*(X = 0) = 1 - p$. Das ergibt entsprechend 2.1.5 auf $X(\Omega) = \{0,1\}$ das Wahrscheinlichkeitsmaß

$$P'_p \colon \{0,1\} \to [0,1], \quad P'_p(1) = p \quad \text{und} \quad P'_p(0) = 1 - p.$$

Nimmt man an, dass die Antworten auf die Umfrage unabhängig sind, so ist auf $\mathcal{X} = \{0,1\}^n$ das Produktmaß angemessen, also

$$P_p: \mathcal{X} \to [0,1], \quad P_p(x_1,...,x_n) = P'_p(x_1) \cdot ... \cdot P'_p(x_n).$$

Die Projektionen $X_i: \mathcal{X} \to \{0,1\}$, $(x_1,...,x_n) \mapsto x_i$ sind dann, wie in 2.2.6 erläutert, unabhängige Zufallsvariable mit der gleichen Verteilung wie $X$.

In **Beispiel 2** ist es wichtig, beim zweiten Fischzug eine möglichst gute Mischung der Fische zu erreichen. Das kann man so beschreiben: Sei $\Omega$ die Menge der $n$-elementigen Teilmengen von $\{1,...,N\}$. Unter der Annahme einer guten Mischung ist auf $\Omega$ Gleichverteilung angemessen, d.h.

$$P_N^*: \Omega \to [0,1], \quad \omega \mapsto \binom{N}{n}^{-1}, \quad \text{für alle} \quad \omega \in \Omega.$$

Weiter hat man die Zufallsvariable

$$X: \Omega \to \{0,...,n\}, \quad X(\omega) = x = \#\{\text{rot markierte Fische in } \omega\}$$

Nach 2.3.5 ist $X$ hypergeometrisch verteilt, d.h.

$$P_N^*(X = x) = \frac{\binom{r}{x}\binom{N-r}{n-x}}{\binom{N}{n}}.$$

Wie in 2.1.5 erläutert, induziert die Verteilung von $X$ auf $\mathcal{X} = \{0,...,n\}$ das Wahrscheinlichkeitsmaß

$$P_N: \mathcal{X} \to [0,1], \quad P_N(x) := P_N^*(X = x).$$

Man beachte, dass $P_N$ nicht nur von $N$, sondern auch von $r$ und $n$ abhängt. Aber die Werte von $r$ und $n$ sind im Gegensatz zu $N$ bekannt.

In **Beispiel 3** muss man hoffen, dass alle Registriernummern vergeben sind, und dass die beobachteten Nummern gut gemischt sind. Dann ist auf $\mathcal{X}$ die Gleichverteilung angemessen, d.h.

$$P_N: \mathcal{X} \to [0,1], \quad P_N(x) = \binom{N}{n}^{-1} \quad \text{für alle} \quad x \in \mathcal{X}.$$

In **Beispiel 4** sollen Erwartungswert und Standardabweichung einer Zufallsvariablen geschätzt werden. Die Behandlung dieses Falles verschieben wir auf 3.1.4.

## 3.1.3  Erwartungstreue Schätzer

Nun sind Vorschriften gesucht, mit denen man aus einer Stichprobe eine Schätzung des Parameters $\vartheta$ erhalten kann. Allgemein versteht man unter einem *Schätzer* eine Zufallsvariable

$$S\colon \mathcal{X} \to \mathbb{R}, \quad x \mapsto S(x),$$

auf dem Stichprobenraum $\mathcal{X}$. Ist $\Theta \subset \mathbb{R}$, so heißt der Schätzer $S$ *erwartungstreu* , wenn

$$E_\vartheta(S) = \vartheta \quad \text{für alle} \quad \vartheta \in \Theta. \tag{$*$}$$

$E_\vartheta$ bezeichnet dabei den Erwartungswert bezüglich des vorgegebenen Wahrscheinlichkeitsmaßes $P_\vartheta$ auf $\mathcal{X}$.

Die Bedingung der Erwartungstreue bedeutet, dass die Funktion $S$ so gebaut ist, dass ihre Werte für jedes mögliche $\vartheta$ auf $\vartheta$ zentriert sind. Entscheidend für die Qualität eines Schätzers ist auch die Streuung der Werte, sie wird durch die Varianz $V_\vartheta(S)$ bestimmt: je kleiner, desto besser.

In manchen Fällen muss dieser Begriff noch allgemeiner gefasst werden. Neben $\Theta \subset \mathbb{R}$ kann es auch allgemeinere Parameterbereiche geben, und der Schätzer $S\colon \mathcal{X} \to \mathbb{R}$ kann auch einen von $\vartheta \in \Theta$ abhängigen Wert $f(\vartheta)$ schätzen, wobei

$$f\colon \Theta \to \mathbb{R}$$

eine beliebige Funktion ist. In dieser allgemeinen Situation nennt man $S$ *erwartungstreu* für $f(\vartheta)$, wenn

$$E_\vartheta(S) = f(\vartheta) \quad \text{für alle} \quad \vartheta \in \Theta.$$

Der Wert $f(\vartheta) \in \mathbb{R}$ wird auch *Kenngröße* genannt.

Nach diesen allgemeinen Vorbemerkungen wollen wir versuchen, in den vorgegebenen Beispielen gute Schätzer zu konstruieren.

In **Beispiel 1** ist $\mathcal{X} = \{0,1\}^n$ mit dem Produktmaß $P_p$. Wir definieren den Schätzer

$$S\colon \mathcal{X} \to \mathbb{R} \quad \text{durch} \quad S(X_1,...,X_n) := \frac{1}{n}(X_1 + ... + X_n).$$

Das ist eine naheliegende Vorschrift, die bedeutet, dass für jedes Ergebnis $(x_1,...,x_n)$ einer Stichprobe

$$S(x_1,...,x_n) = \frac{1}{n}(x_1 + ... + x_n) \in [0,1] \subset \mathbb{R}$$

sein soll. Um zu zeigen, dass dieses $S$ erwartungstreu für $p$ ist, müssen wir $E_p(S) = p$ für jedes $p \in [0,1]$ nachweisen. Nach 2.4.2 ist $E_p(X_i) = p$ für alle $i$, also folgt

$$E_p(S) = \frac{1}{n}\sum_{i=1}^{n} E_p(X_i) = \frac{1}{n}(n \cdot p) = p.$$

Somit ist gezeigt, dass $S$ erwartungstreu ist.

Nun zur Varianz: Nach 2.4.3 gilt $V_p(X_i) = p(1-p)$ für alle $i$, also folgt wegen der Unabhängigkeit von $X_1, ..., X_n$

$$V_p(S) = V_p \left( \frac{1}{n} \sum_{i=1}^{n} X_i \right) = \frac{1}{n^2} \sum_{i=1}^{n} V_p(X_i) = \frac{np(1-p)}{n^2} = \frac{1}{n} p(1-p).$$

Damit ist die intuitiv naheliegende Idee, dass die Qualität der Schätzung mit wachsendem Stichprobenumfang $n$ besser wird, auch quantitativ gefasst. Man beachte jedoch, dass dafür die Annahme der Unabhängigkeit von $X_1, ..., X_n$ entscheidend ist.

Weiter ist zu bemerken, dass sich die Verteilung von $S$ nach dem Grenzwertsatz von DE MOIVRE-LAPLACE für große $n$ durch eine Normalverteilung approximieren lässt.

In **Beispiel 2** war

$$\begin{aligned}
N = \ & \{\text{Gesamtzahl der Fische}\} \\
r = \ & \#\{\text{rot markierte Fische}\} \leqslant N, \\
n = \ & \#\{\text{gezogene Fische}\} \leqslant N, \\
x = \ & \#\{\text{gezogene, rot markierte Fische}\} \leqslant n,
\end{aligned}$$

und $\mathcal{X} = \{0, ..., n\}$ mit der hypergeometrischen Verteilung $P_N$. Nach 2.4.2 gilt

$$E_N(X) = n \cdot \frac{r}{N}.$$

Grundlage für die Schätzung ist die Beziehung $\frac{r}{N} \approx \frac{x}{n}$. Daher ist

$$S(X) := \frac{r \cdot n}{X}$$

ein naheliegender Schätzer für $N$. Problem dabei ist das $X$ im Nenner, denn kleine Werte von $x$ ergeben große Schwankungen, und $E_N(S)$ kann man nicht so einfach durch $E_N(X)$ ausdrücken. Als Ersatz verwendet man den Schätzer

$$S'(X) := \frac{X}{n} \quad \text{für} \quad f(N) := \frac{r}{N}.$$

Er ist zwar nicht erwartungstreu für $N$, aber immerhin für $f(N) = \frac{r}{N}$, denn

$$E_N(S') = \frac{1}{n} E_N(X) = \frac{r}{N}.$$

Das zeigt, dass die Schätzung $N \approx S'(x)$ zwar nicht erwartungstreu für $N$ sein muss, aber für nicht zu kleine $x$ ist sie dennoch brauchbar.

Nun zur Varianz. Nach 2.4.5 gilt

$$V_N(X) = n \cdot \frac{r}{N} \left( 1 - \frac{r}{N} \right) \cdot \left( 1 - \frac{n-1}{N-1} \right).$$

Weiter ist

$$V_N(S') = V_N\left(\frac{1}{n} \cdot X\right) = \frac{1}{n^2}V_N(X) = \frac{1}{n} \cdot \frac{r}{N}\left(1 - \frac{r}{N}\right) \cdot \left(1 - \frac{n-1}{N-1}\right).$$

Bei festem $N$ und $r$ geht sie mit wachsendem $n \leqslant N$ gegen Null.

Wir haben bisher vorausgesetzt, dass beim zweiten Fischzug nicht zurückgelegt wird, in diesem Fall liegt das Ergebnis in $\Omega = \Omega_4(N,n)$. Legt man dagegen zurück und berücksichtigt die Reihenfolge, so liegt es in

$$\Omega' = \Omega_1(N,n) = \{1,...,N\}^n,$$

und man betrachtet mit $\omega' = (a_1,...,a_n) \in \Omega'$ die Zufallsvariable

$$Y: \Omega' \to \{0,...,n\}, \quad Y(\omega') = y = \#\{\text{rot markierte Fische in } \omega'\}.$$

Dann ist $Y$ binomial verteilt mit Parametern $n$ und $\frac{r}{N}$, daraus folgt

$$E_N(Y) = n \cdot \frac{r}{N} = E_N(X), \quad \text{aber} \quad V_N(Y) = n \cdot \frac{r}{N}\left(1 - \frac{r}{N}\right) > V_N(X) \quad \text{für} \quad n > 1.$$

Also liefert das Fischen ohne Zurücklegen in der Theorie das bessere Ergebnis. Das wird besonders deutlich im Extremfall $n = N$. Aber für beide Modelle ist in der Praxis das Problem eines „repräsentativen" zweiten Fischzugs entscheidend.

In **Beispiel 3** konstruieren wir drei verschiedene Schätzer für die Gesamtzahl $N$ der Taxen. Für jedes mögliche Ergebnis

$$x = \{r_1,...,r_n\} \subset \{1,...,N\}$$

einer Stichprobe sortieren wir die Nummern $r_i$ der Größe nach zu

$$1 \leqslant x_1 < x_2 < ... < x_n \leqslant N.$$

Diese Sortierung ergibt für $i = 1,...,n$ die Zufallsvariablen

$$X_i: \mathcal{X} \to \{1,...,N\}, \quad X_i(x) := x_i.$$

Der naivste Schätzer für die Gesamtzahl $N$ ist der von der Sortierung unabhängige doppelte Mittelwert

$$S(X_1,...,X_n) := \frac{2}{n}(X_1 + ... + X_n).$$

Im Fall $n = N$ ist dann allerdings $S(1,...,N) = N + 1$. Daher wird $S$ verbessert zu

$$S_1(X_1,...,X_n) := \frac{2}{n}(X_1 + ... + X_n) - 1 = 2\overline{X} - 1.$$

Es gilt $S_1(1,...,N) = N$, aber es kann $S_1(x_1,...,x_n) < x_n$ sein, etwa im Fall

$$N = 10, \quad x_1 = 1, \quad x_2 = 4, \quad x_3 = 10 \quad \text{ist} \quad S_1(1,4,10) = 9 < x_3.$$

Dennoch wird sich zeigen, dass $S_1$ erwartungstreu ist.

Bessere Schätzungen erhält man mit Hilfe der Sortierung durch die Betrachtung der Lücken zwischen den beobachteten Nummern. Nimmt man an, die Lücke von 1 bis $x_1$ sei gleich der Lücke von $x_n$ bis $N$, so ist

$$N - x_n = x_1 - 1 \quad \text{und} \quad N = x_1 + x_n - 1.$$

Aus dieser Annahme erhält man den Schätzer

$$S_2(X_1, ..., X_n) := X_1 + X_n - 1$$

mit $S_2(1, ..., N) = N$.

Diese Idee kann man weiter verbessern zu der Annahme, die letzte Lücke sei gleich dem Mittelwert der $n$ vorhergehenden Lücken. Das bedeutet

$$N - x_n = \frac{1}{n}((x_1 - 1) + (x_2 - x_1 - 1) + ... + (x_n - x_{n-1} - 1)) = \frac{1}{n}(x_n - n),$$

also $N = \frac{n+1}{n} \cdot x_n - 1$. Daraus erhält man den Schätzer

$$S_3(X_1, ..., X_n) := \frac{n+1}{n} X_n - 1.$$

Es ist zwar $S_3(1, ..., N) = N$, aber im Allgemeinen sind die Werte von $S_3$ nicht mehr ganzzahlig. So ist etwa

$$S_3(1, 4, 10) = 12\tfrac{1}{3}.$$

Die Berechnung der Erwartungswerte und Varianzen für die drei Schätzer macht etwas Mühe, denn die Wahrscheinlichkeiten $P_N(X_i = k)$ für $k \in \{1, ..., N\}$ sind kompliziertere Ausdrücke. Wenigstens die Erwartungswerte kann man einfacher bestimmen. Dazu betrachtet man die Abstände zwischen den beobachteten Werten, wobei 0 der Startpunkt und $N + 1$ der Endpunkt ist:

$$t_1 := x_1 = x_1 - 0, \ t_2 := x_2 - x_1, \ ... \ , \ t_n := x_n - x_{n-1}, \ t_{n+1} := N + 1 - x_n.$$

Die Zahlen $t_1, ..., t_{n+1}$ sind Werte von Zufallsvariablen

$$T_j: \mathcal{X} \to \{1, ..., N\}$$

mit

$$T_1 + ... + T_j = X_j \quad \text{für} \quad j = 1, ..., n \quad \text{und} \quad T_1 + ... + T_{n+1} = N + 1.$$

Nun ist es plausibel und nicht schwer zu beweisen (vgl. etwa [KRE, 3.3]), dass die $n + 1$ Zufallsvariablen $T_j$ den gleichen Erwartungswert haben. Daraus folgt

$$N + 1 = E_N(T_1 + ... + T_{n+1}) = E_N(T_1) + ... + E_N(T_{n+1}) = (n+1)E_N(T_j), \quad \text{also}$$

$$E_N(T_j) = \frac{N+1}{n+1} \quad \text{für} \quad j = 1, ..., n+1 \quad \text{und}$$

$$E_N(X_j) = E_N(T_1) + ... + E_N(T_j) = j \cdot \frac{N+1}{n+1} \quad \text{für} \quad j = 1, ..., n.$$

Damit ist es ein Kinderspiel, die Erwartungswerte unserer drei Schätzer zu berechnen:

$$
\begin{aligned}
E_N(S_1) &= E_N\left(2\overline{X}-1\right) = \frac{2}{n}\cdot(1+\ldots+n)\cdot\frac{N+1}{n+1}-1 = N+1-1 = N, \\
E_N(S_2) &= E_N\left(X_1+X_n-1\right) = (1+n)\cdot\frac{N+1}{n+1}-1 = N+1-1 = N, \\
E_N(S_3) &= E_N\left(\frac{n+1}{n}\cdot X_n-1\right) = \frac{n+1}{n}\cdot n\cdot\frac{N+1}{n+1}-1 = N+1-1 = N.
\end{aligned}
$$

Also sind $S_1, S_2$ und $S_3$ erwartungstreue Schätzer für $N$.

Zum Vergleich der Qualität der drei Schätzer muss man die Varianzen berechnen. Das ist ziemlich aufwändig, weil die Zufallsvariablen $X_1, \ldots, X_n$ nicht unabhängig sind. Wir übernehmen das Ergebnis, das man etwa in [ST, Heft 4, p. 65] findet:

$$
\begin{aligned}
V_N(S_1) &= (N-n)(N+1)\cdot\frac{1}{3n}, \\
V_N(S_2) &= (N-n)(N+1)\cdot\frac{2}{(n+1)(n+2)} \quad\text{und} \\
V_N(S_3) &= (N-n)(N+1)\cdot\frac{1}{n(n+2)}.
\end{aligned}
$$

Daran erkennt man sofort, dass die Qualität der Schätzung von $S_1$ über $S_2$ nach $S_3$ ansteigt. Die Varianz von $S_3$ ist nur etwa halb so groß wie die von $S_2$.

**Beispiel 4** behandeln wir in allgemeinerem Rahmen im nächsten Abschnitt.

Wir fassen die in diesem Abschnitt beschriebene Methode der *Punktschätzung* noch einmal allgemein zusammen:

*Gegeben ist ein Parameterbereich $\Theta$ und eine Funktion $f\colon \Theta \to \mathbb{R}$, $\vartheta \mapsto f(\vartheta)$, gesucht ist der unbekannte Wert $f(\vartheta) \in \mathbb{R}$. Dazu erklärt man einen endlichen Stichprobenraum $\mathcal{X}$ derart, dass jede Stichprobe einen Wert $x \in \mathcal{X}$ hat. Weiter erklärt man für jedes mögliche $\vartheta \in \Theta$ ein angemessenes Wahrscheinlichkeitsmaß*

$$
P_\vartheta\colon \mathcal{X} \to [0,1].
$$

*Ein erwartungstreuer Schätzer für $f(\vartheta)$ ist dann eine Zufallsvariable*

$$
S\colon \mathcal{X} \to \mathbb{R}, \quad x \mapsto S(x) \quad \textit{mit} \quad E_\vartheta(S) = f(\vartheta) \quad \textit{für alle} \quad \vartheta \in \Theta.
$$

*Die Qualität des Schätzers $S$ hängt ab von der Streuung seiner Werte, also von $V_\vartheta(S)$.*

Nun noch zu der Frage, wie man die „angemessenen" Wahrscheinlichkeitsmaße $P_\vartheta$ auf $\mathcal{X}$ erhält. Ein Schätzproblem entsteht im Allgemeinen dadurch, dass man Informationen über die unbekannte Verteilung einer Zufallsvariablen $X\colon \Omega \to \mathbb{R}$ erhalten will, wobei $(\Omega, P^*)$ ein – zur Vereinfachung endlicher – Wahrscheinlichkeitsraum ist. Dann ist auch $\mathcal{Y} := X(\Omega)$ endlich.

In Beispiel 1 ist $\Omega$ eine Menge von Wahlberechtigten, in Beispiel 4 eine Menge von Semmeln. Kommt bei der Auswahl der befragten Personen oder der gezogenen Semmeln jedes $\omega \in \Omega$ mit der gleichen Wahrscheinlichkeit vor, so ist auf $\Omega$ die Gleichverteilung $P^*$ angemessen. In anderen Fällen wird man ein differenzierteres $P^*$ wählen müssen. Die Verteilung von $X$ hängt dann im allgemeinsten Fall ab von allen Werten $P^*(\omega)$ und $X(\omega)$ für $\omega \in \Omega$. Die nötigen Informationen darüber kann man zusammenfassen in einem eventuell umfangreichen Parameter $\vartheta$, der in einem vorgegebenen Bereich $\Theta$ variieren kann. Ist es gerechtfertigt, für $X$ eine Normalverteilung anzunehmen, so genügt $\vartheta = (\mu_X, \sigma_X^2) \in \mathbb{R} \times \mathbb{R} = \Theta$, wobei $\mu_X$ und $\sigma_X^2$ im Allgemeinen unbekannt sind.

In jedem Fall erhält man auf $\mathcal{Y}$ aus $P^*$ und $X$ ein von $\vartheta \in \Theta$ abhängiges Wahrscheinlichkeitsmaß $P'_\vartheta$ mit

$$P'_\vartheta(y) := P^*(X = y) \quad \text{für alle} \quad y \in \mathcal{Y} = X(\Omega).$$

Bei einer Stichprobe vom Umfang $n$ wählt man unabhängig voneinander $\omega_1, ..., \omega_n$ aus und bestimmt die Werte $x_j = X(\omega_j) \in \mathcal{Y}$ für $j = 1, ..., n$. Das ergibt insgesamt einen Wert

$$x = (x_1, ..., x_n) \in \mathcal{X} = \mathcal{Y}^n$$

aus dem Stichprobenraum $\mathcal{X}$. Die Annahme einer „unabhängigen Stichprobe" setzt man dadurch um, dass $\mathcal{X}$ mit dem Produktmaß $P_\vartheta$ versehen wird, d.h.

$$P_\vartheta(x_1, ..., x_n) := P'_\vartheta(x_1) \cdot ... \cdot P'_\vartheta(x_n).$$

Dann sind nach dem Lemma aus 2.2.6 die Projektionen

$$X_j \colon \mathcal{X} \to \mathcal{Y} \quad \text{mit} \quad X_j(x_1, ..., x_n) = x_j \quad \text{für} \quad j = 1, ..., n$$

unabhängige Zufallsvariablen und es gilt

$$P_\vartheta(X_j = y) = P'_\vartheta(y) = P^*(X = y) \quad \text{für alle} \quad j \in \{1, ..., n\}, \ y \in \mathcal{Y} \ \text{und} \ \vartheta \in \Theta.$$

Dafür sagt man in der Statistik: Die $X_1, ..., X_n$ sind „identisch wie $X$ verteilt". Mögliche Werte $x_1, ..., x_n$ von $X_1, ..., X_n$ nennt man *Realisierungen* von $X_1, ..., X_n$ und schließlich wird $(x_1, ..., x_n)$ eine *unabhängige Stichprobe* genannt.

Ist nun weiter ein Schätzer $S \colon \mathcal{X} \to \mathbb{R}$ gegeben, so kann man schließlich das Ganze in einem Diagramm zusammenfassen:

$$
\begin{array}{ccc}
\Omega & \xrightarrow{\ \ X\ \ } & \mathcal{Y} \subset \mathbb{R} \\
 & & \Big\uparrow X_j \\
\mathcal{Y}^n = \mathcal{X} & \xrightarrow{\ \ S\ \ } & \mathbb{R}
\end{array}
$$

## 3.1.4 Schätzung von Erwartungswert und Varianz

In **Beispiel 4** aus 3.1.1 (*Gewicht von Semmeln*) bezeichnen wir mit $\Omega$ die Menge aller in einem bestimmten Zeitraum produzierten Semmeln und die Funktion

$$X\colon \Omega \to \mathcal{Y} \subset \mathbb{R}, \qquad \omega \mapsto X(\omega) = \text{Gewicht von } \omega.$$

Hat man ein angemessenes Wahrscheinlichkeitsmaß $P^*$ auf $\Omega$, so wird $X$ eine Zufallsvariable und das in 3.1.1 gestellte Problem bedeutet, dass

$$E(X) = \mu_X \quad \text{und} \quad V(X) = \sigma_X^2$$

geschätzt werden sollen.

Im Allgemeinen ist, wie in 3.1.3 beschrieben, $(\Omega, P^*)$ ein endlicher Wahrscheinlichkeitsraum und $X\colon \Omega \to \mathcal{Y} \subset \mathbb{R}$ eine Zufallsvariable, deren Verteilung von einem Parameter $\vartheta \in \Theta$ abhängt. Da Erwartungswert und Varianz durch die Verteilung festgelegt sind, gibt es Abbildungen

$$\mu\colon \Theta \to \mathbb{R}, \quad \vartheta \mapsto \mu_\vartheta := E(X) \quad \text{und} \quad \sigma^2\colon \Theta \to \mathbb{R}_+, \quad \vartheta \mapsto \sigma_\vartheta^2 := V(X).$$

Gesucht sind nun Schätzer

$$S_1\colon \mathcal{X} \to \mathbb{R} \text{ für } \mu_\vartheta \quad \text{und} \quad S_2\colon \mathcal{X} \to \mathbb{R} \text{ für } \sigma_\vartheta^2.$$

In **Beispiel 4** aus 3.1.1 nimmt man an, dass jede Semmel mit gleicher Wahrscheinlichkeit in die Stichprobe genommen wird, also ist auf $\Omega$ die Gleichverteilung $P^*$ angemessen. Dann ist $P'_\vartheta(y) = P^*(X = y)$ der vom Parameter $\vartheta$ abhängige relative Anteil der Semmeln vom Gewicht $y$, und daraus ergibt sich $P_\vartheta$ auf $\mathcal{X} = \mathcal{Y}^n$ als Produktmaß.

Nach diesen Vorbemerkungen geben wir die gesuchten Schätzer an:

**Satz** *Sei $(\Omega, P^*)$ ein endlicher Wahrscheinlichkeitsraum und $X\colon \Omega \to \mathcal{Y} \subset \mathbb{R}$ eine Zufallsvariable, deren Erwartungswert $\mu_\vartheta$ und Varianz $\sigma_\vartheta^2$ von einem Parameter $\vartheta \in \Theta$ abhängen. Auf dem Stichprobenraum $\mathcal{X} = \mathcal{Y}^n$ mit den von $\vartheta \in \Theta$ abhängigen Wahrscheinlichkeitsmaßen $P_\vartheta$ seien unabhängige Zufallsvariable*

$$X_1, \ldots, X_n\colon \mathcal{X} \to \mathbb{R}$$

*gegeben derart, dass $E_\vartheta(X_j) = \mu_\vartheta$ und $V_\vartheta(X_j) = \sigma_\vartheta^2$ für alle $\vartheta \in \Theta$ und $j = 1, \ldots, n$. Dann gilt*

*a) $S_1(X_1, \ldots, X_n) := \frac{1}{n} \sum\limits_{j=1}^{n} X_j =: \overline{X}$ ist ein erwartungstreuer Schätzer für $\mu_\vartheta$ und $S_1$ hat die Varianz $V_\vartheta(S_1) = \frac{1}{n}\sigma_\vartheta^2$.*

b) $S_2(X_1,...,X_n) := \frac{1}{n-1} \sum_{j=1}^{n} (X_j - \overline{X})^2$ ist ein erwartungstreuer Schätzer für $\sigma_\vartheta^2$.

c) Ist $\mu = E_\vartheta(X)$ unabhängig von $\vartheta$ und bekannt, so ist

$$\tilde{S}_2(X_1,...,X_n) := \frac{1}{n} \sum_{j=1}^{n} (X_j - \mu)^2 \text{ ein erwartungstreuer Schätzer für } \sigma_\vartheta^2.$$

d) $\frac{1}{n}S_2$ ist ein erwartungstreuer Schätzer für $V_\vartheta(S_1)$.

Zunächst ein paar Bemerkungen zu diesem Ergebnis:

- Die Voraussetzung, dass alle $X_i$ gleiche Erwartungswerte und Varianzen haben, ist etwas schwächer als die oft gemachte Voraussetzung gleicher Verteilungen.

- Teil a) gilt natürlich schon für $n = 1$. Das bedeutet, dass schon der Wert einer Stichprobe vom Umfang 1 erwartungstreuer Schätzer für $\mu_X$ ist. Aber entscheidend ist die zweite Gleichung: mit wachsendem $n$ wird die Streuung geringer und dadurch die Schätzung genauer. Das ist eine für die Praxis entscheidende Aussage. Die nicht selbstverständliche Voraussetzung dafür ist aber die Unabhängigkeit der $X_j$. Sind $X_1,...,X_n$ sogar identisch verteilt – was bei den Projektionen $X_j: \mathcal{X} \to \mathcal{Y}$ der Fall ist – so kann man über die Verteilung von $\overline{X}$ eine genauere Aussage machen: Nach dem Zentralen Grenzwertsatz aus 2.5.6 nähert sie sich einer Normalverteilung an.

- Der Faktor $\frac{1}{n-1}$ anstelle von $\frac{1}{n}$ bei $S_2$ motiviert den gleichen Faktor bei der Definition der empirischen Varianz in 1.3.2. Zur Erklärung dieses Faktors kann ein Vergleich zwischen $S_2$ und $\tilde{S}_2$ helfen: Sind $x_1,...,x_n$ und $\overline{x}$ spezielle Werte, so gilt nach 1.3.1 und 1.3.4 mit $c = \mu$

$$\sum (x_i - \mu)^2 = \sum (x_j - \overline{x})^2 + n(\overline{x} - \mu)^2.$$

Daher wird die Summe in $S_2$ im Allgemeinen etwas kleiner ausfallen als in $\tilde{S}_2$. Das wird durch den im Vergleich zu $\frac{1}{n}$ etwas größeren Faktor $\frac{1}{n-1}$ ausgeglichen. Im Beweis von b) folgt eine präzise quantitative Begründung.

*Beweis* Zur Vereinfachung der Bezeichnungen unterdrücken wir im ganzen Beweis den Index $\vartheta$.

a) ist ganz einfach:

$$E(S_1) = E\left(\frac{1}{n} \sum_{j=1}^{n} X_j\right) = \frac{1}{n} \sum_{j=1}^{n} E(X_j) = \frac{1}{n} \cdot n \cdot \mu = \mu.$$

$$V(S_1) = V\left(\frac{1}{n} \sum_{j=1}^{n} X_j\right) = \frac{1}{n^2} \sum_{j=1}^{n} V(X_j) = \frac{1}{n^2} \cdot n \cdot \sigma^2 = \frac{1}{n}\sigma^2.$$

Zum Beweis von *b)* benutzen wir Folgendes:

$$\sum_{j=1}^{n}(X_j - \overline{X})^2 = \left(\sum_{j=1}^{n} X_j^2\right) - n\overline{X}^2 \qquad \text{nach (1) in 1.3.2,} \qquad (*)$$

Für jede Zufallsvariable $Y$ gilt nach Rechenregel 5) aus 2.4.3

$$E(Y^2) = V(Y) + E(Y)^2. \qquad (**)$$

Zunächst berechnen wir

$$E\left(\sum_{j=1}^{n}(X_j - \overline{X})^2\right) = \left(\sum_{j=1}^{n} E\left(X_j^2\right)\right) - nE(\overline{X}^2) \qquad \text{nach } (*)$$

$$= n\left(\sigma^2 + \mu^2\right) - n\left(\tfrac{1}{n}\sigma^2 + \mu^2\right) \qquad \text{nach } (**) \text{ und Teil } a)$$

$$= (n-1)\sigma^2.$$

Um aus $\sum(X_j - \overline{X})^2$ einen erwartungstreuen Schätzer zu machen, genügt es also, ihn durch $n-1$ zu dividieren. Das ist gerade die Behauptung von *b)*.

Für Aussage *c)* können wir in obiger Rechnung $\overline{X}$ durch $\mu$ ersetzen. Dann ist

$$E\left(\sum_{j=1}^{n}(X_j - \mu)^2\right) = \sum_{j=1}^{n} E((X_j - \mu)^2)$$

$$= \sum_{j=1}^{n}\left(V(X_j - \mu) + \left(E\left(X_j - \mu\right)\right)^2\right) \qquad \text{nach } (**)$$

$$= n \cdot \sigma^2.$$

*d)* folgt aus *a)*, denn

$$E\left(\frac{1}{n}S_2\right) = \frac{1}{n}E(S_2) = \frac{1}{n}\sigma^2 = V(\overline{X}).$$

∎

Wie oft in der Statistik ist es etwas kompliziert, eine präzise Beschreibung für den Hintergrund des gerade bewiesenen Ergebnisses zu geben. Die Anwendung dagegen ist ganz einfach. Dazu unser altes

**Beispiel 4** (*Gewichte von Semmeln*)
Aus der Produktion einer Großbäckerei wird eine Stichprobe von 20 Semmeln entnommen. Die Gewichte $x_1, \dots, x_{20}$ werden in einem Stamm-Blatt-Diagramm angegeben:

```
50.  |  10
51.  |  78
52.  |  34  72
53.  |  00  13  36  40  55  87
54.  |  30  70  71  90  96
55.  |  08  63  71
56.  |  09  92
```

Der vom Produktionsverfahren abhängige Parameterbereich $\Theta$ und der Wert $\vartheta$ in dieser speziellen Produktion bleiben im Verborgenen, aber die Werte $\mu_\vartheta$ und $\sigma_\vartheta^2$ kann man erwartungstreu schätzen:

$$\overline{x} = S_1(x_1,...,x_{20}) = \frac{1}{20}(x_1 + ... + x_{20}) = 54.013 \quad \text{schätzt} \quad \mu_\vartheta,$$

$$\tilde{\sigma}^2 = S_2(x_1,...,x_{20}) = \frac{1}{19}\sum_{i=1}^{20}(x_i - \overline{x})^2 = \frac{49.733}{19} = 2.618 \quad \text{schätzt} \quad \sigma_\vartheta^2.$$

Der Wert von $\sigma_\vartheta^2$ ist vor allem von Interesse im Vergleich zu einer Stichprobe aus einer anderen Bäckerei. Hier waren die Werte von $x_1,...,x_{20}$:

| | | | | | | |
|---|---|---|---|---|---|---|
| 44. | \| | 61 | | | | |
| 45. | \| | 15 | 41 | 44 | 56 | 65 |
| 46. | \| | 51 | 59 | 72 | 77 | 98 |
| 47. | \| | 23 | 86 | 90 | | |
| 48. | \| | 25 | 76 | 86 | 98 | |
| 49. | \| | 09 | 20 | | | |

und mit etwas Rechnung erhält man $\overline{x} = 47.076$ und $\tilde{\sigma}^2 = 2.172$. Als Ergebnis der Schätzung kann man vermuten, dass hier mittleres Gewicht und Streuung geringer sind. Aber sicher ist das nicht!

### 3.1.5 Aufgaben

**Aufgabe 3.1** Gegeben sei eine Zufallsvariable $X \colon \Omega \to \mathbb{R}$ mit $X(\Omega) = \{0, 1, 4\}$ und der Wahrscheinlichkeitsverteilung

$$P(X = 0) = \frac{2}{3} - \frac{1}{4}\cdot a, \qquad P(X = 1) = \frac{1}{3}, \qquad P(X = 4) = \frac{1}{4}\cdot a$$

mit unbekanntem $a$ ($0 \leqslant a \leqslant 1$).
Seien $X_1$, $X_2$, $X_3$ unabhängige, identisch wie $X$ verteilte Zufallsvariablen.

(a) Geben Sie ein $c \in \mathbb{R}$ an derart, dass

$$S_1 := 6X_1 - 4X_2 - X_3 + c$$

ein erwartungstreuer Punktschätzer für $a$ ist.

Sei $S_2 := 2X_1 - 5X_2 + 4X_3 - \frac{1}{3}$ ein weiterer erwartungstreuer Schätzer für $a$.

(b) Geben Sie $S_1$ oder $S_2$ den Vorzug? Begründen Sie Ihre Entscheidung.

**Aufgabe 3.2**  Eine Zufallsvariable $X\colon \Omega \to \mathbb{R}$ habe den Erwartungswert $\mu_\vartheta$ und die Varianz $\sigma_\vartheta^2$. Seien $X_1$, $X_2$ und $X_3$ unabhängige und identisch wie $X$ verteilte Zufallsvariablen. Gegeben sind die Schätzer

$$S_1\colon \mathcal{X} \to \mathbb{R}, \qquad S_1(X_1,X_2,X_3) := \frac{1}{3}(X_1 + X_2 + X_3),$$

$$S_2\colon \mathcal{X} \to \mathbb{R}, \qquad S_2(X_1,X_2,X_3) := \frac{1}{2}(X_1 + X_2 + X_3),$$

$$S_3\colon \mathcal{X} \to \mathbb{R}, \qquad S_3(X_1,X_2,X_3) := \frac{1}{4}(2X_1 + 2X_3) \quad \text{und}$$

$$S_4\colon \mathcal{X} \to \mathbb{R}, \qquad S_4(X_1,X_2,X_3) := \frac{1}{3}(2X_1 + X_2)$$

$$S_5\colon \mathcal{X} \to \mathbb{R}, \qquad S_5(X_1,X_2,X_3) := X_3$$

für den Erwartungswert. Welche dieser Schätzer sind erwartungstreu? Begründen Sie, welcher Schätzer zu bevorzugen ist?

**Aufgabe 3.3**  (angelehnt an [BOS, Beispiel B 11.1]) Sei $X\colon \Omega \to \mathbb{R}$ eine Zufallsvariable mit Erwartungswert $\mu$ und Varianz $\sigma^2$ und $X_1,\dots,X_n$ unabhängig und identisch verteilt wie $X$. Für den Erwartungswert sind die folgenden Schätzer gegeben:

$$S_1\colon \mathcal{X} \to \mathbb{R}, \qquad S_1(X_1,\dots,X_n) := \frac{1}{n}(X_1 + \dots + X_n) \quad \text{und}$$

$$S_2\colon \mathcal{X} \to \mathbb{R}, \qquad S_2(X_1,\dots,X_n) := \frac{1}{n}(a_1 X_1 + \dots + a_n X_n) \quad \text{mit } a_1 + \dots + a_n = n.$$

(a) Ist $S_2$ erwartungstreu für $\mu$?
(b) Berechnen Sie die Varianz von $S_2$.
(c) Ist $S_1$ oder $S_2$ als Schätzer für $\mu$ zu bevorzugen? Begründung.

**Aufgabe 3.4**  Gegeben seien eine Zufallsvariable $X$ mit $E(X) = \mu$ und $V(X) = \sigma^2$ und unabhängige, identisch wie $X$ verteilte Zufallsvariablen $X_1,\dots,X_4$. Betrachtet werden sollen folgende Punktschätzer für $\mu$:

$$S_1\colon \mathcal{X} \to \mathbb{R}, \qquad S_1(X_1,X_2,X_3,X_4) = 2X_1 + \frac{1}{4}(X_2 + X_3) - 1.5X_4$$

$$S_2\colon \mathcal{X} \to \mathbb{R}, \qquad S_2(X_1,X_2,X_3,X_4) = \frac{1}{3}\sum_{i=1}^{3} X_i + \frac{1}{4}X_4$$

$$S_3\colon \mathcal{X} \to \mathbb{R}, \qquad S_3(X_1,X_2,X_3,X_4) = \frac{1}{4}(X_1 + X_2) + \frac{3}{10}X_3 + \frac{1}{5}X_4$$

$$S_4\colon \mathcal{X} \to \mathbb{R}, \qquad S_4(X_1,X_2,X_3,X_4) = \frac{2}{3}\sum_{i=1}^{3} X_i - X_4$$

(a) Sind die Schätzer $S_1, S_2, S_3$ und $S_4$ erwartungstreu für $\mu$?
(b) Welcher der Schätzer ist zu bevorzugen?

**Aufgabe 3.5** (angelehnt an [H-G]) Sei $X: \Omega \to \mathbb{R}$ eine normalverteilte Zufallsvariable mit Erwartungswert $\mu = 0$ und unbekannter Varianz $\sigma^2$ und $X_1, \ldots, X_n$ unabhängig und identisch verteilt wie $X$. Gegeben ist ein Schätzer $S$ für $\sigma^2$ mit

$$S = \frac{2}{n} X_1^2 + \frac{n-2}{n(n-1)} \sum_{i=2}^{n} X_i^2$$

(a) Bestimmen Sie $E(X_i^2)$. Benutzen Sie dazu die Rechenregel

$$V(X) = E(X^2) - E(X)^2$$

　　für die Varianz.

(b) Ist $S$ erwartungstreuer Schätzer für $\sigma^2$?

**Aufgabe 3.6** Betrachten Sie erneut das Taxiproblem aus Beispiel 3 in Kapitel 3.1.3.

(a) Sei $N = 5$ und $n = 2$. Berechnen Sie $P_N(X_i = k)$ mit $X_i: \mathcal{X} \to \{1 \ldots, 5\}$, $X_i(x) = x_i$
　　$(i = 1,2)$ und $x_1 < x_2$ und zeigen Sie, dass $X_1$ und $X_2$ abhängig sind. Ermitteln Sie
　　$E_N(T_j)$ und $E_N(X_i)$.

(b) Geben Sie apriori-Schranken für $x_i$, $i \in \{1, \ldots, n\}$ und die allgemeine Formel für
　　$P(X_i = k)$ an. Überlegen Sie dazu, an welchen Positionen $x_j$ mit $j \neq i$ die übrigen
　　Taxen verteilt werden können.

## 3.2 Intervallschätzungen

In 3.1 hatten wir für einen unbekannten Parameter $\vartheta \in \Theta$ auf einem Stichprobenraum $\mathcal{X}$ mit Wahrscheinlichkeitsmaßen $P_\vartheta$ Schätzer

$$S \colon \mathcal{X} \to \mathbb{R}$$

konstruiert. Grundbedingung war dabei die Erwartungstreue, d.h. im Fall $\Theta \subset \mathbb{R}$, dass

$$E_\vartheta(S) = \vartheta \quad \text{für alle möglichen} \quad \vartheta \in \Theta.$$

Die Präzision eines Schätzers ist abhängig von seiner Streuung, also von $V_\vartheta(S)$: je kleiner desto besser. Diese Frage soll nun etwas genauer und quantitativ untersucht werden.

Im Allgemeinen wird der Schätzer $S$ für keine Stichprobe $x \in \mathcal{X}$ den Wert $\vartheta$ genau annehmen, d.h.

$$P_\vartheta(S = \vartheta) = 0.$$

### 3.2.1 Konfidenz

Die Idee ist die folgende: Zu $x \in \mathcal{X}$ und $\varepsilon > 0$ betrachtet man das Intervall

$$I_x := [S(x) - \varepsilon, \; S(x) + \varepsilon], \quad \text{mit} \quad \varepsilon > 0,$$

um $S(x)$ und die Wahrscheinlichkeit, dass man mit $I_x$ auf $\vartheta$ trifft, d.h.

$$P_\vartheta(I_x \ni \vartheta) := P_\vartheta(|S - \vartheta| \leqslant \varepsilon) := P_\vartheta(\{x \in \mathcal{X} : |S(x) - \vartheta| \leqslant \varepsilon\}).$$

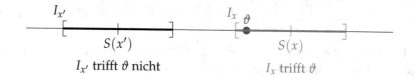

$I_{x'}$ trifft $\vartheta$ nicht      $I_x$ trifft $\vartheta$

Sie wird offensichtlich mit wachsendem $\varepsilon$ größer. Man beachte die Bedeutung dieser Wahrscheinlichkeit: $P_\vartheta(I_x \ni \vartheta) = 0.9$ bedeutet, dass für etwa 90% aller Stichproben $x \in \mathcal{X}$ das Intervall $I_x$ den Wert $\vartheta$ einfängt. Der Wert $\vartheta$ ist fest, aber unbekannt; das Intervall $I_x$ ist vom Zufall gesteuert. $\vartheta$ ist der Nagel, $I_x$ der Hammer. Es wird nicht eine Wahrscheinlichkeit dafür gemessen, dass $\vartheta$ in ein vorgegebenes Intervall fällt. Aus diesem Grund ist die Schreibweise $I_x \ni \vartheta$ (sprich „$I_x$ trifft $\vartheta$") statt $\vartheta \in I_x$ üblich!

Nun wird die Anforderung an die Sicherheit des Schätzers quantitativ gefasst: Man gibt sich eine Zahl $\alpha \in {]0,1[}$ als Schranke für die tolerierte Unsicherheit vor, und möchte $\varepsilon$ und damit $I_x$ so bestimmen, dass

$$P_\vartheta(I_x \ni \vartheta) \geqslant 1 - \alpha \qquad \text{für alle} \quad \vartheta \in \Theta \subset \mathbb{R}.$$

Diese Bedingung heißt *Konfidenzbedingung*, das durch $x \in \mathcal{X}$ und $\varepsilon > 0$ bestimmte Intervall $I_x$ heißt dann *Konfidenzintervall*, die Zahl $1 - \alpha$ heißt *Konfidenzniveau*.

Das Problem ist nun, zu vorgegebenen $S$ und $\alpha$ für jedes $x$ ein passendes $\varepsilon$ zu finden. Es ist klar, dass $\varepsilon$ umso größer sein muss, je stärker $S$ streut. Um einen genauen Wert von $\varepsilon$ angeben zu können, muss man die starke Voraussetzung machen, dass die Varianz $\sigma^2$ von $S$ bekannt ist. In dem häufig vorkommenden Fall, dass

$$S = \frac{1}{n}(X_1 + \ldots + X_n)$$

mit unabhängigen identisch verteilten $X_1, \ldots, X_n$ genügt es dazu, die Varianz $\sigma_0^2 = V(X_j)$ für $j = 1, \ldots, n$ zu kennen. Dann folgt aus den Rechenregeln für die Varianz, dass

$$\sigma^2 = \frac{1}{n}\sigma_0^2, \quad \text{also} \quad \sigma = \frac{\sigma_0}{\sqrt{n}}.$$

Nun können wir das erste Ergebnis beweisen, bei dem keine Voraussetzung an die Art der Verteilung von $S$ gemacht wird:

**Satz C**    *Sei $S: \mathcal{X} \to \mathbb{R}$ ein erwartungstreuer Schätzer für das unbekannte $\vartheta \in \mathbb{R}$, und sei $V_\vartheta(S) = \sigma^2$ unabhängig von $\vartheta$ und bekannt. Dann hat man für alle möglichen $\vartheta \in \mathbb{R}$ und $x \in \mathcal{X}$ ein Konfidenzintervall*

$$I_x := \left[ S(x) - \frac{\sigma}{\sqrt{\alpha}}, \; S(x) + \frac{\sigma}{\sqrt{\alpha}} \right]$$

*zum Konfidenzniveau $1 - \alpha$.*

*Beweis* Der Buchstabe **C** beim Satz steht für CHEBYSHEV, mit dessen Ungleichung er bewiesen wird. Ist $\varepsilon > 0$, so gilt wegen $E_\vartheta(S) = \vartheta$

$$P_\vartheta(I_x \ni \vartheta) = P_\vartheta(|S - \vartheta| \leqslant \varepsilon) = 1 - P_\vartheta(|S - \vartheta| > \varepsilon) \geqslant 1 - P_\vartheta(|S - \vartheta| \geqslant \varepsilon) \geqslant 1 - \frac{\sigma^2}{\varepsilon^2}.$$

Also ist die Konfidenzbedingung erfüllt, wenn

$$1 - \frac{\sigma^2}{\varepsilon^2} \geqslant 1 - \alpha, \quad \text{d.h.} \quad \varepsilon \geqslant \frac{\sigma}{\sqrt{\alpha}}$$

Somit ist $\varepsilon := \frac{\sigma}{\sqrt{\alpha}}$ der kleinste mögliche Wert.                                         ∎

Die Ungleichung von CHEBYSHEV gilt für alle Zufallsvariablen. Macht man spezielle Voraussetzungen an die Verteilung des Schätzers $S$, so kann man bessere, d.h. kleinere Werte von $\varepsilon$ erwarten. Benutzt man etwa den Zentralen Grenzwertsatz, so kann man bei genügend großem Stichprobenumfang $n$ annehmen, dass ein geeigneter Schätzer $S$ annähernd normalverteilt ist. Der Buchstabe $\mathbf{G}$ steht nun für GAUSS:

**Satz G**   *Unter den Voraussetzungen von Satz C sei zusätzlich angenommen, dass der Schätzer $S$ mit unbekanntem $\vartheta = E_\vartheta(S)$ und bekanntem $\sigma^2 = V_\vartheta(S)$ annähernd normalverteilt ist. Dann hat man für alle möglichen $x \in \mathcal{X}$ und $\vartheta \in \mathbb{R}$ ein Konfidenzintervall*

$$I_x := \left[ S(x) - \sigma \cdot \Phi^{-1}\left(1 - \frac{\alpha}{2}\right), \ S(x) + \sigma \cdot \Phi^{-1}\left(1 - \frac{\alpha}{2}\right) \right]$$

*zum Konfidenzniveau $1 - \alpha$.*

*Beweis* Unter der Voraussetzung einer annähernden Normalverteilung mit $E_\vartheta(S) = \vartheta$ und $V_\vartheta(S) = \sigma^2 > 0$ für alle $\vartheta \in \Theta$ ist nach 2.5.4:

$$P_\vartheta(|S - \vartheta| \leqslant \varepsilon) = P_\vartheta\left( -\frac{\varepsilon}{\sigma} \leqslant \frac{S - \vartheta}{\sigma} \leqslant \frac{\varepsilon}{\sigma} \right) \approx \Phi(\tfrac{\varepsilon}{\sigma}) - \Phi(-\tfrac{\varepsilon}{\sigma}) = 2\Phi(\tfrac{\varepsilon}{\sigma}) - 1.$$

Also bedeutet die Konfidenzbedingung approximativ

$$2\Phi(\tfrac{\varepsilon}{\sigma}) - 1 \geqslant 1 - \alpha, \quad \text{d.h.} \quad \Phi(\tfrac{\varepsilon}{\sigma}) \geqslant 1 - \tfrac{\alpha}{2}.$$

Mit Hilfe der streng monoton steigenden Umkehrfunktion $\Phi^{-1}$ von $\Phi$ erhält man daraus die Bedingung

$$\varepsilon \geqslant \sigma \cdot \Phi^{-1}\left(1 - \frac{\alpha}{2}\right).$$

∎

In der Terminologie von 2.5.5 ist $\Phi^{-1}(1 - \tfrac{\alpha}{2}) = u_{1-\frac{\alpha}{2}}$ das $(1 - \tfrac{\alpha}{2})$-Quantil der Standard-Normalverteilung. Das kann man illustrieren durch Flächen unterhalb der GAUSS-Glocke: Die beiden Flächen an den Rändern vom Inhalt je $\tfrac{\alpha}{2}$ entsprechen für $\sigma = 1$ dem Anteil der $x \in \mathcal{X}$, der die Konfidenzbedingung $I_x \ni \vartheta$ verletzt. An dem Bild sieht man auch deutlich, wie $I_x$ mit kleiner werdendem $\alpha$ vergrößert werden muss.

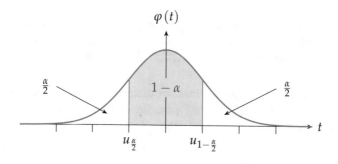

Nun bietet sich ein Vergleich an zwischen den Längen der Konfidenzintervalle in den Sätzen C und G: Es ist

$$\varepsilon = \sigma \cdot \sqrt{\tfrac{1}{\alpha}} \text{ in Satz C} \quad \text{und} \quad \varepsilon = \sigma \cdot u_{1-\frac{\alpha}{2}} \text{ in Satz G.}$$

Wir geben die gerundeten Werte der Faktoren von $\sigma$ für einige Werte von $\alpha$ an:

| Sicherheit | 50% | 80% | 90% | 95% | 99% | 99.5% | 99.9% |
|---|---|---|---|---|---|---|---|
| $\alpha$ | 0.5 | 0.2 | 0.1 | 0.05 | 0.01 | 0.005 | 0.001 |
| $\sqrt{1/\alpha}$ | 1.414 | 2.236 | 3.162 | 4.472 | 10 | 14.142 | 31.623 |
| $1 - \frac{\alpha}{2}$ | 0.75 | 0.9 | 0.95 | 0.975 | 0.995 | 0.9975 | 0.9995 |
| $u_{1-\frac{\alpha}{2}}$ | 0.674 | 1.282 | 1.645 | 1.960 | 2.576 | 2.807 | 3.291 |

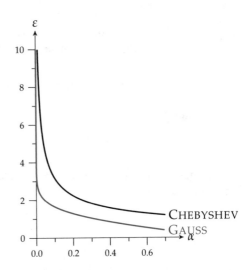

Daran kann man erkennen, dass die Annahme einer Normalverteilung die Intervalllänge bis zu einer Sicherheit von etwa 90% nur etwa um den Faktor $\frac{1}{2}$ verkürzt. Erst danach wird es deutlich besser. Dies kann man besser verdeutlichen, wenn man für beide Sätze $\varepsilon$ als Funktion von $\alpha$ zeichnet. Diese Graphen sind im Bild rechts zu sehen.

Das größte Problem für die Anwendung der Sätze C und G ist die Voraussetzung, dass die Standardabweichung $\sigma$ unabhängig von $\vartheta$ und bekannt sein muss. Das ist in der Praxis nur selten der Fall. Es gibt zwei Auswege:

- Man kann versuchen, für $\sigma$ eine allgemein gültige Schranke $\overline{\sigma}$ zu finden. Setzt man in der Definition von $I_x$ statt $\sigma$ den Wert $\overline{\sigma} \geqslant \sigma$ ein, so hat man auf jeden Fall ein Konfidenzintervall, aber möglicherweise ein zu großes.

- Man kann ein unbekanntes $\sigma$ ersetzen durch einen eventuell von $\vartheta$ abhängigen Schätzwert $\hat{\sigma}_\vartheta$, und hoffen mit $\hat{\sigma}_\vartheta$ anstelle von $\sigma$ noch ein einigermaßen zuverlässiges Konfidenzintervall zu erhalten. Beispiele für beide Methoden folgen im nächsten Abschnitt.

## 3.2.2  Intervallschätzung für einen Anteil

Bei Hochrechnungen an einem Wahlabend werden meistens nur die Ergebnisse von Punktschätzungen gezeigt. Bei Kopf-an-Kopf-Rennen zweier Parteien kann der Vergleich der im Lauf des Abends veränderlichen Schätzwerte zu verfrühten Siegesfeiern führen, wie etwa bei der Bundestagswahl 2002 mit folgenden Endergebnissen der beiden größten Parteien:

| Partei | gültige Zweitstimmen | %-Anteil |
|--------|---------------------|----------|
| SPD | 18 484 560 | 38.525 |
| CDU/CSU | 18 475 696 | 38.507 |

Sehr viel angemessener, aber leider in diesem Fall wenig verbreitet, sind Intervallschätzungen: Man gibt bekannt, dass das Ergebnis mit einer gewissen Wahrscheinlichkeit zwischen zwei Grenzen liegt. Dazu muss man allerdings statt einer Zahl (der Punktschätzung) drei Zahlen angeben: Die Sicherheit der Schätzung und die Grenzen des Intervalls. Solange sich die Konfidenzintervalle zweier Parteien noch überschneiden, sollten die Sektflaschen verschlossen bleiben.

Nach diesen Vorbemerkungen betrachten wir allgemein eine Menge $\Omega$ von $N$ Individuen, von denen $r \leqslant N$ eine gewisse Eigenschaft $E$ haben. Der *relative Anteil*

$$p := \frac{r}{N} \in [0,1] = \Theta$$

soll geschätzt werden auf Grundlage einer Stichprobe bei $n \leqslant N$ Individuen. Haben $k \leqslant n$ die Eigenschaft $E$, so soll nun die Qualität der naheliegenden Schätzung $p \approx \frac{k}{n}$ näher untersucht werden.

Ist $n$ klein gegen $N$, so kann man das nach dem Modell „Ziehen mit Zurücklegen" beschreiben. Dazu wählt man auf $\Omega$ die Gleichverteilung $P^*$ und die Zufallsvariable

$$X \colon \Omega \to \{0,1\}, \quad X(\omega) = \begin{cases} 1 & \text{falls } \omega \text{ die Eigenschaft } E \text{ hat,} \\ 0 & \text{sonst.} \end{cases}$$

Das ergibt auf $\{0,1\}$ die Wahrscheinlichkeitsmaße

$$P'_p \colon \{0,1\} \to [0,1], \quad P'_p(1) := P^*(X=1) = p \quad \text{und} \quad P'_p(0) = P^*(X=0) = 1 - p.$$

Auf dem Stichprobenraum $\mathcal{X} := \{0,1\}^n$ wählt man das Produktmaß, dann sind die Projektionen

$$X_i \colon \mathcal{X} \to \{0,1\}, \quad x = (x_1, ..., x_n) \mapsto x_i,$$

unabhängige Zufallsvariable. Es gilt für $i = 1, ..., n$

$$E_p(X_i) = E(X) = p \quad \text{und} \quad V_p(X_i) = p(1-p).$$

Als Schätzer für $p$ verwenden wir die *relative Trefferhäufigkeit*

$$R_n: \mathcal{X} \to [0,1], \quad R_n := \frac{1}{n}(X_1 + \dots + X_n).$$

Da $E_p(R_n) = p$, ist dieser Schätzer erwartungstreu. Um für jedes $x \in \mathcal{X}$ ein Konfidenzintervall angeben zu können, muss man

$$V_p(R_n) = \frac{1}{n} \cdot p(1-p) \quad \text{und} \quad \sigma_p(R_n) = \frac{1}{\sqrt{n}}\sqrt{p(1-p)}$$

betrachten. Der Stichprobenumfang $n$ ist bekannt, aber $p$ ist unbekannt. Die Funktion $\sqrt{p(1-p)}$ wird beschrieben durch einen Kreisbogen, sie nimmt ihren maximalen Wert $0.5$ für $p = 0.5$ an. Also hat man wenigstens die für alle möglichen $p$ gültige Abschätzung

$$\sigma_p(R_n) \leqslant \frac{1}{2\sqrt{n}}.$$

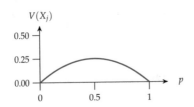

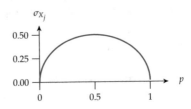

Weiter kann man nach dem Grenzwertsatz von DE MOIVRE-LAPLACE aus 2.5.4 annehmen, dass $R_n$ für genügend großes $n$ annähernd normalverteilt ist. Aus Satz **G** in 3.2.1 folgt dann

**Satz R**   *Die relative Trefferhäufigkeit $R_n$ ist ein erwartungstreuer Schätzer für den relativen Anteil $p = \frac{r}{N}$, und für jedes $x \in \mathcal{X} = \{0,1\}^n$ ist*

$$I_x := [R_n(x) - \varepsilon, R_n(x) + \varepsilon] \quad \textit{mit} \quad \varepsilon := \frac{1}{2\sqrt{n}} \cdot u_{1-\frac{\alpha}{2}}$$

*ein Konfidenzintervall zum Konfidenzniveau $1 - \alpha$.*

Die Abschätzung $\sqrt{p(1-p)} \leqslant 0.5$ gilt für alle $p$. Für Werte von $p$ nahe bei $0$ oder $1$ ist sie schlecht:

| $p$ | 0.5 | 0.4 | 0.3 | 0.2 | 0.1 | 0.05 | 0.01 |
|---|---|---|---|---|---|---|---|
| $\sqrt{p(1-p)}$ | 0.5 | 0.490 | 0.458 | 0.4 | 0.3 | 0.218 | 0.100 |

Bei der Berechnung der Konfidenzintervalle kleiner Parteien ist es deshalb hilfreich, aber nicht ganz ungefährlich, das unbekannte $\sigma_p(R_n)$ mit Hilfe der Schätzung $\hat{p} = R_n(x)$ durch

$$\hat{\sigma} := \sqrt{\frac{\hat{p}(1-\hat{p})}{n}}$$

zu ersetzen.

Mit Hilfe dieser $\hat{p}$-*Korrektur* erhält man ein geschätztes Konfidenzintervall

$$\hat{I}_x := [\hat{p} - \hat{\varepsilon}, \hat{p} + \hat{\varepsilon}] \quad \text{mit} \quad \hat{\varepsilon} := \sqrt{\frac{\hat{p}(1-\hat{p})}{n}} \cdot u_{1-\frac{\alpha}{2}} \quad \text{und} \quad \hat{p} = R_n(x)$$

zum Konfidenzniveau $1 - \alpha$.

In diesem Abschnitt hatten wir angenommen, dass der Stichprobenumfang $n$ wesentlich kleiner ist, als der gesamte Umfang $N$. Den Fall größerer $n$ behandeln wir im folgenden Abschnitt.

**Beispiel** (*Wahlumfrage*)
Bei einer Umfrage vor einer Wahl mit $N = 10^7$ Wahlberechtigten werden $n = 1\,000$ Wahlberechtigte gefragt, ob sie für eine der Parteien $A$, $B$ oder $C$ stimmen. Die Ergebnisse sind:

$$k_A = 420, \quad k_B = 380 \quad \text{und} \quad k_C = 60.$$

Mit $\hat{p}$-Korrektur ergibt sich:

$$\hat{p}_A = 0.42, \ \hat{\sigma}_A = 0.015\,6; \quad \hat{p}_B = 0.38, \ \hat{\sigma}_B = 0.015\,3; \quad \hat{p}_C = 0.06, \ \hat{\sigma}_C = 0.007\,51.$$

Zum Konfidenzniveau $1 - \alpha = 0.9$ mit $u_{1-\alpha/2} = 1.645$ erhält man daraus die Konfidenzintervalle

$$I_{x,A} = [0.394\,3, 0.445\,7], \quad I_{x,B} = [0.354\,8, 0.405\,2], \quad I_{x,C} = [0.047\,6, 0.072\,4].$$

Da sich $I_{x,A}$ und $I_{x,B}$ überschneiden, ist nicht mit 90% Sicherheit klar, dass Partei $A$ besser abschneidet als Partei $B$. Für Partei $C$ ist nicht mit 90% sicher, dass sie die 5%-Hürde überspringt.

Wählt man dagegen $1 - \alpha = 0.8$, so ergeben sich mit $u_{1-\alpha/2} = 1.282$ die Konfidenzintervalle

$$I_{x,A} = [0.40, 0.44], \quad I_{x,B} = [0.360\,4, 0.399\,6], \quad I_{x,C} = [0.050\,4, 0.069\,6].$$

Also hat man 80% Sicherheit, dass Partei $A$ gewinnt und Partei $C$ die 5%-Hürde überspringt. Um letzteres zu entscheiden, liefert ein Binomialtest bessere Ergebnisse (Beispiel 5 in 4.2.1).

Dieses Beispiel zeigt, dass die erwartungstreuen Punktschätzungen $\hat{p}$ allein zu unzuverlässig sind, wenn es darum geht, wer eine Wahl gewinnt. Hier müssten genauer immer die Intervalle und zugehörige Sicherheiten genannt werden, was selten der Fall ist.

### 3.2.3  Umfang von Stichproben

In Abschnitt 3.2.2 hatten wir für einen Schätzer mit gegebener Varianz eine Beziehung zwischen den Werten von $\varepsilon$, $\alpha$ und $n$ angegeben. Sind zwei davon bekannt, kann man den dritten berechnen. Will man eine gewisse Sicherheit der Schätzung gewährleisten, kann man $\varepsilon$ und $\alpha$ vorgeben, und daraus den nötigen Stichprobenumfang ermitteln. Man kann etwa verlangen, dass ein Intervall $I_x$ mit vorgegebener Länge $2\varepsilon$ ein Konfidenzintervall zum Konfidenzniveau $1 - \alpha$ sein soll. Im Falle von Satz G aus 3.2.1 ist das minimale $\varepsilon$ gegeben durch

$$\varepsilon = \frac{\sigma_0}{\sqrt{n}} \cdot u_{1-\alpha/2}.$$

Also ist der minimale Stichprobenumfang bei vorgegebenem $\varepsilon$, $\alpha$ und $\sigma_0$ gegeben durch

$$n = \sigma_0 \cdot \left(\frac{u_{1-\alpha/2}}{\varepsilon}\right)^2 \tag{1}$$

Analog hat man im Satz R aus 3.2.2

$$\varepsilon = \varepsilon(\alpha, n) = \frac{1}{2\sqrt{n}} \cdot u_{1-\frac{\alpha}{2}} \quad \text{oder} \quad \hat{\varepsilon}(\alpha, n, \hat{p}) = \sqrt{\frac{\hat{p}(1-\hat{p})}{n}} \cdot u_{1-\frac{\alpha}{2}}.$$

Für vorgegebenes $\varepsilon$, $\alpha$ und $\hat{p}$ erhält man daraus den minimal nötigen Stichprobenumfang

$$n = \frac{1}{4}\left(\frac{u_{1-\alpha/2}}{\varepsilon}\right)^2 \quad \text{oder} \quad \hat{n} = \hat{p}(1-\hat{p}) \cdot \left(\frac{u_{1-\alpha/2}}{\varepsilon}\right)^2. \tag{2}$$

Da bei den Gleichungen (1) und (2) jeweils $\varepsilon^2$ im Nenner steht, steigt der Stichprobenumfang $n$ stark an, wenn man $\varepsilon$ kleiner macht, um eine höhere Sicherheit zu erreichen. Das sieht man gut an dem folgenden Beispiel.

**Beispiel 1** (*Noch eine Wahlumfrage*)
Zwei Parteien $A$ und $B$ wollen eine Wahlumfrage in Auftrag geben. Die Partei $A$ kann ein Ergebnis von etwa 40% erwarten, Partei $B$ schwankt um die 5%-Hürde. Es sind jeweils Konfidenzintervalle der Länge $2\varepsilon$ und mit dem Konfidenzniveau $1 - \alpha$ erwünscht, dazu soll der nötige Stichprobenumfang geplant werden. Nach der Formel

$$n = \frac{1}{4}\left(\frac{u_{1-\alpha/2}}{\varepsilon}\right)^2$$

ergeben sich für die Parteien $A$ und $B$ bei verschiedenen naheliegenden Vorgaben folgende Werte für $n$:

Partei $A$

| $\alpha$ \ $\varepsilon$ | 0.01 | 0.02 |
|---|---|---|
| 0.1 | 6 765 | 1 691 |
| 0.05 | 9 604 | 2 401 |

Partei $B$

| $\alpha$ \ $\varepsilon$ | 0.001 | 0.005 |
|---|---|---|
| 0.1 | 676 506 | 27 060 |
| 0.05 | 960 400 | 38 416 |

Bis auf die Kombination $\varepsilon = 2\%$ und $1 - \alpha = 90\%$ bei Partei $A$ sind die Stichproben wegen des zu großen Umfangs kaum durchführbar. Für Partei $B$ kann man noch durch die $\hat{p}$-Korrektur mit $\hat{p} = 0.05$ nachhelfen. Dann ist

$$\hat{n} = 0.047\,5 \left( \frac{u_{1-\alpha/2}}{\varepsilon} \right)^2,$$

das ergibt mit bescheidenen Erwartungen folgende Werte für $\hat{n}$:

Partei $B$

| $\alpha$ \ $\varepsilon$ | 0.001 | 0.005 | 0.01 |
|---|---|---|---|
| 0.2 | 78 018 | 3 121 | 780 |
| 0.1 | 128 536 | 5 141 | 1 285 |

Diese Zahlen zeigen die prinzipiellen Schwierigkeiten, für kleine Parteien brauchbare Vorhersagen zu machen. Die Partei $B$ hat nur etwa 10% der Stimmen von Partei $A$ zu erwarten. Daher ist für brauchbare Werte von $\varepsilon_A$ und $\varepsilon_B$ ein Verhältnis $\varepsilon_A/\varepsilon_B = 10$ angemessen. Das ergibt für die nötigen Stichprobenumfänge $n_B = 100 \cdot n_A$.

Mit der $\hat{p}$-Korrektur könnte man den Faktor verkleinern:

$$\hat{n}_B = 4 \cdot 0.047\,5 \cdot 100 \cdot n_A = 19 \cdot n_A.$$

Aber Stichproben von solchen Umfängen sind nicht zu realisieren.

Ist $n$ nicht mehr klein gegen die Gesamtzahl $N$, so muss man unterscheiden, ob zurückgelegt wird oder nicht. Wird zurückgelegt, sind die obigen Formeln (1) korrekt; wird nicht zurückgelegt, wie etwa bei Hochrechnungen kurz nach der Wahl, so muss man wie folgt modifizieren.

In einer Menge $\{1,...,N\}$ von Individuen sollen $r \leqslant N$ eine bestimmte Eigenschaft $E$ haben, etwa eine Partei $A$ wählen. Wir können die Nummerierung so wählen, dass $\{1,...,r\} \subset \{1,...,N\}$ die Individuen mit der Eigenschaft $E$ sind. Zur Schätzung des Anteils $p := \frac{r}{N}$ wählt man zufällig $n$ Individuen aus und schreibt das Ergebnis dieser Stichprobe in der Form

$$x = (x_1,...,x_k, x_{k+1},...,x_n) \text{ mit } \{x_1,...,x_k\} \subset \{1,...,r\} \text{ und } \{x_{k+1},...,x_n\} \subset \{r+1,...,N\}.$$

Dabei ist $k$ die Zahl der Treffer. Der Stichprobenraum $\mathcal{X}$ ist also die Menge der $n$-elementigen Teilmengen von $\{1,...,N\}$, in der Notation von 2.3.2 ist

$$\mathcal{X} = \Omega_4(N,n).$$

Mit Gleichverteilung auf $\mathcal{X}$ ist dann die Zufallsvariable

$$X: \mathcal{X} \rightarrow \{0,...,r\}, \quad X(x) = k,$$

hypergeometrisch verteilt, und es folgt

$$E_p(X) = np \quad \text{und} \quad V_p(X) = np(1-p) \cdot \left(1 - \frac{n-1}{N-1}\right).$$

Der passende Schätzer ist nun

$$S := \frac{1}{n}X \colon \mathcal{X} \to [0,1] \quad \text{mit} \quad E_p(S) = p \quad \text{und} \quad V_p(S) = \frac{1}{n}p(1-p) \cdot \left(1 - \frac{n-1}{N-1}\right).$$

Also ist $S$ erwartungstreu wie $R_n$ in 3.2.2, die Varianz wird jedoch um den Korrektur-faktor verkleinert. Daher erhält man im Vergleich zu 3.2.2 kleinere Konfidenzintervalle mit

$$\varepsilon = \frac{1}{2\sqrt{n}} \sqrt{1 - \frac{n-1}{N-1}} \cdot u_{1-\alpha/2} \quad \text{und} \quad \hat{\varepsilon} = \sqrt{\frac{\hat{p}(1-\hat{p})}{n}} \cdot \sqrt{1 - \frac{n-1}{N-1}} \cdot u_{1-\alpha/2}. \quad (2)$$

Ist $n$ klein gegen $N$, so sind diese Werte nur wenig kleiner als in 3.2.2. Geht $n$ gegen $N$, so gehen sie gegen Null; für $n = N$ ist $\varepsilon = \hat{\varepsilon} = 0$, aus einer Schätzung entsteht der exakte Wert von $p$.

**Beispiel 2** (*Bundestagswahl 2002*)
Hier gab es ein legendäres Kopf-an-Kopf-Rennen zwischen den beiden großen Parteien. Bei $N = 47\,980\,304$ gültigen Zweitstimmen sahen die Endergebnisse so aus:

| Partei | Zweitstimmen | in % |
|--------|--------------|------|
| SPD | 18 484 560 | 38.525 308 |
| CDU/CSU | 18 475 696 | 38.506 834 |

Das war eine Differenz von $0.018\,474\%$. Um hier in einer Hochrechnung einen Sieg einer der beiden Parteien vorhersagen zu können, wäre $\varepsilon \leqslant 0.009\%$ nötig gewesen. Für 90% Sicherheit, also $\alpha = 0.1$, und mit einem $\hat{p}$-Korrektur-Faktor von 0.49 für $\hat{p} = 0.4$ erhält man

$$\hat{\varepsilon}(n) = \frac{1.645 \cdot 0.49}{\sqrt{n}} \cdot \sqrt{1 - \frac{n-1}{N-1}}.$$

Wir lösen diese Gleichung nicht nach $n$ auf, sondern berechnen einige Werte:

| $n$ | $10^3$ | $10^4$ | $10^5$ | $10^6$ | $10^7$ | $3 \cdot 10^7$ |
|-----|--------|--------|--------|--------|--------|----------------|
| $\hat{\varepsilon}$ in % | 2.55 | 0.81 | 0.25 | 0.080 | 0.026 | 0.0090 |

Mit 90% Sicherheit könnte man den Sieg also nur nach Auszählung von etwa 30 Mio Stimmen vorhersagen. Will man 99% Sicherheit, so sind etwa 40 Mio Stimmen nötig. Erst bei $n = N$ war man ganz sicher gewesen!

**Beispiel 3** (*Hochrechnungen*)
Nach Schließung der Wahllokale werden regelmäßige Hochrechnungen veröffentlicht, deren Ergebnisse sich im Lauf des Abends mehr oder weniger schnell stabilisieren. Dabei werden Umfragen vor der Wahl, am Tag der Wahl und schließlich die ersten Ergebnisse der Auszählungen benutzt. An den Befragungen am Ausgang der Wahllokale

werden bis zu 20 000 Wähler beteiligt. Die genauen Methoden der Wahlforscher sind ausgeklügelt und teilweise geheim, die Ergebnisse oft erstaunlich gut. Ein Beispiel dafür sind die Hochrechnungen von **Infratest dimap** zur Bundestagswahl 2013, die um 18:15 Uhr veröffentlicht wurden. Im Vergleich dazu die amtlichen Endergebnisse und die relativen Abweichungen der Hochrechnungen von den Endergebnissen (alle Werte in %):

| Partei | Union | SPD | FDP | Linke | Grüne | AfD | Piraten |
|---|---|---|---|---|---|---|---|
| Hochrechnung | 42.0 | 26.0 | 4.5 | 8.3 | 8.1 | 4.9 | 2.3 |
| Endergebnis | 41.5 | 25.7 | 4.8 | 8.6 | 8.4 | 4.7 | 2.2 |
| Abweichung | 1.20 | 1.7 | 6.25 | 3.49 | 3.37 | 4.26 | 4.55 |

## 3.2.4 Aufgaben

**Aufgabe 3.7** Wir betrachten eine Urne mit 1 000 Kugeln. Jede Kugel sei entweder schwarz oder weiß, der Anteil der weißen Kugeln sei unbekannt.

(a) Angenommen bei der Ziehung von 32 Kugeln mit Zurücklegen sind 16 Kugeln weiß. Geben Sie ein Intervall $I_p \subset [0,1]$ an derart, dass das Intervall den unbekannten Anteil $p$ der weißen Kugeln mit einer Wahrscheinlichkeit von mindestens 95% trifft. Ermitteln Sie dies mit und ohne Verwendung der $\hat{p}$-Korrektur und vergleichen Sie die beiden Intervalle.

(b) Wie viele Kugeln müssen Sie mindestens ziehen, so dass mit einer Sicherheit von 90% ein Intervall der Länge 0.2 den unbekannten Anteil $p$ der weißen Kugeln trifft.

**Aufgabe 3.8** Bei einer Wahl mit $N = 1\,000\,000$ abgegebenen Stimmen ergibt sich nach der Auszählung von $n$ Stimmen folgendes Ergebnis:

$$\text{Partei A: } 40.4\% \quad \text{und} \quad \text{Partei B: } 40.2\%.$$

(a) Wie groß ist die Wahrscheinlichkeit, dass Partei A im Endergebnis gewinnt, wenn das Zwischenergebnis für $n = 100, 1\,000$ und $10\,000$ ermittelt wurde? Wählen Sie hierzu ein geeignetes $\varepsilon$.

(b) Was ist für $n$ im Bereich zwischen 100 000 und 1 000 000 zu beachten?

**Aufgabe 3.9** Bei der Produktion von Werkstücken wird die Größe der Werkstücke als normalverteilt angenommen mit unbekanntem $\mu$ und $\sigma = 1$. Es wird eine Stichprobe vom Umfang $n = 16$ entnommen mit dem Ergbenis:

$$
\begin{array}{cccccccc}
25.4 & 25.3 & 25.8 & 24.9 & 25.4 & 26.4 & 26.1 & 25.5 \\
26.0 & 25.8 & 25.1 & 25.8 & 24.7 & 25.2 & 25.8 & 25.2
\end{array}
$$

(a) Wie lautet ein erwartungstreuer Schätzer für $\mu$?

(b) Ermitteln Sie für den Erwartungswert ein 95%-Konfidenzintervall.

(c) Welcher Stichprobenumfang $n$ ist nötig, damit Erwartungswert und arithmetisches Mittel mit einer Wahrscheinlichkeit von 95% um weniger als 0.25 voneinander abweichen?

**Aufgabe 3.10** Für das Projekt TUMitfahrer App ist es von Bedeutung, wie groß die Wahrscheinlichkeit $p$ ist, dass ein zufällig ausgewählter Student der TU München (TUM) ein Smartphone besitzt. Von den 1 800 im Herbst 2011 befragten Studierenden und Mitarbeitern der Universität gaben 754 an, ein Smartphone zu besitzen, 1 046 keines [S]. Zur Modellierung dieses Problems betrachten wir Zufallsvariable $X_1, \ldots, X_n$, dabei sei $n \in \mathbb{N}$ die Zahl der befragten Personen. $X_i$ habe den Wert 1, falls der $i$-te befragte Student ein Smartphone besitzt, andernfalls den Wert 0. Die Zufallsvariablen $X_i$ sind unabhängig und identisch verteilt mit der Trefferwahrscheinlichkeit $P(X_i = 1) = p$.

(a) Gegeben sei der Schätzer

$$S(X_1, \ldots, X_n) = \frac{1}{n} \sum_{i=1}^{n} X_i.$$

Weisen Sie nach, dass S ein erwartungstreuer Schätzer für $p$ ist und bestimmen Sie die Varianz $\sigma^2$ von S.
Ermitteln Sie aus der Realisierung $x_1, \ldots, x_n$ der Zufallsvariablen $X_1, \ldots, X_n$ einen Schätzwert $\hat{p} := S(x_1, \ldots, x_n)$ für $p$. Aus dem Ergebnis erhalten Sie einen Schätzwert $\hat{\sigma}^2$ für die Varianz.

(b) Gesucht ist ein Intervall $I_{\hat{p}} = [\hat{p} - \varepsilon, \hat{p} + \varepsilon]$, das die die unbekannte Wahrscheinlichkeit $p$ mit einer Wahrscheinlichkeit $P(I_{\hat{p}} \ni p) \geqslant 1 - \alpha = 0.95$ trifft.

   (i) Nehmen Sie an, dass $\sigma^2$ tatsächlich den in (a) geschätzten Wert hat und verwenden Sie die Ungleichung von CHEBYSHEV, um ein Konfidenzintervall für $p$ anzugeben.

   (ii) Wir nehmen an, dass die $X_i$ annähernd normalverteilt sind. Bestimmen Sie $\varepsilon$. Sie können $p$ approximativ durch $\hat{p}$ ersetzen.

   (iii) Bestimmen Sie $\varepsilon$, indem Sie genauso vorgehen wie in (ii). Verwenden Sie anstelle der Ersetzung von $p$ durch $\hat{p}$ die Abschätzung $\sqrt{p \cdot (1 - p)} < 0.5$.

   (iv) Vergleichen Sie die Ergebnisse.

**Aufgabe 3.11** Die German Longitudinal Election Study (GLES) soll als bislang größte deutsche nationale Wahlstudie die Einstellung und das Wahlverhalten der Wählerschaft beobachten [R$_4$, 5]. Im Zeitraum von 24.08. bis 03.09.2011 wurde im Rahmen dieser Studie in einer repräsentativen Auswahl der Wahlberechtigten Berlins unter anderem folgende Frage gestellt:

Bei der Wahl zum Abgeordnetenhaus können Sie ja zwei Stimmen vergeben. Die Erststimme für einen Kandidaten aus Ihrem Wahlkreis, die Zweitstimme für eine Partei. Was werden Sie bei dieser Wahl zum Abgeordnetenhaus auf Ihrem Stimmzettel ankreuzen? [R$_4$, 31]

Bezogen auf die Zweitstimme wurden unter den Befragten, die angegeben hatten, „bestimmt",„wahrscheinlich" oder „vielleicht" zur Wahl zu gehen, folgende absolute Antworthäufigkeiten ermittelt [$R_5$]:

| Partei | Abs. Häufigkeit |
|---|---|
| CDU | 58 |
| SPD | 88 |
| FDP | 14 |
| Bündnis 90/Die Grünen | 71 |
| Linke | 59 |
| Piraten | 20 |
| Sonstige | 22 |
| weiss nicht/ keine Angabe/ werde keine Zweitstimme vergeben | 104 |
| Gesamt | 436 |

(a) Aus Sicht der Piratenpartei ist eine interessante Frage, ob sie bei der Berliner Landtagswahl am 18. September 2011 die 5%-Hürde überwinden werden. Bestimmen Sie mit den vorliegenden Daten ein Intervall, welches das Wahlergebnis $p$ der Piratenpartei mit einer Wahrscheinlichkeit von mindestens $1 - \alpha$ trifft und berechnen Sie dieses explizit für $\alpha \in \{0.100, 0.050, 0.020, 0.010\}$. Definieren Sie dazu eine geeignete binomial verteilte Zufallsvariable, die Sie mit der Normalverteilung approximieren können. Nehmen Sie an, dass $p < 0.15$ gilt und verwenden Sie $\sigma < \sqrt{n \cdot 0.15}$ (Warum gilt das?). Interpretieren Sie die Ergebnisse (tatsächliches Wahlergebnis der Piratenpartei: 8.9% [$L_A$]).

(b) Weiter ist es von Relevanz, welche Parteien die absolute Mehrheit für eine Koalition erreichen werden. Dies wird am Beispiel von Rot-Grün (SPD und Die Grünen) untersucht. Bestimmen Sie ein Intervall, in dem das Wahlergebnis von Rot-Grün mit einer Sicherheit von 99% liegt. Verwenden Sie dazu folgende Auswahl aus $n$ Befragten aus dem obigen Datensatz und vergleichen Sie die Ergebnisse. Sie können die Standardabweichung mit einer geeigneten oberen Schranke abschätzen.

| $n$ | Wähler SPD | Wähler Grüne |
|---|---|---|
| 10 | 3 | 2 |
| 50 | 12 | 10 |
| 100 | 25 | 29 |
| 250 | 64 | 53 |
| 436 | 88 | 71 |

# Kapitel 4

# Testen von Hypothesen

Bei Schätzungen wird im einfachsten Fall der unbekannte Wert eines Parameters $\vartheta \in \Theta \subset \mathbb{R}$ so gut wie möglich geschätzt. Bei einem Test dagegen ist ein Wert $\vartheta_0 \in \Theta$ vorgegeben, und der unbekannte Wert $\vartheta$ soll damit verglichen werden.

## 4.1 Einführung

Wir geben zuerst einige Beispiele, die typische Probleme aus der Testtheorie vorstellen. Davon ausgehend klären wir in 4.1.2 die Begriffe Nullhypothese und Alternativhypothese, die im gesamten Kapitel 4 von zentraler Bedeutung sind.

### 4.1.1 Beispiele

**Beispiel 1** (*Neues Medikament*)
Bei diesem sehr suggestiven Beispiel muss man die Annahme machen, dass man die Frage der Wirksamkeit eines pharmazeutischen Präparats bei jedem Patienten eindeutig mit ja oder nein beantworten kann. Das ist in der Praxis nicht so einfach. Angenommen also, für ein altbewährtes Medikament kennt man die Wirksamkeit, gemessen durch die Zahl $p_0 \in [0,1]$. Ein neu entwickeltes Medikament hat die noch unbekannte Wirksamkeit $p \in [0,1]$, und man möchte durch einen Test an $n$ Patienten entscheiden, ob

$$p \leqslant p_0 \quad \text{oder} \quad p > p_0.$$

**Beispiel 2** (*Die Tea Tasting Lady*)
Wenn man beim Tee erst den Tee und dann die Milch eingießt, wird die Milch schneller erhitzt, als bei der umgekehrten Reihenfolge. Ein Klassiker aus den Anfängen der

Testtheorie in der Mitte des 20. Jahrhunderts ist die folgende Frage: Eine englische Lady behauptet, sie könne schmecken, in welcher Reihenfolge eingeschenkt wurde. Um das zu testen, bekommt sie in gebührenden Abständen $n$ mal hintereinander je zwei verschiedenartig eingegossene Tassen in einer durch Münzwurf bestimmten Reihenfolge. Der unbekannte Geschmackssinn der Lady ist bestimmt durch eine Zahl $p \in [0,1]$. Wenn sie nur rät, ist $p = p_0 = \frac{1}{2}$, wenn sie immer richtig wählt, ist $p = 1$; das sind die Extremfälle. Im Allgemeinen kann man nur versuchen zu entscheiden, ob

$$p = p_0 \quad \text{oder} \quad p > p_0.$$

Der Fall $p < p_0$ kann ausgeschlossen werden, denn er würde bedeuten, dass die Lady den Unterschied zwar schmeckt, aber falsch interpretiert.

**Beispiel 3**  (*Die 5%-Hürde*)
Eine Partei möchte vor der Wahl eine möglichst zuverlässige Vorhersage machen, ob sie Aussicht hat, die 5%-Hürde zu überwinden. Durch eine Umfrage bei den Wählern soll ermittelt werden, ob

$$p \leqslant 0.05 \quad \text{oder} \quad p > 0.05 =: p_0.$$

**Beispiel 4**  (*Test einer Münze*)
Es soll getestet werden, ob eine Münze „fair" ist, d.h. ob beim Wurf damit die Wahrscheinlichkeit $p$ für „Kopf" (und damit auch für „Zahl") gleich $p_0 = \frac{1}{2}$ ist, also $p = p_0$ oder $p \neq p_0$.

**Beispiel 5**  (*Kraftstoffverbrauch*)
Eine Automobilfabrik versucht durch eine Modifikation der Fahrzeuge den Kraftstoffverbrauch zu senken. Ist $\mu_0 = 15$ km/Liter die bekannte Kilometerleistung vor der Modifikation, und $\mu$ die unbekannte mittlere Kilometerleistung danach, so soll durch einen Test entschieden werden, ob

$$\mu \leqslant \mu_0 \quad \text{oder} \quad \mu > \mu_0$$

zu erwarten ist.

**Beispiel 6**  (*Test eines Würfels*)
Es soll getestet werden, ob ein Würfel „fair" ist, d.h. ob beim Würfeln die Wahrscheinlichkeit für jede Augenzahl gleich $\frac{1}{6}$ ist.

### 4.1.2  Nullhypothese und Alternative

Wie bei Schätzproblemen geht es bei Tests um den unbekannten Wert eines Parameters $\vartheta$, der in einer vorgegebenen Menge $\Theta$ variieren kann. Anders als bei Schätzungen ist jedoch eine disjunkte Zerlegung

$$\Theta = \Theta_0 \cup \Theta_1$$

vorgegeben, und es soll eine Entscheidung getroffen werden, ob

$$H_0 : \vartheta \in \Theta_0 \quad (\textit{Nullhypothese}), \text{ oder}$$
$$H_1 : \vartheta \in \Theta_1 \quad (\textit{Alternative})$$

zu erwarten ist.

In den **Beispielen 1** und **3** ist $\Theta = [0,1]$, $\Theta_0 = [0,p_0]$ und $\Theta_1 = ]p_0,1]$. Es wird entschieden zwischen $p \leqslant p_0$ und $p > p_0$.
In **Beispiel 2** ist $\Theta = [\frac{1}{2},1]$, $\Theta_0 = \{\frac{1}{2}\}$ und $\Theta_1 = ]\frac{1}{2},1]$. Es wird entschieden zwischen $p = \frac{1}{2}$ und $p > \frac{1}{2}$.
In **Beispiel 4** ist $\Theta = [0,1]$, $\Theta_0 = \{\frac{1}{2}\}$ und $\Theta_1 = \Theta \setminus \{\frac{1}{2}\}$. Es wird entschieden zwischen $p = \frac{1}{2}$ und $p \neq \frac{1}{2}$.
In **Beispiel 5** ist $\Theta = \mathbb{R}_+$, $\Theta_0 = ]0,15]$ und $\Theta_1 = ]15,\infty[$. Es wird entschieden zwischen $\vartheta \leqslant 15$ und $\vartheta > 15$.
In **Beispiel 6** ist $\Theta = \{(p_1,...,p_6) \in [0,1]^6 : p_1 + ... + p_6 = 1\}$, $\Theta_0 = \{\frac{1}{6},...,\frac{1}{6}\}$ und $\Theta_1 = \Theta \setminus \Theta_0$.

In den Beispielen 1, 2, 3 und 5 spricht man von *einseitigen Tests*, bei den Beispielen 4 und 6 von *zweiseitigen Tests*.

In all diesen Fällen soll durch eine Stichprobe eine Entscheidung zwischen der Nullhypothese $H_0$ und der Alternative $H_1$ getroffen werden. In den Beispielen 1 bis 4 kann durch Binomialtests entschieden werden (4.2.1 und 4.2.2), bei Beispiel 5 kann ein GAUSS-Test oder ein $t$-Test helfen (4.3.1 bis 4.3.3) und Beispiel 6 erfordert einen $\chi^2$-Test (4.4). Wie sich zeigen wird, können bei den Testentscheidungen Fehler auftreten, für deren Wahrscheinlichkeiten Abschätzungen möglich sind.

Zum Verständnis der Binomialtests reichen die einfachsten Hilfsmittel der Wahrscheinlichkeitsrechnung, es genügen Binomialverteilungen. Bei den GAUSS-Tests benötigt man Normalverteilungen und bei $t$-Tests und $\chi^2$-Tests treten wesentlich kompliziertere Verteilungen auf. Soweit die Vorschau auf die folgenden Abschnitte.

## 4.2 Binomialtests

In diesem Abschnitt diskutieren wir Testprobleme, zu deren Verständnis nur die Binomialverteilung aus Abschnitt 2.3.3 notwendig ist. Bereits in der Einführung im vorhergehenden Abschnitt wurden einseitige und zweiseitige Tests unterschieden. Wir teilen diesen Abschnitt auf und betrachten zunächst nur einseitige Binomialtests. Auf zweiseitige Binomialtests gehen wir in 4.2.2 näher ein.

### 4.2.1 Einseitiger Binomialtest

In den Beispielen 1, 2 und 3 aus 4.1.1 soll eine Vorhersage über den Wert eines unbekannten Parameters $p \in [0,1]$ im Vergleich zu einem bekannten $p_0 \in [0,1]$ gemacht werden, wobei genauer gesagt eine Entscheidung getroffen werden soll zwischen

der *Nullhypothese* $H_0 : p \leqslant p_0$ und
der *Alternative* $H_1 : p > p_0$.

Grundlage für die Entscheidung soll eine unabhängige Stichprobe vom Umfang $n$ sein, mit einem Ergebnis

$$x = (x_1, ..., x_n) \in \mathcal{X} = \{0,1\}^n.$$

Dabei ist $x_i = 1$, wenn die Probe $i$ ein Treffer war, andernfalls ist $x_i = 0$. Dem angemessen ist auf dem Stichprobenraum $\mathcal{X}$ das Produktmaß

$$P_p: \mathcal{X} \to [0,1], \quad P_p(x_1,...,x_n) = p^l(1-p)^{n-l}, \quad \text{wenn } l = x_1 + ... + x_n.$$

Als *Testgröße* bezeichnen wir die Zufallsvariable

$$T_n: \mathcal{X} \to \{0,...,n\} \quad \text{mit } T_n(x_1,...,x_n) = x_1 + ... + x_n = l,$$

das ist die „Trefferzahl". Nach 2.3.3. und 2.4.2 ist

$$P_p(T_n = l) = \binom{n}{l} p^l (1-p)^{n-l} \quad \text{und} \quad E_p(T_n) = np.$$

Die Zufallsvariable $T := \frac{1}{n} T_n$ ist also für jedes $n$ ein erwartungstreuer Schätzer für $p$. Wir benutzen aber im Folgenden lieber $T_n$, wegen der ganzzahligen Werte.

Eine naive Entscheidungsregel ist nun die folgende: Man macht eine Stichprobe mit dem Ergebnis $x$ und entscheidet

$$T_n(x) \leqslant np_o \Rightarrow \text{Nullhypothese},$$
$$T_n(x) > np_o \Rightarrow \text{Alternative}.$$

Wegen der Streuung von $T_n$ kann das sehr leicht zu einer Fehlentscheidung führen. Die Konsequenzen solcher falschen Entscheidungen hängen davon ab, was man mit dem

Test erreichen will. Führt man ein neues Medikament ein, das nicht besser ist, wird ein Schaden verursacht. Trifft man in der Erwartung des Einzugs ins Parlament umfangreiche Vorbereitungen, so können diese wertlos sein. Von einem konservativen Standpunkt aus macht man daher meistens folgende

**Zielvorgabe**  *Die Nullhypothese soll gegen eine unberechtigte Ablösung durch die Alternative geschützt werden!*

Ein solcher Schutz wird in variabler Stärke realisiert durch eine *kritische Zahl* $k \in \mathbb{N}$ mit

$$np_0 < k \leqslant n.$$

Man beachte dabei, dass $np_0$ nicht ganzzahlig sein muss.

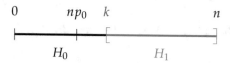

Die obige naive Entscheidungsregel wird nun modifiziert zur besser angemessenen *Entscheidungsregel*

$$T_n(x) < k \quad \Rightarrow \quad H_0, \quad \text{d.h. die Alternative wird verworfen,}$$
die Nullhypothese wird beibehalten.

$$T_n(x) \geqslant k \quad \Rightarrow \quad H_1, \quad \text{d.h. die Alternative wird akzeptiert,}$$
die Nullhypothese wird aufgegeben.

Man beachte, dass entsprechend der Zielvorgabe keine Gleichberechtigung zwischen Nullhypothese und Alternative besteht. Dem entspricht die Lage von $k$. Es ist sofort klar, dass die Chancen der Alternative mit größer werdendem $k$ abnehmen. Zur genaueren Bewertung der Entscheidungsregel betrachten wir das folgende Schema, bei dem in der Spalte links die unbekannte Realität, und in der Zeile oben das bekannte Testergebnis eingetragen ist:

|  | $T_n(x) < k$ | $T_n(x) \geqslant k$ |
|---|---|---|
| $p \leqslant p_0$ | richtig | Fehler 1. Art |
| $p > p_0$ | Fehler 2. Art | richtig |

Noch einmal in Worten die Bedeutung der Fehler:

- *Fehler 1. Art*   Die Alternative wird zu Unrecht akzeptiert.

- *Fehler 2. Art*:   Die Alternative wird zu Unrecht verworfen.

Die Fehlentscheidungen für die Nullhypothese ergeben sich daraus.

Entsprechend der Zielvorgabe sollen Fehler 1. Art möglichst vermieden werden. Dabei ist offensichtlich, dass die Wahrscheinlichkeit für einen solchen Fehler mit größer werdendem $k$ abnimmt. Um diesen Zusammenhang quantitativ zu beschreiben, benutzt man die *Gütefunktion*

$$g(p,n,k) := P_p(T_n \geqslant k) = \sum_{l=k}^{n} \binom{n}{l} p^l (1-p)^{n-l}$$

des Tests. Sie hängt ab von den drei Variablen $p \in [0,1]$, $n \in \mathbb{N}$ und $k \in \mathbb{N}$ mit $1 \leqslant k \leqslant n$.

Nach Definition gibt die Gütefunktion bei beliebigen $p$ die Wahrscheinlichkeit für die Entscheidung für $H_1$ an. Da $p$ unbekannt ist, nützt das zunächst wenig. Halten wir $n$ und $k$ fest, so ergibt sich die Funktion

$$g_{n,k} \colon [0,1] \to [0,1] \quad \text{mit} \quad g_{n,k}(p) := g(p,n,k).$$

Für alle $n$ und $1 \leqslant k \leqslant n$ ist

$$g_{n,k}(0) = 0 \quad \text{und} \quad g_{n,k}(1) = \binom{n}{n} \cdot 1^n \cdot 0^0 = 1.$$

**Beispiel 1**
Zunächst einmal zeigen wir, wie drei verschiedene Gütefunktionen aussehen, bei denen der Quotient $k/n = 0.6$ gleich ist.

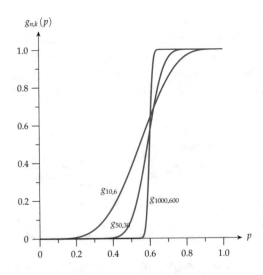

An den Graphen erkennt man, dass die Werte von $g_{n,k}$ mit steigendem $n$ für $p < k/n$ immer kleiner und für $p > k/n$ immer größer werden.

Die Graphen nähern sich der *idealen Gütefunktion g* mit

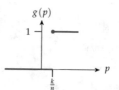

$$g(p) = \begin{cases} 0 & \text{für} \quad p < k/n, \\ 1 & \text{für} \quad p \geqslant k/n. \end{cases}$$

Aus der Definition der Gütefunktion folgt, dass $g(p,n,k)$ für $p \leqslant p_0$ die Wahrscheinlichkeit eines Fehlers 1. Art angibt. Da $p$ unbekannt ist, kann man sie aber nicht berechnen. Immerhin kann man sagen, dass sie mit kleiner werdendem $p$ kleiner wird, und dass man sie für $p \leqslant p_0$ abschätzen kann. Dazu dient das folgende

**Lemma**  *Die Gütefunktionen $g_{n,k}$ sind für alle $n$ und $1 \leqslant k \leqslant n$ streng monoton wachsend.*

*Beweis*  Es genügt zu zeigen, dass

$$\frac{d}{dp} g_{n,k}(p) > 0 \quad \text{für} \quad p \in ]0,1[.$$

Die Ableitung eines Summanden von $g_{n,k}$ ist

$$\frac{d}{dp} \binom{n}{l} p^l (1-p)^{n-l} = \binom{n}{l} \left( l p^{l-1}(1-p)^{n-l} - (n-l)p^l(1-p)^{n-l-1} \right).$$

Bildet man die Summe über $l$, so heben sich wegen $(n-l)\binom{n}{l} = (l+1)\binom{n}{l+1}$ alle Terme bis auf den ersten auf, und es verbleibt

$$\frac{d}{dp} g_{n,k}(p) = k \binom{n}{k} p^{k-1}(1-p)^{n-k} > 0 \quad \text{für} \quad 0 < p < 1.$$

■

Aus der letzten Gleichung ergibt sich sofort das

**Korollar**  *Die Gütefunktion hat eine Darstellung als Integral*

$$g_{n,k}(p) = k \binom{n}{k} \int_0^p t^{k-1}(1-t)^{n-k} dt.$$

■

Bei einem Fehler 1. Art ist $p \leqslant p_0$ und $T_n(x) \geqslant k$. Aus dem Lemma folgt in diesem Fall

$$P_p(T_n \geqslant k) = g_{n,k}(p) \leqslant g_{n,k}(p_0) = \sum_{l=k}^{n} \binom{n}{l} p_0^l (1-p_0)^{n-l},$$

und die rechts stehende Summe kann man berechnen, denn $p_0$ ist bekannt. Als Ergebnis halten wir fest:

**Satz**  *Bei einem einseitigen Binomialtest mit Vergleichswert $p_0$, Stichprobenumfang $n$ und kritischem Wert $k > np_0$ ist die Wahrscheinlichkeit für einen Fehler 1. Art höchstens gleich*

$$g(p_0, n, k) = \sum_{l=k}^{n} \binom{n}{l} p_0^l (1 - p_0)^{n-l}.$$

**Vorsicht!**  Im Test kann keine Wahrscheinlichkeit dafür bestimmt werden, ob $p \leqslant p_0$ oder $p > p_0$, denn diese Frage ist sinnlos: Der Wert von $p$ ist nicht vom Zufall gesteuert, sondern fest, nur unbekannt. Vom Zufall gesteuert ist dagegen der Wert $x$ der Stichprobe, damit der Wert $T_n(x)$ der Testgröße und somit die Möglichkeit eines Fehlers 1. Art. Eine obere Schranke der Wahrscheinlichkeit dafür ist nach obigem Satz gleich

$$P_{p_0}\left(\{x \in \mathcal{X} : T_n(x) \geqslant k\}\right),$$

das ist das Maß einer Teilmenge des Stichprobenraums $\mathcal{X}$. Diese Schranke ist umso schärfer, je näher der wahre Wert $p$ mit $p \leqslant p_0$ bei $p_0$ liegt.

Nach diesem Ergebnis noch einmal zurück zu Beispiel 1. Wählt man bei $p_0 = 0.5$ und größer werdendem $n$ die kritische Zahl $k$ stets so, dass $k/n = 0.6$, also $k/np_0 = 1.2$, so erhält man für die Wahrscheinlichkeit eines Fehlers 1. Art folgende Schranken:

$$g_{10,6}(0.5) = 0.377, \quad g_{50,30}(0.5) = 0.101, \quad g_{1\,000,600}(0.5) = 1.365 \cdot 10^{-10}.$$

Daran sieht man wieder einmal die enorme Bedeutung des Stichprobenumfangs $n$. Mit den obigen Werten von $n$ und $k$ kann man $p_0$ gegen $k/n = 0.6$ gehen lassen. Etwa für $p_0 = 0.58$ ist

$$g_{1\,000,600}(0.58) = 0.105 \quad \text{und} \quad k/np_0 = 1.034.$$

Mit steigendem $n$ kann also der Quotient $k/np_0$ gegen 1 gehen, bei gleicher Schranke für die Wahrscheinlichkeit eines Fehlers 1. Art. Der Grenzfall ist die ideale Gütefunktion. Wenn es sie gäbe, wäre für jedes $k > np_0$ die Wahrscheinlichkeit für einen Fehler 1. Art gleich Null!

Wie schon bei Schätzungen wird nun ein *Fehlerniveau* (manchmal auch nur *Niveau* oder leicht missverständlich *Signifikanzniveau* genannt) $\alpha \in ]0,1[$ vorgegeben, und es wird gewünscht, dass

$$g(p_0, n, k) \leqslant \alpha \tag{$*$}$$

ist; je kleiner $\alpha$, desto weniger Gefahr für einen Fehler 1. Art. Manchmal bezeichnet man $1 - \alpha$ auch als *Sicherheit*. Um die Bedingung $(*)$ zu erfüllen, hat man Folgendes zu bedenken:

- Der Wert von $p_0$ ist fest vorgegeben.

- Der Stichprobenumfang $n$ kann theoretisch unbeschränkt, aber praktisch nur begrenzt variiert werden.

- Der kritische Wert $k$ kann am Ende des Tests in Abhängigkeit von $\alpha$ gewählt werden.

Dementsprechend suchen wir zu vorgegebenen $p_0$, $n$ und $\alpha$ den kleinsten möglichen Wert $k_\alpha$ von $k$ mit $np_0 < k_\alpha \leqslant n$ derart, dass

$$g(p_0, n, k_\alpha) \leqslant \alpha.$$

Da $k_\alpha \leqslant n$ sein muss, setzt die Existenz eines solchen $k_\alpha$ voraus, dass

$$g(p_0, n, n) = p_0^n \leqslant \alpha.$$

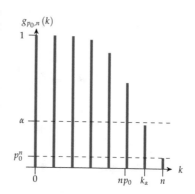

Ist $p_0^n > \alpha$, so ist das Niveau $\alpha$ nicht erreichbar.

Da $p_0 < 1$, ist das Niveau $\alpha$ durch Vergrößerung von $n$ wenigstens theoretisch zu realisieren. Weiter sieht man, dass größere Werte von $p_0$ auch höhere Niveaus $\alpha$ ergeben!

An dieser Stelle ein Blick zurück auf die ideale Gütefunktion $g$ mit $g(p) = 0$ für $p < \frac{k}{n}$. Wählt man $k > np_0$ beliebig nahe bei $np_0$, so ist $g(p_0) = 0$, also hatte ein Fehler 1. Art die Wahrscheinlichkeit Null. Bei realen Gütefunktionen mit sehr großem $n$ wird sie extrem klein.

Nun entsteht das Problem, bei festen Werten von $p_0$ und $n$ zu vorgegebenem $\alpha$ die kleinste kritische Zahl $k_\alpha$ zu berechnen. Die Bedingung

$$g_{p_0, n}(k) := g(p_0, n, k) = \alpha$$

kann man jedoch nicht direkt nach $k$ auflösen, da $k$ in $g_{p_0, n}(k)$ der erste Summationsindex ist. So bleibt also zunächst nur der Ausweg, die Werte von $g_{p_0, n}(k)$ für genügend viele $k > np_0$ der Reihe nach als Summen auszurechnen, und zu beobachten, wann zum ersten Mal der Wert von $\alpha$ nicht mehr überschritten wird. Dabei kann man auch Tabellen für Binomialverteilungen benutzen. Wir werden einige dieser mühsamen Rechnungen ausführen, und anschließend zeigen, wie sich $k_\alpha$ mit Hilfe einer Normalverteilung sehr einfach approximieren lässt.

**Beispiel 2**

Im Fall $p_0 = 0.5$ sehen die Gütefunktionen $g(0.5, n, k) =: g_{p_0, n}(k)$ für $n = 5$ und $n = 10$ in Abhängigkeit von $k$ so aus:

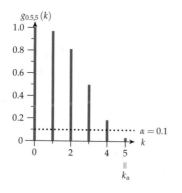
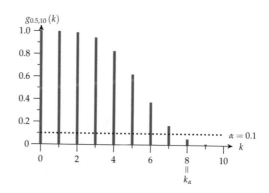

Für die Bestimmung von $k_\alpha$ zu vorgegebenem $\alpha$ sind nur die Werte von $k \geqslant np_0 = \frac{n}{2}$ von Bedeutung. Das sind

für $n = 5$

| $k$ | 3 | 4 | 5 |
|---|---|---|---|
| $g_{0.5,5}(k)$ | 0.500 | 0.188 | **0.031** |

für $n = 10$

| $k$ | 5 | 6 | 7 | 8 | 9 | 10 |
|---|---|---|---|---|---|---|
| $g_{0.5,10}(k)$ | 0.623 | 0.377 | 0.172 | **0.055** | 0.011 | 0.001 |

Im Fall $n = 5$ ist $k_{0.1} = 5$, für $n = 10$ erhält man den relativ besseren Wert $k_{0.1} = 8$.

Für $n = 5$ ist höchstens $\alpha = p_0^5 = 0.031$ erreichbar, für $n = 10$ höchstens $\alpha = p_0^{10} = 0.001$.

Nach diesen theoretischen Vorbereitungen kann man nun die entscheidende Frage beantworten, welche Werte von $n$ und $k$ bei vorgegebenem Fehlerniveau $\alpha$ nötig sind. Dazu kehren wir zurück zu den Beispielen aus 4.1.1.

**Beispiel 3** (*Neues Medikament*)
Wir nehmen an, die Wirksamkeit des bewährten Medikaments sei bestimmt durch $p_0 = 0.75$. Die Werte der Gütefunktion für drei mögliche Stichprobenumfänge sind in den Tabellen enthalten. Dabei beschränken wir uns auf $np_0 < k \leqslant n$.

$n = 10$

| $k$ | $g_{0.75,10}(k)$ |
|---|---|
| 8 | 0.526 |
| 9 | 0.244 |
| **10** | **0.056** |

$n = 100$

| $k$ | $g_{0.75,100}(k)$ |
|---|---|
| 76 | 0.462 |
| 80 | 0.149 |
| **81** | **0.100** |
| 82 | 0.063 |
| **83** | **0.038** |
| 84 | 0.021 |
| 85 | 0.011 |
| **86** | **0.005** |
| 88 | 0.001 |

$n = 1\,000$

| $k$ | $g_{0.75,1\,000}(k)$ |
|---|---|
| 751 | 0.488 |
| 760 | 0.245 |
| 767 | 0.144 |
| **768** | **0.100** |
| 770 | 0.076 |
| 772 | 0.057 |
| **773** | **0.049** |
| 777 | 0.025 |
| 781 | 0.012 |
| **782** | **0.010** |

Damit können wir zu vorgegebenen Werten von $\alpha$ und $n$ die minimalen kritischen Werte $k_\alpha$ bestimmen:

| $n$ \ $\alpha$ | 0.1 | 0.05 | 0.01 |
|---|---|---|---|
| 10 | 10 | - | - |
| 100 | 81 | 83 | 86 |
| 1 000 | 768 | 773 | 782 |

Aus diesen Werten kann man zwei Tendenzen ablesen:

- Bei festem $\alpha$ konvergiert die Folge $k_\alpha / n$ gegen $p_0$.

- Bei festem $n$ geht die Wahrscheinlichkeit für einen Fehler 1. Art mit steigendem kritischen Wert $k > np_0$ sehr schnell gegen Null.

Wie immer sieht man, dass zu kleine Stichprobenumfänge keine brauchbaren Ergebnisse liefern.

**Beispiel 4** (*Die Tea Tasting Lady*)
In diesem Beispiel ist $p_0 = 0.5$, die Stichprobenzahl kann aber mit Rücksicht auf die Lady nicht beliebig gesteigert werden. Wir beschränken uns auf drei Werte von $n$:

$n = 5$

| $k$ | $g_{0.5,5}(k)$ |
|---|---|
| 3 | 0.500 |
| 4 | 0.188 |
| 5 | 0.031 |

$n = 10$

| $k$ | $g_{0.5,10}(k)$ |
|---|---|
| 6 | 0.377 |
| 7 | 0.172 |
| 8 | 0.055 |
| 9 | 0.011 |
| 10 | 0.001 |

$n = 20$

| $k$ | $g_{0.5,20}(k)$ |
|---|---|
| 11 | 0.412 |
| 12 | 0.251 |
| 13 | 0.132 |
| 14 | 0.058 |
| 15 | 0.021 |
| 16 | 0.006 |
| 17 | 0.001 |

Wieder kann man Werte von $k_\alpha$ angeben:

| $n$ \ $\alpha$ | 0.1 | 0.05 | 0.01 | 0.001 |
|---|---|---|---|---|
| 5 | 5 | 5 | - | - |
| 10 | 8 | 9 | 10 | 10 |
| 20 | 14 | 15 | 16 | 17 |

Wie man sieht, sind die minimalen kritischen Zahlen wegen der kleinen Werte von $n$ ziemlich groß.

Interessant ist nun auch eine andere Frage: Wie groß ist die Chance, dass ein vorgegebener Wert $p > p_0$ bei so einem Test akzeptiert wird. Angenommen es wäre $p = 0.7$ (das ist ein leichtes, aber nicht sicheres Gespür). Die Wahrscheinlichkeit für die Entscheidung zur Alternative $p > 0.5$ ist dann bei einer kritischen Zahl $k$ gleich $g(0.7, n, k)$. Wir berechnen wieder einige Werte:

$n = 5$

| $k$ | $g_{0.7,5}(k)$ |
|---|---|
| 3 | 0.837 |
| 4 | 0.528 |
| 5 | 0.168 |

$n = 10$

| $k$ | $g_{0.7,10}(k)$ |
|---|---|
| 6 | 0.850 |
| 7 | 0.650 |
| 8 | 0.383 |
| 9 | 0.149 |

$n = 20$

| $k$ | $g_{0.7,20}(k)$ |
|---|---|
| 11 | 0.952 |
| 13 | 0.772 |
| 14 | 0.608 |
| 15 | 0.416 |
| 16 | 0.238 |

Die Werte zeigen, wie diese Wahrscheinlichkeit mit größer werdender kritischer Grenze $k > \frac{n}{2}$ sehr klein wird.

**Beispiel 5** (*Die 5%-Hürde*)
Umfragen sind aufwändig und daher teuer. Ein Umfang von $n = 1\,000$, bei einer Gesamtzahl $N$ von mehreren Millionen Wählern, ist noch realistisch. Wir setzen $p_0 := 0.05$ und berechnen für einige $k \geqslant 51$ den Wert von $\gamma_k := g(0.05, 1\,000, k)$. Das ist eine minimale Schranke für die Wahrscheinlichkeit eines Fehlers 1. Art.

| $k$ | 51 | 56 | 57 | 59 | **60** | 62 | 63 | 67 | 68 |
|------|------|------|------|------|---------|------|------|------|------|
| $\gamma_k$ | 0.462 | 0.210 | 0.172 | 0.110 | **0.087** | 0.051 | 0.038 | 0.011 | 0.007 |

Das bedeutet: Will man eine Sicherheit von 90% für die Überwindung der 5%-Hürde erreichen, so muss man $k = 60$ wählen, das Ergebnis der Umfrage muss mindestens 6% ergeben. Analog kann man die anderen Werte interpretieren. Die Moral: Vorsicht mit den Ergebnissen von Umfragen!

Diese Unsicherheit hat nichts mit politischen Parteien oder Wahlen zu tun. Sie besteht genauso, wenn man in einer Urne mit perfekt untergemischtem Anteil markierter Kugeln die Größe des Anteils durch ganz zufälliges Ziehen ermitteln will. Bei Wahlumfragen wird die Unsicherheit dadurch weiter vergrößert, dass man nicht sicher sein kann, ob die Stichprobe genügend repräsentativ ist.

Die mühsame Bestimmung der kleinsten kritischen Zahl $k_\alpha$ durch Berechnung der Werte von $g(p_0, n, k)$ bei festem $p_0$ und $n$ für viele $k > np_0$ kann man enorm vereinfachen, indem man die Binomialverteilung der Testgröße $T_n$ entsprechend 2.5.4 durch eine Normalverteilung approximiert. Dabei wird benutzt, dass

$$g(p_0, n, k) = \sum_{l=k}^{n} \binom{n}{l} p_0^l (1 - p_0)^{n-l} \approx 1 - \Phi\left( \frac{k - \frac{1}{2} - \mu_n}{\sigma_n} \right)$$

$$\text{mit} \quad \mu_n = np_0 \quad \text{und} \quad \sigma_n = \sqrt{np_0(1 - p_0)}.$$

Daher kann man die Bedingung $g(p_0, n, k) \leqslant \alpha$ approximativ ersetzen durch

$$\Phi\left( \frac{k - \frac{1}{2} - \mu_n}{\sigma_n} \right) \geqslant 1 - \alpha \quad \text{d.h.} \quad \frac{k - \frac{1}{2} - \mu_n}{\sigma_n} \geqslant u_{1-\alpha}.$$

Für die kleinste kritische Zahl $k = k_\alpha$ ergibt sich die Approximation

$$k_\alpha \approx np_0 + \frac{1}{2} + \sigma_n \cdot u_{1-\alpha}. \tag{$*$}$$

Daran sieht man unmittelbar, wie weit der kritische Wert $k_\alpha$ in Abhängigkeit von $\sigma_n$ und $\alpha$ von $np_0$ entfernt sein muss. Mit Hilfe der Approximation (∗) wollen wir einige Werte von $k_\alpha$ aus den obigen Beispielen noch einmal bestimmen. Die zugehörigen Quantile $u_{1-\alpha}$ findet man in 2.5.5.

In Beispiel 3 mit $p_0 = 0.75$ und $n = 100$ ist $\mu_n = 75, \sigma_n = 4.330$. Der Vergleich zwischen den approximativen und den obigen berechneten exakten Werten sieht so aus:

$$k_{0.10} \approx 75.5 + 4.330 \cdot 1.282 = 81.051; \qquad k_{0.10} = 81,$$
$$k_{0.05} \approx 75.5 + 4.330 \cdot 1.645 = 82.623; \qquad k_{0.05} = 83,$$
$$k_{0.01} \approx 75.5 + 4.330 \cdot 2.362 = 85.727; \qquad k_{0.01} = 86.$$

In Beispiel 5 mit $p_0 = 0.05$ und $n = 1\,000$ ist $\mu_n = 50, \sigma_n = 6.892$. Das ergibt

$$k_{0.10} \approx 50.5 + 6.892 \cdot 1.282 = 59.336; \qquad k_{0.10} = 60,$$
$$k_{0.05} \approx 50.5 + 6.892 \cdot 1.645 = 61.837; \qquad k_{0.05} = 63,$$
$$k_{0.01} \approx 50.5 + 6.892 \cdot 2.362 = 66.779; \qquad k_{0.01} = 68.$$

Diese Rechnungen zeigen wieder einmal die Bedeutung der Normalverteilung.

**Beispiel 6** (*Jugendarbeit*)
Häufig wird behauptet, viele Anfänger eines Lehramtsstudiums hätten bereits Erfahrung in der Jugendarbeit. Diese Hypothese soll anhand der Daten aus der Studie PaLea untersucht werden. Eine in der Studie gestellte „Frage" lautete [K2, p. 54]:

Ich habe Erfahrungen in der Kinder- und Jugendarbeit.

Diese war mit Ja oder Nein zu beantworten. Die Daten sollen an dieser Stelle genutzt werden, um die Hypothese

$H_0$: Maximal 60% aller Lehramtsstudierenden haben Erfahrungen in der Jugendarbeit.

gegen die Alternative

$H_1$: Mehr als 60% der Lehramtsstudierenden haben Erfahrungen in der Jugendarbeit.

zu testen. In der Umfrage gaben 1 617 Studierende (Bachelor Lehramt) an, keine Erfahrungen mit Kindern zu haben, 2 590 berichteten von Erfahrungen in der Jugendarbeit.

Zur Testentscheidung benutzen wir einen einseitigen Binomialtest. Seien für $i \in \{1, \ldots, n\}$ die Zufallsvariablen $X_i = 0$, falls der i-te Befragte keine Erfahrung in der Jugendarbeit hat, andernfalls sei $X_i = 1$. Dann ist die Anzahl

$$T(X_1, \ldots, X_n) = \sum_{i=1}^n X_i$$

der Studenten, die bereits Erfahrung in der Jugendarbeit haben, eine sinnvolle Testgröße. Es ist bei vorgegebenem $\alpha = 0.05$ bzw. $\alpha = 0.01$ ein $k$ zu ermitteln, so dass die Entscheidung wie folgt aussieht:

$$T_n(x_1,\dots,x_n) < k \Rightarrow H_0 \qquad \text{und} \qquad T_n(x_1,\dots,x_n) \geqslant k \Rightarrow H_1.$$

Zur Ermittlung von $k$ betrachten wir die Gütefunktion

$$g_{p,n}(k) := P_p(T \geqslant k) = \sum_{l=k}^{n} \binom{n}{l} p^l (1-p)^{n-l}$$

mit der unbekannten Wahrscheinlichkeit $p$. Eine Schranke für $p$ erhalten wir, wenn wir $g_{0.6,n}(k)$ betrachten. Der kritische Wert $k_\alpha$ ist das kleinste $k$, das die Bedingung $g_{0.6,n}(k) \leqslant \alpha$ erfüllt. Es werden einige Werte der Gütefunktion berechnet, um $k$ zu bestimmen:

| $k$ | 2 575 | 2 576 | 2 577 | 2 597 | 2 598 | 2 599 | 2 600 |
|---|---|---|---|---|---|---|---|
| $g_{0.6,4\,207}(k)$ | 0.056 5 | 0.053 0 | 0.049 6 | 0.011 3 | 0.010 4 | 0.009 5 | 0.008 7 |

Aus der Tabelle können direkt die Werte für den kritischen Wert $k_\alpha$ abgelesen werden:

$$k_{0.05} = 2\,577 \quad \text{und} \quad k_{0.01} = 2\,599$$

Die Hypothese $H_0$ wird also auf dem Fehlerniveau 0.05 verworfen und $H_1$ akzeptiert, während auf dem Fehlerniveau 0.01 die Nullhypothese $H_0$ beibehalten werden kann. Die Berechnung der auftretenden Summe ist sehr aufwändig, für große $n$ ist die Zufallsvariable $T_n$ in guter Näherung normalverteilt mit Erwartungswert $np$ und Varianz $np(1-p)$. Wir können daher die Gütefunktion mit Hilfe einer Normalverteilung approximieren und verwenden (∗); es ergibt sich für den kritischen Wert

$$k_\alpha = np_0 + \frac{1}{2} + u_{1-\alpha} \cdot \sqrt{np_0(1-p_0)}.$$

Mit $u_{1-0.05} = 1.645$ und $u_{1-0.01} = 2.323$ ergeben sich die kritischen Werte $k_{0.05} = 2\,576.97$ und $k_{0.01} = 2\,598.5$. Ist nun der Wert von $T_n$ kleiner als $k_\alpha$, so fällt die Entscheidung zu Gunsten von $H_0$ aus. $T_n$ kann nur ganzzahlige Werte annehmen, folglich ist der genäherte Wert für $k_\alpha$ identisch mit dem exakt berechneten Wert.

Entsprechend der Zielvorgabe für die Entscheidungsregel sollte die Nullhypothese vor der Alternative geschützt werden, d.h. ein Fehler 1. Art möglichst klein gehalten werden. Die Kehrseite ist ein Fehler 2. Art, bei dem die Alternative zu Unrecht verworfen, d.h. die Nullhypothese zu Unrecht beibehalten wird. Da Fehler 1. Art klein gehalten werden sollen, gibt es mehr Fehler 2. Art. Quantitativ wird das beschrieben durch die *Operationscharakteristik*

$$h(p,n,k) := P_p(T_n < k) = 1 - g(p,n,k)$$

des Tests. Bei festen Werten von $n$ und $k$ ist $g_{n,k}(p)$ streng monoton steigend, also ist $h_{n,k}(p)$ streng monoton fallend. Bei einem Fehler 2. Art ist $p > p_0$, aber $T_n(x) < k$. Da dann

$$P_p(T_n < k) = h_{n,k}(p) < h_{n,k}(p_0),$$

ist $h_{n,k}(p_0)$ eine *Schranke für die Wahrscheinlichkeit eines Fehlers 2. Art*. Da $k$ jedoch so gewählt wird, dass $g_{n,k}(p_0)$ möglichst klein wird, ist diese Schranke wertlos, solange die Zielvorgabe zum Schutz der Nullhypothese beibehalten wird.

## 4.2.2 Zweiseitiger Binomialtest

In Beispiel 4 aus 4.1.1 soll getestet werden, ob ein Münzwurf fair ist. Allgemeiner geht es um zwei Parameter $p, p_0 \in [0,1] = \Theta$, wobei $p_0$ bekannt und $p$ unbekannt ist. Durch einen Test soll entschieden werden, ob

$$\begin{aligned} p = p_0 \qquad & \textit{Nullhypothese } H_0, \quad \text{oder} \\ p \neq p_0 \qquad & \textit{Alternative } H_1. \end{aligned}$$

Ein derartiger Test wird *zweiseitig* genannt. Wie in 4.2.1 hat man den Stichprobenraum $\mathcal{X} = \{0,1\}^n$ mit dem Produktmaß $P_p$ und die binomial verteilte Testgröße

$$T_n \colon \mathcal{X} \to \{0,...,n\}, \quad x = (x_1,...,x_n) \mapsto x_1 + ... + x_n,$$

mit der die Treffer bei einer Stichprobe gezählt werden.

Selbst wenn bekannt ist, dass $p = p_0$ gilt, wird für eine Stichprobe $x$ im Allgemeinen $T_n(x) \neq np_0$ sein, d.h. es ist zu erwarten, dass

$$P_{p_0}(T_n = np_0) = 0.$$

Um zu vermeiden, dass die Nullhypothese zu Unrecht verworfen wird, muss man wieder einen Sicherheitsabstand festlegen. Dabei nehmen wir zur Vereinfachung der Rechnungen an, dass $np_0 \in \mathbb{N}$. Andernfalls ersetze man $np_0$ durch die nächstgelegene ganze Zahl. Nun wählt man einen *kritischen Abstand* $k \in \mathbb{N}$ mit $k > 0$, so dass

$$0 \leqslant np_0 - k \quad \text{und} \quad np_0 + k \leqslant n.$$

Der *zweiseitige Binomialtest* hat als Grundlage die folgende *Entscheidungsregel*

$$\begin{aligned} |T_n(x) - np_0| < k \quad &\Rightarrow \quad H_0, \\ |T_n(x) - np_0| \geqslant k \quad &\Rightarrow \quad H_1. \end{aligned}$$

Es ist sofort klar, dass die Nullhypothese umso mehr geschützt wird, je größer $k$ gewählt ist. Die Bewertung der Entscheidung beim Ergebnis $x$ der Stichprobe sieht so aus:

|              | $|T_n(x) - np_0| < k$ | $|T_n(x) - np_0| \geqslant k$ |
|--------------|-----------------------|-------------------------------|
| $p = p_0$    | richtig               | Fehler 1. Art                 |
| $p \neq p_0$ | Fehler 2. Art         | richtig                       |

Die Interpretation der beiden Arten von Fehlern ist die gleiche wie in 4.2.1.

Zur Berechnung der Wahrscheinlichkeit eines Fehlers 1. Art benutzt man wieder eine *Gütefunktion*, die bei festem $p_0$ gegeben ist durch

$$g(p,n,k) := P_p(|T_n - np_0| \geqslant k)$$
$$= \sum_{l=0}^{np_0-k} \binom{n}{l} p^l (1-p)^{n-l} + \sum_{l=np_0+k}^{n} \binom{n}{l} p^l (1-p)^{n-l}. \tag{1}$$

Im Allgemeinen ist $k$ klein gegen $n$, dann ist die Gütefunktion mit weniger Summanden berechenbar:

$$g(p,n,k) = 1 - \sum_{l=np_0-k+1}^{np_0+k-1} \binom{n}{l} p^l (1-p)^{n-l}. \tag{1'}$$

Die Gütefunktion beim zweiseitigen Binomialtest sieht ganz anders aus, als die streng monoton wachsende Gütefunktion beim einseitigen Binomialtest. Als Funktion von $p$ bei festen Werten von $p_0, n$ und $k$ ist

$$g(0,n,k) = g(1,n,k) = 1.$$

Zwischen $p = 0$ und $p = 1$ sinkt $g$ zunächst ab und steigt dann wieder an; das Minimum liegt in der Nähe von $p_0$. Etwa für $p_0 = 0.8$, $n = 20$ und $k = 2$ ist $g$ rechts skizziert.

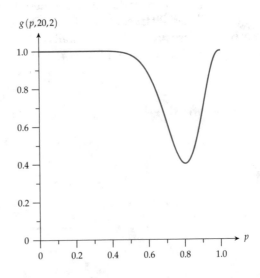

Bei einem Fehler 1. Art ist $p = p_0$, aber $|T_n(x) - np_0| \geq k$. Daraus folgt sofort der

**Satz** *Beim zweiseitigen Binomialtest ist die Wahrscheinlichkeit für einen Fehler 1. Art gleich* $g(p_0, n, k)$.

Man beachte, dass im Gegensatz zum einseitigen Binomialtest in 4.2.1 die Wahrscheinlichkeit für einen Fehler 1. Art nicht nur abgeschätzt, sondern exakt angegeben werden kann.

Im wichtigen Spezialfall $p_0 = \frac{1}{2}$ hat man für ein gerades $n$:

$$g\left(\frac{1}{2}, n, k\right) = 2 \cdot \left(\frac{1}{2}\right)^n \cdot \sum_{l=0}^{\frac{n}{2}-k} \binom{n}{l} = 1 - \left(\frac{1}{2}\right)^n \cdot \sum_{l=\frac{n}{2}-k+1}^{\frac{n}{2}+k-1} \binom{n}{l}.$$

Ist nun bei festem $p_0$ ein Fehlerniveau $\alpha \in\, ]0,1[$ vorgegeben, so muss man versuchen, durch geeignete Wahl von $n$ und $k$ die Bedingung

$$g(p_0, n, k) \leq \alpha$$

zu erfüllen.

**Beispiel 1** (Test einer Münze)
Wir kommen zurück zu **Beispiel 4** aus 4.1.1 und wollen einige Rechnungen explizit ausführen. Zunächst betrachen wir für $p_0 = 0.5$ und festes $n$ und $k$ die Gütefunktion als Funktion

$$g_{n,k}\colon [0,1] \to [0,1].$$

Wir wählen die Werte $n = 10$, $n = 100$, und $n = 1\,000$, sowie $k = 0.2n$:

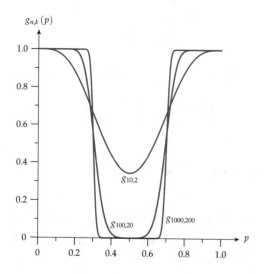

Mit wachsendem $n$ wird die *ideale Gütefunktion*

$$g(p) := \begin{cases} 0 & \text{für} \quad |p - p_0| < \frac{k}{n} \\ 1 & \text{für} \quad |p - p_0| \geqslant \frac{k}{n} \end{cases}$$

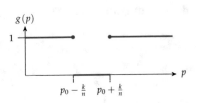

approximiert. Bei ihr würde die Alternative für $|p - p_0| \geqslant k$ mit Wahrscheinlichkeit 1 akzeptiert.

Um die Abhängigkeit der Wahrscheinlichkeit eines Fehlers 1. Art vom kritischen Abstand $k$ zu sehen, berechnen wir

$$g_n(k) := g(0.5, n, k)$$

für einige Werte von $n$ und $k$:

| $k$ | $g_{10}(k)$ |
|---|---|
| 1 | 0.754 |
| 2 | 0.344 |
| 3 | 0.109 |
| 4 | 0.021 |
| 5 | 0.002 |

$n = 10$

| $k$ | $g_{100}(k)$ |
|---|---|
| 1 | 0.920 |
| 5 | 0.368 |
| 8 | 0.133 |
| 9 | 0.089 |
| 10 | 0.057 |
| 11 | 0.035 |
| 13 | 0.012 |
| 14 | 0.007 |

$n = 100$

| $k$ | $g_{1\,000}(k)$ |
|---|---|
| 1 | 0.975 |
| 10 | 0.548 |
| 26 | 0.107 |
| 27 | 0.094 |
| 31 | 0.054 |
| 32 | 0.046 |
| 40 | 0.012 |
| 41 | 0.010 |

$n = 1\,000$

Bezeichnet $k_\alpha$ den minimalen kritischen Wert zum Fehlerniveau $\alpha$, so erhält man die folgenden Werte

| $n$ | 10 | 100 | 1 000 |
|---|---|---|---|
| $k_{0.10}$ | 4 | 9 | 27 |
| $k_{0.05}$ | 4 | 11 | 32 |
| $k_{0.01}$ | 5 | 14 | 41 |

Wie man daran sieht, geht der Quotient $k_\alpha / n$ bei festem $\alpha$ gegen Null.

Bevor wir eine Serie von Münzwürfen mit $n = 10, 100$ und $1\,000$ durchführen, legen wir das Fehlerniveau $\alpha = 0.1$ fest. Das Ergebnis von durchgeführten Stichproben war die Trefferzahl für „Kopf"

$$T_{10}(x) = 6, \qquad T_{100}(x) = 45 \quad \text{und} \quad T_{1\,000}(x) = 512.$$

Wegen

$$6 - 5 = 1 < 4, \ |45 - 50| = 5 < 9 \quad \text{und} \quad 512 - 500 = 12 < 27$$

wird die Alternative $p \neq 0.5$ in allen drei Testentscheidungen verworfen. Das ist allerdings ganz und gar kein Beweis für $p = 0.5$!

Man beachte, dass in einem korrekten Test-Verfahren die Werte von $\alpha$ und $k_\alpha$ vor der Ausführung der Stichprobe festgelegt werden müssen. Bei einem vorliegenden Ergebnis nachträglich die Schranken zu wählen ist zwar verlockend, aber kann eine Einladung zur Manipulation werden!

Wie beim einseitigen Binomialtest kann man den kleinsten kritischen Abstand sehr einfach approximativ berechnen:

Aus der Definition (**1**) der Gütefunktion und $\mu_n = E_{p_0}(T_n) = np_0$ folgt

$$
\begin{aligned}
g(p_0, n, k) &\approx \Phi\left(\frac{np_0 - k + \frac{1}{2} - \mu_n}{\sigma_n}\right) + 1 - \Phi\left(\frac{np_0 + k - \frac{1}{2} - \mu_n}{\sigma_n}\right) \\
&= \Phi\left(\frac{-k + \frac{1}{2}}{\sigma_n}\right) + 1 - \Phi\left(\frac{k - \frac{1}{2}}{\sigma_n}\right) \\
&= 2 - 2\Phi\left(\frac{k - \frac{1}{2}}{\sigma_n}\right).
\end{aligned}
$$

Die Bedingung $g(p_0, n, k) \leqslant \alpha$ wird damit approximativ zu

$$
\Phi\left(\frac{k - \frac{1}{2}}{\sigma_n}\right) \geqslant 1 - \frac{\alpha}{2}, \quad \text{d.h.} \quad \frac{k - \frac{1}{2}}{\sigma_n} \geqslant u_{1-\alpha/2}.
$$

Insgesamt erhält man also für den kleinsten kritischen Abstand $k_\alpha$ zu $\alpha$ die Approximation

$$
k_\alpha \approx \tfrac{1}{2} + \sigma_n \cdot u_{1-\alpha/2} \quad \text{mit} \quad \sigma_n = \sqrt{np_0(1 - p_0)} \tag{**}
$$

Im Vergleich zur Approximation (*) aus 4.2.1 ist zu bemerken, dass $u_{1-\alpha/2} > u_{1-\alpha}$.

In Beispiel 1 mit $p_0 = 0.5$ und $n = 100$ ist $\sigma_n = 5$. Also gilt:

$$k_{0.10} \approx \frac{1}{2} + 5 \cdot u_{0.95} = 8.724, \qquad\qquad k_{0.10} = 9$$

$$k_{0.05} \approx \frac{1}{2} + 5 \cdot u_{0.975} = 10.300 \qquad\qquad k_{0.05} = 11$$

$$k_{0.01} \approx \frac{1}{2} + 5 \cdot u_{0.995} = 13.379. \qquad\qquad k_{0.01} = 14$$

Wie man sieht, sind die oben mit weit mehr Aufwand berechneten exakten Werte von $k_\alpha$ die nächstgrößeren ganzen Zahlen.

**Beispiel 2** (*Geburtenstatistik*)
Eine interessante Frage ist, ob die Anzahl der neugeborenen Jungen und Mädchen gleich groß ist. Dazu werden die Zahlen des statistischen Bundesamtes herangezogen,

wonach im Jahr 2010 in Deutschland 347 237 männliche und 330 710 weibliche Lebend-geborene das Licht der Welt erblickten [SB$_1$]. Sei $p$ die Wahrscheinlichkeit, dass ein neu-geborenes Baby männlich ist. Nun wird ein zweiseitiger Binomialtest verwendet, um die Nullhypothese $p = 0.5$ gegen die Alternative $p \neq 0.5$ zu testen. Als Testgröße $T$ wird die Anzahl der neugeborenen Jungen verwendet. Es ist ein kritischer Wert $k_\alpha$ so zu wählen, dass die Entscheidung für die Nullhypothese ausfällt, falls

$$|T - 0.5 \cdot n| < k,$$

sonst zu Gunsten von $H_1$. Es gilt $0.5 \cdot n = 338\,973.5$ und die Gütefunktion kann mit Hilfe der Normalverteilung approximiert werden. Die Näherung

$$g(0.5, n, k) = 2 - 2 \cdot \Phi\left(\frac{k - 0.5}{\sqrt{n \cdot 0.25}}\right).$$

ist wegen der großen Werte für $n$ sehr gut und auf die Berechnung der exakten Werte für die Summen wird verzichtet.

In folgender Tabelle sind einige interessante Werte der Gütefunktion angegeben:

| $k$ | $\frac{k-0.5}{\sqrt{0.25 \cdot n}}$ | $g(0.5, n, k)$ | $k$ | $\frac{k-0.5}{\sqrt{0.25 \cdot n}}$ | $g(0.5, n, k)$ |
|---|---|---|---|---|---|
| 278 | 0.674 | 0.500 3 | 1 061 | 2.576 | 0.009 996 |
| 279 | 0.676 | 0.498 7 | 1 355 | 3.290 | 0.001 001 |
| 677 | 1.643 | 0.100 3 | 1 356 | 3.293 | 0.000 993 |
| 678 | 1.646 | 0.099 8 | 1 602 | 3.890 | 0.000 100 2 |
| 807 | 1.959 | 0.050 1 | 1 603 | 3.893 | 0.000 099 2 |
| 808 | 1.961 | 0.049 8 | 2 014 | 4.891 | 0.000 001 00 |
| 1 060 | 2.574 | 0.010 066 | 2 015 | 4.893 | 0.000 000 99 |

Ein Vergleich dieser Werte lässt bereits die Monotonie der Gütefunktion bei festem $p_0$ vermuten. Der Beweis dieser Tatsache sei dem Leser überlassen. Aus den ermittelten Zahlen werden die kritischen Werte für verschiedene $\alpha$ bestimmt:

$$
\begin{aligned}
k_{0.10} &= 678 & k_{0.001} &= 1\,356 \\
k_{0.05} &= 808 & k_{0.000\,1} &= 1\,603 \\
k_{0.01} &= 1\,061 & k_{0.000\,001} &= 2\,015
\end{aligned}
$$

Die Nullhypothese $H_0$ kann also mit einer Sicherheit von mindestens $99.999\,9\,\%$ ver-worfen werden.

An dieser Stelle ist ein Vergleich der Werte $k_\alpha$ interessant: Eine Verdopplung von $k_{0.1}$ erhöht die Sicherheit von 90% auf 99.9%. Wird hingegen $k_{0.01}$ verdoppelt, so erhöht sich die Sicherheit von 99% auf 99.999 9%. Je höher die gewünschte Sicherheit, desto weniger unterscheiden sich die kritischen Werte relativ voneinander.

## 4.2.3 Aufgaben

**Aufgabe 4.1**   Eine Urne enthält 10 Kugeln, die schwarz oder weiß sein können. Wir ziehen $n$ Kugeln mit Zurücklegen und wollen die Nullhypothese testen, dass alle Kugeln weiß sind.

(a) Definieren Sie $p$ und geben Sie $p_0$ an.
(b) Wie lauten $H_0$ und $H_1$? Was bedeutet $H_1$ in diesem speziellen Fall?
(c) Wie lautet ein geeignetes $k_\alpha$, wie der Ablehnungsbereich?
(d) Was ist der Fehler 1. Art? Was lässt sich zu einem beliebigen Signifikanzniveau $\alpha$ sagen?

**Aufgabe 4.2**   Betrachtet wird eine Urne mit 1 000 Kugeln. Jede Kugel sei entweder schwarz oder weiß; der Anteil der weißen Kugeln sei unbekannt. Getestet werden soll die Hypothese

> „Mehr als die Hälfte der Kugeln ist weiß"

zum Fehlerniveau $\alpha = 0.1$. Dazu werden $n = 10$ Kugeln mit Zurücklegen gezogen. Die Testgröße $T_n$ gebe die Anzahl $w$ der weißen gezogenen Kugeln an. Geben Sie zur Testgröße $T_n$

(a) die Entscheidungsregel, so dass die Wahrscheinlichkeit für einen Fehler 1. Art $\leqslant \alpha$ ist und

(b) einen geeigneten kritischen Wert $k_\alpha$ an.

Verwenden Sie dazu die folgende Tabelle mit den Werten der Binomialkoeffizienten $\binom{10}{k}$ für $k = 1, \dots, 10$:

| $k$ | 1 | 2 | 3 | 4 | 5 | 6 | 7 | 8 | 9 |
|---|---|---|---|---|---|---|---|---|---|
| $\binom{10}{k}$ | 10 | 45 | 120 | 210 | 252 | 210 | 120 | 45 | 10 |

**Aufgabe 4.3**   (aus [ISB, Abitur 2013]) In einer Großstadt steht die Wahl des Oberbürgermeisters bevor. Vor Beginn des Wahlkampfs wird eine repräsentative Umfrage unter den Wahlberechtigten durchgeführt. [...] Der Umfrage zufolge hätte der Kandidat der Partei A etwa 50% aller Stimmen erhalten, wenn die Wahl zum Zeitpunkt der Befragung stattgefunden hätte. Ein Erfolg im ersten Wahlgang, für den mehr als 50% aller Stimmen erforderlich sind, ist demnach fraglich. Deshalb rät die von der Partei A eingesetzte Wahlkampfberaterin in der Endphase des Wahlkampfs zu einer zusätzlichen Kampagne. Der Schatzmeister der Partei A möchte die hohen Kosten, die mit einer zusätzlichen Kampagne verbunden wären, jedoch möglichst vermeiden.

(a) Um zu einer Entscheidung über die Durchführung einer zusätzlichen Kampagne zu gelangen, soll die Nullhypothese „Der Kandidat der Partei A würde gegenwärtig höchstens 50% aller Stimmen erhalten" mithilfe einer Stichprobe von 200 Wahlberechtigten auf einem Signifikanzniveau von 5% getestet werden. Bestimmen Sie die zugehörige Entscheidungsregel.

(b) Begründen Sie, dass die Wahl der Nullhypothese für den beschriebenen Test in Einklang mit dem Anliegen der Wahlkampfberaterin steht, einen Erfolg bereits im ersten Wahlgang zu erreichen.

**Aufgabe 4.4**   (nach [ISB, Leistungskursabitur 2008]) In einer Region haben 60% der Haushalte einen Internetanschluss. Von den Haushalten mit Internetanschluss in dieser Region haben 43% einen langsamen Internetzugang ($< 1$MBit/s), 35% einen mittelschnellen Internetzugang und 22% einen schnellen Internetzugang ($> 6$MBit/s).
Der Provider beabsichtigt, in dieser Region eine Werbekampagne durchzuführen, da er vermutet, dass höchstens 40% der Haushalte mit langsamem Internetzugang wissen, dass ein schnellerer Zugang technisch möglich ist. Um diese Vermutung zu testen, werden 50 Haushalte mit langsamem Internetzugang zufällig ausgewählt und befragt. Der Provider möchte möglichst vermeiden, dass die Werbekampagne aufgrund des Testergebnisses irrtümlich unterlassen wird. Geben Sie die hierfür geeignete Nullhypothese an und ermitteln Sie die zugehörige Entscheidungsregel auf einem Signifikanzniveau von 5%. Verwenden Sie die Normalverteilung als Näherung.

**Aufgabe 4.5**   Die Projektgruppe TUMitfahrer-App programmiert eine App, die Mitfahrgelegenheiten an der TUM koordiniert. Eine wichtige Entscheidung ist es, ob das Hauptaugenmerk der Programmierer auf die Homepage oder die App für Smartphones gerichtet werden soll. Dazu wurden die Studierenden und Mitarbeiter der Universität in einer Umfrage im Oktober 2011 befragt, ob sie ein Smartphone besitzen [S]. Von den 1 800 Befragten beantworteten diese Frage 754 mit „Ja". Eine Vorabauswertung wurde bereits mit 100 Befragten durchgeführt, von denen 44 ein Smartphone besitzen.
Eine Vermutung der Projektgruppe ist, dass 40% der Studierenden ein Smartphone besitzen. Diese Hypothese kann mit einem einseitigen Binomialtest auf Basis der Umfragedaten geprüft werden. Es werde die Nullhypothese

$H_0$: 40% (oder weniger) Studierende besitzen ein Smartphone ($p \leqslant 0.4$).

gegen die Alternative

$H_1$: Mehr als 40% der Studierenden haben ein Smartphone ($p > 0.4$).

getestet. $p$ sei die Wahrscheinlichkeit, dass ein zufällig ausgewählter Studierender der TUM Besitzer eines Smartphones ist. Werden $n$ Studierende zufällig ausgewählt und befragt, ob sie ein Smartphone besitzen, sei für $i \in \{1, \ldots, n\}$

$X_i = 1$, falls Student $i$ ein Smartphone besitzt und
$X_i = 0$, falls er keines besitzt.

(a) Geben Sie eine geeignete Testgröße und die Entscheidungsregel an.

In folgenden Tabellen sind relevante Werte der Gütefunktion $g(0.4, n, k)$ aufgeführt:

| $k$ | $g(0.4, 100, k)$ |
|-----|------------------|
| 46 | 0.131 1 |
| 47 | 0.093 0 |
| 48 | 0.063 8 |
| 49 | 0.042 3 |
| 52 | 0.010 0 |
| 53 | 0.005 8 |

| $k$ | $g(0.4, 1\,000, k)$ |
|-----|---------------------|
| 420 | 0.104 3 |
| 421 | 0.093 1 |
| 426 | 0.050 2 |
| 427 | 0.043 9 |
| 436 | 0.011 2 |
| 437 | 0.009 5 |

| $k$ | $g(0.4, 1\,800, k)$ |
|-----|---------------------|
| 747 | 0.101 3 |
| 748 | 0.093 1 |
| 754 | 0.053 8 |
| 755 | 0.048 7 |
| 768 | 0.011 3 |
| 769 | 0.009 9 |

(b) Ermitteln Sie die kritischen Werte $k_\alpha$ für

$$\alpha \in \{0.1, 0.05, 0.01\} \quad \text{und} \quad n \in \{100, 1\,000, 1\,800\}$$

und vergleichen Sie diese Werte.

(c) Geben Sie jeweils die relative Abweichung des kritischen Wertes von $np_0$ an. Was fällt auf?

(d) Wie sieht die Testentscheidung auf Basis des Umfrageergebnisses aus? Wie sieht sie aus auf Basis der Vorabauswertung mit $n = 100$ Befragten?

## 4.3  GAUSS-Tests

Bei den Binomialtests in 4.2 wurden unbekannte Anteile $p \in [0,1]$ gegen ein bekanntes $p_0$ getestet. Besonders wichtig war dabei, dass die Varianzen der Testgrößen für alle möglichen Werte von $p$ berechenbar sind.

Schwieriger ist die Lage bei Tests wie in Beispiel 5 aus 4.1.1 (*Kraftstoffverbrauch*), wo ein unbekannter Wert $\mu \in \mathbb{R}_+$ mit einem bekannten Wert $\mu_0$ verglichen werden soll. In solchen Fällen kann die Varianz der Testgrößen höchstens geschätzt werden. Bei den so genannten GAUSS-Tests betrachtet man eine normalverteilte Zufallsvariable mit unbekanntem Erwartungswert, setzt aber zur Vereinfachung der Theorie voraus, dass die Varianz bekannt ist. Der allgemeinere und wichtigere Fall geschätzter Varianz wird $t$-Test genannt, er folgt in 4.3.4.

### 4.3.1  Allgemeiner Rahmen

Zur Modellierung dieser Tests gehen wir wieder aus von einem endlichen Wahrscheinlichkeitsraum $(\Omega, P^*)$. Im Fall des Tests auf Kraftstoffverbrauch kann man $\Omega$ als Menge von Teststrecken und $P^*$ als das Maß für ihre Häufigkeit in der Nutzung des Kraftfahrzeugs ansehen. Dann hat man eine Zufallsvariable

$$X \colon \Omega \to \mathbb{R}$$

mit unbekanntem Erwartungswert $\mu = E(X) \in \mathbb{R}$, der mit einem vorgegebenem Wert $\mu_0 \in \mathbb{R}$ verglichen werden soll. Im Fall des Kraftstoffverbrauchs ist

$$X(\omega) = \text{Kilometerleistung auf der Strecke } \omega.$$

Bei den so genannten GAUSS-*Tests* wird nun die folgende Voraussetzung gemacht:

*Die Zufallsvariable $X$ ist annähernd normalverteilt mit unbekanntem Erwartungswert $\mu$, aber bekannter, sowie von $\mu$ unabhängiger Varianz $\sigma^2$.*

Je nach der speziellen Situation ist diese Annahme mehr oder weniger berechtigt. Im Fall des Kraftstoffverbrauchs ist die Unabhängigkeit der Varianz von $\mu$ plausibel, da der unbekannte Wert $\mu$ nicht wesentlich von $\mu_0$ verschieden sein wird, und damit die Varianz nach der Modifikation etwa gleich der bekannten Varianz vor der Modifikation sein wird.

Mit der üblichen Methode erhält man damit auf dem Stichprobenraum

$$\mathcal{X} = \mathcal{Y}^n \quad \text{mit} \quad \mathcal{Y} = X(\Omega) \subset \mathbb{R}$$

ein von $\vartheta = (\mu, \sigma^2) \in \mathbb{R} \times \mathbb{R}_+ = \Theta$ abhängiges Produktmaß $P_\vartheta$, sowie unabhängige annähernd normalverteilte Zufallsvariable

$$X_1, ..., X_n: \mathcal{X} \to \mathbb{R}$$

mit $E_\vartheta(X_i) = \mu$ und $V_\vartheta(X_i) = \sigma^2$ für $i = 1, ..., n$. Daraus baut man sich die naheliegende *Testgröße*

$$T_n := \frac{1}{n}(X_1 + ... + X_n): \mathcal{X} \to \mathbb{R}$$

mit $T_n(x) = \frac{1}{n}(x_1 + ... + x_n)$ für $x = (x_1, ..., x_n) \in \mathcal{X}$.

Für die Verteilung von $T_n$ folgt aus dem nicht ganz elementaren Satz in 2.6.6:

*$T_n$ ist annähernd normalverteilt mit $E_\vartheta(T_n) = \mu$ und $V_\vartheta(T_n) = \frac{\sigma^2}{n} =: \sigma_n^2$   für alle   $\vartheta \in \Theta$.*

Nach dem Zentralen Grenzwertsatz aus 2.5.6 ist diese Folgerung für genügend großes $n$ auch dann noch annähernd verwendbar, wenn die Zufallsvariablen $X_1, ..., X_n$ nicht notwendig normalverteilt, aber unabhängig und identisch verteilt sind mit $E_\vartheta(X_i) = \mu$ und $V_\vartheta(X_i) = \sigma^2$ für alle $\vartheta \in \Theta$.

## 4.3.2  Einseitiger GAUSS-Test

Gegeben seien ein bekannter Wert $\mu_0 \in \mathbb{R}$ und ein unbekannter Wert $\mu \in \mathbb{R}$. Durch einen Test soll entschieden werden, ob

$$\mu \leqslant \mu_0 \quad \textit{(Nullhypothese } H_0) \text{ oder}$$
$$\mu > \mu_0 \quad \textit{(Alternative } H_1)$$

zu erwarten ist. Wie schon im Binomialtest in 4.1.2 ausführlich erläutert, soll die Nullhypothese vor einer nicht genügend begründeten Ablösung durch die Alternative geschützt werden. Sei nun

$$T_n: \mathcal{X} \to \mathbb{R}$$

die in 4.3.1 erklärte $N(\mu, \sigma_n^2)$-verteilte Testgröße.

Man wählt wieder einen *kritischen Wert* $c > \mu_0$ und entscheidet bei einem Ergebnis $x \in \mathcal{X}$ der Stichprobe wie folgt:

$$T_n(x) < c \quad \Rightarrow \quad H_0, \text{ d.h. die Alternative wird verworfen}$$
$$T_n(x) \geqslant c \quad \Rightarrow \quad H_1, \text{ d.h. die Alternative wird akzeptiert.}$$

Die Bewertung dieser Entscheidung wird so dargestellt:

|                  | $T_n(x) < c$  | $T_n(x) \geqslant c$ |
|------------------|---------------|----------------------|
| $\mu \leqslant \mu_0$ | richtig       | Fehler 1. Art        |
| $\mu > \mu_0$    | Fehler 2. Art | richtig              |

Dabei steht wieder links die unbekannte Realität, oben das bekannte Testergebnis.

Die Bereiche von Verwerfung und Akzeptanz kann man so skizzieren:

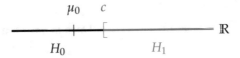

Wir setzen

$$\vartheta = (\mu, \sigma^2) \quad \text{und} \quad \vartheta_0 = (\mu_0, \sigma^2), \quad \text{also} \quad \vartheta, \vartheta_0 \in \Theta = \mathbb{R} \times \mathbb{R}_+.$$

Um Abschätzungen für die Wahrscheinlichkeit eines Fehlers 1. Art zu erhalten, benutzen wir die *Gütefunktion*

$$g(\mu, n, c) := P_\vartheta(T_n \geq c) = P_\vartheta(\{x \in \mathcal{X} : T_n(x) \geq c\});$$

das ist die Wahrscheinlichkeit dafür, dass für einen Wert $\mu \in \mathbb{R}$ bei einer Stichprobe $x$ ein Ergebnis $T_n(x) \geq c$ entsteht.

Zur Berechnung der Gütefunktion benutzen wir nun die in 4.3.1 erläuterte Voraussetzung

$$T_n \text{ ist } N(\mu, \sigma_n^2) \text{ - verteilt mit } \sigma_n^2 = \frac{\sigma^2}{n}.$$

Daraus folgt nach den Regeln aus 2.5.2

$$g(\mu, n, c) = 1 - \Phi\left(\frac{c - \mu}{\sigma_n}\right) = \Phi\left(\frac{\mu - c}{\sigma_n}\right).$$

Für festes $n$ und $c$ erhält man wegen der Monotonie von $\Phi$ eine von $\mu$ abhängige, streng monoton wachsende Funktion $g_{n,c}(\mu)$. Lässt man dabei $n$ größer werden, so steigen diese Funktionen immer steiler an.

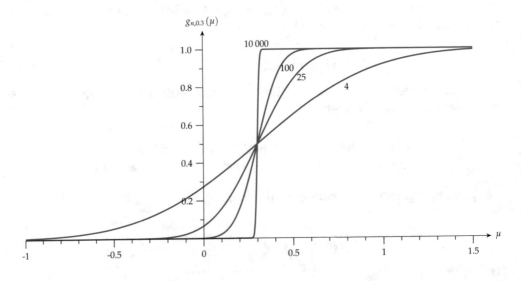

Diese Funktionen approximieren mit steigendem $n$
die *ideale Gütefunktion*

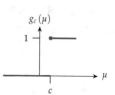

$$g_c(\mu) := \begin{cases} 0 & \text{für} \quad \mu < c, \\ 1 & \text{für} \quad \mu \geqslant c. \end{cases}$$

Für $\mu \leqslant \mu_0 < c$ gilt wegen der Monotonie von $g_{n,c}$

$$P_\vartheta(T_n \geqslant c) \leqslant P_{\vartheta_0}(T_n \geqslant c) = g(\mu_0, n, c) = \Phi\left(\frac{\mu_0 - c}{\sigma_n}\right) < \frac{1}{2}.$$

Damit ist bewiesen:

**Satz** *Beim einseitigen* GAUSS-*Test mit bekannter Varianz $\sigma^2$ und Stichprobenumfang $n$ ist die Wahrscheinlichkeit für einen Fehler 1. Art beschränkt durch*

$$\Phi\left(\frac{(\mu_0 - c)\sqrt{n}}{\sigma}\right) < \frac{1}{2}.$$

Entscheidend ist es, die Dynamik dieser Schranke zu verstehen. Dazu halten wir das als bekannt vorausgesetzte $\sigma$ fest, betrachten den kritischen Abstand $d := c - \mu_0 > 0$ und die Zahl

$$\alpha(n,d) := \Phi\left(\frac{-d \cdot \sqrt{n}}{\sigma}\right) < \frac{1}{2}.$$

Sie ist die Schranke für die Wahrscheinlichkeit dafür, dass die Nullhypothese $\mu \leqslant \mu_0$ zu Unrecht verworfen wird. Je kleiner der Wert von $\alpha(n,d)$ ist, desto stärker wird die Nullhypothese geschützt; das erfordert kleine negative Werte von $-d \cdot \sqrt{n}$, also große positive Werte von $d \cdot \sqrt{n}$. Dies kann bei festem $n$ durch Vergrößerung der durch $d$ bestimmten Toleranz, bei festem $d$ durch Vergrößerung des Stichprobenumfangs $n$ erreicht werden. Für $\sigma = 4$ sehen die Graphen so aus:

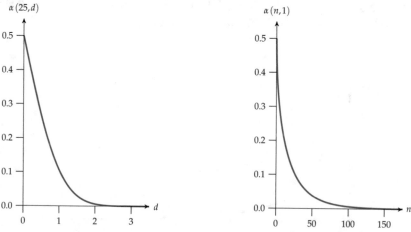

Durch eine größere Standardabweichung $\sigma$ wird auch $\alpha(n,d)$ größer.

Statt der universellen Schranke $\frac{1}{2}$ kann man nun ein *Fehlerniveau* $\alpha \in ]0, \frac{1}{2}[$ vorgeben, und nach geeigneten $n$ und $c$ suchen, so dass die Bedingung

$$\Phi\left(\frac{\mu_0 - c}{\sigma_n}\right) \leqslant \alpha$$

erfüllt ist. Ist $n$ fest, so suchen wir zu $\alpha$ einen minimalen Wert $c_\alpha$ für $c$. Da $\Phi^{-1}$ monoton steigend ist, gilt

$$\Phi\left(\frac{\mu_0 - c}{\sigma_n}\right) \leqslant \alpha \quad \Leftrightarrow \quad \frac{\mu_0 - c}{\sigma_n} \leqslant u_\alpha \quad \Leftrightarrow \quad \frac{c - \mu_0}{\sigma_n} \geqslant u_{1-\alpha} \quad \Leftrightarrow \quad c \geqslant \mu_0 + \sigma_n \cdot u_{1-\alpha}.$$

**Ergebnis**   *Beim einseitigen* GAUSS-*Test mit vorgegebenen* $\mu_0$ *und* $\sigma > 0$ *besteht zwischen dem Stichprobenumfang $n$, dem Fehlerniveau* $\alpha \in ]0, \frac{1}{2}[$ *und dem kleinsten kritischen Wert* $c_\alpha > \mu$ *die Beziehung*

$$c_\alpha = \mu_0 + \frac{\sigma}{\sqrt{n}} \cdot u_{1-\alpha}.$$

Sind je zwei der Werte aus $c, n, \alpha$ gegeben, kann man den dritten daraus berechnen.

**Beispiel 1**   (*Kraftstoffverbrauch*)
Das Test-Problem wurde in 4.1.1 beschrieben. Man setzt voraus, dass bei der Ermittlung des Vergleichswertes $\mu_0 = 15$ km/Liter die Streuung des Wertes durch zahlreiche Testfahrten ermittelt wurde, etwa als $\sigma^2 = 1.0$. Da der gesuchte Wert $\mu$ nicht stark von $\mu_0$ abweichen wird, kann man annehmen, dass sich die Streuung bei den neuen Testfahrten mit dem modifizierten Fahrzeug nicht ändert. Wählt man den kritischen Wert $c = 15.3$, so erhält man folgende Schranken für die Wahrscheinlichkeit eines Fehlers 1. Art:

| $n$ | 5 | 10 | 19 | 30 | 60 |
|---|---|---|---|---|---|
| $\Phi(-0.3\sqrt{n})$ | 0.251 | 0.171 | 0.095 | 0.050 | 0.010 |

Bei $n = 19$ hat man also 90% Sicherheit, bei $n = 30$ sind es 95%, bei $n = 60$ sind es 99%. Besonders augenfällig wird die Abhängigkeit vom Stichprobenumfang $n$ bei festem kritischen Abstand $c - \mu_0 = 0.3$ durch einen Graphen:

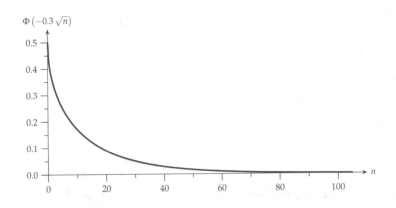

Umgekehrt kann man fragen, welches minimale $c_\alpha$ bei gegebenen Werten von $n$ und $\alpha$ nötig ist. Wieder im Fall $\sigma = 1$ erhält man aus der Gleichung

$$c_\alpha - \mu_0 = \sigma_n \cdot u_{1-\alpha} = \frac{u_{1-\alpha}}{\sqrt{n}}$$

und mit der Tabelle für die wichtigsten Quantile

| $\alpha$ | 0.2 | 0.1 | 0.05 | 0.001 |
|---|---|---|---|---|
| $u_{1-\alpha}$ | 0.842 | 1.282 | 1.645 | 2.326 |

die folgenden Werte für die kritischen Abstände $c_\alpha - \mu_0$:

| $\alpha$ \ $n$ | 4 | 25 | 100 | 1 000 |
|---|---|---|---|---|
| 0.10 | 0.641 | 0.256 | 0.128 | 0.041 |
| 0.05 | 0.827 | 0.329 | 0.165 | 0.052 |
| 0.01 | 1.163 | 0.466 | 0.233 | 0.074 |

**Beispiel 2** (*Freude am Unterricht*)
Das Projekt KOMMA entwickelt eine computerbasierte Lernumgebung, in der sich Schüler selbstständig Lerninhalte erarbeiten können [R3]. Dabei wird auf die Umsetzung der Bildungsstandards der Kultusministerkonferenz sowie auf Eigenverantwortung der Schüler Wert gelegt. Die Entwicklung des Materials wird von einer Studie begleitet, in der Schüler vor und nach der Lernsequenz mit KOMMA befragt werden. Eine relevante Variable ist das Fachinteresse am Unterricht, welches mit drei Items erfasst wurde [R1, p. 53]. Jede Frage konnte mit „stimmt gar nicht" (1), „stimmt kaum" (2), „stimmt teilweise" (3), „stimmt überwiegend" (4) oder „stimmt genau" (5) beantwortet werden, wobei die Antworten mit den angegebenen Ziffern codiert werden. Das arithmetische Mittel der drei Antworten dient als Maß für die Freude eines Schülers am Unterricht. Im Vortest wurde unter allen 2 336 Schülern, welche die notwendigen Fragen beantwortet haben, ein Mittelwert von $\mu_0 = 2.33$ und eine Standardabweichung von $\sigma_0 = 0.92$ für dieses Maß der Freude am Unterricht ermittelt [R2]. Nach der Unterrichtssequenz wiederholte die Forschungsgruppe die Fragen.
Mittels eines einseitigen GAUSS-Tests soll nun die Hypothese

$H_0$:  Selbstreguliertes Arbeiten mit KOMMA erhöht das Fachinteresse an der Mathematik nicht.

gegen die Alternative

$H_1$:  Selbstreguliertes Arbeiten mit KOMMA erhöht das Fachinteresse an der Mathematik.

getestet werden. Dazu werden $n$ Schüler zufällig ausgewählt, welche die Materialien selbstreguliert bearbeitet haben, $Y_i$ bezeichne die Freude am Unterricht des Schülers $i$.

Es sei $\mu$ der (unbekannte) Erwartungswert von $Y_i$. Dann lassen sich die Hypothesen abgekürzt notieren als

$$H_0: \quad \mu \leqslant 2.33 \quad \text{und} \quad H_1: \quad \mu > 2.33.$$

Die Grundgesamtheit im Nachtest sind jene Schüler, die bereits im Vortest befragt wurden. Daraus werden für den vorliegenden GAUSS-Test $n$ Schüler zufällig ausgewählt. Da $n \ll 2\,336$, wird angenommen, dass die Standardabweichung von $Y_i$ im Nachtest die bekannte Größe $\sigma_0$ sei. Eine sinnvolle Testgröße ist

$$T_n(X_1, \ldots, X_n) = \frac{1}{n} \sum_{i=1}^{n} X_i.$$

Diese ist näherungsweise normalverteilt mit dem Mittelwert $\mu$ und der Standardabweichung $\sigma_0 / \sqrt{n}$. Soll die Wahrscheinlichkeit für den Fehler 1. Art durch $\alpha$ begrenzt werden, so ergibt sich der kritische Wert nach obigen Berechnungen zu

$$c_\alpha = 2.33 + \frac{0.92}{\sqrt{n}} \cdot u_{1-\alpha}.$$

Nach Einsetzen der Quantile der Standardnormalverteilung ergeben sich die folgenden kritischen Werte. (Die Entscheidung fällt zu Gunsten von $H_0$ aus, falls $\mu < c_\alpha$, andernfalls wird $H_0$ abgelehnt.)

| $n$ \ $\alpha$ | 0.1 | 0.05 | 0.01 | 0.001 |
|---|---|---|---|---|
| 10 | 2.70 | 2.81 | 3.01 | 3.23 |
| 50 | 2.50 | 2.54 | 2.63 | 2.73 |
| 100 | 2.45 | 2.48 | 2.54 | 2.61 |
| 250 | 2.40 | 2.43 | 2.47 | 2.51 |
| 500 | 2.38 | 2.40 | 2.43 | 2.46 |
| 1000 | 2.37 | 2.38 | 2.40 | 2.42 |

An dieser Stelle ist es interessant, die auftretenden kritischen Werte zu vergleichen. Klar ist, dass alle Werte größer sind als $\mu_0 = 2.33$, das heißt, die Nullhypothese kann nicht verworfen werden, wenn $\mu$ nur geringfügig über $\mu_0$ liegt. Ein direkter Vergleich von $c_{0.1}$ und $c_{0.001}$ zeigt, dass

$$\frac{c_{0.1} - \mu_0}{c_{0.01} - \mu_0} = \frac{u_{1-0.1}}{u_{1-0.01}} \approx 1.8.$$

Abweichungen von diesem Wert in obiger Tabelle sind auf Rundung zurückzuführen.

Der Ausdruck für $c_\alpha$ offenbart ferner, dass $c_\alpha - \mu_0$ mit zunehmendem Stichprobenumfang $n$ kleiner wird, das heißt der kritische Wert liegt näher bei $\mu_0$. Aus der Tabelle ist ersichtlich, dass dieser Effekt für kleine $n$ am stärksten ausgeprägt ist, was auf die Gestalt von $1/\sqrt{n}$ als Funktion von $n$ zurückzuführen ist.

Eine zufällige Auswahl von $n$ Schülern der Treatmentgruppe „selbstreguliertes Lernen" ergab die in der folgenden Tabelle dargestellten Werte.

| $n$ | 10 | 50 | 100 | 250 | 500 | 1000 |
|---|---|---|---|---|---|---|
| Mittelwert bei $n$ Befragten | 2.10 | 2.27 | 2.38 | 2.42 | 2.45 | 2.41 |

Es ist anzumerken, dass eine wiederholte zufällige Auswahl von $n$ Befragten aus dem Datensatz nicht dasselbe Ergebnis liefern wird. Im Datensatz befinden sich 1 042 Schüler, die der relevanten Treatmentgruppe zuzuordnen sind und alle relevanten Fragen beantwortet haben. Unter diesen ergibt sich ein Mittelwert von 2.40. Bei geringem Stichprobenumfang sind die Abweichungen von diesem Wert groß, was aber durch entsprechend große kritische Werte kompensiert wird, falls der Wert deutlich größer als $\mu_0$ ist. Da ein einseitiger GAUSS-Test zu Grunde liegt, wird mit den vorliegenden Zahlen für $n = 10$ und $n = 50$ die Testentscheidung zu Gunsten von $H_0$ ausfallen. Der tatsächliche Wert $\mu$ ist nicht bekannt, doch gemäß den Überlegungen zum Intervallschätzer in Kapitel 3 ist die Wahrscheinlichkeit groß, dass $\mu$ in der Größenordnung von 2.40 liegt.

Unter Berücksichtigung der jeweiligen kritischen Werte fällt die Testentscheidung wie folgt aus:

| $n$ | Mittelwert bei $n$ Befragten | Testentscheidung bei $\alpha =$ | | | |
|---|---|---|---|---|---|
| | | 0.1 | 0.05 | 0.01 | 0.001 |
| 10 | 2.10 | $H_0$ | $H_0$ | $H_0$ | $H_0$ |
| 50 | 2.27 | $H_0$ | $H_0$ | $H_0$ | $H_0$ |
| 100 | 2.38 | $H_0$ | $H_0$ | $H_0$ | $H_0$ |
| 250 | 2.42 | $H_1$ | $H_0$ | $H_0$ | $H_0$ |
| 500 | 2.45 | $H_1$ | $H_1$ | $H_1$ | $H_0$ |
| 1000 | 2.41 | $H_1$ | $H_1$ | $H_1$ | $H_0$ |

Offensichtlich kann mit der vorgenommenen Auswahl von $n$ Personen aus dem Datensatz bei zunehmendem $n$ die Nullhypothese mit zunehmender Sicherheit (abnehmendem Fehlerniveau) verworfen werden. Dies lässt sich darauf zurückführen, dass die Werte aus der Messreihe für $n > 50$ in derselben Größenordnung liegen, während sich die kritischen Werte gemäß obigen Überlegungen deutlich stärker ändern.
Zusammenfassend ist mit einer Sicherheit von 99% zu negieren, dass KOMMA das Interesse am Fach Mathematik nicht erhöht. Dies hat eine Stichprobe vom Umfang $n = 1\,000$ gezeigt.

### 4.3.3  Zweiseitiger GAUSS-Test

Wie beim einseitigen GAUSS-Test sollen zwei Parameter $\mu, \mu_0 \in \mathbb{R}$ verglichen werden, wobei $\mu_0$ bekannt, aber $\mu$ unbekannt ist. Bei einem zweiseitigen Test soll entschieden werden, ob

$$\mu = \mu_0 \quad \text{oder} \quad \mu \neq \mu_0$$

zu erwarten ist. Dazu verwendet man wieder die in 4.3.1 erklärte $N(\mu, \sigma_n^2)$-verteilte Testgröße

$$T_n: \mathcal{X} \to \mathbb{R} \quad \text{mit} \quad T_n(x_1, ..., x_n) = \frac{1}{n}(x_1 + ... + x_n).$$

Dabei ist $\sigma_n^2 = \frac{1}{n}\sigma^2$ mit bekanntem von $\mu$ unabhängigem $\sigma^2$. Obwohl $T_n$ ein erwartungstreuer Schätzer für $\mu$ ist, wird auch im Fall $\mu = \mu_0$ der Wert $T_n(x)$ fast immer etwas von $\mu_0$ abweichen. Zum Schutz der Nullhypothese $\mu = \mu_0$ lässt man eine Toleranz zu, d.h. man wählt einen *kritischen Abstand* $c > 0$ und entscheidet nach dem Ergebnis $x \in \mathcal{X}$ der Stichprobe so:

$$
\begin{aligned}
|T_n(x) - \mu_0| < c &\;\Rightarrow\; H_0, \text{ d.h. die Nullhypothese wird beibehalten} \\
|T_n(x) - \mu_0| \geqslant c &\;\Rightarrow\; H_1, \text{ d.h. die Nullhypothese wird verworfen.}
\end{aligned}
$$

Man spricht von einem

- *Fehler 1. Art*, wenn $\mu = \mu_0$, aber $|T_n(x) - \mu_0| \geqslant c$,

- *Fehler 2. Art*, wenn $\mu \neq \mu_0$, aber $|T_n(x) - \mu_0| < c$.

Um die Wahrscheinlichkeit für einen Fehler 1. Art berechnen zu können, betrachten wir die zu diesem Testverfahren gehörende *Gütefunktion*

$$
g(\mu,n,c) := P_\vartheta(|T_n - \mu_0| \geqslant c) = P_\vartheta(\{x \in \mathcal{X} : |T_n(x) - \mu_0| \geqslant c\}),
$$

wobei $\vartheta = (\mu, \sigma^2)$, $\mu_0$ ist fest gewählt, $\mu, n$ und $c$ sind variabel. Da $T_n$ als $N(\mu, \sigma_n^2)$-verteilt angenommen wird, kann man die Gütefunktion leicht berechnen:

$$
g(\mu,n,c) = P_\vartheta(T_n \leqslant \mu_0 - c) + P_\vartheta(T_n \geqslant \mu_0 + c) = \Phi\left(\frac{\mu_0 - c - \mu}{\sigma_n}\right) + \Phi\left(\frac{\mu - \mu_0 - c}{\sigma_n}\right).
$$

Die Gütefunktionen $g_{n,c}(\mu) = g(\mu,n,c)$ sind bei festem $c$ und verschiedenen Werten von $n$ hier skizziert. In der Skizze verwenden wir $\mu_0 = 0.5$ und $c = 0.2$.

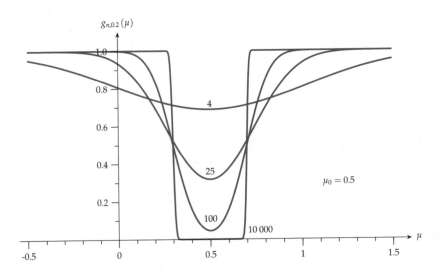

Wie man sofort sieht, wird mit steigendem $n$ die *ideale Gütefunktion* mit

$$g_c(\mu) := \begin{cases} 0 & \text{für} \quad |\mu - \mu_0| < c, \\ 1 & \text{für} \quad |\mu - \mu_0| \geqslant c \end{cases}$$

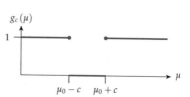

approximiert.

Nun zu den Werten der realen Gütefunktionen. Wie man leicht nachrechnet, hat $g_{n,c}$ für alle $n, c$ ein striktes Minimum bei $\mu = \mu_0$ (vgl. Aufgabe 4.10), es ist

$$g_{n,c}(\mu_0) = 2\Phi\left(\frac{-c}{\sigma_n}\right) \in \,]0,1[.$$

Bei einem Fehler 1. Art ist $\mu = \mu_0$ und $|T_n(x) - \mu_0| \geqslant c$, also ist die Wahrscheinlichkeit dafür gleich

$$P_{\vartheta_0}(|T_n - \mu_0| \geqslant c) = g_{n,c}(\mu_0) = 2\Phi\left(\frac{-c}{\sigma_n}\right) = 2\Phi\left(\frac{-c \cdot \sqrt{n}}{\sigma}\right).$$

Den Wert von $2 \cdot \Phi\left(\frac{-c \cdot \sqrt{n}}{\sigma}\right)$ kann man analog zum einseitigen GAUSS-Test in 4.3.2 interpretieren. Der einzige Unterschied ist der Faktor 2 beim zweiseitigen Test. Er kommt dadurch zustande, dass die Nullhypothese im Gegensatz zum einseitigen Test nach zwei Seiten abgesichert werden muss.

Nun kann man wieder bei dem bekannten Wert von $\sigma$ zu einem erwünschten Fehlerniveau $\alpha \in \,]0,1[$ einen minimalen kritischen Abstand $c_\alpha$ bestimmen:

$$2\Phi\left(\frac{-c}{\sigma_n}\right) \leqslant \alpha \quad \Leftrightarrow \quad 2 - 2\Phi\left(\frac{c}{\sigma_n}\right) \leqslant \alpha \quad \Leftrightarrow \quad \Phi\left(\frac{c}{\sigma_n}\right) \geqslant 1 - \frac{\alpha}{2} \quad \Leftrightarrow \quad \frac{c}{\sigma_n} \geqslant u_{1-\frac{\alpha}{2}}.$$

Daher ist

$$c_\alpha := \frac{\sigma}{\sqrt{n}} \cdot u_{1-\frac{\alpha}{2}}$$

der *minimale kritische Abstand zu vorgegebenem Stichprobenumfang n und Fehlerniveau $\alpha$.*

Die in diesem Kapitel behandelten Testverfahren sind von Anfang an zum Schutz der Nullhypothese angelegt, das ergibt brauchbare Abschätzungen für die Wahrscheinlichkeit eines Fehlers 1. Art. Bei einem Fehler 2. Art ist hier

$$\mu \neq \mu_0, \quad \text{aber} \quad |T_n(x) - \mu_0| < c.$$

Weil $g(\mu, n, c)$ ein striktes Minimum bei $\mu = \mu_0$ hat, folgt für $\mu \neq \mu_0$

$$P_\vartheta\left(|T_n - \mu| < c\right) = 1 - g(\mu, n, c) < 1 - g(\mu_0, n, c).$$

Diese Schranke für die Wahrscheinlichkeit eines Fehlers 2. Art ist ziemlich wertlos, denn $1 - g(\mu_0, n, c)$ geht mit wachsendem $n$ gegen Null. Um bessere Schranken zu erhalten, kann man die Voraussetzung $\mu \neq \mu_0$ durch vorgegebene minimale Abstände $|\mu - \mu_0|$ ersetzen, darauf wollen wir nicht genauer eingehen.

**Beispiel 1** (*Abfüllung von Flaschen*)
In einer Molkerei sollen Flaschen durch eine Maschine mit möglichst genau einem Liter Milch abgefüllt werden. Dabei sind Abweichungen sowohl nach oben also auch nach unten weitgehend zu vermeiden. Ist die Streuung der Füllmengen durch Erfahrung mit der Maschine bekannt, so kann man mit $\mu_0 = 1\,000$ cm$^3$ für die wirkliche Füllmenge $\mu$ einen zweiseitigen GAUSS-Test mit

$$\mu = \mu_0 \quad \text{oder} \quad \mu \neq \mu_0$$

durchführen. Ist das Testergebnis $\mu \neq \mu_0$, so muss die Maschine neu justiert werden, das sollte nicht unberechtigt geschehen.

Vorgegeben seien der bekannte Wert $\sigma = 2$ und der Stichprobenumfang $n = 100$. Das ergibt für den Mittelwert von 100 Messungen zu vorgegebenen Schranken $\alpha = 0.1$ und $\alpha = 0.05$ die erlaubten Toleranzen

$$c_{0.1} = \frac{2}{10} \cdot 1.645 = 0.329 \quad \text{und} \quad c_{0.05} = \frac{2}{10} \cdot 1.960 = 0.392.$$

Die Tendenz ist klar: Will man die Wahrscheinlichkeit für eine überflüssige Justierung verkleinern, muss man die Toleranz vergrößern.

**Beispiel 2** (*PISA-Studie*)
Die PISA-Studie löste einen großen Schock bei den Verantwortlichen für das Bildungswesen Deutschlands aus, da die Ergebnisse schlechter als erhofft waren. In diesem Beispiel wird untersucht, welche Veränderungen der mathematischen Kompetenz der Schüler von PISA 2003 hin zu den aktuellen Studien (2006 und 2009) stattgefunden haben. Dazu werden die veröffentlichten Ergebnisse der Studien herangezogen.
PISA untersuchte die mathematische Kompetenz der Schüler. Diese wurde aus den Antworten jedes Schülers ermittelt. Es entsteht dabei eine Skala, auf der jedem Schüler ein ganzzahliger Wert zugeordnet wird. Je höher dieser Wert, desto höher sind die mathematischen Kompetenzen des Schülers einzuordnen. Genaueres dazu kann in den Publikationen zur PISA-Studie nachgelesen werden [P$_2$, p. 5]. Über alle Schüler Deutschlands wurde 2003 ein Mittelwert von $\mu_0 = 503$ bei einer Standardabweichung von $\sigma_0 = 103$ ermittelt [P$_2$, p. 6]. Mit Hilfe eines zweiseitigen GAUSS-Tests wollen wir nun prüfen, ob sich dieser Mittelwert in den neueren Studien verändert hat. Die Nullhypothese $\mu = \mu_0$ gilt es zu testen. Wir wollen prüfen, ob das Ergebnis von 2003 mit der neuen Stichprobe noch haltbar ist und gehen dazu von einer bekannten Varianz $\sigma_0$ aus.

Dazu betrachten wir den Mittelwert über alle Schüler als Testgröße. Es bezeichne $X_i$ den Kennwert für die mathematische Kompetenz des Schülers $i$. Dann ist

$$T_n = \frac{1}{n} \sum_{i=1}^{n} X_i.$$

Die Standardabweichung der Testgröße ist

$$\sigma = \frac{\sigma_0}{\sqrt{n}}.$$

Entsprechend den Überlegungen in diesem Abschnitt ist nun die Nullhypothese zu verwerfen, wenn

$$|T_n(x_1, \ldots, x_n) - 503| > \frac{\sigma_0}{\sqrt{n}} \cdot u_{1-\frac{\alpha}{2}}.$$

Die mittlere mathematische Kompetenz der 4 891 befragten Schüler in Deutschland nahm 2006 den Wert 504 an [P_1, p. 4, p. 16]. 2009 wurden 4 979 Schüler befragt, der mittlere Wert lag bei 513 [K_1, p. 16, p. 163]. An dieser Stelle ist noch zu erwähnen, dass die Skalen der Studien vergleichbar sind [K_1, p. 158]. Für das Jahr 2006 wird die Nullhypothese wegen

$$c_{0.20,2006} = 1.47 \cdot u_{1-\frac{0.2}{2}} = 1.47 \cdot 1.282 = 1.9$$

mit einer Sicherheit von $1 - \alpha = 0.8$ beibehalten. Es ist zu beachten, dass der kritische Wert bei zunehmender Sicherheit größer wird, daher wird die Nullhypothese bei noch höherer Sicherheit erst recht nicht verworfen. Der kritische Wert für das Jahr 2009 ist

$$c_{0.01,2009} = 1.46 \cdot u_{1-\frac{0.01}{2}} = 1.46 \cdot 2.575 = 3.8.$$

Die Nullhypothese ist also im Jahr 2009 mit einer Sicherheit von mindestens 99 % zu verwerfen. Daraus folgt jedoch nicht, dass sie mit jeder beliebig höheren Sicherheit ebenfalls zu verwerfen ist! Vielmehr kann nie eine Hypothese mit einer Sicherheit von 100% aufgegeben werden.

Zusammenfassend bleibt festzuhalten, dass von 2003 bis 2006 nicht von einer Steigerung der mathematischen Kompetenz der Schüler zu sprechen ist, während dies 2009 sehr wohl der Fall ist.

### 4.3.4  *t*-Tests

Bei den beiden GAUSS-Tests in 4.3.2 und 4.3.3 war vorausgesetzt worden, dass nur der Erwartungswert der gegebenen Zufallsvariablen unbekannt, die Varianz dagegen bekannt ist. Das vereinfacht die Theorie, ist aber in der Praxis problematisch. Ein naheliegender Ausweg ist es, eine unbekannte Varianz durch einen Schätzwert zu ersetzen, der sich aus der Stichprobe ergibt. Das erfordert allerdings Nachbesserungen der Theorie, die auf W. L. GOSSET zurückgehen. Er arbeitete in der Qualitätskontrolle der GUINESS-Brauerei und veröffentlichte seine Ergebnisse nur unter dem Namen STUDENT. Daher wird der -*t-Test* auch STUDENT-TEST genannt.

Die Ausgangssituation ist ähnlich wie beim GAUSS-Test. Man hat eine normalverteilte (oder zumindest annähernd normalverteilte) Zufallsvariable $X \colon \Omega \to \mathcal{Y}$ mit

$$E(X) = \mu \quad \text{und} \quad V(X) = \sigma^2,$$

wobei aber nicht nur $\mu$, sondern auch $\sigma$ unbekannt ist, also ist

$$\vartheta = (\mu, \sigma^2) \in \Theta \subset \mathbb{R} \times \mathbb{R}_+.$$

Weiter ist ein fester Wert $\mu_0 \in \mathbb{R}$ vorgegeben, und es soll eine Entscheidung getroffen werden, ob

$$\mu \leqslant \mu_0 \quad \text{oder} \quad \mu > 0 \quad \text{(einseitiger Test) bzw.}$$
$$\mu = \mu_0 \quad \text{oder} \quad \mu \neq \mu_0 \quad \text{(zweiseitiger Test)}$$

zu erwarten ist.

Auf dem Stichprobenraum $\mathcal{X} = \mathcal{Y}^n$ hat man eine Familie von Wahrscheinlichkeitsmaßen

$$P_\vartheta \colon \mathcal{X} \to [0,1], \quad \vartheta \in \Theta,$$

sowie unabhängige $N(\mu, \sigma^2)$ - verteilte Zufallsvariable

$$X_1, \dots, X_n \colon \mathcal{X} \to \mathbb{R}.$$

Um die Lage von $\mu$ im Vergleich zu $\mu_0$ zu testen, vergleicht man $\mu_0$ mit $\bar{x} = \frac{1}{n}(x_1 + \dots + x_n)$, d.h. mit dem Wert der Testgröße

$$\overline{X} := \frac{1}{n}(X_1 + \dots + X_n),$$

von der man nach 2.6.6 weiß, dass sie $N(\mu, \sigma_n^2)$-verteilt ist, wobei $\sigma_n^2 := \frac{1}{n}\sigma^2$. Daher ist die Standardisierung

$$\overline{X}^* := \frac{\overline{X} - \mu}{\sigma_n}$$

$N(0,1)$-verteilt. Das hilft aber nicht bei der Berechnung der Wahrscheinlichkeiten für Fehler bei den Entscheidungsverfahren, denn $\mu$ und $\sigma$ sind unbekannt. Der Ausweg ist wie folgt: Für $\mu$ setzt man $\mu_0$ ein, das reicht für die Fehler-Abschätzung, und $\sigma^2$ wird ersetzt durch die Schätzung (vgl. 3.1.4)

$$s^2(x) = s^2(x_1, \dots, x_n) := \frac{1}{n-1} \sum_{i=1}^{n} (x_i - \bar{x})^2.$$

Anstelle von $\overline{X}^*$ benutzt man nun mit $s_n^2 := \frac{1}{n}s^2$ die berechenbare Testgröße $\tilde{T}_n \colon \mathcal{X} \to \mathbb{R}$, definiert durch

$$\tilde{T}_n(x_1,...,x_n) := \frac{\overline{x} - \mu_0}{s_n(x)} = \frac{\sqrt{n(n-1)}(\overline{x} - \mu_0)}{\sqrt{\sum(x_i - \overline{x})^2}}.$$

Bei den beiden Arten von *t*-Tests wählt man nun einen kritischen Wert $c > 0$ und entscheidet wie folgt:

$$\tilde{T}_n(x) < c \;\Rightarrow\; H_0 \quad \text{und} \quad \tilde{T}_n(x) \geqslant c \;\Rightarrow\; H_1, \quad \text{beim einseitigen } t\text{-Test,}$$

$$|\tilde{T}_n(x)| < c \;\Rightarrow\; H_0 \quad \text{und} \quad |\tilde{T}_n(x)| \geqslant c \;\Rightarrow\; H_1, \quad \text{beim zweiseitigen } t\text{-Test.}$$

Ein Fehler 1. Art bei diesen Entscheidungsregeln entsteht dann, wenn

$$\tilde{T}_n(x) \geqslant c, \quad \text{aber } \mu < \mu_0, \quad \text{beim einseitigen } t\text{-Test,}$$

$$|\tilde{T}_n(x)| \geqslant c, \quad \text{aber } \mu = \mu_0, \quad \text{beim zweiseitigen } t\text{-Test.}$$

Um die Wahrscheinlichkeiten dafür berechnen zu können, benötigt man die Werte der Verteilungsfunktion von $\tilde{T}_n$, also von

$$P_\vartheta\left(\tilde{T}_n \leqslant c\right).$$

Da der Nenner $s_n(x)$ in $\tilde{T}_n(x)$ nur eine Schätzung von $\sigma_n$ ist, kann man erwarten, dass die Verteilungsfunktion von $\tilde{T}_n$ durch eine „Störung" von $\Phi$ entsteht, wobei die Störung mit größer werdendem $n$ geringer wird. Um das genauer auszuführen, betrachten wir zunächst als Störungen von $\varphi$ für beliebiges $k \in \mathbb{N}^*$ die *Dichtefunktionen*

$$\psi_k: \mathbb{R} \to \mathbb{R}_+ \quad \text{mit} \quad \psi_k(t) := \frac{1}{\tau(k)} \cdot \left(1 + \frac{t^2}{k}\right)^{-\frac{k+1}{2}},$$

wobei

$$\tau(k) := \int_{-\infty}^{\infty} \left(1 + \frac{t^2}{k}\right)^{-\frac{k+1}{2}} dt = \frac{\Gamma\left(\frac{k}{2}\right) \cdot \sqrt{k\pi}}{\Gamma\left(\frac{k+1}{2}\right)}.$$

Die bei der Berechnung des Integrals $\tau(k)$ verwendete $\Gamma$-Funktion von EULER ist in Anhang 1 beschrieben.

Der einfachste Fall ist $k = 1$, wegen $\Gamma(\frac{1}{2}) = \sqrt{\pi}$ und $\Gamma(1) = 1$ gilt

$$\psi_1(t) = \frac{1}{\pi(1 + t^2)},$$

das ist die Dichte der CAUCHY-Verteilung aus 2.6.3.

Ein Plot von $\psi_1$ und $\psi_4$ im Vergleich zu $\varphi$ sieht so aus:

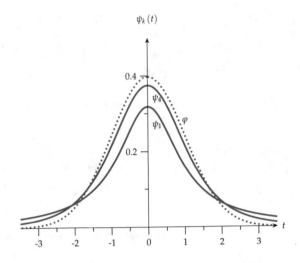

Die genauen Werte von $\psi_k(0) = \dfrac{\Gamma(\frac{k+1}{2})}{\Gamma(\frac{k}{2}) \cdot \sqrt{k\pi}} = \dfrac{1}{\tau(k)}$ sind für einige $k$:

| $k$ | 1 | 2 | 5 | 10 | 20 | 30 | 50 | 100 |
|---|---|---|---|---|---|---|---|---|
| $\psi_k(0)$ | 0.318 | 0.354 | 0.380 | 0.389 | 0.394 | 0.396 | 0.397 | 0.398 |

Wie man sieht, gehen die Werte $\psi_k(0)$ mit wachsendem $k$ gegen $\varphi(0) = 0.398\,492....$

Aus den Dichtefunktionen $\psi_k$ erhält man die *Verteilungsfunktionen*

$$\Psi_k \colon \mathbb{R} \to [0,1] \quad \text{mit} \quad \Psi_k(c) = \int_{-\infty}^{c} \psi_k(t)\,dt.$$

Für $k = 1$ ist $\Psi_1(c) = \frac{1}{\pi}\left(\arctan(c) + \frac{\pi}{2}\right)$. Ein Plot von $\Psi_1$ im Vergleich zu $\Phi$ sieht so aus:

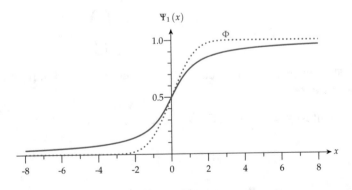

Dabei ist entscheidend, dass $\Psi_k$ für kleine $k$ sehr viel langsamer gegen 0 und 1 geht, als $\Phi$. Das erkennt man an einigen Werten:

| $c$ | $\Psi_1(c)$ | $\Psi_4(c)$ | $\Psi_9(c)$ | $\Psi_{29}(c)$ | $\Psi_{99}(c)$ | $\Phi(c)$ |
|------|------|------|------|------|------|------|
| $-3.0$ | 0.102 | 0.020 | 0.007 | 0.002 75 | 0.001 70 | 0.001 35 |
| $-2.0$ | 0.148 | 0.058 | 0.038 | 0.027 5 | 0.024 1 | 0.022 8 |
| $-1.5$ | 0.187 | 0.104 | 0.084 | 0.072 2 | 0.068 4 | 0.066 8 |
| $-1.0$ | 0.250 | 0.187 | 0.172 | 0.163 | 0.160 | 0.159 |
| $-0.5$ | 0.352 | 0.322 | 0.315 | 0.310 | 0.309 | 0.309 |
| $-0.25$ | 0.422 | 0.407 | 0.404 | 0.402 | 0.401 | 0.401 |
| $0$ | 0.5 | 0.5 | 0.5 | 0.5 | 0.5 | 0.5 |

Weitere Werte von $\psi_k$ und $\Psi_k$ erhält man mit dafür ausgestatteten Taschenrechnern. Wichtig dabei sind die Beziehungen

$$\psi_k(-t) = \psi_k(t) \quad \text{und} \quad \Psi_k(-c) = 1 - \Psi_k(c).$$

Für die Tests wichtig sind die Werte der *t-Quantile*

$$t_{n-1,1-\alpha} := \Psi_{n-1}^{-1}(1-\alpha).$$

Hier eine kleine Auswahl der Quantile $t_{n-1,1-\alpha}$ für ausgezeichnete Werte von $\alpha$ und $n-1$, mit dem Vergleichswert $u_{1-\alpha}$:

| $n-1$ \ $\alpha$ | 0.10 | 0.05 | 0.01 |
|------|------|------|------|
| 1 | 3.078 | 6.314 | 31.821 |
| 9 | 1.383 | 1.833 | 2.821 |
| 29 | 1.311 | 1.699 | 2.462 |
| 99 | 1.290 | 1.660 | 2.365 |
| $u_{1-\alpha}$ | 1.282 | 1.644 | 2.326 |

Wie man sieht, ist der Unterschied zwischen $t_{n-1,1-\alpha}$ und $u_{1-\alpha}$ für kleine $n-1$ beträchtlich. Ab etwa $n = 30$ wird er nach einer „Faustregel" oft vernachlässigt, d.h. man ersetzt $t_{n-1,1-\alpha}$ durch $u_{1-\alpha}$. Weitere Werte sind in Anhang 4 aufgelistet.

Das für die Testtheorie entscheidende Ergebnis ist der folgende

**Satz** *Unter der Voraussetzung, dass die unabhängigen Zufallsvariablen $X_1, ..., X_n$ normalverteilt sind mit Parameter $\vartheta_0 = (\mu_0, \sigma)$, gilt für die Verteilungsfunktion der Testgröße unabhängig von $\sigma$*

$$P_{\vartheta_0}\left(\tilde{T}_n \leqslant c\right) = \Psi_{n-1}(c).$$

*Weiter gilt*

$$\lim_{k \to \infty} \Psi_k = \Phi.$$

*Beweise* dieses Satzes findet man etwa bei [Geo] oder [Kre], sie sind nicht ganz elementar.

Als Folgerungen für die beiden Arten von *t*-Tests erhält man daraus:

**Einseitiger *t*-Test**  *Man wählt einen kritischen Wert c > 0 und trifft folgende Entscheidung:*

$$\tilde{T}_n(x) < c \quad \Rightarrow \quad Nullhypothese \quad \mu \leqslant \mu_0,$$
$$\tilde{T}_n(x) \geqslant c \quad \Rightarrow \quad Alternative \quad \mu > \mu_0.$$

*Dann ist die Wahrscheinlichkeit für einen Fehler 1. Art höchstens gleich*

$$\Psi_{n-1}(-c).$$

*Ist eine Schranke $\alpha$ für die Wahrscheinlichkeit eines Fehlers 1. Art vorgegeben, so ist dazu*

$$c_\alpha := t_{n-1,1-\alpha}$$

*der kleinstmögliche kritische Wert.*

**Zweiseitiger *t*-Test**  *Man wählt einen kritischen Wert c > 0 und trifft folgende Entscheidung:*

$$|\tilde{T}_n(x)| < c \quad \Rightarrow \quad Nullhypothese \quad \mu = \mu_0,$$
$$|\tilde{T}_n(x)| \geqslant c \quad \Rightarrow \quad Alternative \quad \mu \neq \mu_0.$$

*Dann ist die Wahrscheinlichkeit für einen Fehler 1. Art gleich*

$$2\Psi_{n-1}(-c).$$

*Ist eine Schranke $\alpha$ für die Wahrscheinlichkeit eines Fehlers 1. Art vorgegeben, so ist dazu*

$$c_\alpha := t_{n-1,1-\frac{\alpha}{2}}$$

*der kleinstmögliche kritische Wert.*

Wie man an der Tabelle der Werte von $c_\alpha$ sieht, steigt der kritische Wert zum Schutz der Nullhypothese bei vorgegebenem Niveau $\alpha$ und kleiner werdendem Stichprobenumfang $n$ stark an.

Die *Beweise* verlaufen ähnlich wie bei den beiden Arten von Gauss-Tests mit $\Psi_{k-1}$ statt $\Phi$. Das wollen wir hier nur kurz skizzieren.

Ist $\mu < \mu_0$, so ist es weniger wahrscheinlich, dass $\tilde{T}_n(x) \geqslant c$ ist, also folgt mit $\vartheta = (\mu, \sigma^2)$ und $\vartheta_0 = (\mu_0, \sigma^2)$, dass

$$P_\vartheta(\tilde{T}_n \geqslant c) \leqslant P_{\vartheta_0}(\tilde{T}_n \geqslant c) = 1 - P_{\vartheta_0}(\tilde{T}_n \leqslant c) = \Psi_{n-1}(-c).$$

Das ergibt die Abschätzung für die Wahrscheinlichkeit eines Fehlers 1. Art. Weiter gilt

$$\Psi_{n-1}(-c) = 1 - \Psi_{n-1}(c) \leqslant \alpha \quad \Leftrightarrow \quad 1 - \alpha \leqslant \Psi_{n-1}(c) \quad \Leftrightarrow \quad c \geqslant t_{n-1,1-\alpha}.$$

Ist $\mu = \mu_0$, so gilt

$$P_{\vartheta_0}(|\tilde{T}_n| \geqslant c) = P_{\vartheta_0}(\tilde{T}_n \leqslant -c) + P_{\vartheta_0}(\tilde{T}_n \geqslant c) = \Psi_{n-1}(-c) + 1 - \Psi_{n-1}(c) = 2\Psi_{n-1}(-c).$$

Weiter gilt

$$2\Psi_{n-1}(-c) \leqslant \alpha \quad \Leftrightarrow \quad 1 - \Psi_{n-1}(c) \leqslant \frac{\alpha}{2} \quad \Leftrightarrow \quad c \geqslant t_{n-1,1-\frac{\alpha}{2}}.$$

Um die Bedeutung des *t*-Tests besser zu verstehen, wollen wir ihn mit dem GAUSS-Test vergleichen; wir beschränken uns dabei auf den einseitigen Fall.

Im GAUSS-Test kann man statt der in 4.3.1 eingeführten Testgröße

$$T_n = \overline{X} = \frac{1}{n}(X_1 + \dots + X_n)$$

auch die Normierung

$$T_n' := \frac{\overline{X} - \mu_0}{\sigma_n} \quad \text{mit} \quad \sigma_n^2 = \frac{1}{n}\sigma^2 = V(\overline{X})$$

verwenden. Dann ist $V_\vartheta(T_n') = 1$ und

$$E_\vartheta(T_n') = \frac{\mu - \mu_0}{\sigma_n} \quad \text{und} \quad E_{\vartheta_0}(T_n') = 0 \quad \text{für} \quad \vartheta_0 = (\mu_0, \sigma).$$

Für $\mu = \mu_0$ ist $T_n'$ also standard-normalverteilt, somit gilt

$$P_{\vartheta_0}(T_n' \leqslant c) = \Phi(c) \quad \text{und} \quad P_{\vartheta_0}(T_n' \geqslant c) = 1 - \Phi(c).$$

Daher erhält man zum Niveau $\alpha$ beim einseitigen GAUSS-Test mit Hilfe der Testgröße $T_n'$ den kleinsten kritischen Wert

$$c_\alpha' = u_{1-\alpha}.$$

Im *t*-Test wird $T_n'$ ersetzt durch $\tilde{T}_n$ und nach obigem Satz ist

$$P_{\vartheta_0}(\tilde{T}_n \leqslant c) = \Psi_{n-1}(c), \quad \text{sowie} \quad c_\alpha = t_{n-1,1-\alpha}.$$

Für großes $n$ ist $c_\alpha \approx c_\alpha'$. Wie man an obiger Tabelle sieht, ist dafür die „Faustregel" $n \geqslant 30$ ein guter Anhaltspunkt. Für kleiner werdendes $n$ wirkt sich jedoch die Schätzung von $\sigma^2$ durch $s^2$ so aus, dass der kritische Wert $c_\alpha = t_{n-1,1-\alpha}$ deutlich größer gewählt werden muss als $c_\alpha' = u_{1-\alpha}$.

**Fazit:** Bei großen Stichprobenumfängen kann man im GAUSS-Test einen unbekannten Wert $\sigma^2$ durch einen aus der Stichprobe erhaltenen Schätzwert $s^2$ ersetzen, ohne dabei einen relevanten Fehler zu machen. Ist nur ein kleiner Stichprobenumfang realisierbar, muss der GAUSS-Test durch einen $t$-Test ersetzt werden.

**Beispiel 1** (*Kraftstoffverbrauch, vgl. etwa* [L-W, 3.5])
Ein Autofahrer will testen, ob durch eine Veränderung an seinem Fahrzeug der Kraftstoffverbrauch bei seinen täglich gleichen Fahrten gesenkt wurde. Nach seinen Aufzeichnungen konnte er vor der Veränderung im Durchschnitt zwischen Volltanken und Aufleuchten der Reserveanzeige 470 km fahren. Nach der Veränderung hat er bei 10 Tankfüllungen folgende Kilometerleistungen:

$$(x_1, ... x_{10}) = (478, 465, 492, 481, 471, 463, 485, 482, 461, 472).$$

Für einen einseitigen $t$-Test ist $\mu_0 = 470$ und $\bar{x} = 475$, sowie $s_n(x) = 3.246$, das ergibt als Wert der Testgröße

$$\tilde{T}_{10}(x_1, ..., x_{10}) = \frac{475 - 470}{3.246} = 1.541.$$

Wegen $t_{9,0.90} = 1.383$ und $t_{9,0.95} = 1.833$ ist die Alternative $\mu > \mu_0$ zum Niveau $\alpha = 0.1$ zu akzeptieren, zum Niveau $\alpha = 0.05$ dagegen zu verwerfen. Wegen $\Psi_9(1.541) = 0.921$ liegt die Grenze bei $\alpha = 0.079$. Nebenbei bemerkt wären die Entscheidungen mit den Quantilen $u_{0.90} = 1.282$ und $u_{0.95} = 1.645$ die gleichen gewesen.

Was folgt daraus: Je teurer die Veränderung ist, desto kleiner sollte man das Niveau $\alpha$ wählen.

**Beispiel 2** (*Saftflaschen*)
Saftflaschen einer bestimmten Marke haben laut Beschriftung genau einen Liter Inhalt. Wir wollen die Hypothese „Der Inhalt der Flaschen ist genau 1 Liter" gegen die Alternative „Der Inhalt der Flaschen ist nicht genau ein Liter" auf dem Niveau $\alpha = 0.05$ testen. Dazu messen wir die Füllmenge von 10 Flaschen nach. Es ergaben sich folgende Messwerte (in Liter):

$$\begin{array}{ccccc} 0.91 & 0.94 & 0.94 & 0.97 & 0.99 \\ 1.00 & 1.01 & 1.02 & 1.05 & 1.10 \end{array}$$

Für dieses Problem ist ein zweiseitiger $t$-Test angemessen. Der kleinstmögliche kritische Wert ist nach obigen Überlegungen $c_{0.05} = t_{9,0.975} = 2.262$. Der kritische Wert kann in den Tabellen in Anhang 4 nachgeschlagen werden. Dieser Wert ist zu vergleichen mit dem Wert der Testgröße $|\tilde{T}_n(x)|$. Aus den Messergebnissen ergibt sich $\bar{x} = 0.993$ und $s^2(x) = 0.029$. Die Testgröße hat also den Wert 0.39, das heißt die Nullhypothese wird bei vorgegebener Schranke $\alpha = 0.05$ für den Fehler erster Art beibehalten.

**Beispiel 3** (*Umweltbewusstsein*)
Die „Allgemeine Bevölkerungsumfrage der Sozialwissenschaften" (ALLBUS) wurde Mitte der siebziger Jahre als ein zentrales nationales Datengenerierungsprogramm der Sozialwissenschaften konzipiert mit dem Ziel, Daten über Einstellungen, Verhalten und Sozialstruktur in Deutschland zu sammeln [T-B, p. iii]. Im Rahmen der 2010 erhobenen

Studie wurde eine Zusatzbefragung zum Thema Umwelt durchgeführt, auf deren Ergebnisse das vorliegende Beispiel zurückgreift. Die Umfrage ermittelte, wie umweltbewusst die Teilnehmer sind, indem sie mit sechs Items zu deren Verhalten befragt wurden, etwa zu Mülltrennung oder dem Konsum unbehandelten Obstes. Jede der sechs Fragen konnte mit „immer" (4), „oft" (3), „manchmal" (2) oder „nie" (1) beantwortet werden. Für dieses Beispiel werden die Variablen mit den angegebenen Ziffern codiert. (Im Datensatz sind die Ziffern in umgekehrter Reihenfolge vergeben. Dies wird hier nicht übernommen, um die Nullhypothese wie gewohnt formulieren zu können.) Ein Mittelwert über alle sechs Items gibt bei jeder befragten Person $i$ ein Maß für deren Umweltbewusstsein $x_i$ an und ist Realisierung einer Zufallsvariable $X_i$. $X_i$ sind in guter Näherung normalverteilt, wie das folgende Stabdiagramm zeigt. Ein nahe bei 1 gelegener Wert bedeutet ein geringes Umweltbewusstsein, während ein nahe bei 4 gelegener Wert ein hohes Umweltbewusstsein ausdrückt.

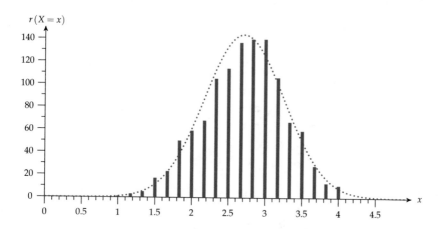

Unter den 1 146 Befragten, die alle notwendigen Fragen beantwortet haben, liegt das mittlere Umweltbewusstsein als Mittelwert aller $X_i$ bei $\mu_0 = 2.71$ mit einer Standardabweichung von 0.54 [GES]. In diesem Beispiel werde angenommen, dass dies der exakte Erwartungswert eines zufällig ausgewählten Bürgers für den Kennwert des Umweltbewusstseins sei. Diese Annahme wird am Ende des Beispiels genauer diskutiert.

Es ist naheliegend zu behaupten, dass Mitglieder einer Umweltschutzorganisation ein höheres Umweltbewusstsein zeigen. Diese Vermutung gilt es zu testen. Dazu wird die Nullhypothese

$H_0$: Das Umweltbewusstsein von Mitgliedern einer Umweltorganisation ist nicht höher als jenes der Gesamtbevölkerung.

formuliert und gegen die Alternative

$H_1$: Mitglieder einer Umweltorganisation haben ein höheres Umweltbewusstsein als die Gesamtbevölkerung.

getestet. Es sei bei $n$ befragten Mitgliedern von Umweltschutzorganisationen $\mu$ deren (unbekannter) Erwartungswert für das Umweltbewusstsein. Die Hypothesen lassen sich kürzer formulieren:

$$H_0 : \mu \leqslant \mu_0 \quad \text{und} \quad H_1 : \mu > \mu_0.$$

Eine geeignete $t_{n-1}$-verteilte Testgröße ist

$$T_n = \frac{\overline{X} - \mu_0}{s_X} \cdot \sqrt{n}$$

und die Entscheidung fällt zu Gunsten von $H_0$ aus, falls $T_n < c$, andernfalls wird $H_0$ abgelehnt. Der kleinstmögliche kritische Wert ist für den einseitigen $t$-Test

$$c_\alpha = t_{n-1,1-\alpha}.$$

Wir betrachten die Fehlerniveaus $\alpha \in \{0.01, 0.05\}$ und fassen die Berechnung der Werte der Testgröße (ermittelt durch Zufallsauswahl aus dem Datensatz [GES]) sowie die $t_{n-1,1-\alpha}$-Quantile in folgender Tabelle zusammen.

| $n$ | $\overline{X}$ | $s_X$ | $T_n$ | $t_{n-1,0.99}$ | $t_{n-1,0.95}$ |
|-----|------|------|------|-------|-------|
| 10 | 2.80 | 0.36 | 0.79 | 2.821 | 1.833 |
| 15 | 3.10 | 0.41 | 3.68 | 2.624 | 1.761 |
| 20 | 2.91 | 0.43 | 2.08 | 2.539 | 1.729 |
| 25 | 3.01 | 0.47 | 3.19 | 2.492 | 1.711 |
| 30 | 2.97 | 0.39 | 3.65 | 2.462 | 1.699 |
| 50 | 2.99 | 0.47 | 4.21 | 2.405 | 1.677 |

Offenbar ist die Stichprobe vom Umfang $n = 10$ zu klein, um damit eine relevante Aussage treffen zu können. Bereits ab einem Stichprobenumfang $n = 15$ kann die Nullhypothese mit einer Sicherheit von mindestens $0.95$ abgelehnt werden. Für eine Sicherheit von $0.99$ ist es sinnvoll, eine Stichprobe mindestens vom Umfang $n = 25$ zu betrachten. Im vorliegenden Beispiel sind $\overline{X}$ und $s_X$ für jedes $n$ von derselben Größenordnung. Somit bestimmt im Wesentlichen der Faktor $\sqrt{n}$ die Testgröße und das Testergebnis. Ein größerer Stichprobenumfang ermöglicht also wiederum eine sicherere Entscheidung.

Zusammenfassend bleibt festzustellen, dass Mitglieder einer Umweltschutzorganisation ein höheres Umweltbewusstsein aufweisen als die Gesamtbevölkerung. Dies lässt sich mit einer Sicherheit von mindestens $0.99$ anhand einer Stichprobe von nur 25 Personen sagen. Es ist davon auszugehen, dass die vorliegende Stichprobe repräsentativ ist. Folglich ist bei einem höheren Stichprobenumfang $n$ zu erwarten, dass die Testgröße mit dem Faktor $\sqrt{n}$ anwächst. Die Sicherheit steigt also mit wachsendem $n$ weiter an.

Es bleibt anzumerken, dass die Annahme, $2.71$ sei der exakte Mittelwert, nicht mit der Theorie zum Intervallschätzer verträglich ist, wonach der Erwartungswert mit einer Sicherheit von $0.95$ in einem Intervall der Länge $0.06$ liegt; das Testergebnis verändert sich nicht, wenn die oberste Intervallgrenze $2.74$ verwendet würde. Diese Ungenauigkeit scheint also vernachlässigbar.

## 4.3.5 Aufgaben

**Aufgabe 4.6**    Nach einer Umfrage des statistischen Bundesamtes [SB$_2$, p. 8] ist die durchschnittliche Körpergröße von Frauen (über 18 Jahre) in Deutschland 1.65 m und bei Männern 1.78 m.

Nun wurde bei 85 zufällig ausgesuchten Studentinnen an der TUM die Körpergröße gemessen und hieraus ergab sich ein Mittelwert von 168.64 cm und eine Standardabweichung von 7.41 cm. Kann mit einer Sicherheit von 95% davon ausgegangen werden, dass die Studentinnen der TUM größer sind als die durchschnittliche deutsche Frau? Benutzen Sie hierzu einen einseitigen GAUSS-Test.

**Aufgabe 4.7**    Die Größe $X$ (in cm) eines Werkstücks sei normalverteilt mit $\sigma^2 = 36$ und unbekanntem $\mu \in \mathbb{R}^+$.

(a) Wie groß darf das Stichprobenmittel $\bar{x}$ aus $n = 100$ unabhängig voneinander ermittelten Messwerten $x_1, \ldots, x_n$ für die Größe höchstens sein, damit die Nullhypothese

$$H_0 : \mu \leqslant 24.5$$

auf einem Fehlerniveau von 5% nicht verworfen wird?

(b) Wie klein muss das Fehlerniveau $\alpha$ mindestens sein, so dass die Nullhypothese aus (a) für das realisierte Stichprobenmittel $\bar{x} = 25.7$ nicht verworfen wird?

(c) Nun sei die tatsächliche mittlere Größe $\mu = 24$. Bestimmen Sie ein möglichst kleines $\delta \in \mathbb{R}^+$, so dass höchstens 2.5% aller Werkstücke größer als $\delta$ sind.

**Aufgabe 4.8**    Die Gewichte von Werkstücken (in g) werden angesehen als Werte einer normalverteilten Zufallsvariablen $X$. Durch einen Test zum Fehlerniveau 2.5% soll entschieden werden, ob ein mittleres Gewicht von mehr als 300 g erwartet werden kann. Das Ergebnis einer unabhängigen Stichprobe sei:

$$299, 302, 297, 300, 311, 307, 302, 298, 305$$

(a) Geben Sie eine geeignete Nullhypothese $H_0$ und eine Alternativhypothese $H_1$ an.

(b) Gegeben sei weiterhin $V(X) = 25$.
   Welchen Test führen Sie durch und wie fällt die Entscheidung aus? Berechnen Sie hierzu den kleinsten kritischen Wert $c_\alpha$.

(c) Wie groß ist der Stichprobenumfang $n$ zu wählen, wenn das Stichprobenmittel zu 95% nicht mehr als 1 Gramm abweichen soll und $V(X) = 25$ ist?

(d) Wie meist in der Praxis sei nun die Varianz $V(X)$ unbekannt.
   Welchen Test führen Sie nun durch und wie fällt die Entscheidung aus. Berechnen Sie auch hier den kleinsten kritischen Wert $c_\alpha$.

**Aufgabe 4.9**   Bei Beispiel 1 in 4.3.2 werden mit $n = 10$ Testfahrten folgende Kilometerleistungen pro Liter ermittelt:

$$16.4, \ 14.6, \ 16.3, \ 14.8, \ 15.9, \ 15.3, \ 16.8, \ 14.5, \ 16.1, \ 14.3.$$

Welche Ergebnisse erhält man bei einem Test von $\mu \leqslant 15$ gegen $\mu > 15$ bei einem

(a)  GAUSS-Test mit dem Erfahrungswert $\sigma^2 = 1$,
(b)  $t$-Test mit dem Schätzwert $s^2$?

**Aufgabe 4.10**   Sei $F(x) := \Phi(x - c) + \Phi(-x - c)$. Zeigen Sie, dass $F$ für $c > 0$ an der Stelle $x = 0$ ein striktes Minimum besitzt.

# 4.4 Der Chi-Quadrat-Test

Die sogenannten um 1900 von K. PEARSON entwickelten Chi-Quadrat-Tests (kürzer $\chi^2$-Tests) sind eine oft benutzte und einfach anzuwendende Routine in zahlreichen Anwendungen geworden. Der theoretische Hintergrund und die Bereitstellung der nötigen Werkzeuge erfordern jedoch etwas Mühe, das wollen wir dem Leser nicht vorenthalten. Wir beginnen mit einigen Beispielen.

## 4.4.1 Einführung

**Beispiel 1** (*Test eines Würfels*)
Das Ergebnis eines Wurfes ist enthalten in $\Omega' = \{1,...,6\}$ und jede Augenzahl $i$ hat eine Wahrscheinlichkeit $p_i \in [0,1]$, wobei $p_1 + ... + p_6 = 1$. Für einen „fairen" Würfel erwartet man $p_1 = ... = p_6 = \frac{1}{6}$. Will man diese Eigenschaft testen, so soll eine Entscheidung fallen zwischen der

$$\textit{Nullhypothese} \quad (p_1,...,p_6) = \left(\tfrac{1}{6},...,\tfrac{1}{6}\right) \text{ und der}$$

$$\textit{Alternative} \quad (p_1,...,p_6) \neq \left(\tfrac{1}{6},...,\tfrac{1}{6}\right).$$

Es ist klar, dass die Nullhypothese nie ganz genau zutreffen wird. Daher muss man im Test eine vertretbare Toleranz einbauen. Die nächstliegende Idee ist, $n$-mal zu würfeln und mit $k_i$ für $i = 1,...,6$ die Zahl der Treffer für die Augenzahl $i$ zu notieren. Dann muss man als Grundlage für eine Entscheidung ein geeignetes Maß für den Unterschied zwischen

$$(k_1,...,k_6) \quad \text{und} \quad \left(\frac{n}{6},...,\frac{n}{6}\right).$$

finden.

**Beispiel 2** (*Prüfung der Steuererklärung*)
Bei Angaben über Einnahmen und Ausgaben in Steuererklärungen werden gelegentlich nicht die korrekten, sondern erfundene Beträge angegeben. Bei korrekt angegebenen Beträgen kann man annehmen, dass die insgesamt auftretenden Ziffern von 0 bis 9 in gleicher Häufigkeit auftreten. Erfahrungsgemäß kommen bei erfundenen Beträgen gewisse Vorlieben oder Abneigungen zum Vorschein. Dazu betrachtet man für $i = 0,...,9$ die Wahrscheinlichkeiten $p_i$, dass der „Erfinder" die Ziffer $i$ einträgt. Da an der ersten Stelle nie eine 0 steht, wird die Ziffer an der ersten Stelle auf jeden Fall weggelassen. Der Wert

$$p = (p_0,...,p_9) \quad \text{mit} \quad p_0 + ... + p_9 = 1$$

ist zumindest dem Finanzamt nicht bekannt. Durch einen Test soll nun entschieden werden, ob

$$H_0 : p = \left( \frac{1}{10}, \ldots, \frac{1}{10} \right) \qquad \text{oder} \qquad H_1 : p \neq \left( \frac{1}{10}, \ldots, \frac{1}{10} \right)$$

gerechtfertigt ist. Dazu berechnet man von den insgesamt $n$ in den Beträgen verwendeten Ziffern die absoluten Häufigkeiten $k_0, \ldots, k_9$ mit $k_0 + \ldots + k_9 = n$ und vergleicht

$$(k_0, \ldots, k_9) \quad \text{mit} \quad \left( \frac{n}{10}, \ldots, \frac{n}{10} \right).$$

Entscheidend ist die Frage, ein Maß für die Abweichung zu finden, das einen Verdacht auf Manipulationen rechtfertigt.

**Beispiel 3** (*Pädagogisches Interesse und Geschlecht*)
Eine interessante Frage ist, ob Frauen bessere Pädagogen sind als Männer. Da es im Unterricht wichtig ist, die Schüler zu motivieren, soll dieser Aspekt hier exemplarisch untersucht werden. In der Studie PaLea wurde die „Frage" [K₂, p. 28]

> Mir liegt es, Kinder zu motivieren

gestellt, die Antwortmöglichkeiten waren „trifft überhaupt nicht zu" (1), „trifft eher nicht zu" (2), „trifft eher zu" (3) und „trifft völlig zu" (4).

Nun soll die Nullhypothese

> $H_0$ : Die Selbsteinschätzung von Lehramtsstudierenden, wie sie Schüler motivieren können, ist unabhängig vom Geschlecht.

gegen die Alternative

> $H_1$ : Die Selbsteinschätzung von Lehramtsstudierenden, wie sie Schüler motivieren können, ist nicht unabhängig vom Geschlecht.

untersucht werden.

Im allgemeinen Fall betrachtet man zunächst wie in 2.3.4 eine Ergebnismenge

$$\Omega' = \{\omega_1, \ldots, \omega_r\} \quad \text{mit} \quad r \geqslant 2 \quad \text{und} \quad P'_p(\omega_i) = p_i, \quad (i = 1, \ldots, r)$$

wobei das Wahrscheinlichkeitsmaß $P'_p$ auf $\Omega'$ abhängt von einem unbekannten Parameter

$$p := (p_1, \ldots, p_r) \in \Theta = \{(p_1, \ldots, p_r) \in [0,1]^r : p_1 + \ldots + p_r = 1\}.$$

Der Parameterbereich $\Theta$ ist Teil einer Hyperebene im $\mathbb{R}^r$, hat also die Dimension $r - 1$. Daher spricht man in diesem Zusammenhang von $r - 1$ *Freiheitsgraden*.

Im Fall $n = 3$ können wir $\Theta$ so visualisieren:

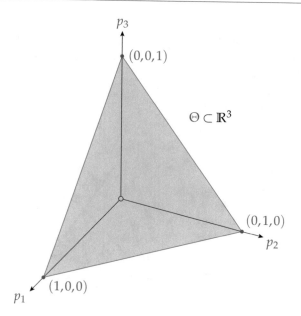

Nun soll ein unbekanntes $p$ mit einem vorgegebenen, bekannten

$$q := (q_1,...,q_r) \in \Theta$$

verglichen werden, und zwar so:

$$p = q \quad \text{oder} \quad p \neq q.$$

Das verallgemeinert die zweiseitigen Binomialtests aus 4.2.2. Für $r \geqslant 3$ benötigen wir die in 2.3.4 behandelte Multinomialverteilung.

Bei einer Stichprobe vom Umfang $n$ hat man zunächst mit Reihenfolge der Züge und Zurücklegen das Ergebnis

$$\omega = (a_1,...,a_n) \in \Omega = \{\omega_1,...,\omega_r\}^n.$$

Bei einer unabhängigen Stichprobe ist auf $\Omega$ das Produktmaß angemessen, das wieder vom Parameter $p$ abhängt, also

$$P_p(a_1,...,a_n) = P'_p(a_1) \cdot ... \cdot P'_p(a_n).$$

Wie in 2.3.4 haben wir auf $\Omega$ für $i = 1,...,r$ die Zufallsvariablen

$$X_i \colon \Omega \to \{0,...,n\}, \; X_i(\omega) = k_i = \text{Anzahl der } \omega_i \text{ in } \omega$$

betrachtet. Offensichtlich gilt $k_1 + ... + k_r = n$. Damit erhält man einen *Stichprobenraum*

$$\mathcal{X} := \{x = (k_1,...,k_r) \in \{0,...,n\}^r : k_1 + ... + k_r = n\}.$$

Der Wert $x$ der Stichprobe gibt also die „Trefferquoten" $k_1, ..., k_r$ für $\omega_1, ..., \omega_r$ bei $n$ Zügen an. Die Menge $\mathcal{X}$ ist Teil eines „Gitters" in $\mathbb{R}^n$. Jede einzelne Zufallsvariable $X_i$ ist binomial verteilt mit Parametern $n$ und $p_i$, also ist

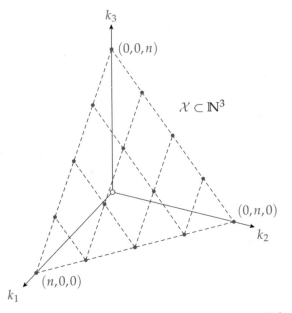

$$E_p(X_i) = np_i \quad \text{und}$$
$$E_p(X_1, ..., X_r) = (np_1, ..., np_r).$$

Wegen $np_1 + ... + np_r = n$ liegt dieser Erwartungswert in der vom Gitter $\mathcal{X}$ aufgespannten Hyperebene, er muss jedoch kein Gitterpunkt sein.

Durch $X_1, ..., X_r$ erhalten wir – wie in 2.3.4 ausgeführt – auf dem Stichprobenraum $\mathcal{X}$ für jeden möglichen Wert $p \in \Theta$ eine Multinomialverteilung

$$P_p : \mathcal{X} \to [0,1], \quad x = (k_1, ..., k_r) \mapsto P_p(x) := \frac{n!}{k_1! \cdot ... \cdot k_r!} p_1^{k_1} \cdot ... \cdot p_r^{k_r}.$$

Um zu einer ersten Entscheidungsregel für $p = q$ oder $p \neq q$ zu kommen, betrachten wir für jedes $x \in \mathcal{X}$ den Wert $P_q(x)$. Das ist die Wahrscheinlichkeit dafür, dass der Wert $x$ einer Stichprobe unter der Nullhypothese $p = q$ angenommen wird.

**Beispiel 4** (*nach* [HE, 29.7])
Sei $r = 3$, $q = \left(\frac{1}{4}, \frac{1}{4}, \frac{1}{2}\right)$ und $n = 4$. Wir schreiben über jeden Gitterpunkt $x$ den Wert $256 \cdot P_q(x)$ (siehe rechts). Die zur Berechnung benötigten Werte der Trinomialkoeffizienten findet man in 2.3.2. Der Erwartungswert $E_q(X_1, X_2, X_3)$ ist $(1,1,2)$, er liegt sogar in $\mathcal{X}$, und dort wird der maximale Wert

$$P_q(1,1,2) = \frac{48}{256} = 0.1875$$

von $P_q$ auf $\mathcal{X}$ angenommen.

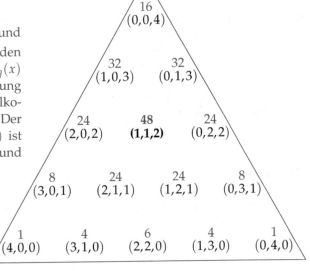

Betrachtet man allgemein die Werte von $P_q$ auf $\mathcal{X}$, so ergibt sich eine Idee für eine Entscheidungsregel: Sei

$$c_0 := \min_{x \in \mathcal{X}} P_q(x) \quad \text{und} \quad c_1 := \max_{x \in \mathcal{X}} P_q(x).$$

Je näher der Wert $P_q(x)$ aus einer Stichprobe bei $c_1$ liegt, umso näher wird $p$ bei $q$ liegen. Also kann man einen *kritischen Wert* $c$ mit $c_0 \leqslant c \leqslant c_1$ wählen und folgende Entscheidung treffen:

$$\begin{array}{lll} P_q(x) > c & \Rightarrow & \text{Nullhypothese} \quad H_0: \quad p = q, \\ P_q(x) \leqslant c & \Rightarrow & \text{Alternative} \quad\;\; H_1: \quad p \neq q. \end{array}$$

Ein Fehler 1. Art tritt dann auf, wenn $p = q$ ist, aber beim Ergebnis einer Stichprobe $P_q(x) \leqslant c$ ausfällt.

Dazu betrachten wir zu dem gewählten Wert von $c$ den *kritischen Bereich* (oder Ablehnungsbereich für $H_0$)

$$K_c := \{x \in \mathcal{X} : P_q(x) \leqslant c\} \subset \mathcal{X}.$$

Die Wahrscheinlichkeit für einen Fehler 1. Art – d.h. für $p = q$, aber $x \in K_c$ – ist dann gleich

$$\sum_{x \in K_c} P_q(x).$$

Also: Je größer $c$, desto geringer die Toleranz, desto größer $K_c$ und desto größer die Wahrscheinlichkeit für einen Fehler 1. Art. Umgekehrt wird die Nullhypothese durch kleinere Werte von $c$ stärker geschützt.

In Beispiel 4 besteht $\mathcal{X}$ nur aus 15 Punkten, da kann man die Rechnungen noch leicht ausführen. Es ist

$$c_0 = \frac{1}{256} \quad \text{und} \quad c_1 = \frac{48}{256}.$$

Wählt man $c = \dfrac{4}{256} = 0.015\,625$, so ist

$$K_c = \{(0,4,0), (1,3,0), (3,1,0), (4,0,0)\}, \quad \text{also} \quad \sum_{x \in K_c} P_q(x) = \frac{10}{256} \approx 0.039.$$

Die Wahrscheinlichkeit für einen Fehler 1. Art ist mit etwa 4% recht klein.

Für $c = \dfrac{8}{256} = 0.031\,25$ ist $\displaystyle\sum_{x \in K_c} P_q(x) = \frac{32}{256} = 0.125$,

das entspricht 12.5%.

Für $c = \dfrac{32}{256}$ ist $K_c = \mathcal{X} \setminus \{(1,1,2)\}$ und $\displaystyle\sum_{x \in K_c} P_q(x) = 1 - \frac{48}{256} = 0.812\,5$.

Verlangt man also das genaue Ergebnis $(1,1,2)$, so wird die Fehlerwahrscheinlichkeit größer als 80%.

Wie man schon in diesem ganz einfachen Fall sieht, erfordert die Berechnung der Fehlerwahrscheinlichkeit einigen Aufwand.

Soll man nun zu je einer vorgegebenen Schranke $\alpha \in\, ]0,1[$ für die Fehlerwahrscheinlichkeit ein minimales $c$ für den kritischen Bereich $K_c$ angeben, so müsste man alle Werte von $P_q(x)$ der Größe nach aufsummieren und beobachten, wann die Schranke $\alpha$ zum letzten Mal unterschritten wird. Um diesen Rechenaufwand zu vermeiden, kann man analog zum Binomialtest eine Approximation verwenden, die allerdings wesentlich komplizierter ist. Das wird in den folgenden Abschnitten ausgeführt.

## 4.4.2   Eine Testgröße für den $\chi^2$-Test

Wie wir in 4.4.1 gesehen haben, hängt die Chance für eine Entscheidung zugunsten der Nullhypothese entscheidend davon ab, wie nahe die Wahrscheinlichkeit $P_q(x)$, als Ergebnis des Werts einer Stichprobe, beim maximalen Wert von $P_q$ auf dem Gitter liegt. Weiterhin wird der maximale Wert von $P_q$ nahe beim Erwartungswert

$$\mu := E_q(X_1,...,X_r) = (nq_1,...,nq_r)$$

angenommen. Es ist $nq_1 + ... + nq_r = n$, aber $\mu$ muss kein Gitterpunkt sein. Nun ist die Idee plausibel, als Testgröße ein Maß für den Abstand zwischen dem Ergebnis

$$x = (k_1,...,k_r) \in \mathcal{X}$$

der Stichprobe und dem Erwartungswert $\mu$ zu verwenden. Naheliegend ist die Zufallsvariable

$$T'_{r,n}: \mathcal{X} \to \mathbb{R} \quad \text{mit} \quad T'_{r,n}(k_1,...,k_r) := \sum_{i=1}^{r}(k_i - nq_i)^2.$$

Zur Berechnung des Erwartungswerts von $T'_{r,n}$ benutzt man die Darstellung

$$T'_{r,n} = \sum_{i=1}^{r}(X_i - nq_i)^2,$$

daraus folgt wegen $E_q(X_i) = nq_i$

$$E_q(T'_{r,n}) = \sum_{i=1}^{r} E\left((X_i - nq_i)^2\right) = \sum_{i=1}^{r} V_q(X_i) = \sum_{i=1}^{r} nq_i(1 - q_i).$$

Dieser Wert hängt von $r, q$ und $n$ ab. Geschickter ist es, die Summanden $(k_i - nq_i)^2$ durch $nq_i$ zu dividieren, das ergibt die Testgröße

$$T_{r,n}: \mathcal{X} \to \mathbb{R} \quad \text{mit} \quad T_{r,n}(k_1,...,k_r) := \sum_{i=1}^{r} \frac{(k_i - nq_i)^2}{nq_i}.$$

Dafür erhält man

$$E_q(T_{r,n}) = \sum_{i=1}^{r} \frac{1}{nq_i} V_q(X_i) = \sum_{i=1}^{r} (1 - q_i) = r - 1.$$

Der Erwartungswert von $T_{r,n}$ hängt also nur noch von $r$ ab!

Im Fall $r = 2$ ist $q_1 + q_2 = 1$ und $X_1 + X_2 = n$. Mit etwas Rechnung erhält man daher

$$T_{2,n} = \frac{(X_1 - nq_1)^2}{nq_1} + \frac{(X_2 - nq_2)^2}{nq_2} = \frac{(X_1 - nq_1)^2}{nq_1(1 - q_1)} = (X_1^*)^2;$$

das ist das Quadrat der Standardisierung $X_1^*$ von $X_1$. Der zweiseitige Binomialtest kann auch mit $T_{2,n}$ als Testgröße durchgeführt werden.

**Beispiel**
Wir vergleichen die Werte von $P_q$ und $T_{r,n}$ in Beispiel 4 aus 4.4.1. Dort ist

$$T_{3,4}(x) = T_{3,4}(k_1, k_2, k_3) = \frac{(k_1 - 1)^2}{1} + \frac{(k_2 - 1)^2}{1} + \frac{(k_3 - 2)^2}{2}.$$

In der folgenden Tabelle sind die Werte nach der Größe von $P_q(x)$ angeordnet:

| $x$ | $256 \cdot P_q(x)$ | $T_{3,4}(x)$ |
|---|---|---|
| $(1,1,2)$ | 48 | 0 |
| $(0,1,3)$ | 32 | 1.5 |
| $(1,0,3)$ | 32 | 1.5 |
| $(0,2,2)$ | 24 | 2 |
| $(1,2,1)$ | 24 | 1.5 |
| $(2,0,2)$ | 24 | 2 |
| $(2,1,1)$ | 24 | 1.5 |
| $(0,0,4)$ | 16 | 4 |
| $(0,3,1)$ | 8 | 5.5 |
| $(3,0,1)$ | 8 | 5.5 |
| $(2,2,0)$ | 6 | 4 |
| $(1,3,0)$ | 4 | 6 |
| $(3,1,0)$ | 4 | 6 |
| $(0,4,0)$ | 1 | 12 |
| $(4,0,0)$ | 1 | 12 |

Während $P_q$ monoton abnimmt, steigt $T_{3,4}$ mit leichten Schwankungen annähernd monoton auf.

Man kann beweisen, dass sich die Tendenz aufsteigender Werte von $T_{r,n}$ bei absteigenden Werten von $P_q(x)$ mit wachsendem $n$ verbessert (vgl. dazu etwa [HE, 29.7]). Das rechtfertigt die folgende *Entscheidungsregel* beim $\chi^2$-Test:

Man wählt einen kritischen Wert $c > 0$ und entscheidet bei einem Ergebnis $x = (k_1, \dots, k_r)$ der Stichprobe so:

$$T_{r,n}(x) < c \quad \Rightarrow \quad H_0, \quad \text{also} \quad p = q, \quad \text{und}$$
$$T_{r,n}(x) \geqslant c \quad \Rightarrow \quad H_1, \quad \text{also} \quad p \neq q.$$

Ein Fehler 1. Art liegt dann vor, wenn $p = q$, aber $T_{r,n}(x) \geqslant c$. Die Wahrscheinlichkeit dafür wird offensichtlich umso größer, je kleiner $c$ gewählt ist. Genauer folgt der

**Satz** *Bei einem $\chi^2$-Test mit $r - 1$ Freiheitsgraden, Stichprobenumfang $n$ und kritischem Wert $c > 0$ ist die Wahrscheinlichkeit für einen Fehler 1. Art gleich $P_q(T_{r,n} \geqslant c)$.*

Es sei sicherheitshalber noch einmal bemerkt, dass keine Wahrscheinlichkeit dafür berechnet wird, ob $p = q$ ist. Diese Frage ist sinnlos, da der Wert von $p$ nicht vom Zufall gesteuert ist; er ist fest, nur unbekannt. Vom Zufall gesteuert ist der Wert $x$ der Stichprobe, und damit auch das Ergebnis der Entscheidung.

Setzt man in obigem Beispiel $c := 6$, so erhält man einen kritischen Bereich

$$K_c' := \{x \in \mathcal{X} : T_{3,4}(x) \geqslant c\} = \{(4,0,0), (0,4,0), (3,1,0), (1,3,0)\}$$

$$\text{und} \quad P_q(T_{3,4} \geqslant c) = \sum_{x \in K_c'} P_q(x) = \frac{10}{256} \approx 0.039.$$

Das entspricht der Wahl von $c = \dfrac{4}{256}$ in 4.4.1.

Im Allgemeinen müsste man zur Bestimmung der Fehlerwahrscheinlichkeit zu gegebenen $c > 0$ zunächst $P_q(x)$ für alle $x \in \mathcal{X}$ berechnen, dann den kritischen Bereich $K_c'$ bestimmen und die Summe der $P_q(x)$ über alle $x \in \mathcal{X}$ ausrechnen. Für größere $r$ und $n$ wäre das ein grandioser Rechenaufwand.

Im Spezialfall $r = 2$, also beim zweiseitigen Binomialtest, konnte der Rechenaufwand durch eine GAUSS-Approximation enorm reduziert werden. Eine Verallgemeinerung davon entwickelte K. PEARSON für den Chi-Quadrat-Test. Das beschreiben wir im folgenden Abschnitt.

### 4.4.3  Die $\chi^2$-Verteilungen

Grundlage sind die für alle $m \in \mathbb{N}^*$ und $t > 0$ erklärten *Dichtefunktionen*

$$g_m(t) := \frac{1}{\gamma(m)} \cdot t^{(m/2)-1} \cdot \mathrm{e}^{-t/2},$$

wobei

$$\gamma(m) := \int_0^\infty t^{(m/2)-1} \mathrm{e}^{-t/2} dt = 2^{m/2} \cdot \Gamma\left(\frac{m}{2}\right).$$

Die bei der Berechnung des Integrals verwendete $\Gamma$-Funktion von EULER wird in Anhang 1 beschrieben. Die Werte von $\gamma(m)$ kann man rekursiv berechnen mit Hilfe von

$$\gamma(1) = \sqrt{2\pi}, \quad \gamma(2) = 2 \quad \text{und} \quad \gamma(m+2) = m \cdot \gamma(m).$$

Für $m \leqslant 10$ findet man die Werte von $\gamma(m)$ im Anhang 1. Die Graphen von $g_m$ sehen für $m = 1, 2, 3, 6$ und 10 so aus:

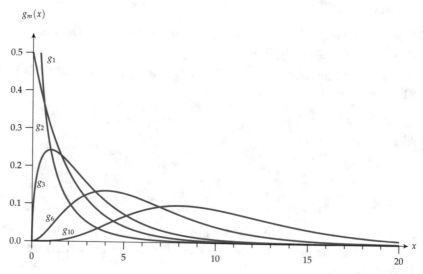

Ab $m = 3$ haben sie ein relatives Maximum.

Durch Integration erhält man aus den Dichtefunktionen $g_m$ die *Verteilungsfunktionen*

$$G_m(x) := \int_0^x g_m(t)\,dt \quad \text{für} \quad x \in \mathbb{R}_+.$$

Wieder für $m = 1, 2, 3, 6$ und 10 sehen sie so aus:

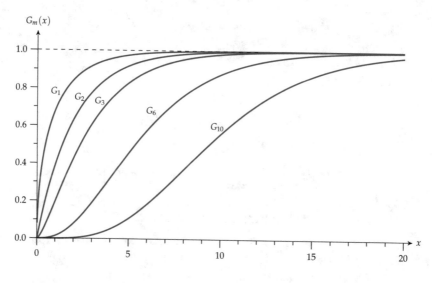

Wie man sieht, gilt für alle $m$, dass $G_m(0) = 0$, $G_m(m) \approx \frac{1}{2}$ und $\lim\limits_{x \to \infty} G_m(x) = 1$.

Für $m = 1, 2$ kann man $G_m$ leicht angeben:

$$g_1(t) = \frac{1}{\sqrt{2\pi}} t^{-1/2} e^{-t/2}, \quad \text{also} \quad G_1(x) = 2\Phi(\sqrt{x}) - 1 \quad \text{und}$$

$$g_2(t) = \frac{1}{2} e^{-t/2}, \qquad \text{also} \quad G_2(x) = 1 - e^{-x/2} \qquad .$$

Für größere $m$ kann man die Werte von $G_m$ Tabellen entnehmen, oder mit entsprechend gerüsteten Taschenrechnern bestimmen.

Die Bedeutung der Funktionen $G_m$ für die in 4.4.2 eingeführten Testgrößen $T_{r,n}$ zeigt der um 1900 bewiesene

**Grenzwertsatz von K. PEARSON**   *Die Verteilungsfunktionen der Testgrößen $T_{r,n}$ konvergieren mit steigendem $n$ gegen $G_{r-1}$, d.h. für beliebiges $q \in \Theta$ und $c > 0$ gilt*

$$P_q(T_{r,n} \leqslant c) \approx G_{r-1}(c).$$

Man beachte dabei die Verschiebung der Indizes: Der Index $r - 1$ bei $G$ markiert die Zahl der Freiheitsgrade beim Parameter. Einen Beweis dieses Grenzwertsatzes findet man z.B. bei [KRE, 14.3].

Allgemein sagt man, eine Zufallsvariable $X: \Omega \to \mathbb{R}_+$ ist $\chi^2$-*verteilt* mit $m$ Freiheitsgraden, wenn

$$P(X \leqslant c) = G_m(c) \quad \text{für alle} \quad c > 0.$$

Für die im Satz aus 4.4.2 berechnete Fehlerwahrscheinlichkeit ergibt sich das wichtige

**Korollar**   *Bei einem $\chi^2$-Test mit $r - 1$ Freiheitsgraden, Stichprobenumfang $n$ und kritischem Wert $c$ ist die Wahrscheinlichkeit für einen Fehler 1. Art ungefähr gleich $1 - G_{r-1}(c)$. Die Approximation ist umso besser, je größer $n$ ist.*

**Beispiel 1**   $(r = 3, n = 4)$
Wir vergleichen für $q = \left( \frac{1}{4}, \frac{1}{4}, \frac{1}{2} \right)$ wie im Beispiel aus 4.4.2 die Verteilungsfunktion von $T_{3,4}$ mit $G_2$. Die Werte sind einfach zu berechnen, da $G_2(c) = 1 - e^{-c/2}$. $P_q(T_{3,4} \geqslant c)$ erhält man mit Hilfe der Tabelle aus 4.4.2:

| $c$ | 0 | 1.5 | 2 | 4 | 5.5 | 6 | 12 |
|---|---|---|---|---|---|---|---|
| $P_q(T_{3,4} \geqslant c)$ | 1.000 | 0.813 | 0.375 | 0.188 | 0.102 | 0.039 | 0.008 |
| $1 - G_2(c)$ | 1.000 | 0.472 | 0.368 | 0.135 | 0.064 | 0.050 | 0.002 |

An den Graphen der beiden Funktionen sieht man deutlicher, dass hier eine Treppenfunktion mit einer stetigen Funktion verglichen wird:

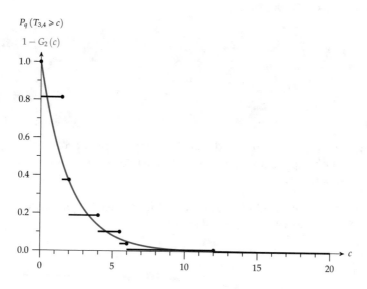

Bei $n = 4$ kann man noch keine gute Approximation erwarten. Aber dennoch passen die Werte an den Sprungstellen einigermaßen zusammen. Ab $c = 5.5$ ist die Fehlerwahrscheinlichkeit schon recht klein.

Nun kann man wieder das Problem lösen, zu gegebenem Fehlerniveau $\alpha$ einen minimalen kritischen Wert $c$ zu finden derart, dass die Wahrscheinlichkeit für einen Fehler 1. Art $\leqslant \alpha$ ist. Dazu muss nach dem Satz aus 4.4.2

$$P_q(T_{r,n} \geqslant c) \leqslant \alpha$$

sein. Nach dem Grenzwertsatz von PEARSON bedeutet diese Bedingung näherungsweise

$$1 - G_{r-1}(c) \leqslant \alpha, \quad \text{also} \quad G_{r-1}(c) \geqslant 1 - \alpha. \tag{1}$$

Um diese Bedingung nach $c$ aufzulösen, benötigt man die Umkehrfunktion

$$\chi^2_m \colon [0,1] \to \mathbb{R}_+$$

der streng monoton steigenden Funktion $G_m \colon \mathbb{R}_+ \to [0,1]$ mit

$$\chi^2_{m,\beta} := \chi^2_m(\beta) \quad \Leftrightarrow \quad G_m(\chi^2_{m,\beta}) = \beta \quad \text{für} \quad \beta \in [0,1].$$

Man nennt $\chi^2_{m,\beta}$ das $\beta$-*Quantil der* $\chi^2$-*Verteilung* mit $m$ Freiheitsgraden. Im Fall $m = 1$ folgt aus $G_1(x) = 2\Phi(\sqrt{x}) - 1$, dass

$$\chi^2_{1,\beta} = (u_{(\beta+1)/2})^2, \quad \text{also} \quad \chi^2_{1,1-\alpha} = (u_{1-\alpha/2})^2.$$

Da $\chi^2_m$ monoton steigend ist, wird Bedingung (1) zu

$$c \geqslant \chi^2_{r-1,1-\alpha}$$

und man erhält als Ergebnis den

**Satz** *Bei einem $\chi^2$-Test mit $r-1$ Freiheitsgraden ist der minimale kritische Wert zu vorgegebenem Fehlerniveau $\alpha$ ungefähr gleich*

$$c_\alpha := \chi^2_{r-1,1-\alpha}.$$

Man beachte, dass $c_\alpha$ nur von $\alpha$ und $r$, nicht aber vom Stichprobenumfang $n$ abhängt. Allerdings wird die Approximation des minimalen kritischen Wertes durch $c_\alpha$ mit größer werdendem $n$ besser.

Anschaulich kann man die Quantile an den Graphen der Verteilungsfunktion $G_{r-1}$ ablesen. Etwa für $r-1=3$ sieht das so aus:

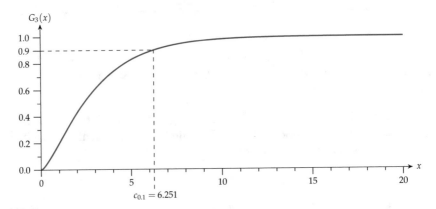

Für beliebige $r$ und $\alpha$ gibt es Tabellen mit den Werten von $\chi^2_{r-1,1-\alpha}$; auch viele Taschenrechner enthalten passende Programme. Hier nur ein kleiner Ausschnitt aus solch einer Tabelle für $c_\alpha = \chi^2_{r-1,1-\alpha}$:

| $r-1$ \ $\alpha$ | 0.5 | 0.25 | 0.10 | 0.05 | 0.01 | 0.005 |
|---|---|---|---|---|---|---|
| 1 | 0.455 | 1.323 | 2.706 | 3.841 | 6.635 | 7.879 |
| 2 | 1.39 | 2.773 | 4.605 | 5.991 | 9.210 | 10.60 |
| 3 | 2.37 | 4.108 | 6.251 | 7.815 | 11.34 | 12.84 |
| 4 | 3.36 | 5.385 | 7.779 | 9.488 | 13.28 | 14.86 |
| 5 | 4.35 | 6.626 | 9.236 | 11.07 | 15.09 | 16.75 |
| 9 | 8.34 | 11.39 | 14.68 | 16.92 | 21.67 | 23.59 |
| 10 | 9.34 | 12.55 | 15.99 | 18.31 | 23.21 | 25.19 |
| 11 | 10.34 | 13.70 | 17.28 | 19.68 | 24.72 | 26.76 |
| 50 | 49.33 | 56.33 | 63.17 | 67.50 | 76.15 | 79.49 |
| 100 | 99.3 | 109.1 | 118.5 | 124.3 | 135.8 | 140.2 |
| 1000 | 999 | 1030 | 1058 | 1075 | 1107 | 1119 |

Wie man daran erkennt, steigen die Werte bei festem $\alpha$ mit dem Freiheitsgrad etwa linear an; bei festem $r$ und kleiner werdendem Fehlerniveau $\alpha$ ist der Anstieg dagegen relativ gering. Weitere Werte können Tabelle 3 in Anhang 4 entnommen werden.

Für große $m$ müssen also die kritischen Werte $c_\alpha$ nicht viel größer als $m$ sein.

Im Gegensatz zu dem etwas komplizierteren theoretischen Hintergrund ist die Anwendung eines $\chi^2$-Tests sehr einfach:

**Rezept für die Ausführung des $\chi^2$-Tests**

1) *Man legt den Vergleichswert $q = (q_1,...,q_r)$ für den unbekannten Wert $p = (p_1,...,p_r)$ fest.*

2) *Man wählt ein Fehlerniveau $\alpha$ und bestimmt dazu den kritischen Wert $c_\alpha = \chi^2_{r-1,1-\alpha}$.*

3) *Man ermittelt mit einer Stichprobe vom Umfang $n$ den Wert $x = (k_1,...,k_r)$ mit $k_1 + ... + k_r = n$.*

4) *Man berechnet den Wert*

$$T_{r,n}(x) = \sum_{i=1}^{r} \frac{(k_i - nq_i)^2}{nq_i}.$$

5) *Man entscheidet nach der Regel*
$$T_{r,n}(x) < c_\alpha \;\Rightarrow\; p = q,$$
$$T_{r,n}(x) \geqslant c_\alpha \;\Rightarrow\; p \neq q.$$

6) *Ist $T_{r,n}(x) \geqslant c_\alpha$, so ist die Wahrscheinlichkeit dafür, dass die Entscheidung für $p \neq q$ falsch ist, näherungsweise begrenzt durch $\alpha$. Diese Näherung ist umso besser, je größer der Stichprobenumfang $n$ ist.*

Diese Regel ist sehr einfach, aber auch strikt. Wie bei allen Tests gibt es zahlreiche Versuchungen zu mogeln, wenn man gerne ein bestimmtes Ergebnis erhalten möchte. Noch relativ harmlos ist es, das Niveau $\alpha$ und damit den kritischen Wert $c_\alpha$ erst dann festzulegen, wenn der Wert $T_{r,n}(x)$ berechnet ist.

Der Leser möge sich noch einmal die Tendenzen bei diesem Test klar machen: Will man möglichst sicher sein, $p = q$ nicht zu Unrecht zu verwerfen (also etwa den Verfasser einer Steuererklärung nicht zu Unrecht der Manipulation zu verdächtigen), so muss man ein möglichst kleines $\alpha$ wählen. Dementsprechend muss man die dazu passende kritische Grenze $c_\alpha$ genügend groß wählen, d.h. man muss ein größeres Maß an Abweichungen tolerieren.

Völlig regelwidrig, aber leider nicht unüblich ist es, mehrere Testserien durchzuführen, und nur die Ergebnisse zu benutzen oder zu veröffentlichen, die besonders günstig sind. Der Rest „verschwindet in der Schublade", daher spricht man in diesem Fall vom *File Drawer Problem* oder *Publication Bias*.

Aus den Fällen von möglichen Anwendungen des Chi-Quadrat-Tests geben wir eine kleine Serie von Beispielen:

**Beispiel 2** (*Test eines Würfels*)
Wie schon in Beispiel 1 aus 4.4.1 erläutert, ist

$$p = (p_1, ..., p_6) \quad \text{gegen} \quad q = \left(\frac{1}{6}, ..., \frac{1}{6}\right)$$

zu testen. Wir wählen $\alpha = 0.1$ und $n = 60$. Der kritische Wert dazu ist laut Tabelle

$$c_{0.1} = \chi^2_{5,0.9} = 9.236.$$

Nach 60 Würfen haben sich folgende Trefferzahlen ergeben:

$$x = (k_1, ..., k_6) = (5, 11, 9, 10, 17, 8)$$

Daraus erhält man als Wert der Testgröße

$$T_{6,60}(x) = \frac{1}{10}(25 + 1 + 1 + 0 + 49 + 4) = 8.$$

Da $T_{6,60}(x) = 8 < 9.236 = c_{0.1}$, lautet die Entscheidung $p = q$, d.h. der Würfel wird bei $\alpha = 0.1$ als fair akzeptiert.

Hätte man mit $\alpha = 0.25$ ein höheres Risiko für einen Fehler 1. Art eingeräumt, so wäre wegen

$$8 > 6.625 = c_{0.25}$$

die Entscheidung $p \neq q$ gefallen. Bei 25% tolerierter Fehlerwahrscheinlichkeit wäre er also als unfair abgelehnt worden.

Zuverlässigere Entscheidungen erfordern einen größeren Stichprobenumfang. Aber wenigstens die Tendenz wird an diesem Beispiel klar: Will man die Wahrscheinlichkeit für eine unberechtigte Ablehnung klein halten, muss man höhere Werte der Testgröße zulassen.

**Beispiel 3** (*Prüfung einer Steuererklärung*)
Wie in Beispiel 2 aus 4.4.1 soll

$$p = (p_0, ..., p_9) \quad \text{gegen} \quad q = \left(\frac{1}{10}, ..., \frac{1}{10}\right)$$

getestet werden. Um die Rechnung einfach und durchsichtig zu machen, nehmen wir an, in der Steuererklärung werden $n = 1\,000$ Ziffern untersucht. In 4.4.1 wurde bereits beschrieben, dass die Ziffern an den ersten Stellen ausgeschlossen werden. Zur Berechnung der Testgröße aus den gezählten Treffern $k_i$ benutzt man folgende Tabelle:

| $i$ | $k_i$ | $\dfrac{(k_i - 100)^2}{100}$ |
|---|---|---|
| 0 | 66 | 11.56 |
| 1 | 109 | 0.81 |
| 2 | 95 | 0.25 |
| 3 | 111 | 1.21 |
| 4 | 107 | 0.49 |

| $i$ | $k_i$ | $\dfrac{(k_i - 100)^2}{100}$ |
|---|---|---|
| 5 | 81 | 3.61 |
| 6 | 92 | 0.64 |
| 7 | 126 | 6.76 |
| 8 | 101 | 0.01 |
| 9 | 112 | 1.44 |

Daraus ergibt sich $T_{10,1\,000}(k_0, ..., k_9) = 26.78$. Dieser relativ hohe Wert ist vor allem verursacht durch die Ausreißer der Ziffern 0 und 7.

Ein Fehler 1. Art bei diesem Test bedeutet, die Zahlen als manipuliert anzusehen, obwohl das nicht der Fall ist. Die Wahrscheinlichkeit dafür berechnet sich in diesem Fall als

$$1 - G_9(26.78) = 1 - 0.998\,5 = 0.001\,5,$$

das sind 0.15%. Hier wäre also eine Betriebsprüfung zu erwarten.

Im Allgemeinen schöpfen die Finanzbehörden Verdacht ab einem Wert von

$$T_{10,n}(x) = 21, \quad \text{also} \quad 1 - G_9(21) = 0.0127,$$

das sind 1.27% Fehlerwahrscheinlichkeit. Nach Gerichtsentscheiden kann durch hohe Werte von $T_{10,n}$ der „Verdacht auf Manipulation erhärtet werden".

## 4.4.4  Chi-Quadrat-Test auf Unabhängigkeit

Die Beispiele im vorhergehenden Abschnitt hatten eines gemeinsam: Ein aus welchen Gründen auch immer bekanntes $q$ wird mit einem $p$ verglichen, das sich aus einer Messung ergibt. In diesem letzten Abschnitt greifen wir eine weitere, besonders wichtige Anwendung heraus: Den Test auf Unabhängigkeit zweier Zufallsvariablen.

Gegeben sei ein Wahrscheinlichkeitsraum $(\Omega, P)$ und darauf zwei Zufallsvariable

$$X, Y \colon \Omega \to \mathbb{R}.$$

Durch einen Test soll entschieden werden, ob

$$\begin{array}{lll} X \text{ und } Y \text{ unabhängig} & (\text{Nullhypothese } H_0) & \text{oder} \\ X \text{ und } Y \quad \text{abhängig} & (\text{Alternative } H_1). \end{array}$$

Sind die Werte von $X$ und $Y$ gegeben durch $X(\Omega) = \{a_1, \ldots, a_k\}$ und $Y(\Omega) = \{b_1, \ldots, b_l\}$, so bedeutet die Nullhypothese, dass die Gleichungen

$$P(X = a_i, Y = b_j) = P(X = a_i) \cdot P(Y = b_j)$$

für alle $i = 1, \ldots, k$ und $j = 1, \ldots, l$ erfüllt sind. Um zu einer Entscheidung zu kommen, setzt man

$$p_{i,j} := P(X = a_i, Y = b_j) \quad \text{und} \quad q_{i,j} := P(X = a_i) \cdot P(Y = b_j),$$

sowie

$$p := (p_{1,1}, \ldots, p_{k,l}) \quad \text{und} \quad q := (q_{1,1}, \ldots, q_{k,l}).$$

Nun ist es naheliegend, eine Entscheidung zwischen $p = q$ und $p \neq q$ durch einen $\chi^2$-Test zu versuchen. Ein Problem dabei ist, dass die Vergleichswerte $q_{i,j}$ nicht – wie beim $\chi^2$-Test vorausgesetzt – bekannt sein müssen, da im Allgemeinen $P(X = a_i)$ und $P(Y = b_j)$ unbekannt sind.

Trotz dieses Problems kann man zunächst mit einer unabhängigen Stichprobe vom Umfang $n$ beginnen und damit $n$ Paare von Werten $(x, y)$ von $X$ und $Y$ bestimmen. Daraus berechnet man die relativen und absoluten Häufigkeiten

$$h_{i,j} := h(X = a_i, Y = b_j) \quad \text{und} \quad r_{i,j} := \frac{1}{n} h_{i,j}.$$

Wie in 1.4.1 erläutert, erhält man damit eine Häufigkeitstafel für die durch die Stichprobe erklärten Merkmale:

| $X$ \ $Y$ | $b_1$ | ... | $b_l$ | $\Sigma$ |
|---|---|---|---|---|
| $a_1$ | $r_{1,1}$ | ... | $r_{1,l}$ | $r_{1,+}$ |
| $\vdots$ | $\vdots$ | | $\vdots$ | $\vdots$ |
| $a_k$ | $r_{k,1}$ | ... | $r_{k,l}$ | $r_{k,+}$ |
| $\Sigma$ | $r_{+,1}$ | ... | $r_{+,l}$ | $1$ |

mit $r_{i,+} := \sum\limits_{j=1}^{l} r_{i,j}$ und $r_{+,j} := \sum\limits_{i=1}^{k} r_{i,j}$.

Jetzt kommt der Kniff: Da man die Vergleichswerte $q_{ij}$ nicht kennt, ersetzt man sie durch Schätzungen $s_{ij}$. Wegen

$$P(X = a_i) \approx r_{i,+} \quad \text{und} \quad P(Y = b_j) \approx r_{+,j}$$

erklärt man die Schätzwerte durch

$$s_{i,j} := r_{i,+} \cdot r_{+,j}.$$

Wie man leicht sieht, ist $\sum\limits_{i,j} s_{i,j} = \sum\limits_{i,j} r_{i,j} = 1$.

Nun kann man wie beim $\chi^2$-Test mit

$$s := (s_{1,1}, \ldots, s_{k,l})$$

eine Entscheidung zwischen $p = s$ und $p \neq s$ herbeiführen. Aus dem Wert $(h_{1,1}, \ldots, h_{k,l})$ der Stichprobe berechnet man die Testgröße

$$T_n(h_{1,1}, \ldots, h_{k,l}) := \sum_{i,j} \frac{(h_{i,j} - ns_{i,j})^2}{ns_{i,j}},$$

und für einen kritischen Wert $c > 0$ lautet die Entscheidungsregel

$$\begin{aligned} T_n(h_{i,j}) < c &\Rightarrow H_0, \\ T_n(h_{i,j}) \geq c &\Rightarrow H_1. \end{aligned}$$

Das ist genau genommen zunächst eine Entscheidung über die Unabhängigkeit der beiden Merkmale, die sich aus der Stichprobe ergeben (vgl. 1.4.4). Für einen genügend großen Stichprobenumfang $n$ ist die Entscheidung aber auch für die Zufallsvariablen $X$ und $Y$ brauchbar.

Ein Fehler 1. Art tritt dann auf, wenn $X$ und $Y$ unabhängig sind, aber $T_n(h_{i,j}) \geq c$ gilt.

Die entscheidende Frage ist nun, wie groß die Wahrscheinlichkeit für einen Fehler 1. Art bei dieser Entscheidungsregel ist. Die Antwort erfordert etwas Theorie, die man zum Beispiel in [GEO, 11.3] oder [KRE, 14.3] findet: Die Verteilungsfunktion von $T_n$ wird approximiert durch eine Funktion $G_m$, aber nicht, wie man zunächst vermuten könnte, mit $m = k \cdot l - 1$ Freiheitsgraden, sondern nur mit $m = (k-1) \cdot (l-1)$ Freiheitsgraden. Das liegt daran, dass durch die Schätzungen von $P(X = a_i)$ und $P(Y = b_j)$ mit Hilfe der $r_{i,j}$ insgesamt $(k-1) + (l-1)$ Freiheitsgrade verloren gehen. Kurz zusammengefasst erhält man das folgende

**Ergebnis**  *Gegeben seien Zufallsvariable $X$ mit $k$ verschiedenen Werten und $Y$ mit $l$ verschiedenen Werten. Um eine Entscheidung über die Unabhängigkeit von $X$ und $Y$ herbeizuführen, berechnet man mit Hilfe einer Stichprobe vom Umfang $n$ wie oben ausgeführt den Wert $T_n(h_{i,j})$, legt einen kritischen Wert $c$ fest und entscheidet nach der angegebenen Regel. Dann ist die Wahrscheinlichkeit für einen Fehler 1. Art ungefähr gleich $1 - G_{(k-1)(l-1)}(c)$.*

*Soll die Wahrscheinlichkeit für einen Fehler 1. Art höchstens gleich $\alpha$ sein, so ist der kleinstmögliche kritische Wert dazu ungefähr gleich*

$$c_\alpha := \chi^2_{(k-1)(l-1), 1-\alpha}.$$

Die Werte von $1 - G_{(k-1)(l-1)}(c)$ und $c_\alpha$ sind nur Approximationen der wahren Werte. Die Näherungen sind umso besser, je größer der Stichprobenumfang $n$ gewählt ist:

Dann sind die Approximationen von $P(X = a_i)$ und $P(Y = b_j)$ besser, und die Verteilungsfunktion von $T_n$ wird besser durch $G_{(k-1)(l-1)}(c)$ approximiert.

Man beachte auch, dass die Verringerung der Freiheitsgrade von $k \cdot l - 1$ auf $(k-1)(l-1)$ kleinere kritische Werte $c_\alpha$ verursacht. Das bedeutet, dass die Toleranz zum Schutz der Nullhypothese kleiner wird. Besonders einfach ist der Fall $k = l = 2$: Hier wird die Verteilungsfunktion von $T_n$ durch $G_1$ approximiert.

Trotz des relativ komplizierten theoretischen Hintergrunds ist die Anwendung dieses $\chi^2$-Tests recht einfach und weit verbreitet.

**Beispiel 1** (*Vierfeldertest*)
Im Fall $k = l = 2$ und $n = 100$ sei das Ergebnis einer Stichprobe

$$h_{1,1} = 20, \quad h_{1,2} = 10, \quad h_{2,1} = 40, \quad h_{2,2} = 30.$$

In der folgenden Vierfeldertafel sind unter den Werten $r_{i,j}$ die Vergleichswerte $s_{i,j}$ (in Klammern) eingetragen.

| $X$ ＼ $Y$ | $b_1$ | $b_2$ | $\Sigma$ |
|:---:|:---:|:---:|:---:|
| $a_1$ | 0.2 (0.18) | 0.1 (0.12) | 0.3 |
| $a_2$ | 0.4 (0.42) | 0.3 (0.28) | 0.7 |
| $\Sigma$ | 0.6 | 0.4 | 1 |

Wie man am Vergleich der Werte von $r_{i,j}$ und $s_{i,j}$ direkt sieht, ist eine deutliche Tendenz zur Unabhängigkeit zu erkennen. Um das zu präzisieren, berechnet man den Wert der Testgröße

$$T_{100}(20, 10, 40, 30) = 0.794.$$

Entscheidet man sich auf Grund dieses Wertes für die Hypothese der Abhängigkeit von $X$ und $Y$, so ist die Wahrscheinlichkeit für eine Fehlentscheidung approximativ gegeben durch

$$1 - G_1(0.794) = 2 - 2\Phi\left(\sqrt{0.794}\right) = 0.373,$$

das sind etwa 38%. Zu jedem Niveau $\alpha < 0.373$ ist daher als Ergebnis dieser Stichprobe für die Hypothese der Unabhängigkeit zu entscheiden.

**Beispiel 2** (*Pädagogisches Interesse und Geschlecht*)
Wir betrachten erneut die Situation aus Beispiel 3 in 4.4.1. Die dort formulierte Nullhypothese $H_0$ soll nun mittels eines $\chi^2$-Tests gegen die Alternative $H_1$ getestet werden.

Wir geben zunächst die Häufigkeiten $h_{i,j}$ an, die sich bei der Befragung von 4 244 Studierenden ergeben haben. Dabei gebe die Zufallsvariable $X$ das Geschlecht der Versuchsperson an: Es sei $X = 0$, falls der Befragte männlich ist, andernfalls sei $X = 1$. $Y$ nehme die Werte 1 bis 4 an mit den oben genannten Bedeutungen. Die absoluten Antworthäufigkeiten sind in folgender Kontingenztafel zusammengefasst, wobei alle Befragten mit fehlenden Angaben in dieser Frage aussortiert wurden [K3].

| X \ Y | 1 | 2 | 3 | 4 | $\Sigma$ |
|---|---|---|---|---|---|
| 0 | 13 | 115 | 761 | 305 | 1 194 |
| 1 | 9 | 134 | 1 782 | 1 125 | 3 050 |
| $\Sigma$ | 22 | 249 | 2 543 | 1 430 | 4 244 |

Zur Berechnung der Testgröße geben wir in folgender Tabelle die $r_{i,j}$ und darunter die $s_{i,j}$ (in Klammern) an.

| X \ Y | 1 | 2 | 3 | 4 | $\Sigma$ |
|---|---|---|---|---|---|
| 0 | 0.003 (0.001) | 0.027 (0.017) | 0.179 (0.168) | 0.072 (0.095) | 0.281 |
| 1 | 0.002 (0.004) | 0.032 (0.042) | 0.420 (0.431) | 0.265 (0.242) | 0.719 |
| $\Sigma$ | 0.005 | 0.059 | 0.599 | 0.337 | 1.000 |

In dieser Stichprobe ergibt sich also für die Testgröße

$$T_{4\,244}(13,\dots,1\,125) = 93.4.$$

Die vorliegende Realisierung der Testgröße ist mit den Quantilen der $\chi_3^2$-Verteilung

$$\chi_{3,0.90}^2 = 6.251, \qquad \chi_{3,0.99}^2 = 11.34,$$
$$\chi_{3,0.95}^2 = 7.815 \quad \text{und} \quad \chi_{3,0.995}^2 = 12.84$$

zu vergleichen. Offensichtlich ist der Wert der Testgröße viel höher als diese Quantile. Die Nullhypothese kann also mit einer Sicherheit von mindestens 99.5% verworfen werden. Das heißt, männliche und weibliche Lehramtsstudierenden glauben selbst nicht, dass sie Schüler im selben Maß motivieren können.

An dieser Stelle ist es interessant, nochmal auf den Stichprobenumfang einzugehen. Angenommen, die relativen Häufigkeiten in obiger Tabelle treten in einer Stichprobe vom Umfang $n = 300$ auf. Dann hat die Testgröße den Wert 6.6. Die Nullhypothese kann jetzt nur noch mit einer Sicherheit von 90% verworfen werden. Bei einem Stichprobenumfang $n = 50$ nimmt die Testgröße den Wert 1.1 an. Das 0.5-Quantil der $\chi_3^2$-Verteilung hat den Wert 2.366. Folglich kann die Nullhypothese nicht einmal mit einer Sicherheit von 50% verworfen werden, obwohl an den relativen Häufigkeiten nichts geändert wurde. Der Umfang der Stichprobe ist entscheidend für die Aussagekraft des Tests.

## 4.4.5  Aufgaben

**Aufgabe 4.11**  Es werden die 72 Schüler einer Jahrgangsstufe nach Ihrem Geburtsmonat befragt. Es stellt sich nun die Frage, ob davon auszugehen ist, dass die Geburtstage gleichmäßig auf die Monate verteilt sind. Das Ergebnis der Befragung ist in folgender Tabelle dargestellt:

| Monat | 1 | 2 | 3 | 4 | 5 | 6 | 7 | 8 | 9 | 10 | 11 | 12 |
|-------|---|---|---|---|---|---|---|----|---|----|----|----|
| Anzahl | 5 | 4 | 7 | 4 | 8 | 5 | 9 | 10 | 7 | 5 | 3 | 5 |

(a) Welchen Test verwenden Sie hierzu? Geben Sie Null- und Alternativhypothese an.
(b) Kann man aufgrund der Stichprobe mit 90% Sicherheit davon ausgehen, dass die Geburten gleichmäßig verteilt sind?

**Aufgabe 4.12**   Ein Tetraeder (4-seitiger Würfel) wird 100 mal gewürfelt mit folgenden Werten

| Augenzahl | 1 | 2 | 3 | 4 |
|-----------|----|----|----|----|
| Anzahl | 20 | 31 | 21 | 28 |

(a) Formulieren Sie eine geeignete Null- und Alternativhypothese, um zu testen, ob der Tetraeder fair ist.
(b) Wie lautet die Entscheidungsregel für allgemeines $\alpha$?
(c) Wie sieht die Entscheidung aus für $\alpha = 0.05$?
(d) Für welche $\alpha$ aus der Tabelle in Abschnitt 4.4.3 (bei gleichbleibendem, festem $n$ und $r$) würde sich Ihre Entscheidung verändern?

**Aufgabe 4.13**   Es wurden 121 Studierende befragt, ob sie regelmäßig Fußballspiele im Fernsehen mitverfolgen. Das Ergebnis ist in folgender Tabelle zusammengefasst:

|        | häufig | selten | nie |
|--------|--------|--------|-----|
| Männer | 33 | 24 | 17 |
| Frauen | 12 | 25 | 10 |

Kann davon ausgegangen werden, dass die Fußballbegeisterung vom Geschlecht der Studierenden unabhängig ist?

(a) Führen Sie hierzu einen $\chi^2$-Test für $\alpha = 0.01$, $\alpha = 0.05$ und $\alpha = 0.1$ durch.
(b) Wie groß ist die Wahrscheinlichkeit eines Fehlers 1. Art auf Basis der Stichprobe?

**Aufgabe 4.14**   Sind folgende Aussagen richtig oder falsch? Begründen Sie Ihre Aussage.

(a) Wählt man bei einem einseitigen Binomialtest mit $p_0 = \frac{1}{2}$ und Stichprobenumfang $n$ eine kritische Zahl $k \leqslant \frac{n}{2}$, so wird die Wahrscheinlichkeit für einen Fehler 1. Art mindestens $\frac{1}{2}$.
(b) Bei einem einseitigen Binomialtest wird die Wahrscheinlichkeit für $p > p_0$ berechnet.
(c) Für $\alpha \in \,]0,1[$ gilt: $u_{1-\frac{\alpha}{2}} > u_{1-\alpha}$.
(d) Bei einem einseitigen Binomialtest mit Vergleichswert $p_0$, Stichprobenumfang $n$ und kritischem Wert $k > np_0$ ist die Wahrscheinlichkeit für einen Fehler erster Art gleich $g(p_0, n, k)$.

# Anhang 1

# Die EULERsche Gamma-Funktion

Die durch die Fakultäten erklärte Funktion

$$\Gamma: \mathbb{N}^* \to \mathbb{N} \quad \text{mit} \quad \Gamma(n) := (n-1)! \quad \text{und} \quad 0! := 1$$

kann man von $\mathbb{N}^*$ auf $\mathbb{R}_+^*$ in besonderer Weise fortsetzen. Dazu betrachtet man zunächst für $n \in \mathbb{N}^*$ das uneigentliche Integral

$$I_n := \int_0^\infty t^{n-1} \mathbf{e}^{-t} dt.$$

Man sieht, dass $I_1 = 1$, und durch partielle Integration erhält man (vgl. etwa [FO$_1$, § 20])

$$I_{n+1} = n \cdot I_n, \quad \text{also ist} \quad I_{n+1} = n! \quad \text{und} \quad I_n = \Gamma(n).$$

Nun erklärt man für beliebiges $x \in \mathbb{R}_+^*$

$$\Gamma(x) := \int_0^\infty t^{x-1} \mathbf{e}^{-t} dt.$$

Wieder mit partieller Integration folgt:

$$\Gamma(x+1) = x \cdot \Gamma(x).$$

Also sind die Werte von $\Gamma$ auf $\mathbb{R}_+^*$ schon durch die Werte auf $]0,1[$ festgelegt.

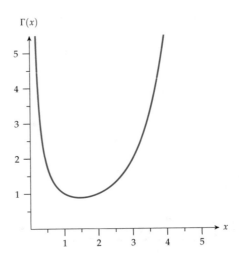

Für die Testtheorie werden die Werte von $\Gamma$ nicht nur an den ganzzahligen, sondern auch an den halbzahligen Stellen benötigt. Diese ergeben sich aus

$$\Gamma(\tfrac{1}{2}) = \int\limits_0^\infty t^{-\frac{1}{2}} \mathbf{e}^{-t} dt = \sqrt{\pi} = 1.772...$$

(vgl. [FO$_1$, § 20]). Insgesamt erhält man für $m \in \mathbb{N}^*$

$$\Gamma\left(\frac{m}{2}\right) = \begin{cases} (n-1)! & \text{falls } m = 2n, \\ \dfrac{\sqrt{\pi}}{2^n} \cdot \prod\limits_{j=1}^{n}(2j-1) & \text{falls } m = 2n+1. \end{cases}$$

Beim $\chi^2$-Test benötigen wir noch die Werte von

$$\gamma(m) := 2^{\frac{m}{2}} \cdot \Gamma\left(\frac{m}{2}\right) \quad \text{für} \quad m \in \mathbb{N}^*.$$

Aus den obigen Werten von $\Gamma$ erhält man

$$\gamma(m) = \begin{cases} 2^n(n-1)! & \text{falls } m = 2n, \\ \sqrt{2\pi} \cdot \prod\limits_{j=1}^{n}(2j-1) & \text{falls } m = 2n+1. \end{cases}$$

Auch die Werte von $\gamma$ kann man rekursiv berechnen mit Hilfe von

$$\gamma(1) = \sqrt{2\pi}, \quad \gamma(2) = 2 \quad \text{und} \quad \gamma(m+2) = m\gamma(m).$$

Sicherheitshalber noch einige explizite Werte:

| $m$ | 1 | 2 | 3 | 4 | 5 | 6 | 7 |
|---|---|---|---|---|---|---|---|
| $\gamma(m)$ | 2.507 | 2 | 2.507 | 4 | 7.520 | 16 | 37.60 |

| $m$ | 8 | 9 | 10 | 12 | 14 | 20 |
|---|---|---|---|---|---|---|
| $\gamma(m)$ | 96 | 263.2 | 768 | 7 680 | 92 160 | $3.716 \cdot 10^8$ |

# Anhang 2

# Die Teufelstreppe

In der Analysis lernt man, dass die Monotonie einer reellen Funktion eine sehr einschneidende Bedingung ist. Monotone Funktionen haben höchstens Sprungstellen als Unstetigkeiten, und wenn sie beschränkt sind, kann man sie im Sinn von RIEMANN integrieren. Dennoch gibt es monotone Funktionen mit höchst überraschenden Eigenschaften. Wir konstruieren eine „Teufelstreppe", das ist eine monotone stetige und nicht konstante Funktion $F$, zu der es keine Dichtefunktion $f$ gibt.

Ausgangspunkt ist das CANTORsche Diskontinuum $D \subset I = [0,1]$, eine abgeschlossene, nirgends dichte und überabzählbare Teilmenge vom Maß Null. Daran sei kurz erinnert. Wir definieren $D_0 := I$,

$$
\begin{aligned}
D_1 &:= [0, \tfrac{1}{3}] \cup [\tfrac{2}{3}, 1] \\
D_2 &:= [0, \tfrac{1}{9}] \cup [\tfrac{2}{9}, \tfrac{3}{9}] \cup [\tfrac{6}{9}, \tfrac{7}{9}] \cup [\tfrac{8}{9}, \tfrac{9}{9}], \text{ usw.}
\end{aligned}
$$

Das ist eine Folge von kleiner werdenden abgeschlossenen Teilmengen $D_k \subset I$ und man erklärt

$$
D := \bigcap_{k=0}^{\infty} D_k.
$$

Das Ergebnis dieses unendlichen Durchschnitts ist höchst tückisch. Jedes $D_k$ besteht aus $2^k$ abgeschlossenen Intervallen mit $2^k$ linken und $2^k$ rechten Randpunkten. Zunächst ist klar, dass all diese jeweils $2^{k+1}$ Randpunkte in $D$ liegen. Das sind aber nur abzählbar viele. Für die Gesamtlänge gilt

$$l(D_k) = \left(\frac{2}{3}\right)^k, \quad \text{also ist } \lim_{k \to \infty} l(D_k) = 0.$$

Damit ist $D$ „vom Maß Null".

Dass $D$ nicht abzählbar ist, kann man an der triadischen Entwicklung sehen. Dabei muss man leider etwas pedantisch sein. Wir setzen

$$
\begin{aligned}
P &:= \{(n_i): i = 1, 2, \ldots, n_i \in \{0, 1, 2\}\} \\
P_k &:= \{(n_i) \in P: n_1 \neq 1, \ldots, n_k \neq 1\} \quad \text{und} \\
P' &:= \bigcap_{k=0}^{\infty} P_k = \{(n_i) \in P: n_i \neq 1 \text{ für alle } i\}
\end{aligned}
$$

und betrachten die Abbildung

$$\varphi\colon P \to I, \ (n_i) \mapsto \sum_{i=1}^{\infty} \frac{n_i}{3^i}.$$

Da jedes $x \in I$ eine triadische Darstellung hat, ist $\varphi(P) = I$. Die Darstellung ist aber nicht eindeutig, etwa

$$\frac{1}{3} = \frac{1}{3} + \sum_{i \geq 2} \frac{0}{3^i} = \sum_{i \geq 2} \frac{2}{3^i}.$$

Das bedeutet, dass $\varphi$ nicht injektiv ist. Man kann aber leicht Folgendes beweisen:

1. $\varphi(P_k) = D_k$
2. $\varphi|P'\colon P' \to D$ ist bijektiv

Aus 2. folgt mit dem zweiten CANTORschen Diagonalverfahren, dass $D$ nicht abzählbar ist.

Jeder endliche Abschnitt

$$\sum_{i=1}^{k} \frac{n_i}{3^i} \quad \text{mit } n_i \in \{0, 2\} \quad \text{und } n_k = 2$$

ist (rechter) Randpunkt eines Teilintervalls von $D_k$. Also besteht $D$ aus Randpunkten der Mengen $D_k$ und Grenzwerten von solchen Randpunkten. Bezeichnet $R$ die Menge all dieser Randpunkte, so hat man die Darstellung

$$D = \overline{R}$$

als topologischen Abschluss; das Komplement

$$I \setminus D = ]\tfrac{1}{3}, \tfrac{2}{3}[ \cup ]\tfrac{1}{9}, \tfrac{2}{9}[ \cup ]\tfrac{7}{9}, \tfrac{8}{9}[ \cup \ldots$$

ist offen.

Nun zur Definition der versprochenen Funktion $F\colon I \to I$ mit Hilfe der CANTOR-Menge $D \subset I$. So wie $D$ wird auch $F$ schrittweise erklärt. Man startet mit

$$F(0) := 0,\ F(1) := 1.$$

Dann setzt man für $F$ folgende Werte fest:

$$\tfrac{1}{2} \text{ auf } [\tfrac{1}{3}, \tfrac{2}{3}],$$

$$\tfrac{1}{4} \text{ auf } [\tfrac{1}{9}, \tfrac{2}{9}], \qquad\qquad \tfrac{3}{4} \text{ auf } [\tfrac{7}{9}, \tfrac{8}{9}],$$

$$\tfrac{1}{8} \text{ auf } [\tfrac{1}{27}, \tfrac{2}{27}], \quad \tfrac{3}{8} \text{ auf } [\tfrac{7}{27}, \tfrac{8}{27}], \quad \tfrac{5}{8} \text{ auf } [\tfrac{19}{27}, \tfrac{20}{27}], \quad \tfrac{7}{8} \text{ auf } [\tfrac{25}{27}, \tfrac{26}{27}],$$

$$\text{u.s.w.}$$

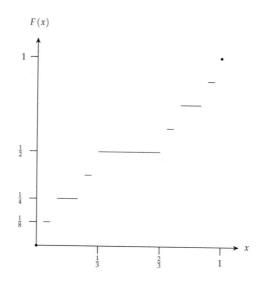

Damit ist $F$ auf der echten Teilmenge

$$A := [\tfrac{1}{3}, \tfrac{2}{3}] \cup [\tfrac{1}{9}, \tfrac{2}{9}] \cup [\tfrac{7}{9}, \tfrac{8}{9}] \cup \ldots \quad \subset I$$

erklärt und dort monoton steigend, die Werte $F(A) \subset I$ liegen dicht. $A$ enthält insbesondere alle Randpunkte der Mengen $D_k$.

Ist nun $x \in D$, so gibt es zwei Folgen

$$a_0 \leqslant a_1 \leqslant \ldots \leqslant x \leqslant \ldots \leqslant b_1 \leqslant b_0$$

mit $a_i, b_i \in A$ und $\lim a_i = x = \lim b_i$. Wegen der Monotonie von $F$ gilt

$$F(a_0) \leqslant F(a_1) \leqslant \ldots \leqslant F(b_1) \leqslant F(b_0).$$

Daher sind die Folgen $F(a_i)$ und $F(b_i)$ konvergent, es gilt

$$\lim_{i \to \infty} F(a_i) \leqslant \lim_{i \to \infty} F(b_i).$$

Da $F|A$ monoton und $F(A)$ dicht ist, muss Gleichheit gelten, und durch

$$F(x) := \lim F(a_i)$$

ist $F$ stetig und monoton auf $D$, und damit auf ganz $I$ fortgesetzt.

Nun zur Frage nach der Differenzierbarkeit von $F$. Auf der offenen Menge $I \setminus D$ ist $F$ lokal konstant, also differenzierbar, also ist

$$F'|(I \setminus D) = 0.$$

Auf $D$ ist $F$ nicht differenzierbar. Besonders einfach sieht man das für $0 \in D$. Wählen wir die Nullfolge $k_i = 3^{-i}$, so gilt

$$\frac{F(3^{-i})}{3^{-i}} = \frac{2^{-i}}{3^{-i}} = \left(\frac{3}{2}\right)^i, \quad \text{also} \lim_{i \to \infty} \frac{F(k_i)}{k_i} = \infty.$$

In allen anderen Punkten von $D$ haben die Differenzenquotienten das gleiche Verhalten.

Eine Dichtefunktion $f$ zu $F$ müsste die Eigenschaft

$$F(x) = \int_0^x f(t)\,dt \quad \text{für alle } x \in I$$

haben. Auf $I \setminus D$ muss $f = F' = 0$ sein, also kann kein Integral über $f$ positiv werden.

Insgesamt haben wir das folgende Ergebnis:

Die *Teufelstreppe* (oder CANTOR-*Funktion*) $F: I \to I$ ist stetig monoton und surjektiv. Auf der CANTOR-Menge $D \subset I$ ist sie nicht differenzierbar, auf $I \setminus D$ ist sie lokal konstant. Zu $F$ gibt es keine Dichtefunktion $f$.

# Anhang 3

# Lösungen der Aufgaben

Im Folgenden beschränken wir uns auf kurze Skizzen zu den Lösungen, bei Rechenaufgaben notieren wir nur die Ergebnisse.

**Aufgabe 1.1**    1n, 2n, 3n, 4d, 5k, 6k, 7d, 8o, 9d, 10o, 11k, 12n, 13k, 14k, 15d, 16d, 17d

**Aufgabe 1.2**

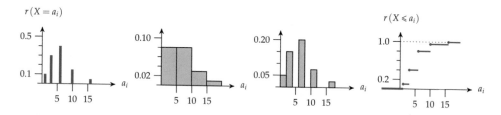

**Aufgabe 1.3**    Für das Stamm-Blatt-Diagramm gibt es verschiedene Möglichkeiten.

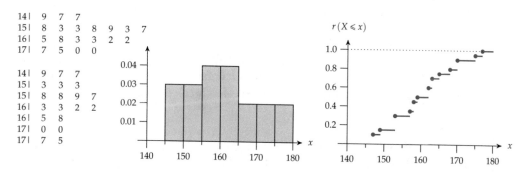

**Aufgabe 1.4**   $\bar{x} = 1\,781.11$, $\tilde{x} = 1\,160$.

**Aufgabe 1.5**   $\bar{x} = 5.7$, $F_X(a_2) < \frac{1}{2}$, $F_X(a_3) > \frac{1}{2}$, d.h. $\tilde{x} = a_3 = 6$.

**Aufgabe 1.6**   $\bar{x} = 160.45$, $F_X(159) = \frac{1}{2}$, $\tilde{x} = 160.50$.

**Aufgabe 1.7**       (a) $\bar{x} = \frac{1}{30} \cdot 38 = 1.27$, $\tilde{x} = 1$.
(b) $\bar{x} = \frac{1}{31} \cdot 52 = 1.68$, $\tilde{x} = 1$, $\bar{x}_{0.03} = 1.68$, $\bar{x}_{0.05} = 1.31$, $\bar{x}_{0.2} = 1.21$.
(c) $\bar{x}$ sehr anfällig gegenüber Ausreißern, $\tilde{x}$ nicht. Bei geeignetem $\alpha$ ist auch $\bar{x}_\alpha$ aussagekräftig. $\bar{x}_{0.5} = \tilde{x}$.

**Aufgabe 1.8**
(b) $\tilde{x}_{0.1} = 1$, $\tilde{x} = 4$, jedes $x \in [6, 10]$
ist ein 0.8-Quantil.
(c) $\tilde{x}_{0.5} = \tilde{x}$ ist der Median; 0.25-
bzw. 0.75-Quantil werden
auch 1. bzw. 3. Quartil genannt; 0.1- bzw. 0.8-Quantil
werden auch 1. bzw. 8. Dezil
genannt.

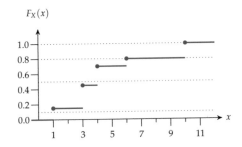

**Aufgabe 1.9**   $\tilde{x}_{0.25} = 153$, $\tilde{x}_{0.75} \in [165, 168]$.
Für den Boxplot: $\tilde{x}_{0.75} = \frac{1}{2}(165 + 168) = 166.5$.

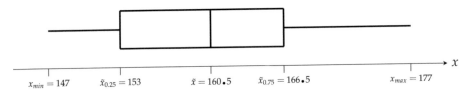

**Aufgabe 1.10**
(a) $x_{geo_{2005-2009}} = \sqrt[5]{1.220 \cdot 1.223 \cdot 0.596 \cdot 1.238 \cdot 1.161} = 1.050\,3$, d.h. die durchschnittliche Rendite für den Zeitraum 2005 bis 2009 ist 5%.
$x_{geo_{2008-2009}} = \sqrt{1.238 \cdot 1.161} = 1.198\,9$, d.h. die durchschnittliche Rendite für Zeitraum 2008 bis 2009 ist 19.89%.
(b) $\bar{x}_{2005-2009} = \frac{1}{5} \cdot (0.220 + 0.223 - 0.404 + 0.238 + 0.161) = 8.76\%$.
Wie man an (a) sieht, ist das arithmetische Mittel hier nicht aussagekräftig.
(c) $a, b \in \mathbb{R}$. Geometrisches Mittel von $a$ und $b$ liefert die Seitenlänge eines Quadrates,
das den gleichen Flächeninhalt hat wie das Rechteck mit den Seitenlängen $a$ und $b$.

**Aufgabe 1.11**
(a) Für $v, w \in \mathbb{R}^n$ gilt $|\langle v, w \rangle| \leqslant \|v\| \cdot \|w\|$.
(b) Da $-1 \leqslant \frac{\langle v, w \rangle}{\|v\| \cdot \|w\|} \leqslant 1$, für $v \neq 0$ und $w \neq 0$, gibt es genau ein $\vartheta \in [0, \pi]$, so dass
$$\cos \vartheta = \frac{\langle v, w \rangle}{\|v\| \cdot \|w\|}, \quad \text{d.h.} \quad \vartheta := \arccos \frac{\langle v, w \rangle}{\|v\| \cdot \|w\|} = \angle(v, w) \in [0, \pi].$$

(c) Nach der Ungleichung von CAUCHY-SCHWARZ gilt: $-1 \leqslant r_{XY} \leqslant 1$ mit $r_{XY} = \cos\varphi$, wenn $\varphi = \angle(\delta_X, \delta_Y) \in [0, \pi]$ den Winkel zwischen den Abweichungsvektoren $\delta_X$ und $\delta_Y$ bezeichnet.

(d) $r_{XY} = \frac{-2-2}{\sqrt{2}\cdot\sqrt{8}} = -1$, d.h. die Abweichungsvektoren sind linear abhängig. Unter der Voraussetzung $\varphi \in [0, \pi]$ gilt $\cos\varphi = -1 \Leftrightarrow \varphi = \pi$.

(e) $r_{XY} = \frac{0-2-3}{\sqrt{2}\cdot\sqrt{14}} = -0.95$. $\cos\varphi = -0.95 \Rightarrow \varphi = \arccos(-0.95) = 0.32$.

**Aufgabe 1.12**

(a) $\bar{x} = \frac{8\,080}{1\,000} = 8.08, \bar{y} = \frac{38\,795}{1\,000} = 38.795$,
$s_X^2 = 2.189\,8$, $s_X = 1.479\,8$, $s_Y^2 = 3.412\,4$, $s_Y = 1.847\,3$.

(b) $\text{var}_X = 0.183\,1$ und $\text{var}_Y = 0.047\,6$.

(c) Die Standardabweichung der Schuhgrößen in den USA ist kleiner als in Deutschland, was unsinnig erscheint, da der Wertebereich in den USA bedeutend größer ist. Ein Vergleich der Standardabweichungen ist also wertlos. Vergleicht man hingegen die Variationskoeffizienten, zeigt sich, dass die Streuung der Schuhgrößen in Deutschland kleiner ist als in den USA.
**Bemerkung:** Betrachtet man die Mittelwerte $\bar{x} = 8.08$ und $\bar{y} = 38.795$, so erkennt man mit Hilfe der offiziellen Umrechnungstabellen, dass die durchschnittliche Schuhgröße in den USA und in Deutschland nahezu identisch ist (US 8 $\hat{=}$ D 38.5, US 8.5 $\hat{=}$ D 39).

**Aufgabe 1.13** Das Merkmal $X$ bezeichne das Geschlecht der befragten Person, $Y$ das Hauptfach; d.h. alle Ausprägungen eines Merkmals sind voneinander unabhängig.

Absolute Häufigkeiten:

| X \ Y | Mathematik | Deutsch | HSU | Σ |
|---|---|---|---|---|
| Buben | 9 | 3 | 4 | 16 |
| Mädchen | 4 | 5 | 3 | 12 |
| Σ | 13 | 8 | 7 | 28 |

Relative Häufigkeiten:

| X \ Y | Mathematik | Deutsch | HSU | Σ |
|---|---|---|---|---|
| Buben | 0.32 | 0.11 | 0.14 | 0.57 |
| Mädchen | 0.14 | 0.18 | 0.11 | 0.43 |
| Σ | 0.46 | 0.29 | 0.25 | 1.00 |

**Aufgabe 1.14**

(a) Studiengang A: $\bar{x} = 9.36, \bar{y} = 3.09$,
$\overline{x^2} = \frac{1}{100}(4 \cdot 8^2 + 68 \cdot 9^2 + 20 \cdot 10^2 + 4 \cdot 11^2 + 4 \cdot 12^2) = 88.24, \overline{y^2} = 10.43$,
$\sigma_X^2 = \overline{x^2} - \bar{x}^2 = 0.630\,4, \sigma_Y^2 = 0.881\,9$.

(b) Studiengang B: $\bar{x} = 9.785\,7, \bar{y} = 2.914\,3, \overline{x^2} = 97.328\,6, \overline{y^2} = 9.742\,9$,
$\sigma_X^2 = 97.328\,6 - 95.759\,9 = 1.568\,7, \sigma_Y^2 = 1.249\,8$.

(c) Studiengang A: $\|\delta_X\|^2 = n \cdot \sigma_X^2 = 100 \cdot 0.630\,4 = 63.04, \|\delta_Y\|^2 = 88.19$.
$\langle X, Y \rangle = \sum_{j=1}^{100} x_j y_j = \sum_{\kappa, \lambda} h(X = a_\kappa; Y = b_\lambda) \cdot a_\kappa \cdot b_\lambda = 2\,930$,
$\langle \delta_X, \delta_Y \rangle = \langle X, Y \rangle - n\bar{x} \cdot \bar{y} = 37.76, r_{XY} = \frac{\langle \delta_X, \delta_Y \rangle}{\|\delta_X\| \cdot \|\delta_Y\|} = 0.506\,4$.
Studiengang B: $\|\delta_X\|^2 = 109.809, \|\delta_Y\|^2 = 87.486, \langle X, Y \rangle = 2\,008$,
$\langle \delta_X, \delta_Y \rangle = 2\,008 - 1\,996.285\,9 = 11.714\,1, r_{XY} = 0.119\,5$.
Somit ist bei Studiengang A eine deutliche Kopplung bzw. bei Studiengang B kaum eine Kopplung zu erkennen.

**Aufgabe 1.15**

(a) $\bar{x} = 5$, $\tilde{x} = 5$, $\tilde{x}_{0.25} = 3$, $\tilde{x}_{0.75} = 7$.

(b) $|r_{XY}| = 1 \Leftrightarrow$ Die Datenpunkte $(x_i, y_i)$ liegen auf einer Geraden ; d.h. $u = 8$.
Bemerkung: Die Gleichung der Trendgeraden lautet dann $y = 1 \cdot x + 1$.

(c) $\bar{x} = \frac{25}{5} = 5$, $\bar{y} = \frac{22+u}{5}$,

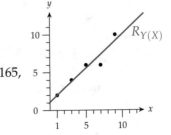

$\langle X, Y \rangle = 2 + 12 + 7u + 90 + 30 = 134 + 7u$,
$\langle \delta_X, \delta_Y \rangle = 134 + 7u - 5 \cdot 5 \cdot \frac{22+u}{5} = 24 + 2u$.
$r_{XY} = \frac{\langle \delta_X, \delta_Y \rangle}{\|\delta_X\| \cdot \|\delta_Y\|} = 0 \Leftrightarrow 24 + 2u = 0$, d.h. $u = -12$.

(d) $u = 6$, $\langle \delta_X, \delta_Y \rangle = 36$, $\|X\|^2 = 1 + 9 + 25 + 49 + 81 = 165$,
$\|\delta_X\|^2 = \|X\|^2 - n \cdot \bar{x}^2 = 40$.
$a^* = \frac{9}{10}$, $b^* = \frac{28}{5} - 5 \cdot \frac{9}{10} = \frac{11}{10}$ und
$R_{Y(X)} = \{(x,y) \in \mathbb{R}^2 : y = 0.9x + 1.1\}$

**Aufgabe 1.16**  (a) $\bar{x} = \frac{19}{5} = 3.8$, $\bar{y} = \frac{17}{5} = 3.4$, $\tilde{x} = 4$, $\tilde{y} = 3$.

(c) $\sigma_X^2 = \frac{1}{5}(4 + 9 + 16 + 16 + 36) - 3.8^2 = 1.76$,
$\sigma_Y^2 = 1.04$,
$s_X^2 = \frac{n}{n-1} \cdot \sigma_X^2 = \frac{5}{4} \cdot 1.76 = 2.2$, $s_Y^2 = 1.3$.

| $i$ | 1 | 2 | 3 | 4 | 5 |
|---|---|---|---|---|---|
| $x_i$ | 2 | 3 | 4 | 4 | 6 |
| $y_i$ | 5 | 3 | 3 | 4 | 2 |

(d) $\|\delta_X\|^2 = 5 \cdot 1.76 = 8.8$, $\|\delta_Y\|^2 = 5.2$,
$\langle X, Y \rangle = 59$,
$\langle \delta_X, \delta_Y \rangle = 59 - 5 \cdot 3.8 \cdot 3.4 = -5.6$.

| X \ Y | 2 | 3 | 4 | 5 | $\Sigma$ |
|---|---|---|---|---|---|
| 2 | 0 | 0 | 0 | 0.2 | 0.2 |
| 3 | 0 | 0.2 | 0 | 0 | 0.2 |
| 4 | 0 | 0.2 | 0.2 | 0 | 0.4 |
| 6 | 0.2 | 0 | 0 | 0 | 0.2 |
| $\Sigma$ | 0.2 | 0.4 | 0.2 | 0.2 | 1 |

(e) Deutliche Kopplung/Korrelation zu erkennen bzw. linearer Zusammenhang zu vermuten, da $r_{XY} = \frac{-5.6}{\sqrt{8.8 \cdot 5.2}} = -0.8278$ und $|r_{XY}|$ nahe 1.

(f) $a = \frac{-5.6}{8.8} = -0.6364$, $b = 3.5 + 2.432 = 5.832$,
d.h. $R_{Y(X)} = \{(x,y) \in \mathbb{R}^2 : y = -0.6364 \cdot x + 5.832\}$.

**Aufgabe 1.17**

(a) $\tilde{x} = 3$, $\tilde{x}_{0.25} = 3$, $\tilde{x}_{0.75} = 4$, $\tilde{x}_{0.8} = [4, 5]$.

(b) (i) und (iv), da $X \in \mathbb{R}^5$ sein muss. (v), da der Wert 1 nur einmal vorkommt. (vi), da der Wert 2 nicht vorkommt.

(c) $\bar{x} = 3.2$, $s_X^2 = 2.2$

(d) $\|\delta_X\| = 2.996$, $\|\delta_Y\| = 2.280$.

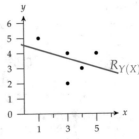

(e) $\langle \delta_X, \delta_Y \rangle = -2.6$, $r_{XY} = -0.384$. $a = -0.296$, $b = 4.546$ und $R_{Y(X)} = \{(x,y) \in \mathbb{R}^2 : y = -0.296 \cdot x + 4.546\}$.

(f) Da $r_{XY} = -0.38$, gibt es nur eine recht schwache Tendenz zu einem linearen Zusammenhang von $X$ und $Y$.

**Aufgabe 1.18**

(a) Die Summe aller $k \cdot l$ Einträge in einer Häufigkeitstafel der absoluten Häufigkeiten ist gleich $n$.

(b) Die Tafel der abs. bzw. rel. Häufigkeiten hat in der Diagonalen die Einträge 1 bzw. $\frac{1}{n}$; alle anderen Einträge sind 0.

(c) Hier gilt: $r(X = a_\kappa) = \frac{1}{n}$ und $r(Y = a_\lambda) = \frac{1}{n}$ für alle $\kappa \in \{1, \ldots, k\}$ und $\lambda \in \{1, \ldots, l\}$.

und $r(X = a_\kappa, Y = a_\lambda) = \begin{cases} \frac{1}{n} & \text{für} \quad \kappa = \lambda \\ 0 & \text{für} \quad \kappa \neq \lambda \end{cases}$

also $r(X = a_\kappa, Y = a_\lambda) \neq r(X = a_\kappa) \cdot r(Y = a_\lambda)$, d.h. $X$ und $Y$ sind nicht unabhängig.

**Aufgabe 1.19**

(a) $\frac{c}{2} + \frac{c}{4} + \frac{c}{8} + \frac{c}{16} \overset{!}{=} 1 \Leftrightarrow 8c + 4c + 2c + c = 16 \Leftrightarrow c = \frac{16}{15}$.

(b) $\tilde{x} = 1$, $\tilde{x}_{0.75} = 2$.

(c) $\overline{x} = 1 \cdot \frac{8}{15} + 2 \cdot \frac{4}{15} + 3 \cdot \frac{2}{15} + 4 \cdot \frac{1}{15} = \frac{26}{15}$, $\overline{x^2} = \frac{58}{15}$, $s_X^2 = \frac{240}{239} \left( \frac{58}{15} - \frac{26^2}{15^2} \right) = \frac{3104}{3585} \approx 0.87$.

(d) $\overline{y} = \frac{1}{n} \sum_{i=1}^{240} y_i = \frac{1}{n} \sum_{i=1}^{240} (x_i + 4) = \frac{1}{n} \sum_{i=1}^{240} x_i + \frac{1}{n} \cdot n \cdot 4 = \overline{x} + 4$

$\sigma_Y^2 = \frac{1}{n} \sum_{i=1}^{240} (y_i - \overline{y})^2 = \frac{1}{n} \sum_{i=1}^{240} (x_i + 4 - (\overline{x} + 4))^2 = \frac{1}{n} \sum_{i=1}^{240} (x_i - \overline{x})^2 = \sigma_X^2$.

(e) 240

(f) Es gilt: $\delta_Y = Y - \overline{y} \cdot \mathbf{1} = X + 4 \cdot \mathbf{1} - (\overline{x} + 4) \cdot \mathbf{1} = \delta_X$.

$\Rightarrow r_{XY} = \frac{\langle \delta_X, \delta_Y \rangle}{\|\delta_X\| \|\delta_Y\|} = \frac{\langle \delta_X, \delta_X \rangle}{\|\delta_X\| \|\delta_X\|} = \frac{\|\delta_X\|^2}{\|\delta_X\|^2} = 1$.

(g) $R_{Y(X)} = \{(x, y) \in \mathbb{R}^2 : y = x + 4\}$, da

$a^* = \frac{\langle \delta_X, \delta_Y \rangle}{\|\delta_X\|^2} = \frac{\langle \delta_X, \delta_X \rangle}{\|\delta_X\|^2} = 1$, $b^* = \overline{y} - 1 \cdot \overline{x} = \overline{x} + 4 - \overline{x} = 4$.

(h) $r_{XY} = 1$, d.h. linearer Zusammenhang zwischen den Merkmalen $X$ und $Y$. $R_{Y(X)}$ ist eine Gerade mit Steigung 1 und Schnittpunkt mit der y-Achse bei $y = 4$.

**Aufgabe 1.20**

(a) Richtig. Betragsfunktion ist stetig und Summen stetiger Funktionen sind stetig.

(b) Falsch. Ist $r_{XY} = 1$ liegen alle Punkte $(x_i, y_i)$ auf der Trendgeraden. Über die Steigung der Trendgeraden kann aber keine Aussage gemacht werden.

(c) Richtig. $r_{XY} = 0 \Leftrightarrow \langle \delta_X, \delta_Y \rangle = 0$, d.h. $a^* = \frac{\langle \delta_X, \delta_Y \rangle}{\|\delta_X\|^2} = 0$ und somit hat die Trendgerade die Steigung 0.

(d) Falsch. Da $f(x)$ die quadratische Summenabweichung ist, ex. ein Minimum bei $\overline{x}$.

**Aufgabe 2.1**

(a) $\Omega = \{0, 1\}^n$. Gleichverteilung ist angemessen. $A = \Omega \setminus \{(1, 1, \ldots, 1)\}$.

Mit $|\Omega| = 2^n$, $|A| = 2^n - 1$ gilt: $P(A) = \frac{2^n - 1}{2^n}$.

(b) $\Omega'' = \{0, 1, 2, \ldots, n\}$. $A'' = \{1, 2, \ldots, n\} = \Omega'' \setminus \{0\}$.

$$P''(0) = \binom{n}{0} \cdot \frac{1}{2^0} \cdot \frac{1}{2^n} = 1 \cdot \frac{1}{2^n}, \quad P''(1) = \binom{n}{1} \cdot \frac{1}{2^1} \cdot \frac{1}{2^{n-1}} = n \cdot \frac{1}{2^n},$$

$$\vdots$$

$$P''(k) = \binom{n}{k} \cdot \frac{1}{2^k} \cdot \frac{1}{2^{n-k}} = \binom{n}{k} \cdot \frac{1}{2^n},$$

$$\vdots$$

$$P''(n) = \binom{n}{n} \cdot \frac{1}{2^n} \cdot \frac{1}{2^0} = 1 \cdot \frac{1}{2^n}.$$

$$\Rightarrow P''(A'') \;=\; \sum_{k=1}^{n} P''(k) = \frac{1}{2^n} \sum_{k=1}^{n} \binom{n}{k} = \frac{1}{2^n}\Big(\underbrace{\sum_{k=0}^{n}\binom{n}{k}}_{=2^n} - \underbrace{\binom{n}{0}}_{=1}\Big) = \frac{2^n-1}{2^n}.$$

oder: $P''(A'') = 1 - P''(0) = 1 - \frac{1}{2^n} = \frac{2^n-1}{2^n}$.

In Kapitel 2.3 wird gezeigt, dass hier Binomialverteilung angemessen ist.

**Aufgabe 2.2**

(a) Es muss gelten: $\sum_i p(\omega_i) = 1$. Mit den Teilsummen der geometrischen Reihe:

$$1 = \sum_{i=1}^{10} \frac{c}{2^i} = \frac{c}{2}\cdot\sum_{k=0}^{9}\left(\frac{1}{2}\right)^k = \frac{c}{2}\cdot\frac{1-(\frac{1}{2})^{10}}{1-\frac{1}{2}} = c\cdot\frac{2^{10}-1}{2^{10}} = c\cdot\frac{1023}{1024},$$

d.h. $c = \frac{1024}{1023}$.

(b) Für $P(G)$ gilt:

$$
\begin{aligned}
P(G) &= P(\{2,4,6,8,10\}) \\
&= \frac{1024}{1023}\cdot\left(\frac{1}{2}\right)^2\cdot\left[1+\left(\frac{1}{2}\right)^2+\left(\frac{1}{2}\right)^4+\left(\frac{1}{2}\right)^6+\left(\frac{1}{2}\right)^8\right] \\
&= \frac{256}{1023}\cdot\frac{1-(\frac{1}{4})^5}{1-\frac{1}{4}} = \frac{1}{3}.
\end{aligned}
$$

Wegen $U = \overline{G}$ gilt $P(U) = 1 - P(G) = \frac{2}{3}$.

**Aufgabe 2.3**

(a) $M$: Nichtbestehen der mündl. Prüfung, $K_i$: Nichtbestehen der Klausur $i$, $i = 1,2$.
$P(A) = P(M\cup(K_1\cap K_2)) = P(M) + P(K_1\cap K_2) - P(M\cap K_1\cap K_2) = p + p^2 - p^3$.

(b) Annahme: Prüfungen Nr. 1 und 2 gehören zum ersten Fach, Prüfungen Nr. 3 und 4 zum zweiten Fach. $N_i$: Nichtbestehen der Prüfung Nr. $i$, $i = 1,\dots,4$.

$$
\begin{aligned}
P(B) &= P((N_1\cap N_2)\cup(N_3\cap N_4)) \\
&= 2p^2 - p^4.
\end{aligned}
$$

(c) Für sehr kleine $p$ ist der Unterschied deutlich.

| $p$ | $P(A)$ | $P(B)$ |
|---|---|---|
| 0.1 | 0.109 | 0.0199 |
| 0.3 | 0.363 | 0.1719 |
| 0.5 | 0.625 | 0.4375 |
| 0.9 | 0.981 | 0.9639 |

**Aufgabe 2.4**   $A\cap B = \emptyset$, $P(A\cap B) = 0$.

Mit den Axiomen **W1** und **W2** und mit den Rechenregeln gilt

$$P(A\cup B) = P(A) + P(B) - P(A\cap B) = 0.5, \qquad P(A\cup C) = 0.6.$$

Wegen $A = (A\cap B)\cup(A\setminus B)$ gilt ferner:

$$P(A\setminus B) = P(A) - P(A\cap B) = 0.3, \qquad P(C\setminus A) = 0.3.$$

Mit $\overline{(A\cap B)} = \overline{A}\cup\overline{B}$, $\overline{(A\cup B)} = \overline{A}\cap\overline{B}$:

$$P(\overline{A}\cup\overline{B}) = 1 - P(A\cap B) = 1, \qquad P(\overline{A}\cap\overline{B}) = 1 - P(A\cup B) = 0.5.$$

**Aufgabe 2.5**  Sei $\Omega = \{\omega_1\}$ und $X\colon \Omega \to \mathbb{R}$, $Y\colon \Omega \to \mathbb{R}$ gegeben. Mit $X = Y$ gilt: $X(\omega_1) = Y(\omega_1) = a$ und

$$\underbrace{P(X=a, Y=a)}_{=1} = \underbrace{P(X=a)}_{=1} \cdot \underbrace{P(Y=a)}_{=1},$$

d.h. die beiden Zufallsvariablen sind unabhängig.

Sei nun $\Omega = \{\omega_1, \omega_2\}$ und $X\colon \Omega \to \mathbb{R}$, $Y\colon \Omega \to \mathbb{R}$ gegeben mit $P(\omega_1) = p$ und $P(\omega_2) = 1 - p$. Dann gilt mit $X = Y$: $X(\omega_1) = Y(\omega_1) = a$, $X(\omega_2) = Y(\omega_2) = b$ und

$$\underbrace{P(X=a, Y=a)}_{=p} > \underbrace{P(X=a)}_{=p} \cdot \underbrace{P(Y=a)}_{=p},$$

wenn $0 < p < 1$. Somit sind die beiden Zufallsvariablen abhängig. Derselbe Beweis kann für $\#\Omega > 2$ geführt werden.

Zusammenfassung: $\Omega$ muss mindestens zweielementig sein und $0 < P(\omega_1) < 1$.

**Aufgabe 2.6**  $M$: Schüler ist müde, $F$: Probe ist fehlerfrei erledigt.

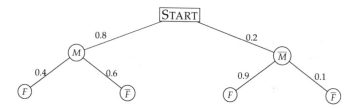

$$P_F(M) = \frac{0.8 \cdot 0.4}{0.8 \cdot 0.4 + 0.2 \cdot 0.9} = 0.64.$$

**Aufgabe 2.7**  $P(R \cap H) = 0.6$, $P(G \cap H) = 0.2$ und $P_K(R) = 0.2$.

$P(H) = P(R \cap H) + P(G \cap H) = 0.8$, $P(K) = 1 - P(H) = 0.2$.

$P_K(R) = \frac{P(R \cap K)}{P(K)} \Rightarrow P(R \cap K) = P_K(R) \cdot P(K) = 0.2 \cdot 0.2 = 0.04$

$\Rightarrow P(G \cap K) = 0.2 - 0.04 = 0.16$.

$\Rightarrow P(R) = P(R \cap H) + P(R \cap K) = 0.6 + 0.04 = 0.64$.

$P(G) = P(G \cap H) + P(G \cap K) = 1 - P(R) = 0.2 + 0.16 = 0.36$.

**Aufgabe 2.8**

Werte beim zweimaligen Würfeln:

| 2 | 3 | 4 | 5 | 6 | 7 |
|---|---|---|---|---|---|
| 3 | 4 | 5 | 6 | 7 | 8 |
| 4 | 5 | 6 | 7 | 8 | 9 |
| 5 | 6 | 7 | 8 | 9 | 10 |
| 6 | 7 | 8 | 9 | 10 | 11 |
| 7 | 8 | 9 | 10 | 11 | 12 |

d.h. $P(A_1) = \frac{12}{36} = \frac{1}{3}$, $P(A_2) = \frac{9}{36} = \frac{1}{4}$, $P(A_3) = \frac{6+6}{36} = \frac{1}{3}$, $P(A_1 \cap A_2 \cap A_3) = \frac{1}{36}$.

Es gilt zwar für das Tripel $A_1, A_2, A_3$

$$P(A_1) \cdot P(A_2) \cdot P(A_3) = P(A_1 \cap A_2 \cap A_3),$$

aber für alle möglichen Paare $A_i, A_j$ mit $i \neq j$ ist die Produktregel verletzt, da

$P(A_1 \cap A_2) = \frac{1}{36} \neq \frac{1}{12} = P(A_1) \cdot P(A_2)$

$P(A_1 \cap A_3) = \frac{1}{36} \neq \frac{1}{9} = P(A_1) \cdot P(A_3)$

$P(A_2 \cap A_3) = \frac{1}{36} \neq \frac{1}{12} = P(A_2) \cdot P(A_3)$,

also sind $A_1, A_2$ und $A_3$ nicht unabhängig.

**Aufgabe 2.9**   Sei $A_k$: „krank sein", $B$: „zwei verschiedene Testergebnisse". Dann gilt:
$A_k = \{(k,-,+),(k,-,-),(k,+,-),(k,+,+)\}$,
$B = \{(g,+,-),(g,-,+),(k,+,-),(k,-,+)\}$ und $A_k \cap B = \{(k,+,-),(k,-,+)\}$.
Damit: $P_B(A_k) = \dfrac{2qp_{se}(1-p_{se})}{2qp_{se}(1-p_{se})+2(1-q)p_{sp}(1-p_{sp})} = \dfrac{qp_{se}}{qp_{se}+(1-q)p_{se}} = \dfrac{qp_{se}}{p_{se}} = q = 10^{-3}$.

**Aufgabe 2.10**   $\Omega = \{(0,0,0),(0,0,1),(0,1,0),(1,0,0),(0,1,1),(1,0,1),(1,1,0),(1,1,1)\}$.
Werte von $X$ und $Y$: Daraus lässt sich ablesen:

| $\omega$ | $X$ | $Y$ |
|---------|-----|-----|
| $(0,0,0)$ | 0 | 0 |
| $(0,0,1)$ | 0 | 1 |
| $(0,1,0)$ | 1 | 1 |
| $(1,0,0)$ | 1 | 0 |
| $(0,1,1)$ | 1 | 2 |
| $(1,0,1)$ | 1 | 1 |
| $(1,1,0)$ | 2 | 1 |
| $(1,1,1)$ | 2 | 2 |

$$P(X=0,Y=0) = 0.125 \quad \neq \quad 0.25 \cdot 0.25 = P(X=0) \cdot P(Y=0)$$
$$P(X=1,Y=0) = 0.125 \quad = \quad 0.5 \cdot 0.25 = P(X=1) \cdot P(Y=0)$$
$$P(X=0,Y=1) = 0.125 \quad = \quad 0.25 \cdot 0.5 = P(X=0) \cdot P(Y=1)$$
$$P(X=1,Y=1) = 0.250 \quad = \quad 0.5 \cdot 0.5 = P(X=1) \cdot P(Y=1)$$
$$P(X=1,Y=2) = 0.125 \quad = \quad 0.5 \cdot 0.25 = P(X=1) \cdot P(Y=2)$$
$$P(X=2,Y=1) = 0.125 \quad = \quad 0.25 \cdot 0.5 = P(X=2) \cdot P(Y=1)$$
$$P(X=2,Y=2) = 0.125 \quad \neq \quad 0.25 \cdot 0.25 = P(X=2) \cdot P(Y=2)$$

Somit sind die Zufallsvariablen $X$ und $Y$ nicht unabhängig.

**Aufgabe 2.11**

(a)  $A$ und $B$ unabhängig $\Leftrightarrow P(A \cap B) = P(A) \cdot P(B) \Leftrightarrow \frac{P(A \cap B)}{P(B)} = P(A) \Leftrightarrow P_B(A) = P(A)$.

(b)  $A$ und $A$ unabhängig $\Leftrightarrow P(A) = 0$ oder $P(A) = 1$.

**Aufgabe 2.12**   Sind $B_j$ und $C$ unabhängig, so gilt $P_C(B_j) = P(B_j)$. Es folgt
$$P_C(A) = \sum_{j=1}^{r} P_C(B_j) \cdot P_{C \cap B_j}(A) = \sum_{j=1}^{r} P(B_j) \cdot P_{C \cap B_j}(A) \text{ und analog}$$

$P_{\overline{C}}(A) = \sum_{j=1}^{r} P(B_j) \cdot P_{\overline{C} \cap B_j}(A)$. Mit der Voraussetzung $P_{C \cap B_j}(A) > P_{\overline{C} \cap B_j}(A)$ ergibt sich
$P_C(A) > P_{\overline{C}}(A)$ im Widerspruch zur Voraussetzung $P_C(A) < P_{\overline{C}}(A)$ aus 2.2.2.

**Aufgabe 2.13**   Gesucht ist $P_{\overline{M}}(\overline{W})$.

- Formel von BAYES:

$$P_{\overline{M}}(\overline{W}) = \frac{P(\overline{W})\, P_{\overline{W}}(\overline{M})}{P(\overline{W})\, P_{\overline{W}}(\overline{M}) + P(W)\, P_W(\overline{M})} = \frac{0.3 \cdot 0.4}{0.3 \cdot 0.4 + 0.7 \cdot 0.9} = 0.16.$$

- Vierfeldertafel: $P_{\overline{M}}(\overline{W}) = \dfrac{P(\overline{M} \cap \overline{W})}{P(\overline{M})} = \dfrac{0.12}{0.75} = 0.16.$

- Baumdiagramm: ablesen aus dem Baumdiagramm in 2.2.2 und Verwendung der

Pfadregeln: $P_{\overline{M}}(\overline{W}) = \dfrac{P(\overline{M} \cap \overline{W})}{P(\overline{M})} = \dfrac{0.3 \cdot 0.4}{0.3 \cdot 0.4 + 0.7 \cdot 0.9} = 0.16.$

**Aufgabe 2.14**    $M$: erkrankt, $D$: Test positiv

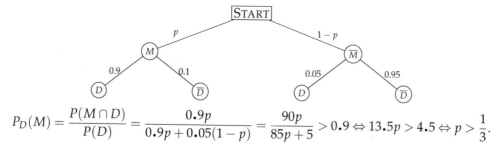

$$P_D(M) = \frac{P(M \cap D)}{P(D)} = \frac{0.9p}{0.9p + 0.05(1-p)} = \frac{90p}{85p+5} > 0.9 \Leftrightarrow 13.5p > 4.5 \Leftrightarrow p > \frac{1}{3}.$$

**Aufgabe 2.15**    Ziehen zweier Schnüre (aus vier) ohne Zurücklegen: $a_1$: Schnur a im ersten Zug, $b_1$: Schnur b im ersten Zug, $a_2$: Schnur a im zweiten Zug, $b_2$: Schnur b im zweiten Zug.

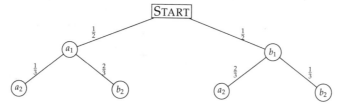

$P(a_1,a_2) = \frac{1}{6}$, $P(a_1,b_2) = \frac{1}{3}$, $P(b_1,a_2) = \frac{1}{3}$, $P(b_1,b_2) = \frac{1}{6}$. Damit
$P(\text{„zwei verschiedene Schnüre"}) = \frac{2}{3}$.

**Aufgabe 2.16**    $\Omega = \{1,\dots,4\}^2$, $\#\Omega = 16$.
$A = \{(1,1),(1,3),(2,2),(2,4),(3,1),(3,3),(4,2),(4,4)\}$, $\#A = 8$.
$B = \{(1,1),(1,2),(1,3),(2,1),(2,2),(2,3),(3,1),(3,2),(3,3)\}$, $\#B = 9$.
$A \cap B = \{(1,1),(1,3),(2,2),(3,1),(3,3)\}$, $\#(A \cap B) = 5$.

(a) $P(A) = \frac{8}{16} = \frac{1}{2}$, $P(B) = \frac{9}{16}$.
(b) $P(A \cap B) = \frac{5}{16}$.
(c) $P_B(A) = \frac{P(A \cap B)}{P(B)} = \frac{5}{16} \cdot \frac{16}{9} = \frac{5}{9}$.
(d) $A$ und $B$ unabhängig $\Leftrightarrow P(A \cap B) = P(A) \cdot P(B)$.
    Da $\frac{5}{16} \neq \frac{9}{32} = \frac{1}{2} \cdot \frac{9}{16}$, sind $A$ und $B$ nicht unabhängig.

**Aufgabe 2.17**

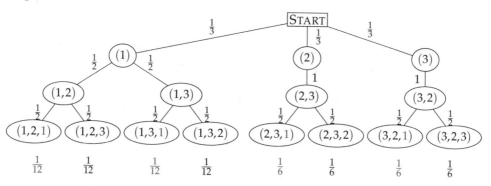

Damit ergibt sich als Wahrscheinlichkeit $P(G)$ für den Gewinn:
$P(G) = \frac{1}{12} + \frac{1}{12} + \frac{1}{6} + \frac{1}{6} = \frac{1}{2}$

**Aufgabe 2.18**

$$\binom{79}{5} = \frac{79 \cdot 78 \cdot 77 \cdot 76 \cdot 75}{5 \cdot 4 \cdot 3 \cdot 2 \cdot 1} = \frac{79 \cdot 78 \cdot 77}{5 \cdot 4 \cdot 3} \cdot \underbrace{\frac{76 \cdot 75}{2}}_{=2850} = \frac{79 \cdot 78}{5 \cdot 4} \cdot \underbrace{\frac{77 \cdot 2850}{3}}_{=73150}$$

$$= \frac{79}{5} \cdot \underbrace{\frac{78 \cdot 73150}{4}}_{=1426425} = \frac{79 \cdot 1426425}{5} = 79 \cdot 285285 = 22537515.$$

**Aufgabe 2.19**　　Bezeichne $X$ die Anzahl der Schülerinnen; $X$ hypergeometrisch verteilt mit Parametern $N = 28$, $r = 12$, $N - r = 16$, $n = 5$.
Berechne zuerst die Gegenwahrscheinlichkeit „Nur Schüler oder nur Schülerinnen":

$$P(X = 0) + P(X = 5) = \frac{\binom{12}{0} \cdot \binom{16}{5}}{\binom{28}{5}} + \frac{\binom{12}{5} \cdot \binom{16}{0}}{\binom{28}{5}} = \frac{4368}{98280} + \frac{792}{98280} = \frac{43}{819} \approx 0.053 .$$

Damit ergibt sich die gesuchte Wahrscheinlichkeit zu $1 - 0.053 = 0.947$.

**Aufgabe 2.20**

(a) Anzahl möglicher erster Zeilen: $\binom{15}{5} \cdot 5!$; Anzahl möglicher Spielbretter: $\left[\binom{15}{5} \cdot 5!\right]^5$. Die Anzahl der möglichen Spielfelder spielt keine Rolle für den Gewinn, da jeder Spieler genau ein Spielbrett vor sich liegen hat, das sich während des Spiels nicht ändert.

(b) Möglichkeiten des Spielleiters: $\binom{75}{22}$

(c) Sei $A_i$ das Ereignis „Alle Zahlen in Reihe $i$ wurden gezogen"(für $i \in \{1,\dots,5\}$). Da $A_i$ nicht disjunkt sind:

$$\begin{aligned} P(\text{Gewinn}) &= P(A_1 \cup A_2 \cup A_3 \cup A_4 \cup A_5) \\ &= P(A_1) + \cdots + P(A_5) - \sum_{i<j} P(A_i \cap A_j) + \sum_{i<j<k} P(A_i \cap A_j \cap A_k) \\ &\quad - \sum_{i<j<k<l} P(A_i \cap A_j \cap A_k \cap A_l) + P(A_1 \cap A_2 \cap A_3 \cap A_4 \cap A_5). \end{aligned}$$

Alle Summanden werden mit der hypergeometrischen Verteilung ermittelt; es kommen jeweils 5 bzw. 10 identische Summanden vor:

$$\begin{aligned} P(\text{Gewinn}) &= \frac{\binom{5}{5} \cdot \binom{70}{17}}{\binom{75}{22}} \cdot 5 - \frac{\binom{10}{10} \cdot \binom{65}{12}}{\binom{75}{22}} \cdot 10 + \frac{\binom{15}{15} \cdot \binom{60}{7}}{\binom{75}{22}} \cdot 10 - \frac{\binom{20}{20} \cdot \binom{55}{2}}{\binom{75}{22}} \cdot 5 + 0 \\ &\approx 7.63 \cdot 10^{-3} = 0.76\%, \end{aligned}$$

d.h. die Gewinnwahrscheinlichkeit ist sehr gering.

**Aufgabe 2.21**

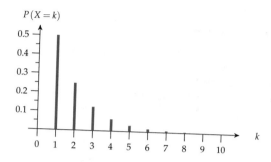

**Aufgabe 2.22** Multinomialverteilung mit $N = 42$, $l_1 = 14$, $l_2 = 18$, $l_3 = 10$,
$l_1 + l_2 + l_3 = 42 = N$, $p_1 = \frac{14}{42}$, $p_2 = \frac{18}{42}$, $p_3 = \frac{10}{42}$.
(a) $n = 9$, $k_1 = k_2 = k_3 = 3$, $k_1 + k_2 + k_3 = 9 = n$.

$$P(X_1 = 3, X_2 = 3, X_3 = 3) = \frac{9!}{3! \cdot 3! \cdot 3!} \cdot \left(\frac{14}{42}\right)^3 \cdot \left(\frac{18}{42}\right)^3 \cdot \left(\frac{10}{42}\right)^3 = 1\,680 \cdot \left(\frac{5}{147}\right)^3$$
$$\approx 0.066.$$

(b) $n = 8$, $k_1 = k_2 = 4$, $k_3 = 0$, $k_1 + k_2 + k_3 = 8 = n$.

$$P(X_1 = 4, X_2 = 4, X_3 = 0) = \frac{8!}{4! \cdot 4! \cdot 0!} \cdot \left(\frac{14}{42}\right)^4 \cdot \left(\frac{18}{42}\right)^4 \cdot \left(\frac{10}{42}\right)^0 \approx 0.029.$$

**Aufgabe 2.23**

(a) Beim Ziehen mit Zurücklegen ist für $X$ die Binomialverteilung angemessen mit
$P(X = k) = \binom{n}{k} p^k (1-p)^{n-k}$. Die Wahrscheinlichkeit $p$ beim einmaligen Ziehen eine
rote Kugel zu ziehen beträgt für alle 3 Urnen

$$p = \frac{r}{N} = \frac{7}{10} = \frac{14}{20} = \frac{70}{100} = 0.7.$$

(b) Beim Ziehen ohne Zurücklegen ist für $X$ die hypergeometrische Verteilung angemessen mit $P(X = k) = \frac{\binom{r}{k}\binom{N-r}{n-k}}{\binom{N}{n}}$. Somit gilt:

| | | $P(X = k)$ | | |
|---|---|---|---|---|
| $k$ | (a) mit Zurücklegen | (b) ohne Zurücklegen | | |
| | | $N = 10, r = 7$ | $N = 20, r = 14$ | $N = 100, r = 70$ |
| 0 | 0.000 2 | 0 | 0 | |
| 1 | 0.003 6 | 0 | 0 | 0.000 1 |
| 2 | 0.025 0 | 0 | 0.000 2 | 0.002 6 |
| 3 | 0.097 2 | 0 | 0.007 | 0.021 5 |
| 4 | 0.226 9 | 0.291 7 | 0.070 4 | 0.093 7 |
| 5 | 0.317 7 | 0.525 | 0.258 3 | 0.232 6 |
| 6 | 0.247 1 | 0.175 | 0.387 4 | 0.328 9 |
| 7 | 0.082 4 | 0.008 3 | 0.232 4 | 0.245 7 |
| | | | 0.044 3 | 0.074 9 |

Die zugehörigen Stabdiagramme sind in Beispiel 2 in 2.3.5 dargestellt.

**Aufgabe 2.24**

(a) $X$ hypergeometrisch verteilt mit Parametern $N = 30$, $n = 5$, $r = 30 \cdot 0.1 = 3$ und
$N - r = 27$.

(b) $P(X=0) = \dfrac{\binom{3}{0} \cdot \binom{27}{5-0}}{\binom{30}{5}} = \dfrac{\binom{27}{5}}{\binom{30}{5}} = \dfrac{115}{203} \approx 0.567.$

## Aufgabe 2.25

(a) geometrische Verteilung mit Parameter $p = 0.1$.

(b) Die Zufallsvariable $X$ bezeichne die Anzahl der überprüften Schüler.
$P(X=10) = 0.1 \cdot (0.9)^9 \approx 3.9\%$, $P(X=20) \approx 1.4\%$.

## Aufgabe 2.26

(a) $p = 0.06$. Mit $P(X \leqslant n) = \sum\limits_{k=0}^{n} \binom{N}{k} \cdot p^k \cdot (1-p)^{N-k}$ gilt: $P(X \leqslant 4) = 0.6$.

(b) Mit $P(X \leqslant n) = e^{-\lambda} \sum\limits_{k=0}^{n} \dfrac{\lambda^k}{k!}$ und $\lambda = N \cdot p = 50 \cdot 0.06 = 3$ gilt: $P(X \leqslant 4) = 0.8155$.

## Aufgabe 2.27
Sei $X$ die Anzahl der Personen mit Grauem Star, $X$ ist binomial verteilt mit Parametern $p = \frac{1}{15}$ und $n = 15$.

(a) $P(X=1) = \binom{15}{1} \cdot \frac{1}{15} \cdot \left(\frac{14}{15}\right)^{14} = 0.38.$

(b) $P(X \geqslant 1) > 0.9 \Leftrightarrow 1 - P(X=0) > 0.9 \Leftrightarrow \binom{15}{0} \cdot \left(\frac{1}{15}\right)^0 \cdot \left(\frac{14}{15}\right)^n < 0.1 \Leftrightarrow n > 33.37$, d.h. es müssen mindestens 34 Personen anrufen.

## Aufgabe 2.28
Da die Exponentialfunktion stetig ist, genügt es zu zeigen:

$$\lim_{n\to\infty} \ln\left(1 + \frac{x}{n}\right)^n = x.$$

Der Fall $x = 0$ ist klar. Für $x \neq 0$ gilt

$$1 = \ln'(1) = \lim_{n\to\infty} \frac{\ln\left(1 + \frac{x}{n}\right) - \ln(1)}{\frac{x}{n}} = \frac{1}{x} \lim_{n\to\infty} n \cdot \ln\left(1 + \frac{x}{n}\right) = \frac{1}{x} \lim_{n\to\infty} \ln\left(1 + \frac{x}{n}\right)^n.$$

## Aufgabe 2.29
Mit $k_1 + \ldots + k_r = n$ gilt:

$$\binom{n-1}{(k_1-1), k_2, \ldots, k_r} + \ldots + \binom{n-1}{k_1, k_2, \ldots, (k_r-1)}$$

$$= \frac{(n-1)!}{(k_1-1)! \cdot \ldots \cdot k_r!} + \ldots + \frac{(n-1)!}{k_1! \cdot \ldots \cdot (k_r-1)!}$$

$$= \frac{(k_1 + \ldots + k_r)(n-1)!}{k_1! \cdot k_2! \cdot \ldots \cdot k_{r-1}! \cdot k_r!} = \frac{n!}{k_1! \cdot \ldots \cdot k_r!} = \binom{n}{k_1, \ldots, k_r}$$

## Aufgabe 2.30
Bezeichne $X$ die Anzahl der defekten Glühbirnen.

(a) Binomialverteilung mit $n = 3$ und $p = \frac{5}{15} = \frac{1}{3}$.

(b) $P(X=1) = \binom{3}{1} \cdot \left(\frac{1}{3}\right)^1 \cdot \left(\frac{2}{3}\right)^2 = 3 \cdot \frac{1}{3} \cdot \frac{4}{9} = \frac{4}{9}.$

(c) $P(X \geqslant 1) = 1 - P(X < 1) = 1 - P(X=0) = 1 - \frac{8}{27} = \frac{19}{27}.$

**Aufgabe 2.31**

(a) $p_{1,+} = \frac{1}{2}$, $p_{2,+} = \frac{1}{2}$, $p_{+,1} = \frac{1}{4}$, $p_{+,2} = \frac{1}{2}$, $p_{+,3} = \frac{1}{4}$.

(b) $E(X) = 0 \cdot P(X = 0) + 2 \cdot P(X = 2) = 0 + 2 \cdot \frac{1}{2} = 1$, $E(Y) = 1$.

(c) $E(XY) = 1$. $\text{Cov}(X,Y) = E(XY) - E(X)E(Y) = 0$, d.h. $X$ und $Y$ sind unkorreliert.
    Jedoch $X$, $Y$ nicht unabhängig, da $P(X = 0, Y = 1) = \frac{1}{2} \neq \frac{1}{2} \cdot \frac{1}{2} = P(X = 0)P(Y = 1)$.

**Aufgabe 2.32**

(a) Gleichverteilung:

| $x$ | 1 | 2 | 3 | 4 | 5 |
|---|---|---|---|---|---|
| $P(X_i = x)$ | $\frac{1}{5}$ | $\frac{1}{5}$ | $\frac{1}{5}$ | $\frac{1}{5}$ | $\frac{1}{5}$ |

$E(X_i) = \frac{15}{5} = 3$,

$V(X_i) = \frac{1}{5} \cdot (1 + 4 + 9 + 16 + 25) - 3^2 = 2$.

(b) $X_i$ sind unabhängig, deshalb: $E(X_1 \cdot X_2) = E(X_1) \cdot E(X_2) = 9$, $E(X_1 \cdot X_2 \cdot X_3) = 27$.

(c) $\text{Cov}(S,D) = E(SD) - E(S) \cdot E(D)$, $E(S) = 5 \cdot 3 + 4 \cdot 3 + 3 \cdot 3 = 36$, $E(D) = -6$.
    $E(SD) = E(25X_1^2 - 16X_2^2 - 24X_2X_3 - 9X_3^2) = (25 - 16 - 9) \cdot E(X_i^2) - 24 \cdot E(X_2X_3)$
    $\qquad = 0 \cdot 11 - 24 \cdot 9 = -216$
    $\Rightarrow \text{Cov}(S,D) = -216 - (36 \cdot (-6)) = -216 + 216 = 0$.

**Aufgabe 2.33**

(a) $E(X) = E(Y) = \frac{1}{6}(1 + 2 + 3 + 4 + 5 + 6) = 3.5$,
    $E(X + Y) = \frac{1}{36}(2 \cdot 1 + 3 \cdot 2 + \ldots + 7 \cdot 6 + \ldots + 11 \cdot 2 + 12 \cdot 1) = 7$.

(b) Die Werte von $X \cdot Y$ ergeben sich zu:

| 1 | 2 | 3 | 4 | 5 | 6 |
|---|---|---|---|---|---|
| 2 | 4 | 6 | 8 | 10 | 12 |
| 3 | 6 | 9 | 12 | 15 | 18 |
| 4 | 8 | 12 | 16 | 20 | 24 |
| 5 | 10 | 15 | 20 | 25 | 30 |
| 6 | 12 | 18 | 24 | 30 | 36 |

Also:

$E(X \cdot Y) = \frac{21}{36}(1 + \ldots + 6) = \frac{21^2}{36} = 12.25 = E(X) \cdot E(Y)$.

$X$ und $Y$ sind unabhängig, da für $a, b \in \{1, \ldots, 6\}$ wegen Gleichverteilung gilt:

$P(X = a) = P(Y = b) = \frac{1}{6}$ und
$P(X = a, Y = b) = \frac{1}{36} = \frac{1}{6} \cdot \frac{1}{6}$.

**Aufgabe 2.34**

(a) $E(X) = 0 \cdot 0.792 + 30 \cdot 0.198 + 400 \cdot 0.008 + 430 \cdot 0.002 = 10$, $V(X) = 1728$.

(b) Reingewinn = Verkaufspreis $P$ − Herstellungskosten − erwartete Reparaturkosten
    $\geqslant 150$. Der Verkaufspreis muss also mindestens 960 € betragen.

(c) $Y = X_1 + \ldots + X_{500}$, $E(Y) = 5000$, $V(Y) = 864\,000$.
    $P(|Y - E(Y)| > 1000) < \frac{V(Y)}{1000^2} \approx 0.864$.

(d) $Z = \frac{1}{n}(X_1 + \ldots + X_n)$, $E(Z) = 10$, $V(Z) = \frac{1728}{n}$.
    $P(|Z - E(Z)| < 10) \geqslant 1 - \frac{V(Z)}{100} \geqslant 0.95 \Leftrightarrow V(Z) \leqslant 5 \Leftrightarrow n \geqslant 345.6$, d.h. es müssen
    mindestens 346 Produkte verkauft werden.

**Aufgabe 2.35**

(a) $X$ sei Anzahl der zerbrochenen Waffeln in einem Karton, dann ist $X$ binomial verteilt
    mit Parametern $p = \frac{72}{50 \cdot 48} = 0.03$ und $n = 48$.
    $P(X = 4) = \binom{48}{4} \cdot 0.03^4 \cdot 0.97^{48-4} \approx 0.041\,3$.

(b) $Y$ sei die Anzahl der Kartons mit genau 4 zerbrochenen Waffeln.
    $P(Y \geqslant 1) > 0.9 \Leftrightarrow 1 - P(Y = 0) > 0.9 \Leftrightarrow (1 - 0.041\,3)^n < 0.1 \Leftrightarrow n > 54.65$, d.h. man
    muss mindesten 55 Kartons öffnen.

(c) $Z$ sei die Anzahl der zerbrochenen Waffeln bei 50 Kartons, $X_i$ sei die Anzahl der zerbrochenen Waffeln in Karton $i$, $i = 1,\ldots,50$, wobei die $X_i$ laut Angabe unabhängig sind. $Z = X_1 + \ldots + X_{50}$.
$E(X_i) = 1.44$, $V(X_i) = 1.3968$ für alle $i$. Wegen Unabhängigkeit folgt $E(Z) = 72$, $V(Z) = 69.84$.
$P(|Z - E(Z)| \leqslant 12) > 1 - \frac{V(Z)}{12^2} = 0.515$, d.h. die Wahrscheinlichkeit beträgt ca. 51.5%.

**Aufgabe 2.36** $\quad E(1/X) = 1/E(X) \Leftrightarrow p \cdot 1 + (1-p) \cdot \frac{1}{2} = \frac{1}{p+2(1-p)}$
$\Leftrightarrow \frac{1}{2}p(1-p) = 0 \Leftrightarrow p \in \{0,1\}$

**Aufgabe 2.37**

(a) $Z := X_1 + X_2$ wieder normalverteilt mit $E(Z) = E(X_1) + E(X_2) = 4$ und $V(Z) = V(X_1) + V(X_2) = 4$, da $X_1$ und $X_2$ unabh. sind.
(b) $U = \frac{Z-4}{2}$ ist standardnormalverteilt.
$$P(2 \leqslant Z \leqslant 6) = P\left(\frac{2-4}{2} \leqslant \frac{Z-4}{2} \leqslant \frac{6-4}{2}\right) = P(-1 \leqslant U \leqslant 1) = \Phi(1) - \Phi(-1)$$
$$= 2\Phi(1) - 1 = 68.26\%.$$

**Aufgabe 2.38**

(a) $X_i = 1$, wenn rot und $X_i = 0$, wenn schwarz. $\qquad$ Damit: $E(X_i) = \frac{1}{3}$,

| $a_i$ | 1 (rot) | 0 (schwarz) |
|---|---|---|
| $P(X_i = a_i)$ | $\frac{5}{15} = \frac{1}{3}$ | $\frac{10}{15} = \frac{2}{3}$ |

$V(X_i) = E(X_i^2) - E(X_i)^2$
$= \frac{1}{3} - \frac{1}{9} = \frac{2}{9}$.

(b) $X = \sum\limits_{i=1}^{3600} X_i$, $E(X) = 3600 \cdot E(X_i) = 1200$,
$V(X) = V(X_1 + \ldots + X_{3600}) = 3600 \cdot V(X_i) = 800$.
(c) $P(1000 < X < 1400) = P(-200 < X - 1200 < 200) = P(|X - 1200| < 200)$
$\geqslant 1 - \frac{800}{200^2} = 1 - 0.02 = 0.98 = 98\%$.
(d) $X^* = \frac{X-1200}{\sqrt{800}}$, $P(1000 < X < 1400) = P\left(\frac{-200}{\sqrt{800}} < X^* < \frac{200}{\sqrt{800}}\right)$
$\approx \Phi\left(\frac{200}{\sqrt{800}}\right) - \Phi\left(\frac{-200}{\sqrt{800}}\right) = 2\Phi\left(\frac{200}{\sqrt{800}}\right) - 1 = 2\Phi(7.07) - 1 = 2 \cdot 1 - 1 = 1$.

**Aufgabe 2.39**

(a) $E(Y) = 1460 \cdot 0.6 + 1910 \cdot 0.1 + 2360 \cdot 0.3 = 1775$. $V(Y) = 164025$. $\sigma_Y = 405$.
(b) Bezeichne $Z$ die Gesamteinnahmen pro Jahr, $Y_i$ die Einnahmen für Patient $i$, $i = 1,\ldots,2500$. $Z = Y_1 + \ldots + Y_{2500}$. $E(Z) = 4437500$,
$V(Z) = 410062500$, $\sigma_Z = 20250$.
$P(Z \geqslant 4400000) = 1 - \Phi\left(\frac{4400000 - 4437500}{20250}\right) = 1 - \Phi(-1.852) = \Phi(1.852) \approx 0.9678$.

**Aufgabe 2.40**

(a) $\mu = 9$, $\sigma^2 = 4$. $P(X \leqslant 7) = \Phi\left(\frac{7-9}{2}\right) = \Phi(-1) = 1 - \Phi(1) = 0.1587$
$P(8 \leqslant X \leqslant 14) = \Phi(2.5) - \Phi(-0.5) = \Phi(2.5) - (1 - \Phi(0.5)) = 0.6853$.
(b) $\mu = 7.55$, $\sigma^2 = 1$. $P(X > 9) = 1 - \Phi\left(\frac{9-7.55}{1}\right) = 1 - \Phi(1.45) = 0.0735$.

(c) $\mu = 5, \sigma^2 = 2$. $P(X \leqslant 7) = \Phi\left(\frac{7-5}{\sqrt{2}}\right) = \Phi(\sqrt{2}) = \Phi(1.414) = 0.921\,3$,

wobei man den letzten Schritt durch lineare Interpolation zwischen den beiden Werten für $\Phi(1.41) = 0.920\,7$ und $\Phi(1.42) = 0.922\,2$ erhält:

| $x$ | $\Phi(x)$ | $x$ | $\Phi(x)$ |
|---|---|---|---|
| 1.410 | 0.920 7 | 1.415 | 0.921 45 |
| 1.411 | 0.920 85 | 1.416 | 0.921 6 |
| 1.412 | 0.921 | 1.417 | 0.921 75 |
| 1.413 | 0.921 15 | 1.418 | 0.921 9 |
| 1.414 | 0.921 3 | 1.419 | 0.922 05 |

Grafisch bedeutet dies, dass man eine Gerade zwischen den Punkten $(1.41, 0.920\,7)$ und $(1.42, 0.922\,2)$ zieht und deren Funktionswert an der Stelle $1.414$ abliest.

**Aufgabe 2.41**

(a) $X$ sei die Zahl der anwesenden Passagiere; $X$ binomial verteilt mit $p = 0.85$ und $n = 200$.

(i) $P(X = 175) = \binom{200}{175} \cdot 0.85^{175} \cdot 0.15^{25} \approx 0.0508 = 5.1\%$.

(ii) $\mu = 170$ und $\sigma^2 = 25.5$.

ohne Stetigkeitskorrektur:

$$P(X > 175) = 1 - P(X \leqslant 175) \approx 1 - \Phi\left(\frac{175-170}{\sqrt{25.5}}\right) = 1 - \Phi(0.990)$$
$$= 0.1611 = 16.11\%.$$

mit Stetigkeitskorrektur: $P(X > 175) \approx 13.79\%$.

(b) $200 \cdot 0.85 \cdot 350 + 200 \cdot 0.15 \cdot 100 = 170 \cdot 350 + 30 \cdot 100 = 62500[\text{€}]$.

(c) $Y$ sei die Zahl der vorgenommenen Reservierungen; $Y$ binomial verteilt mit $p = 0.85$, $\mu = 0.85n$ und $\sigma^2 = 0.1275n$.

Gesucht ist $n$ derart, dass $P(X > 200) \leqslant 0.025$, also $P(X \geqslant 201) \leqslant 0.025$.

$$P(X \geqslant 201) = P\left(\frac{X-0.5-0.85n}{\sqrt{0.1275n}} \geqslant \frac{201-0.5-0.85n}{\sqrt{0.1275n}}\right) \approx 1 - \Phi\left(\frac{200.5-0.85n}{\sqrt{0.1275n}}\right) \overset{!}{\leqslant} 0.025$$
$$\Leftrightarrow 1.96 \leqslant \frac{200.5-0.85n}{\sqrt{0.1275n}}, \text{ da } \Phi^{-1}(0.975) = 1.96.$$

Für verschiedene $n$ ergibt sich nebenstehende Tabelle.

Die Fluggesellschaft darf also maximal 223 Reservierungen akzeptieren.

| n | $\frac{200.5-0.85n}{\sqrt{0.1275n}}$ | |
|---|---|---|
| 220 | 2.549 | > 1.96 |
| 230 | 0.923 | < 1.96 |
| 225 | 1.727 | < 1.96 |
| 224 | 1.890 | < 1.96 |
| 223 | 2.054 | > 1.96 |

**Aufgabe 2.42** Sei o.B.d.A. $\mu = 0$. Dann liegt das Maximum von $\varphi$ bei $t = 0$

$$\varphi\left(\frac{\sigma_F}{2}\right) = 0.5 \cdot \varphi(0) \Leftrightarrow \frac{1}{2} = \exp\left(-\frac{(\sigma_F/2)^2}{2\sigma^2}\right) \Leftrightarrow \sigma_F = 2 \cdot \sqrt{2 \cdot \ln(2)} \cdot \sigma \approx 2.35\sigma.$$

**Aufgabe 2.43**

(a) Falsch, da $E(XY) = \text{Cov}(X,Y) + E(X)E(Y)$ und da über das Vorzeichen von $\text{Cov}(X,Y)$ für beliebige $X$ und $Y$ keine Aussage gemacht werden kann.

(b) Falsch. Aus der Unabhängigkeit aller Zufallsvariablen folgt zwar die paarweise Unabhängigkeit, aber nicht umgekehrt. Vgl. Beispiel 2 in 2.2.4.

(c) Richtig, da $V(-X) = V((-1) \cdot X) = (-1)^2 \cdot V(X) = V(X)$.

(d) Falsch. Aus stochastischer Unabhängigkeit folgt Unkorreliertheit, also $\text{Cov}(X,Y) = 0$, aber i.A. nicht umgekehrt, vgl. Aufgabe 2.31.

(e) Falsch. Wenn $X$ normalverteilt mit z.B. $E(X) = -1$ und $V(X) = 1$, gilt $E(X) < 0$, aber nicht $X \leqslant 0$.

(f) Falsch. Wenn z.B. $X, Y$ so, dass $\text{Cov}(X, Y) = 1$
$$\Rightarrow V(Z) = V(X) + V(Y) - 2\text{Cov}(X, Y) = 2 + 4 - 2 = 4 \neq 6$$

(g) Richtig. Mit der Ungleichung von CHEBYSHEV:
$$P(-1 < X < 11) = P(-6 < X - 5 < 6) = P(-6 < X - E(X) < 6)$$
$$= P(|X - E(X)| < 6) \geqslant 1 - \frac{4}{6^2} = \frac{8}{9}.$$

(h) Richtig, da $p(\omega_i) \geqslant 0$ und $\sum\limits_{i=1}^{4} p(\omega_i) = 1$. Alternativ: $p(\omega_i) = b_{n,p}(k)$ mit $n = 4, p = \frac{1}{3}$
(Binomialverteilung).

(i) Falsch, da $\sum\limits_{i=0}^{\infty} p(\omega_i) = \sum\limits_{i=0}^{\infty} \frac{(0.5)^i}{i!} = e^{0.5} \neq 1$.

(j) Falsch. Es gilt $V(X + Y) = V(X) + V(Y) + 2\text{Cov}(X, Y)$ und über das Vorzeichen von $\text{Cov}(X, Y)$ kann bei beliebigen $X, Y$ keine Aussage gemacht werden.

(k) Richtig. $E(X^*) = 0$ nach Def. der Standardisierung und $E(X) = np \geqslant 0$, da $X$ binomial verteilt ist.

(l) Richtig. $V(X) = n \cdot \frac{r}{N} \cdot (1 - \frac{r}{N}) \cdot \frac{(N-n)}{N-1} = n \cdot \frac{r}{N} \cdot (1 - \frac{r}{N}) \cdot (1 - \frac{n-1}{N-1})$
$$\lim_{n \to N} \left(1 - \frac{n-1}{N-1}\right) = 0 \quad \Rightarrow \quad \lim_{n \to N} V(X) = 0.$$

(m) Richtig, da nach Ungleichung von CHEBYSHEV: $P(|X - E(X)| < c) \geqslant 1 - \frac{V(X)}{c^2}$.
Hier $P(|X - 0)| < 2) \geqslant 1 - \frac{1}{2^2} = \frac{3}{4}$.

## Aufgabe 3.1

(a) $E(X) = 0 \cdot (\frac{2}{3} - \frac{1}{4}a) + 1 \cdot \frac{1}{3} + 4 \cdot \frac{1}{4}a = \frac{1}{3} + a$.
$E(S_1) = 6E(X) - 4E(X) - E(X) + c = E(X) + c = \frac{1}{3} + a + c \overset{!}{=} a \Leftrightarrow c = -\frac{1}{3}$.

(b) $V(S_1) = 36V(X) + 16V(X) + V(X) = 53V(X)$ und $V(S_2) = 45V(X)$;
wegen $V(S_2) < V(S_1)$ bevorzugt man $S_2$.

## Aufgabe 3.2

$E_\vartheta(S_1) = E_\vartheta\left(\frac{1}{3}(X_1 + X_2 + X_3)\right) = \frac{1}{3}(E_\vartheta(X_1) + E_\vartheta(X_2) + E_\vartheta(X_3)) = \mu_\vartheta$,
$E_\vartheta(S_2) = \frac{3}{2}\mu_\vartheta, E_\vartheta(S_3) = \mu_\vartheta, E_\vartheta(S_4) = \mu_\vartheta, E_\vartheta(S_5) = \mu_\vartheta$,
d.h. $S_1, S_3, S_4$ und $S_5$ ist erwartungstreu, $S_2$ ist nicht erwartungstreu.
$V_\vartheta(S_1) = \frac{1}{9}(V_\vartheta(X_1) + V_\vartheta(X_2) + V_\vartheta(X_3)) = \frac{1}{9}(\sigma_\vartheta^2 + \sigma_\vartheta^2 + \sigma_\vartheta^2) = \frac{1}{3}\sigma_\vartheta^2$,
$V_\vartheta(S_3) = \frac{1}{2}\sigma_\vartheta^2, V_\vartheta(S_4) = \frac{5}{9}\sigma_\vartheta^2$ und $V_\vartheta(S_5) = \sigma_\vartheta^2$.
Da $V_\vartheta(S_1) < V_\vartheta(S_3) < V_\vartheta(S_4) < V_\vartheta(S_5)$, ist $S_1$ zu bevorzugen. Dies ist nicht weiter verwunderlich, da $S_1$ das arithmetische Mittel ist.

## Aufgabe 3.3

(a) $S_2$ ist erwartungstreu für $\mu$, da $E(S_2) = \frac{1}{n}(a_1\mu + \ldots a_n\mu) = \frac{\mu}{n} \cdot n = \mu$.
(b) $V(S_2) = \frac{1}{n^2}\left[a_1^2 V(X_1) + \ldots a_n^2 V(X_n)\right] = \frac{1}{n^2}\sigma^2(a_1^2 + \ldots + a_n^2)$.
(c) Falls alle $a_i = 1$ gilt $\sum_{i=1}^{n} a_i^2 = n \Rightarrow V(S_1) = V(S_2)$.
Ist ein $a_i \neq 1$, so ist $V(S_2) > V(S_1)$. Somit ist $S_1$ zu bevorzugen.

## Aufgabe 3.4

(a) $S_1, S_3$ und $S_4$ erwartungstreu, da

$$E_\mu(S_1) = 2E(X_1) + \frac{1}{4}E(X_2 + X_3) - 1.5E(X_4) = 2\mu + \frac{1}{4} \cdot 2 \cdot \mu - 1.5\mu = \mu,$$

$$E_\mu(S_2) = \frac{1}{3} \cdot 3 \cdot \mu + \frac{1}{4}\mu = \frac{5}{4}\mu,$$

$$E_\mu(S_3) = \frac{1}{4} \cdot 2\mu + \frac{3}{10}\mu + \frac{1}{5}\mu = \mu,$$

$$E_\mu(S_4) = \frac{2}{3} \cdot 3\mu - \mu = \mu.$$

$S_2$ ist nicht erwartungstreu.

(b) $S_3$ ist zu bevorzugen, da mit

$$V(S_1) = 4V(X_1) + \frac{1}{16}V(X_2 + X_3) + 1.5^2 V(X_4) = 6.375\sigma^2,$$

$V(S_3) = 0.255\sigma^2$ und $V(S_4) \approx 2.3\sigma^2$ gilt: $V(S_1) > V(S_4) > V(S_3)$.

**Aufgabe 3.5**

(a) $E(X_i) = 0 \Rightarrow E(X_i^2) = V(X_i) + E(X_i)^2 = V(X_i) = \sigma^2$.

(b) $S$ erwartungstreu für $\sigma^2$, da

$$E(S) = \frac{2}{n}E(X_1^2) + \frac{n-2}{n(n-1)}\sum_{i=2}^{n}E(X_i^2) = \frac{2}{n}\sigma^2 + \frac{n-2}{n(n-1)}(n-1) \cdot \sigma^2 = \sigma^2.$$

**Aufgabe 3.6**

(a) Wir zeichnen zunächst eine Grafik aller möglicher Kombinationen, aus denen wir dann die gesuchten Wahrscheinlichkeiten ablesen. Dabei verwenden wir folgende Bezeichnungen:

•: Taxi, ∘: kein Taxi, $T_i$ Abstände/Wartezeiten

| 0 | 1 | 2 | 3 | 4 | 5 | 6 | $T_1$ | $T_2$ | $T_3$ |
|---|---|---|---|---|---|---|-------|-------|-------|
| • | • | ∘ | ∘ | ∘ |   |   | 1 | 1 | 4 |
| • | ∘ | • | ∘ | ∘ |   |   | 1 | 2 | 3 |
| • | ∘ | ∘ | • | ∘ |   |   | 1 | 3 | 2 |
| • | ∘ | ∘ | ∘ | • |   |   | 1 | 4 | 1 |
| ∘ | • | • | ∘ | ∘ |   |   | 2 | 1 | 3 |
| ∘ | • | ∘ | • | ∘ |   |   | 2 | 2 | 2 |
| ∘ | • | ∘ | ∘ | • |   |   | 2 | 3 | 1 |
| ∘ | ∘ | • | • | ∘ |   |   | 3 | 1 | 2 |
| ∘ | ∘ | • | ∘ | • |   |   | 3 | 2 | 1 |
| ∘ | ∘ | ∘ | • | • |   |   | 4 | 1 | 1 |

Mit den Regeln der Kombinatorik folgt:

$$P(X_1 = 1) = \frac{4}{10}, \quad P(X_1 = 2) = \frac{3}{10}, \quad P(X_1 = 3) = \frac{2}{10}, \quad P(X_1 = 4) = \frac{1}{10},$$

$$P(X_2 = 2) = \frac{1}{10}, \quad P(X_2 = 3) = \frac{2}{10}, \quad P(X_2 = 4) = \frac{3}{10}, \quad P(X_2 = 5) = \frac{4}{10}$$

und $P(X_1 = 1, X_2 = 2) = \frac{1}{10} < \frac{12}{100} = P(X_1 = 1) \cdot P(X_2 = 2)$.

Somit sind $X_1$ und $X_2$ abhängig.

Weiter: $E(T_1) = \frac{20}{10} = 2 = E(T_2) = E(T_3)$, $\frac{N+1}{n+1} = \frac{6}{3} = 2$,

$E(X_1) = \frac{4 + 3 \cdot 2 + 2 \cdot 3 + 4}{10} = \frac{20}{10} = 2$, $E(X_2) = \frac{2 + 2 \cdot 3 + 3 \cdot 4 + 4 \cdot 5}{10} = \frac{40}{10} = 4$.

(b) Um die Schranken angeben zu können, überlegen wir uns, dass vor dem Taxi an Position $x_i$ noch Platz für $i-1$ $(i=1,\ldots,n)$ weitere Taxen sein muss. Ebenso stehen hinter dem Taxi an Position $x_i$ noch weitere $n-i$ Taxen. Somit ergibt sich als Schranke:

$$i \leqslant x_i \leqslant N-n+i, \quad \text{für alle } i \in \{1,\ldots,n\}$$

Unter Berücksichtigung dieser Schranken und den Regeln aus der Kombinatorik:

$$P(X_i = k) = \begin{cases} \dfrac{\binom{k-1}{i-1}\binom{N-k}{n-i}}{\binom{N}{n}}, & \text{für } k=i,\ldots,N-n+i, \\[2mm] 0, & \text{sonst.} \end{cases}$$

**Aufgabe 3.7**

(a) Mit $N=1\,000$, $n=32$, $\alpha=0.05$ und $u_{0.975}=1.96$ ist $\hat{p}=R_n(x)=\frac{1}{32}\cdot 16=\frac{1}{2}$.

$$\varepsilon = \frac{1}{2\sqrt{32}}\cdot 1.96 = 0.173 \qquad \text{ohne } \hat{p}\text{-Korrektur}$$

$$\hat{\varepsilon} = \sqrt{\frac{0.25}{32}}\cdot 1.96 = 0.173 \qquad \text{mit } \hat{p}\text{-Korrektur.}$$

In beiden Fällen ist also $I_x = [0.5-0.17; 0.5-0.17] = [0.33; 0.67]$.

(b) Gesucht ist $n$. Mit $N=1\,000$, $\alpha=0.10$, $\varepsilon=0.1$ und $u_{0.95}=1.645$ gilt:

$$n = \frac{1}{4}\cdot\left(\frac{1.645}{0.1}\right)^2 = \frac{270.6}{4} = 67.65,$$

d.h. es müssen mindestens 68 Kugeln gezogen werden.

**Aufgabe 3.8**

(a) Grundvoraussetzung ist $n \ll N$. $R_A = 40.4\%$, $R_B = 40.2\%$. Wegen $R_A - R_B = 0.2\%$ scheint $\varepsilon = 0.1\% = 0.001$ angemessen. Mit $\sigma_n \leqslant \frac{1}{2\sqrt{n}}$ gilt

$$\varepsilon = \frac{1}{2\sqrt{n}}\cdot\Phi^{-1}\left(1-\frac{\alpha}{2}\right) \quad \Leftrightarrow \quad \alpha = 2-2\Phi(2\varepsilon\sqrt{n}).$$

Damit ergibt sich

| $n$ | $2\varepsilon\sqrt{n}$ | $\Phi(2\varepsilon\sqrt{n})$ | $\alpha$ | Sicherheit für Gewinn von Partei A |
|---|---|---|---|---|
| 100 | 0.020 | 0.507 98 | 0.984 04 | 1.60% |
| 1 000 | 0.063 | 0.523 92 | 0.952 16 | 4.78% |
| 10 000 | 0.200 | 0.579 26 | 0.841 48 | 15.85% |

(b) Für sehr große $n$ im Vergleich zu $N$ wird ein Korrekturfaktor für die Berechnung der Varianz benötigt; es muss die hypergeometrische Verteilung verwendet werden. Der Korrekturfaktor $1-\dfrac{n-1}{N-1}$ nimmt mit wachsendem $n$ ab und verschwindet für $n=N$.

**Aufgabe 3.9**

(a) $S_\mu(X) := \frac{1}{n}\sum_{i=1}^{n} X_i = \overline{X}$ ist ein erwartungstreuer Schätzer für $\mu$ mit bekanntem (von $\mu$ unabhängigem) $\sigma$.

(b) Es ist $\overline{x} = \frac{408 \cdot 4}{16} = 25.525$ und $u_{1-\frac{\alpha}{2}} = u_{97.5\%} = 1.960$. Damit folgt

$$
\begin{aligned}
I_{\overline{x}} &= \left[\overline{x} - \frac{\sigma}{\sqrt{n}} \cdot u_{1-\frac{\alpha}{2}}, \overline{x} + \frac{\sigma}{\sqrt{n}} \cdot u_{1-\frac{\alpha}{2}}\right] \\
&= \left[25.525 - \frac{1}{\sqrt{16}} \cdot 1.960, 25.525 + \frac{1}{\sqrt{16}} \cdot 1.960\right] = [25.035, 26.015].
\end{aligned}
$$

(c) Mit $|\mu - \overline{x}| < 0.25$ gilt

$$u_{97.5\%} \cdot \frac{\sigma}{\sqrt{n}} < 0.25 \quad \Leftrightarrow \quad 1.960 \cdot 4 \cdot 1 < \sqrt{n} \quad \Leftrightarrow \quad n > 61.4656, \quad \text{d.h. } n \geqslant 62.$$

**Aufgabe 3.10**

(a) $E(S) = E\left(\frac{1}{n}\sum_{i=1}^{n} X_i\right) = \frac{1}{n}\sum_{i=1}^{n} E(X_i) = p.$

$\hat{p} = S(x_1,\ldots,x_n) = \frac{\sum_{i=1}^{n} x_i}{n} = \frac{754}{1\,800} = 0.42$ ist ein Schätzwert für $p$

Konfidenzbedingung: $P_p(I_{\hat{p}} \ni p) \geqslant 1 - \alpha = 0.95.$

$\sigma^2 = V(S) = V\left(\frac{1}{n}\sum_{i=1}^{n} X_i\right) = \frac{1}{n^2} \cdot V\left(\sum_{i=1}^{n} X_i\right) = \frac{1}{n^2} \cdot n \cdot (p \cdot (1-p)) = \frac{1}{n} \cdot p \cdot (1-p).$

Einsetzen von $\hat{p}$ für $p$ liefert: $\hat{\sigma}^2 = \frac{0.42 \cdot 0.58}{1\,800} = 1.35 \cdot 10^{-4}$

(b) (i) $P(I_{\hat{p}} \ni p) = P(|S - p| \leqslant \varepsilon) = 1 - P(|S - p| > \varepsilon) \geqslant 1 - \frac{\sigma}{\varepsilon^2}.$

Die Konfidenzbedingung ist erfüllt, wenn $1 - \alpha = 1 - \frac{\sigma}{\varepsilon^2} \Leftrightarrow \varepsilon = \frac{\sigma}{\sqrt{\alpha}} = 0.05.$

Also: $I_{\hat{p}} = [0.42 - 0.05, 0.42 + 0.05] = [0.37, 0.47]$

(ii) $\hat{p}$-Korrektur: $\varepsilon = \frac{1}{n}\sqrt{n\hat{p}(1-\hat{p})} \cdot u_{1-\frac{\alpha}{2}} = \sqrt{\frac{\hat{p}(1-\hat{p})}{n}} \cdot u_{1-\frac{\alpha}{2}} = 0.02.$

Konfidenzintervall: $I_{\hat{p}} = [0.42 - 0.02, 0.42 + 0.02] = [0.40, 0.44].$

(iii) $\varepsilon = \sqrt{\frac{p(1-p)}{n}} \cdot u_{1-\frac{\alpha}{2}}$ und $\sqrt{p(1-p)} \leqslant 0.5.$

$\varepsilon = \frac{1}{2}\sqrt{\frac{1}{n}} \cdot u_{1-\frac{\alpha}{2}} = 0.02.$

(iv) Die Abschätzung mit der Ungleichung von CHEBYSHEV ist am ungenauesten, obwohl hier die stärkste Annahme für $\sigma$ getroffen wurde. Eine genauere Abschätzung liefert die Approximation mit dem Zentralen Grenzwertsatz in (ii) und (iii). Die Abschätzung von $\sigma$ durch den Maximalwert in (iii) scheint keinen Einfluss auf das Konfidenzintervall zu nehmen.

**Aufgabe 3.11**

(a) $X_i = 1$, falls der $i$-te befragte Wähler beabsichtigt, die Piratenpartei zu wählen, andernfalls sei $X_i = 0$. $S(X_1,\ldots,X_n) := \frac{1}{n}\sum_{i=1}^{n} X_i$, $\hat{p} = \frac{20}{332} = 0.060\,2$.

$I_{\hat{p}} = [\hat{p} - \varepsilon, \hat{p} + \varepsilon]$, $\sqrt{p(1-p)} < \sqrt{0.15} = 0.39$, mit Satz G: $\varepsilon = u_{1-\frac{\alpha}{2}} \cdot \sqrt{\frac{0.15}{n}}$.

Mit $n = 436$ ergeben sich folgende Konfidenzintervalle:

| $\alpha$ | $1-\frac{\alpha}{2}$ | $u_{1-\frac{\alpha}{2}}$ | $\varepsilon$ | $I_{\hat{p}}$ |
|---|---|---|---|---|
| 0.100 | 0.950 | 1.645 | 0.035 0 | $[0.025\,2, 0.095\,2]$ |
| 0.050 | 0.975 | 1.96 | 0.041 7 | $[0.018\,5, 0.101\,9]$ |
| 0.020 | 0.990 | 2.327 | 0.049 5 | $[0.010\,7, 0.109\,7]$ |
| 0.010 | 0.995 | 2.575 | 0.054 7 | $[0.005\,5, 0.114\,9]$ |

Kein Wert ermöglicht die Aussage, dass die Piratenpartei die 5%-Hürde überschreitet. Abhilfe: Verändere $n$ oder $\alpha$.

(b) $\varepsilon = u_{1-\frac{\alpha}{2}} \cdot \frac{0.5}{\sqrt{n}}$, $\alpha = 0.01$, $u_{1-\frac{\alpha}{2}} = 2.575$.

| $n$ | Wähler SPD | Wähler Grüne | $\sum_{i=1}^{n} Y_i$ | $\hat{p}$ | $\varepsilon$ | $I_{\hat{p}}$ |
|---|---|---|---|---|---|---|
| 10 | 3 | 2 | 5 | 0.500 | 0.407 | $[0.093, 0.907]$ |
| 50 | 12 | 10 | 22 | 0.440 | 0.182 | $[0.258, 0.622]$ |
| 100 | 25 | 29 | 54 | 0.540 | 0.129 | $[0.411, 0.669]$ |
| 250 | 64 | 53 | 117 | 0.468 | 0.081 | $[0.387, 0.549]$ |
| 436 | 88 | 71 | 159 | 0.365 | 0.062 | $[0.303, 0.427]$ |

Geschätzte Intervalle für kleine $n$ nutzlos. Nur bei genügend großer Stichprobe kann eine Aussage getroffen werden.

**Aufgabe 4.1**

(a) $p$ ist die Wahrscheinlichkeit einer schwarzen Kugel, $p_0 = 0$.

(b) Die Alternative bedeutet, dass eine oder mehrere schwarze Kugeln enthalten sind.
$H_0: p = 0$, $H_1: p > 0$

(c) Kritischer Wert $k_\alpha = 1$, Ablehnungsbereich $\{1, \ldots, n\}$.

(d) Der Fehler 1. Art ist 0, da unter der Nullhypothese keine schwarze Kugel gezogen werden kann; Ablehnungsbereich ist also unabhängig vom Signifikanzniveau.

**Aufgabe 4.2**

(a) Mit $T_n = w$ lautet die Entscheidungsregel: $T_n < k_\alpha \Rightarrow H_0$, $T_n \geqslant k_\alpha \Rightarrow H_1$.

(b) Eine obere Schranke für den Fehler erster Art ist $g(0.5, 10, k) = \sum_{l=k}^{10} \binom{10}{k} \cdot 0.5^{10}$.

Da $g(0.5, 10, 9) = 0.010$, $g(0.5, 10, 8) = 0.055$, $g(0.5, 10, 7) = 0.17$ gilt:

$g(0.5, 10, k) \overset{!}{\leqslant} 0.10 \Rightarrow k_\alpha = 8$.

**Aufgabe 4.3**

(a) Sei $X$ Anzahl der Befragten, die Kandidaten der Partei A wählen; $X$ binomial verteilt. Damit: $H_0: p \leqslant 0.5$; $H_1: p > 0.5$, wobei $p_0 = 0.5$, $n = 200$ und $\alpha = 0.05$.
Es soll gelten: $g(0.5, 200, k) = P(X \geqslant k) \leqslant 0.05$. Also

$1 - P(X \leqslant k-1) \leqslant 0.05 \Leftrightarrow P(X \leqslant k-1) \geqslant 0.95 \Leftrightarrow \sum_{l=0}^{k-1} b_{200, 0.5}(l) = F_X(k-1) \geqslant 0.95$.

Aus einem Tabellenwerk: $k - 1 = 112$, da $F(111) = 0.9482$ und $F(112) = 0.9616$.
Annahmebereich von $H_0$ ist also $\{0, 1, \ldots, 112\}$, Ablehnungsbereich $\{113, \ldots, 200\}$.
In Worten: Wenn höchstens 112 der 200 Befragten für den Kandidaten der Partei A stimmen, wird die zusätzliche Kampagne durchgeführt.

(b) Mit der Wahl der Nullhypothese $H_0: p \leqslant 0.5$ soll die Irrtumswahrscheinlichkeit dafür, dass eine Zusatzkampagne abgelehnt wird, obwohl der Kandidat der Partei A tatsächlich höchstens 50% aller Stimmen erhalten würde, eingeschränkt werden. Dieses Vorgehen steht mit dem Anliegen der Wahlkampfleiterin im Einklang, denn eine fälschlicherweise abgelehnte zusätzliche Kampagne würde die ohnehin knappen Erfolgschancen für den ersten Wahlgang verringern.

**Aufgabe 4.4** Nullypothese $H_0 : p \leqslant 0.4$, wobei $p_0 = 0.4$.
Mit $n = 50$ und $\alpha = 0.05$: $\mu_n = 50 \cdot 0.4 = 20$ und $\sigma_n = \sqrt{50 \cdot 0.4 \cdot 0.6} = \sqrt{12}$.
$k_{0.05} \approx 20 + 0.5 + \sqrt{12} \cdot 1.645 = 26.199$, d.h. die Nullhypothese wird abgelehnt (die Werbekampagne wird unterlassen), wenn mindestens 27 der befragten Haushalte von der Möglichkeit eines schnellen Zugangs wissen.

**Aufgabe 4.5**

(a) $T_n = \sum_{i=1}^n X_i$ ist binomial verteilt mit Parametern $n$ und $p$. $H_0$ wird abgelehnt wird, falls $T(x_1, \ldots, x_n) > k$, andernfalls wird eine Entscheidung zu Gunsten von $H_0$ getroffen.

(b)(c)

| $n$ | $k_{0.1}$ | $k_{0.05}$ | $k_{0.01}$ | $\frac{\lvert n \cdot p_0 - k_{0.1} \rvert}{n \cdot p_0}$ | $\frac{\lvert n \cdot p_0 - k_{0.5} \rvert}{n \cdot p_0}$ | $\frac{\lvert n \cdot p_0 - k_{0.01} \rvert}{n \cdot p_0}$ |
|---|---|---|---|---|---|---|
| 100 | 47 | 49 | 53 | 0.175 | 0.225 | 0.325 |
| 1 000 | 421 | 427 | 437 | 0.053 | 0.068 | 0.093 |
| 1 800 | 748 | 755 | 769 | 0.039 | 0.049 | 0.068 |

Ein Vergleich dieser Werte offenbart, dass sich die kritischen Werte mit zunehmender Sicherheit weiter vom Erwartungswert $np_0$ entfernen, während bei zunehmendem Stichprobenumfang $n$ die Abweichung der kritischen Zahl vom Erwartungswert abnimmt.

(d) Bei $n = 100$ unterschreitet die Realisierung von $T$ den kritischen Wert, also wird die Nullhypothese beibehalten. Bei $n = 1\,800$ wird für $\alpha = 0.1$ eine Entscheidung zu Gunsten von $H_1$ getroffen, während für $\alpha \in \{0.05, 0.01\}$ die Entscheidung für $H_0$ getroffen wird.

**Aufgabe 4.6** Körpergröße $x_i$ ist Wert einer Zufallsvariablen $X_i$ mit $E(X_i) = \mu$ und $V(X_i) = 54.88$, $n = 85$. Wir gehen davon aus, dass $X_1, \ldots, X_{85}$ unabhängig sind. Test: $H_0 : \mu \leqslant 165$, $H_1 : \mu > 165$. Testgröße: $T(X_1, \ldots, X_{85}) = \frac{1}{n}(X_1 + \ldots + X_{85})$.
Bei $T(x_1, \ldots, x_n) = 168.64 \geqslant c_\alpha$ wird die Nullhypothese abgelehnt.
Mit $c_\alpha = \mu_0 + \sigma \cdot u_{1-\alpha}$ und $n = 85$, $\alpha = 0.05$, $\mu_0 = 165.00$ gilt:
$c_{0.05} = 165 + \frac{\sqrt{54.88}}{\sqrt{85}} \cdot 1.645 = 166.32 < 168.64$, d.h. wir nehmen $H_1$ an; die Studentinnen der TUM scheinen also tatsächlich größer als die deutsche Durchschnittsfrau zu sein.

**Aufgabe 4.7** $X_1, \ldots, X_n$ normalverteilt mit $n = 100$ und $\sigma^2 = 36$. $H_0$ wird nicht verworfen, falls $T(X_1, \ldots, X_n) < c_\alpha$ mit $c_\alpha = \mu_0 + \frac{\sigma}{\sqrt{n}} \cdot u_{1-\alpha}$

(a) $c_\alpha = 24.5 + \frac{6}{10} \cdot u_{1-0.05} = 25.487$, d.h. $\bar{x}$ muss kleiner als $25.487$ sein.

(b) $25.7 = 24.5 + \frac{6}{10} \cdot u_{1-\alpha} \Leftrightarrow \alpha = 1 - \Phi\left(\frac{10}{6} \cdot (25.7 - 24.5)\right) = 1 - \Phi(2) = 0.0228$, d.h. $\alpha$ darf also höchstens 2.28% betragen.

(c) Die Bedingung an $\delta \in \mathbb{R}^+$ lautet: $P(X > \delta) \leqslant 0.025 \Leftrightarrow P\left(\frac{X-24}{6} > \frac{\delta-24}{6}\right) \leqslant 0.025 \Leftrightarrow$
$\frac{\delta-24}{6} \geqslant u_{0.975} = 1.96 \Leftrightarrow \delta \geqslant 6 \cdot 1.96 + 24 = 35.76$, d.h. der gesuchte minimale Wert für $\delta$ lautet 35.76.

**Aufgabe 4.8**

(a) $H_0 : \mu \leqslant 300$, $H_1 : \mu > 300$

(b) GAUSS -Test.

$c_\alpha = \mu_0 + \sigma \cdot u_{1-\alpha}, n = 9, \alpha = 0.025, \mu_0 = 300: c_{2.5\%} = 300 + \frac{\sqrt{25}}{\sqrt{9}} \cdot 1.96 = 303.27$, d.h.

$H_1$ wird abgelehnt bzw. $H_0$ beibehalten, da $T_n(x) = \bar{x} = \frac{2721}{9} = 302.33 < 303.27 = $

$c_{0.025}$.

(c) Es soll sein: $|\mu - \bar{x}| \leqslant 1$ mit unbekanntem $\mu$ und $\sigma = 5$. Dann gilt:

$u_{1-\frac{\alpha}{2}} \cdot \frac{\sigma}{\sqrt{n}} \leqslant 1 \Leftrightarrow n \geqslant \frac{1.96^2 \cdot 5^2}{1^2} = 96.04$, d.h. man braucht einen Stichprobenumfang

von mindestens 97 Werten.

(d) $t$-Test.

$n = 9, \alpha = 0.025$; laut Tabelle 2 in Anhang 4 $t_{8;0.975} = 2.306$.

Mit $\bar{x} = 302.33$ und $\mu_0 = 300$: $s^2(x) = 0.125 \cdot 168.0001 \approx 21$.

$s_9^2(x) = \frac{1}{9} \cdot 21 \approx 2.33, s_9(x) = 1.53$.

$\tilde{T}_9(x) = \frac{2 \cdot 33}{1 \cdot 53} = 1.53$, d.h. $H_1$ wird abgelehnt bzw. $H_0$ beibehalten, da

$\tilde{T}_9(x) = 1.53 < 2.306 = c_\alpha$.

**Aufgabe 4.9**

(a) $T_{10}(x) = \bar{x} = 15.5$, GAUSS-Test:

$\alpha = 0.05 \Rightarrow c_{0.05} = 15 + \frac{1}{\sqrt{10}} \cdot 1.645 = 15.52 \Rightarrow H_0$,

$\alpha = 0.10 \Rightarrow c_{0.10} = 15 + \frac{1}{\sqrt{10}} \cdot 1.282 = 15.41 \Rightarrow H_1$

(b) $s^2(x) = 0.827, s_{10}(x) = 0.288, \tilde{T}_{10}(x) = 1.736$, $t$-Test:

$\alpha = 0.05 \Rightarrow c_{0.05} = t_{9,0.95} = 1.833 \Rightarrow H_0$,

$\alpha = 0.10 \Rightarrow c_{0.10} = t_{9,0.9} = 1.383 \Rightarrow H_1$.

**Aufgabe 4.10**   Für $c > 0$ gilt $(' = \frac{d}{dx})$:

$$F(x) = \Phi(x - c) + \Phi(-x - c) = \Phi(x - c) + 1 - \Phi(x + c)$$
$$F'(x) = \varphi(x - c) - \varphi(x + c)$$
$$F'(x) = 0 \Leftrightarrow \varphi(x - c) = \varphi(x + c) \Leftrightarrow x - c = \pm(x + c) \Leftrightarrow x = 0$$
$$F''(x) = \varphi'(x - c) - \varphi'(x + c) = -(x - c)\varphi(x - c) + (x + c)\varphi(x + c)$$
$$F''(0) = c\varphi(-c) + c\varphi(c) = 2c\varphi(c) > 0$$

**Aufgabe 4.11**

(a) $\chi^2$-Test, genauer Verteilungs- oder auch Anpassungstest.

$H_0$: $p = q$, $H_1$: $p \neq q$, wobei $p = (p_1, \ldots, p_{12})$ und $q = (q_1, \ldots, q_{12})$ mit $q_i = \frac{1}{12}$ für alle
$i = 1, \ldots, 12$.

(b) $H_0$ wird beibehalten, wenn $T_{r,n}(x) < c$. Hier ist $r = 12$ und $\alpha = 0.1$. Nach Tabelle 3 in
Anhang 4 ist $c_{0.1} = \chi^2_{11,0.9} = 17.28$. Mit $n = 72$ und $x = (5, 4, 7, 4, 8, 5, 9, 10, 7, 5, 3, 5)$
ergibt sich $nq_i = \frac{72}{12} = 6$ und

$T_{12,72} = \frac{1}{6}(1 + 4 + 1 + 4 + 4 + 1 + 9 + 16 + 1 + 1 + 9 + 1) = \frac{1}{6} \cdot 52 \approx 8.67$, also

$T_{12,72} < c_{0.1}$, d.h. man entscheidet sich für $H_0$. Es gibt also keinen Hinweis darauf,
dass die Geburten nicht gleichmäßig auf die Monate verteilt sind.

**Bemerkung:** Aus den Daten des Statistischen Bundesamtes in Wiesbaden geht her-
vor, dass aktuell fast immer die Monate Juli, August und September am geburtenstärksten sind. In den 1960er Jahren hingegen waren fast durchgängig März und

Mai die geburtenstärksten Monate.

**Moral:** $n = 72$ ist kein ausreichender Stichprobenumfang.

**Aufgabe 4.12**

(a) $H_0$: $p = q$; $H_1$: $p \neq q$ mit $p = (p_1, p_2, p_3, p_4)$ und $q = (\frac{1}{4}, \frac{1}{4}, \frac{1}{4}, \frac{1}{4})$.

(b) $T_{r,n}(x) < c_\alpha \Rightarrow H_0$; $T_{r,n}(x) \geqslant c_\alpha \Rightarrow H_1$.

(c) Mit $nq_i = \frac{100}{4} = 25$: $T_{4,100}(x) = \frac{25+36+16+9}{25} = \frac{86}{25} \approx 3.44$,

$c_{0.05} = \chi^2_{3,0.95} = 7.81$. $T_{4,100}(x) < c_{0.05} \Rightarrow H_0$ beibehalten.

(d) $H_0$ würde verworfen für $\alpha = 0.5$.

**Aufgabe 4.13**

(a) Tabelle der relativen Häufigkeiten $r_{i,j}$ und der $s_{i,j} = r_{i,+} \cdot r_{+,j}$ (in Klammern), mit $i = 1,2$ und $j = 1,2,3$

| $r_{i,j}$ $(s_{i,j})$ | häufig | selten | nie | $r_{i,+}$ |
|---|---|---|---|---|
| Männer | 0.27 (0.23) | 0.20 (0.25) | 0.14 (0.14) | 0.61 |
| Frauen | 0.10 (0.14) | 0.21 (0.16) | 0.08 (0.09) | 0.39 |
| $r_{+,j}$ | 0.37 | 0.41 | 0.22 | 1 |

Nun kann man die Testgröße berechnen:

$$T_{121} = \sum_{i,j} \frac{(h_{i,j} - n \cdot s_{i,j})^2}{n \cdot s_{i,j}}$$

$$= \frac{5.48^2}{27.52} + \frac{(-5.97)^2}{29.97} + \frac{0.49^2}{16.51} + \frac{(-5.48)^2}{17.48} + \frac{5.97^2}{19.03} + \frac{(-0.49)^2}{10.49} = 5.905.$$

Mit $(k-1) \cdot (l-1) = (2-1) \cdot (3-1) = 2$ Freiheitsgraden erhält man folgende Testentscheidungen zu verschiedenen $\alpha$:

| | | |
|---|---|---|
| $\alpha = 0.01$ | $c_{0.01} = \chi_{2,0.99} = 9.21$ | $T_{121} < c_{0.01}$ | $H_0$ beibehalten |
| $\alpha = 0.05$ | $c_{0.05} = \chi_{2,0.95} = 5.99$ | $T_{121} < c_{0.05}$ | $H_0$ beibehalten |
| $\alpha = 0.10$ | $c_{0.1} = \chi_{2,0.90} = 4.61$ | $T_{121} > c_{0.1}$ | $H_1$ annehmen |

(b) Die Wahrscheinlichkeit für einen Fehler 1. Art ist ungefähr

$1 - G_2(5.905) = 1 - (1 - e^{\frac{-5.905}{2}}) = e^{-2.9525} \approx 0.052$, d.h. die Wahrscheinlichkeit, die Nullhypothese fälschlicherweise abzulehnen beträgt nur 5%.

Bei kleinerer Toleranz für einen Fehler 1. Art behält man besser $H_0$ bei, d.h. $c$ ist groß. Bei größerer Toleranz kann man leichter $H_1$ annehmen, d.h. $c$ ist kleiner.

**Aufgabe 4.14**

(a) Richtig, da $g(0.5, n, k) = \left(\frac{1}{2}\right)^n \cdot \underbrace{\sum_{l=k}^{n} \binom{n}{l}}_{\geqslant \frac{1}{2} \cdot 2^n} \geqslant \left(\frac{1}{2}\right)^n \cdot \frac{1}{2} \cdot 2^n = \frac{1}{2}$.

(b) Falsch, es wird die Wahrscheinlichkeit für einen Fehler erster Art berechnet. $p$ und $p_0$ sind zwar unbekannt, aber fest.

(c) Richtig, da $1 - \frac{\alpha}{2} > 1 - \alpha$ für $\alpha > 0$ und $u_\alpha$ monoton steigend.

(d) Falsch, beim einseitigen Test ist die Wahrscheinlichkeit für einen Fehler 1. Art nur durch $g(p_0, n, k)$ beschränkt, beim zweiseitigen Test ist sie gleich $g(p_0, n, k)$.

# Anhang 4

# Tabellen

Auf den folgenden Seiten geben wir drei Tabellen an, die beim Durcharbeiten des vorliegenden Buches oft nützlich sind: Die Werte $\Phi(x)$ der Standardnormalverteilung sowie die Quantile der $t$-Verteilung und der $\chi^2$-Verteilung. Ähnliche Tabellen finden sich auch bei [KRE] oder [GEO].

Vorweg wollen wir noch einige Erläuterungen zum Ablesen aus Tabelle 1 notieren. Diese Tabelle gibt zu $x \geqslant 0$ den Wert der Standardnormalverteilung $\Phi(x)$ an der Stelle $x$ an.

Soll nun zu einem vorgegebenem $x$, etwa $x = 0.75$ der Wert $\Phi(x)$ abgelesen werden, suchen wir zunächst in der linken Spalte die erste Nachkommastelle von $x$. Die zweite Nachkommastelle ist in der ersten Zeile der Tabelle notiert. Durch Ablesen des Wertes in der entsprechenden Zeile und der entsprechenden Spalte erhalten wir

$$\Phi(0.75) = 0.773\,4.$$

Schwieriger gestaltet sich die Ermittlung der Werte der Standardnormalverteilung für Werte von $x$ mit mehr als zwei Nachkommastellen, betrachten wir etwa $x = 1.578$. Auf Grund der Monotonie von $\Phi$ ist

$$0.941\,8 = \Phi(1.57) < \Phi(1.578) < \Phi(1.58) = 0.942\,9,$$

doch hilft das oft noch nicht weiter. Da $\Phi$ lokal sehr gut durch eine Gerade approximiert wird, erhalten wir genauere Werte durch lineare Interpolation:

$$\begin{aligned}
\Phi(1.578) &= \Phi(1.57) + (\Phi(1.58) - \Phi(1.57)) \cdot \frac{8}{10} \\
&= 0.941\,8 + (0.942\,9 - 0.941\,8) \cdot \frac{8}{10} = 0.942\,7
\end{aligned}$$

Für negative $x$ erhalten wir die zugehörigen Werte der Standardnormalverteilung mit Hilfe der Rechenregel

$$\Phi(-x) = 1 - \Phi(x).$$

**Tabelle 1:**  Verteilungsfunktion $\Phi(x)$ der Standardnormalverteilung

| x | 0 | 1 | 2 | 3 | 4 | 5 | 6 | 7 | 8 | 9 |
|---|---|---|---|---|---|---|---|---|---|---|
| 0.0 | 0.5000 | 0.5040 | 0.5080 | 0.5120 | 0.5160 | 0.5199 | 0.5239 | 0.5279 | 0.5319 | 0.5359 |
| 0.1 | 0.5398 | 0.5438 | 0.5478 | 0.5517 | 0.5557 | 0.5596 | 0.5636 | 0.5675 | 0.5714 | 0.5753 |
| 0.2 | 0.5793 | 0.5832 | 0.5871 | 0.5910 | 0.5948 | 0.5987 | 0.6026 | 0.6064 | 0.6103 | 0.6141 |
| 0.3 | 0.6179 | 0.6217 | 0.6255 | 0.6293 | 0.6331 | 0.6368 | 0.6406 | 0.6443 | 0.6480 | 0.6517 |
| 0.4 | 0.6554 | 0.6591 | 0.6628 | 0.6664 | 0.6700 | 0.6736 | 0.6772 | 0.6808 | 0.6844 | 0.6879 |
| 0.5 | 0.6915 | 0.6950 | 0.6985 | 0.7019 | 0.7054 | 0.7088 | 0.7123 | 0.7157 | 0.7190 | 0.7224 |
| 0.6 | 0.7257 | 0.7291 | 0.7324 | 0.7357 | 0.7389 | 0.7422 | 0.7454 | 0.7486 | 0.7517 | 0.7549 |
| 0.7 | 0.7580 | 0.7611 | 0.7642 | 0.7673 | 0.7704 | 0.7734 | 0.7764 | 0.7794 | 0.7823 | 0.7852 |
| 0.8 | 0.7881 | 0.7910 | 0.7939 | 0.7967 | 0.7995 | 0.8023 | 0.8051 | 0.8079 | 0.8106 | 0.8133 |
| 0.9 | 0.8159 | 0.8186 | 0.8212 | 0.8238 | 0.8264 | 0.8289 | 0.8315 | 0.8340 | 0.8365 | 0.8389 |
| 1.0 | 0.8413 | 0.8438 | 0.8461 | 0.8485 | 0.8508 | 0.8531 | 0.8554 | 0.8577 | 0.8599 | 0.8621 |
| 1.1 | 0.8643 | 0.8665 | 0.8686 | 0.8708 | 0.8729 | 0.8749 | 0.8770 | 0.8790 | 0.8810 | 0.8830 |
| 1.2 | 0.8849 | 0.8869 | 0.8888 | 0.8907 | 0.8925 | 0.8944 | 0.8962 | 0.8980 | 0.8997 | 0.9015 |
| 1.3 | 0.9032 | 0.9049 | 0.9066 | 0.9082 | 0.9099 | 0.9115 | 0.9131 | 0.9147 | 0.9162 | 0.9177 |
| 1.4 | 0.9192 | 0.9207 | 0.9222 | 0.9236 | 0.9251 | 0.9265 | 0.9279 | 0.9292 | 0.9306 | 0.9319 |
| 1.5 | 0.9332 | 0.9345 | 0.9357 | 0.9370 | 0.9382 | 0.9394 | 0.9406 | 0.9418 | 0.9429 | 0.9441 |
| 1.6 | 0.9452 | 0.9463 | 0.9474 | 0.9484 | 0.9495 | 0.9505 | 0.9515 | 0.9525 | 0.9535 | 0.9545 |
| 1.7 | 0.9554 | 0.9564 | 0.9573 | 0.9582 | 0.9591 | 0.9599 | 0.9608 | 0.9616 | 0.9625 | 0.9633 |
| 1.8 | 0.9641 | 0.9649 | 0.9656 | 0.9664 | 0.9671 | 0.9678 | 0.9686 | 0.9693 | 0.9699 | 0.9706 |
| 1.9 | 0.9713 | 0.9719 | 0.9726 | 0.9732 | 0.9738 | 0.9744 | 0.9750 | 0.9756 | 0.9761 | 0.9767 |
| 2.0 | 0.9772 | 0.9778 | 0.9783 | 0.9788 | 0.9793 | 0.9798 | 0.9803 | 0.9808 | 0.9812 | 0.9817 |
| 2.1 | 0.9821 | 0.9826 | 0.9830 | 0.9834 | 0.9838 | 0.9842 | 0.9846 | 0.9850 | 0.9854 | 0.98574 |
| 2.2 | 0.9861 | 0.9864 | 0.9868 | 0.9871 | 0.9875 | 0.9878 | 0.9881 | 0.9884 | 0.9887 | 0.9890 |
| 2.3 | 0.9893 | 0.9896 | 0.9898 | 0.9901 | 0.9904 | 0.9906 | 0.9909 | 0.9911 | 0.9913 | 0.9916 |
| 2.4 | 0.9918 | 0.9920 | 0.9922 | 0.9925 | 0.9927 | 0.9929 | 0.9931 | 0.9932 | 0.9934 | 0.9936 |
| 2.5 | 0.9938 | 0.9940 | 0.9941 | 0.9943 | 0.9945 | 0.9946 | 0.9948 | 0.9949 | 0.9951 | 0.9952 |
| 2.6 | 0.9953 | 0.9955 | 0.9956 | 0.9957 | 0.9959 | 0.9960 | 0.9961 | 0.9962 | 0.9963 | 0.9964 |
| 2.7 | 0.9965 | 0.9966 | 0.9967 | 0.9968 | 0.9969 | 0.9970 | 0.9971 | 0.9972 | 0.9973 | 0.9974 |
| 2.8 | 0.9974 | 0.9975 | 0.9976 | 0.9977 | 0.9977 | 0.9978 | 0.9979 | 0.9979 | 0.9980 | 0.9981 |
| 2.9 | 0.9981 | 0.9982 | 0.9982 | 0.9983 | 0.9984 | 0.9984 | 0.9985 | 0.9985 | 0.9986 | 0.9986 |
| 3.0 | 0.9987 | 0.9987 | 0.9987 | 0.9988 | 0.9988 | 0.9989 | 0.9989 | 0.9989 | 0.9990 | 0.9990 |
| 3.5 | 0.9998 | 0.9998 | 0.9999 | 0.9999 | 0.9999 | 0.9999 | 0.9999 | 0.9999 | 0.9999 | 0.9999 |
| 4.0 | 1.0000 | 1.0000 | 1.0000 | 1.0000 | 1.0000 | 1.0000 | 1.0000 | 1.0000 | 1.0000 | 1.0000 |

**Tabelle 2:** $(1-\alpha)$–Quantil $t_{n-1,1-\alpha}$ der $t$-Verteilung mit $n-1$ Freiheitsgraden

| $n-1$ \ $\alpha$ | 0.25 | 0.20 | 0.15 | 0.10 | 0.05 | 0.025 | 0.01 | 0.005 |
|---|---|---|---|---|---|---|---|---|
| 1 | 1.000 | 1.376 | 1.963 | 3.078 | 6.314 | 12.706 | 31.821 | 63.656 |
| 2 | 0.816 | 1.061 | 1.386 | 1.886 | 2.920 | 4.303 | 6.965 | 9.925 |
| 3 | 0.765 | 0.978 | 1.250 | 1.638 | 2.353 | 3.182 | 4.541 | 5.841 |
| 4 | 0.741 | 0.941 | 1.190 | 1.533 | 2.132 | 2.776 | 3.747 | 4.604 |
| 5 | 0.727 | 0.920 | 1.156 | 1.476 | 2.015 | 2.571 | 3.365 | 4.032 |
| 6 | 0.718 | 0.906 | 1.134 | 1.440 | 1.943 | 2.447 | 3.143 | 3.707 |
| 7 | 0.711 | 0.896 | 1.119 | 1.415 | 1.895 | 2.365 | 2.998 | 3.499 |
| 8 | 0.706 | 0.889 | 1.108 | 1.397 | 1.860 | 2.306 | 2.896 | 3.355 |
| 9 | 0.703 | 0.883 | 1.100 | 1.383 | 1.833 | 2.262 | 2.821 | 3.250 |
| 10 | 0.700 | 0.879 | 1.093 | 1.372 | 1.812 | 2.228 | 2.764 | 3.169 |
| 11 | 0.697 | 0.876 | 1.088 | 1.363 | 1.796 | 2.201 | 2.718 | 3.106 |
| 12 | 0.695 | 0.873 | 1.083 | 1.356 | 1.782 | 2.179 | 2.681 | 3.055 |
| 13 | 0.694 | 0.870 | 1.079 | 1.350 | 1.771 | 2.160 | 2.650 | 3.012 |
| 14 | 0.692 | 0.868 | 1.076 | 1.345 | 1.761 | 2.145 | 2.624 | 2.977 |
| 15 | 0.691 | 0.866 | 1.074 | 1.341 | 1.753 | 2.131 | 2.602 | 2.947 |
| 16 | 0.690 | 0.865 | 1.071 | 1.337 | 1.746 | 2.120 | 2.583 | 2.921 |
| 17 | 0.689 | 0.863 | 1.069 | 1.333 | 1.740 | 2.110 | 2.567 | 2.898 |
| 18 | 0.688 | 0.862 | 1.067 | 1.330 | 1.734 | 2.101 | 2.552 | 2.878 |
| 19 | 0.688 | 0.861 | 1.066 | 1.328 | 1.729 | 2.093 | 2.539 | 2.861 |
| 20 | 0.687 | 0.860 | 1.064 | 1.325 | 1.725 | 2.086 | 2.528 | 2.845 |
| 21 | 0.686 | 0.859 | 1.063 | 1.323 | 1.721 | 2.080 | 2.518 | 2.831 |
| 22 | 0.686 | 0.858 | 1.061 | 1.321 | 1.717 | 2.074 | 2.508 | 2.819 |
| 23 | 0.685 | 0.858 | 1.060 | 1.319 | 1.714 | 2.069 | 2.500 | 2.807 |
| 24 | 0.685 | 0.857 | 1.059 | 1.318 | 1.711 | 2.064 | 2.492 | 2.797 |
| 25 | 0.684 | 0.856 | 1.058 | 1.316 | 1.708 | 2.060 | 2.485 | 2.787 |
| 30 | 0.683 | 0.854 | 1.055 | 1.310 | 1.697 | 2.042 | 2.457 | 2.750 |
| 40 | 0.681 | 0.851 | 1.050 | 1.303 | 1.684 | 2.021 | 2.423 | 2.704 |
| 50 | 0.679 | 0.849 | 1.047 | 1.299 | 1.676 | 2.009 | 2.403 | 2.678 |
| 100 | 0.677 | 0.845 | 1.042 | 1.290 | 1.660 | 1.984 | 2.364 | 2.626 |
| 150 | 0.676 | 0.844 | 1.040 | 1.287 | 1.655 | 1.976 | 2.351 | 2.609 |
| 200 | 0.676 | 0.843 | 1.039 | 1.286 | 1.653 | 1.972 | 2.345 | 2.601 |
| 500 | 0.675 | 0.842 | 1.038 | 1.283 | 1.648 | 1.965 | 2.334 | 2.586 |
| 1000 | 0.675 | 0.842 | 1.037 | 1.282 | 1.646 | 1.962 | 2.330 | 2.581 |
| $\infty$ | 0.675 | 0.842 | 1.036 | 1.282 | 1.645 | 1.960 | 2.326 | 2.576 |

**Tabelle 3:** $(1-\alpha)$–Quantil $\chi^2_{r-1,1-\alpha}$ der $\chi^2$–Verteilung mit $r-1$ Freiheitsgraden

| $r-1$ \ $\alpha$ | 0.25 | 0.20 | 0.15 | 0.10 | 0.05 | 0.025 | 0.01 | 0.005 |
|---|---|---|---|---|---|---|---|---|
| 1 | 1.32 | 1.64 | 2.07 | 2.71 | 3.84 | 5.02 | 6.63 | 7.88 |
| 2 | 2.77 | 3.22 | 3.79 | 4.61 | 5.99 | 7.38 | 9.21 | 10.60 |
| 3 | 4.11 | 4.64 | 5.32 | 6.25 | 7.81 | 9.35 | 11.34 | 12.84 |
| 4 | 5.39 | 5.99 | 6.74 | 7.78 | 9.49 | 11.14 | 13.28 | 14.86 |
| 5 | 6.63 | 7.29 | 8.12 | 9.24 | 11.07 | 12.83 | 15.09 | 16.75 |
| 6 | 7.84 | 8.56 | 9.45 | 10.64 | 12.59 | 14.45 | 16.81 | 18.55 |
| 7 | 9.04 | 9.80 | 10.75 | 12.02 | 14.07 | 16.01 | 18.48 | 20.28 |
| 8 | 10.22 | 11.03 | 12.03 | 13.36 | 15.51 | 17.53 | 20.09 | 21.95 |
| 9 | 11.39 | 12.24 | 13.29 | 14.68 | 16.92 | 19.02 | 21.67 | 23.59 |
| 10 | 12.55 | 13.44 | 14.53 | 15.99 | 18.31 | 20.48 | 23.21 | 25.19 |
| 11 | 13.70 | 14.63 | 15.77 | 17.28 | 19.68 | 21.92 | 24.73 | 26.76 |
| 12 | 14.85 | 15.81 | 16.99 | 18.55 | 21.03 | 23.34 | 26.22 | 28.30 |
| 13 | 15.98 | 16.98 | 18.20 | 19.81 | 22.36 | 24.74 | 27.69 | 29.82 |
| 14 | 17.12 | 18.15 | 19.41 | 21.06 | 23.68 | 26.12 | 29.14 | 31.32 |
| 15 | 18.25 | 19.31 | 20.60 | 22.31 | 25.00 | 27.49 | 30.58 | 32.80 |
| 16 | 19.37 | 20.47 | 21.79 | 23.54 | 26.30 | 28.85 | 32.00 | 34.27 |
| 17 | 20.49 | 21.61 | 22.98 | 24.77 | 27.59 | 30.19 | 33.41 | 35.72 |
| 18 | 21.60 | 22.76 | 24.16 | 25.99 | 28.87 | 31.53 | 34.81 | 37.16 |
| 19 | 22.72 | 23.90 | 25.33 | 27.20 | 30.14 | 32.85 | 36.19 | 38.58 |
| 20 | 23.83 | 25.04 | 26.50 | 28.41 | 31.41 | 34.17 | 37.57 | 40.00 |
| 21 | 24.93 | 26.17 | 27.66 | 29.62 | 32.67 | 35.48 | 38.93 | 41.40 |
| 22 | 26.04 | 27.30 | 28.82 | 30.81 | 33.92 | 36.78 | 40.29 | 42.80 |
| 23 | 27.14 | 28.43 | 29.98 | 32.01 | 35.17 | 38.08 | 41.64 | 44.18 |
| 24 | 28.24 | 29.55 | 31.13 | 33.20 | 36.42 | 39.36 | 42.98 | 45.56 |
| 25 | 29.34 | 30.68 | 32.28 | 34.38 | 37.65 | 40.65 | 44.31 | 46.93 |
| 30 | 34.80 | 36.25 | 37.99 | 40.26 | 43.77 | 46.98 | 50.89 | 53.67 |
| 40 | 45.62 | 47.27 | 49.24 | 51.81 | 55.76 | 59.34 | 63.69 | 66.77 |
| 50 | 56.33 | 58.16 | 60.35 | 63.17 | 67.50 | 71.42 | 76.15 | 79.49 |
| 60 | 66.98 | 68.97 | 71.34 | 74.40 | 79.08 | 83.30 | 88.38 | 91.95 |
| 70 | 77.58 | 79.71 | 82.26 | 85.53 | 90.53 | 95.02 | 100.43 | 104.21 |
| 80 | 88.13 | 90.41 | 93.11 | 96.58 | 101.88 | 106.63 | 112.33 | 116.32 |
| 90 | 98.65 | 101.05 | 103.90 | 107.57 | 113.15 | 118.14 | 124.12 | 128.30 |
| 100 | 109.14 | 111.67 | 114.66 | 118.50 | 124.34 | 129.56 | 135.81 | 140.17 |
| 150 | 161.29 | 164.35 | 167.96 | 172.58 | 179.58 | 185.80 | 193.21 | 198.36 |
| 200 | 213.10 | 216.61 | 220.74 | 226.02 | 233.99 | 241.06 | 249.45 | 255.26 |
| 500 | 520.95 | 526.40 | 532.80 | 540.93 | 553.13 | 563.85 | 576.49 | 585.21 |

# Literaturverzeichnis

[A-W]  ADELMEYER, M., WARMUTH, E.: *Finanzmathematik für Einsteiger.* Vieweg, 2005$^2$.

[Ar]  ARAL: *Preis-Datenbank (Jahresübersicht).* Aral Aktiengesellschaft, 2012: www.aral.de/toolserver/retaileurope/annualstatement.do, abgerufen am 12. April 2012.

[BE]  BEUTELSPACHER, A.: *Mathematik zum Anfassen, Folge 15: Zufall.* ARD alpha Bildungskanal.

[B-H]  BÜCHTER, A., HENN H.-W.: *Elementare Stochastik.* Springer, 2007$^2$.

[BL]  BLATTER, C.: *Analysis I.* Springer, 1977$^2$.

[BOD]  BODZIAK, W.: *Footwear Impression Evidence: Detection, Recovery, and Examination.* CRC Press, 2000$^2$.

[BOS]  BOSCH, K.: *Übungs- und Arbeitsbuch Statistik.* Oldenbourg Wissenschaftsverlag, 2002.

[BU]  DER BUNDESWAHLLEITER: *Bundesergebnis. Endgültiges Ergebnis der Bundestagswahl 2013.* Statistisches Bundesamt, 2013: www.bundeswahlleiter.de/de/bundestagswahlen /BTW_BUND_13/ ergebnisse/bundesergebnisse/, abgerufen am 30. Juli 2014.

[DA]  DEUTSCHES AKTIENINSTITUT: *50 Jahre Aktien-Renditen.* Frankfurt 2013: www.dai.de/files/dai_ usercontent/dokumente/renditedreieck/ 2013-06%20DAX-Renditedreieck%20WEB.pdf, abgerufen am 30. Juli 2014.

[DB]  DEUTSCHE BUNDESBANK: *Devisenkurse der Frankfurter Börse / 1 USD = ... DM / Vereinigte Staaten.* Deutsche Bundesbank 2012: www.bundesbank.de/SiteGlobals/Forms/Suche_ Statistik/Statistiksuche_Text_Formular.html, abgerufen am 08. September 2012.

[DU]  DURRETT, R.: *Probability: Theory and Examples.* Thomson, 2005$^3$.

[DS]  DEUTSCHES SCHUHINSTITUT: *Verteilung der Schuhgrößen bei Frauen in Deutschland.* Das Statistikportal 2009: de.statista.com/statistik/daten/studie/260236/umfrage/vertei lung-der-schuhgroessen-bei-frauen-in-deutschland/, abgerufen am 20. Oktober 2014.

[ECB]  EUROPEAN CENTRAL BANK (ECB): *ECB reference exchange rate, US dollar/Euro.* Europäische Zentralbank 2012: sdw.ecb.europa.eu/ quickview.do? SERIES_KEY=120.EXR.A.USD.EUR.SP00.A, abgerufen am 08. September 2012.

[EN]  ENZENSBERGER, H. M.: *Der Zahlenteufel.* dtv, 2003$^5$.

[FI]  FISCHER, G.: *Lernbuch Lineare Algebra und Analytische Geometrie.* Springer Spektrum, 2012$^2$

[FIS]  FIS: *FIS Ski Jumping World Cup presented by Viessmann, 11th World Cup Competition, Garmisch-Partenkirchen (GER). Large Hill KO, official results.* FIS Ski Jumping World Cup, 2013: www.fis-ski.com/pdf/2013/JP/3809/2013JP3809RL.pdf, abgerufen am 30. Juli 2014.

[FO₁]  FORSTER, O.: *Analysis I.* Springer Spektrum, 2013[11].

[FO₂]  FORSTER, O.: *Analysis II.* Springer Spektrum, 2013[10].

[FO₃]  FORSTER, O.: *Analysis III.* Springer Spektrum, 2012[7].

[GEO]  GEORGII, H.: *Stochastik.* de Gruyter 2009[4].

[GES]  GESIS - Leibniz-Institut für Sozialwissenschaften: *ALLBUS 2010 - Allgemeine Bevölkerungsumfrage der Sozialwissenschaften (Originaldatensatz).* GESIS 2011, ZA4610 Datenfile Vers. 1.1.0 (2011-07-25), doi = 10.4232/1.10760.

[G-T]  GREINER, M., TINHOFER, G.: *Stochastik für Studienanfänger der Informatik.* Carl Hanser Verlag, 1996.

[H-G]  HOTHORN, T., GERHARDINGER, U.: *Statistik IV.* Übungen zur Vorlesung, LMU, 2008.

[H-K]  HERRMANN, H., KALCKREUTH, U.: *Private Haushalte und ihre Finanzen (PHF), Pressegespräch zu den Ergebnissen der Panelstudie.* Deutsche Bank, 2013: www.bundesbank.de/Redaktion/DE/Downloads/Presse/Publikationen/2013_ 03_21_phf_praesentation.pdf?__blob=publicationFile, abgerufen am 30. Juli 2013.

[HE]  HENZE, N.: *Stochastik für Einsteiger.* Springer, 2013[10].

[ISB]  INSTITUT FÜR SCHULQUALITÄT UND BILDUNGSFORSCHUNG MÜNCHEN: *Abiturprüfung (Gymnasium) Mathematik.* München, 2014: www.isb.bayern.de/schulartspezifisches/ leistungserhebungen/abiturpruefung-gymnasium/mathematik/, abgerufen am 19. August 2014.

[K₁]  KLIEME, E., ARTELT, C., HARTIG, J., JUDE, N., KÖLLER, O., PRENZEL, M., SCHNEIDER, W., STANAT, P.: *PISA 2009: Bilanz nach einem Jahrzehnt.* Waxmann, 2010.

[K₂]  KAUPER, T., RETELSDORF, J., BAUER, J., RÖSLER, L., MÖLLER, J., PRENZEL, M., DRECHSEL, B.: *PaLea - Panel zum Lehramtsstudium. Skalendokumentation und Häufigkeits- auszählungen des BMBF-Projektes, 1. Welle, Herbst 2009.* Institut für die Pädagogik der Naturwissenschaften und Mathematik, Kiel, 2012.

[K₃]  KAUPER, T., RETELSDORF, J., BAUER, J., RÖSLER, L., MÖLLER, J., PRENZEL, M., DRECHSEL, B.: *PaLea - Panel zum Lehramtsstudium, 1. Welle, Herbst 2009 (Originaldaten- satz).* Institut für die Pädagogik der Naturwissenschaften und Mathematik, unveröffent- licht.

[KO]  KOLMOGOROFF, A.: *Grundbegriffe der Wahrscheinlichkeitsrechnung.* Springer, 1933.

[KRE]  KRENGEL, U.: *Einführung in die Wahrscheinlichkeitstheorie und Statistik.* Vieweg, 2005[8].

[KRÄ]  KRÄMER, W.: *So lügt man mit Statistik.* Piper, 2011[4].

[L-W-R]  LEHN, J., WEGMANN, H., RETTIG, S.: *Aufgabensammlung zur Einführung in die Statistik.* Teubner Verlag, 2001[3].

[L-W]  LEHN, J., WEGMANN, H.: *Einführung in die Statistik.* Teubner Verlag, 2006[5].

[LA]  LANDESWAHLLEITERIN FÜR BERLIN 2011: *Wahl zum Abgeordnetenhaus von Berlin 2011.* Amt für Statistik Berlin-Brandenburg: www.wahlen-berlin.de/Wahlen/BE2011/ ergebnis/karten/zweitstimmen/ErgebnisUeberblick. asp?sel1=1252&sel2=0651, abgerufen am 08. September 2012.

[ME]  MESSERLI, F. H.: *Chocolate Consumption, Cognitive Function and Nobel Laureates.* The New England Journal of Medicine, p. 1562-1564, 2012.

[MI]  MINERALÖLWIRTSCHAFTSVERBAND E. V.: *Statistiken-Preise (Rohölpreisentwicklung 1960 - 2011 (Jahresdurchschnitte))*. Mineralölwirtschaftsverband e. V. 2012: www.mwv.de/index. php/daten/statistikenpreise/?loc=4, abgerufen am 08. September 2012.

[OE₁]  OECD Programme for International Student Assessment: *Schülerfragebogen, Form A (Österreich (AUT), Haupttest PISA 2009)*. Bundesinstitut Bildungsforschung, Innovation & Entwicklung des österreichischen Schulwesens 2009.

[OE₂]  OECD Programme for International Student Assessment (PISA): *Database PISA 2009 (Interactive Data Selection)*. OECD 2012: http://pisa2009.acer.edu.au/interactive.php, abgerufen am 10. Mai 2012.

[P₁]  PRENZEL, M., ARTELT, C., BAUMERT, J., BLUM, HAMMANN, M., KLIEME, E., PEKRUN, R.: *PISA 2006: Die Ergebnisse der dritten internationalen Vergleichsstudie (Zusammenfassung)*. PISA Konsortium Deutschland, 2007.

[P₂]  PRENZEL, M., BAUMERT, J., BLUM, W., LEHMANN, R., LEUTNER, D., NEUBRAND, M., PEKRUN, R., ROLFF, H., ROST, J., SCHIEFELE, U.: *PISA 2003: Ergebnisse des zweiten internationalen Vergleichs (Zusammenfassung)*. PISA Konsortium Deutschland, 2004.

[Q-V]  QUITZAU, J., VÖPEL, H.: *Der Faktor Zufall im Fußball*. Hamburgisches WeltWirtschafts-Institut, 2009.

[R₁]  REISS, K., PEKRUN, R., KUNTZE, S., UFER, S., ZÖTTL, L., LINDMEIER, A., NETT, U.: *KOMMA Schülerfragebogen (Codebook)*. Ludwig-Maximilians-Universität München, unveröffentlicht.

[R₂]  REISS, K., PEKRUN, R., KUNTZE, S., UFER, S., ZÖTTL, L., LINDMEIER, A., NETT, U.: *KOMMA Schülerfragebogen (Originaldatensatz)*. Ludwig-Maximilians-Universität München, unveröffentlicht.

[R₃]  REISS, K., PEKRUN, R., KUNTZE, S., UFER, S., ZÖTTL, L., LINDMEIER, A., NETT, U.: *Evaluation eines computerbasierten Trainings zum selbstregulierten Lernen im Kompetenzbereich "Modellieren" (Informationen zum Untersuchungsdesign des Projekts "KOMMA")*. Posterpräsentation im Rahmen der 42. Jahrestagung der Gesellschaft für Didaktik der Mathematik, 2008.

[R₄]  RATTINGER, H., ROSSTEUTSCHER, S., SCHMITT-BECK, R.,WESSELS, B.: *GLES 2009, Landtagswahl Berlin 2011, Fragebogendokumentation*. GESIS, Köln: ZA5329, Version 1.0.0, 2011.

[R₅]  RATTINGER, H. ROSSTEUTSCHER, S., SCHMITT-BECK, R., WESSELS, B.: *German Longitudinal Election Study - Landtagswahl Berlin, 24.08.-03.09.2011*. GESIS, Köln: ZA5329, Version 1.0.0, doi:10.4232/1.11054.

[RI]  RIEDMÜLLER, B.: *Stochastik für Lehrämtler*. Vorlesungsmitschrift, TUM, 2010.

[S]  SCHREIECK, M., PFLÜGLER, C., LEHNER, M., KEBSI, E., VOLK, N., BODE, M., HANEL, A., ROTHBUCHER, M.: *TUMitfahrer-App (unveröffentlichter Datensatz)*. Technische Universität München, 2012.

[S-E]  SCHÄTZ, U., EISENTRAUT, F.: *Delta 10. Mathematik für Gymnasien*. C. C. Buchner Duden Paetec Schulbuchverlag, 2008.

[SC]  SCHNEIDER, I.: *Die Entwicklung der Wahrscheinlichkeitstheorie von den Anfängen bis 1933*. Wissenschaftliche Buchgesellschaft, 1988.

[SB₁]  STATISTISCHES BUNDESAMT : *Lebendgeborene: Bundesländer, Monate, Geschlecht*. Wiesbaden 2012: www-genesis.destatis.de/genesis/online;jsessionid=56F3E830676798F C9562B10CA6A37795.tomcat_GO_1_2?operation=previous&levelindex2&levelid=1342 610306663&step=2, abgerufen am 18. Juli 2012.

[SB₂]   STATISTISCHES BUNDESAMT : *Mikrozensus – Fragen zur Gesundheit*. - *Körpermaße der Bevölkerung*. Wiesbaden 2011: www.destatis.de/DE/Publikationen/Thematisch /Gesundheit/Gesundheitszustand/Koerpermasse5239003099004.pdf?_ blob=publicationFile, abgerufen am 28. August 2014.

[SI]    SIEDENBIEDEL, C.: *Die Tragik von Monte Carlo*. Frankfurter Allgemeine Zeitung 2012: http://www.faz.net/aktuell/finanzen/meine-finanzen/denkfehler-die-uns-geld-kosten/denkfehler-die-uns-geld-kosten-20-die-tragik-von-monte-carlo-11805668.html, abgerufen am 30. Juli 2014.

[ST]    *Studienbriefe zur Fachdidatik, Stochastik, MS 1 bis 4*. DIFF, Tübingen, 1980/81.

[T-B]   TERWEY, M., BALTZER, S.: *ALLBUS 2010 - Variable Report*. GESIS – Leibniz-Institut für Sozialwissenschaften, 2011.

[Vi]    VIGEN,T.: *spurious correlations*. Harvard: tylervigen.com, abgerufen am 12. August 2014.

[Zi]    ZIEGLER, G.: *Mathematik - Das ist doch keine Kunst*. Knaus, 2013.

# Softwarehinweis

[G]     *Geogebra - Dynamic Mathematics for Everyone*, www.geogebra.org.

Der „Exponent" an der Jahreszahl gibt die Nummer der Auflage an.

# Index

Ablehnungsbereich, 327
Abweichung
 - mittlere quadratische, 32
Abweichungsvektor, 41, 42
Alternative, 279, 280, 291, 301, 323, 327
Anteil
 - relativer, 267, 268
Antenne, 23
Approximationssatz
 - hypergeometrische Verteilung, 157, 158
Ausfallsrate, 238
Ausprägung, 1
Ausreißer, 14
Axiome
 - von KOLMOGOROFF, 81, 86

Baumdiagramm, 98, 116
BAYES
 - Formel von, 96, 98, 101
bedingte Wahrscheinlichkeit, 93, 94, 114
 - Rechenregeln , 96
 - umgekehrte, 96
BERNOULLI
 - Experiment, 144, 159
 - Kette, 144, 151, 210
Bestimmtheitsmaß, 64
Bild, 90
 - eines Wahrscheinlichkeitsraums, 227
Binomialkoeffizient, 132
 - Berechnung, 134
 - Eigenschaften, 133
Binomialtest, 280
 - Approximation durch Normalverteilung, 288, 295
 - Entscheidungsregel, 280, 291
 - Fehler 1. Art, 281

 - Fehler 2. Art, 281
 - Gütefunktion, 282, 292
 - Operationscharakteristik, 290
 - Testgröße, 280
 - einseitiger, 280
 - kleinste kritische Zahl, 285, 288
 - kleinster kritischer Abstand, 295
 - kritische Zahl, 281
 - kritischer Abstand, 291
 - zweiseitiger, 291
Binomialverteilung, 144
 - Approximation, 146, 193
 - Approximation mit POISSON-Verteilung, 164
 - Erwartungswert, 175
 - Standardisierung, 181, 196
 - Varianz, 180
 - und CHEBYSCHEVsche Ungleichung, 183
 - und Glockenfunktion, 195
 - und hypergeometrische Verteilung, 157
BORELsche Mengen, 219, 227, 239
 - und Verteilungsfunktion, 223
Boxplot, 23

CANTOR
 - Diagonalverfahren von, 218
 - Diskontinuum von, 345
 - Funktion, 348
CAUCHY-SCHWARZ-Ungleichung, 44
CAUCHY-Verteilung, 313
 - Dichte, 225
 - Erwartungswert, 235
 - Verteilungsfunktion, 225
CHEBYSCHEVsche Ungleichung, 182, 207, 244
 - Intervallschätzung, 264
 - für Messreihen, 34

- und Binomialverteilung, 183
$\chi^2$-Test, 323
  - Ablehnungsbereich, 327
  - Entscheidungsregel, 329
  - Fehler 1. Art, 330, 332
  - Rezept, 335
  - auf Unabhängigkeit, 337
  - kritischer Bereich, 327
  - kritischer Wert, 327
  - minimaler kritischer Wert, 334
$\chi^2$-Verteilung, 330
  - Quantil, 334, 376
Covarianz
  - Rechenregeln, 185
  - Vorzeichen, 184
  - empirische, 43
  - von Zufallsvariablen, 184

Datenfriedhof, 5
Datenvektor, 41
  - orthogonaler, 41
DE MOIVRE-LAPLACE
  - Grenzwertsatz, 202, 210, 213
Dezil, 23
Diagonalverfahren
  - von CANTOR, 218
Diagramm
  - Baum-, 98, 116
  - Kreis-, 4
  - Stab-, 4, 5
  - Stamm-Blatt-, 4
  - dreidimensionales Stab-, 49
Dichte, 222, 227, 239
  - Transformationsformel, 227, 234, 241
  - zur Verteilungsfunktion, 222
Dichtefunktion, 206, 222, 227, 239
  - $\chi^2$-Verteilung, 330
  - $t$-Test, 313
Distribution, 224

Eintrittsrate, 236
Elementarereignis, 81
Entscheidungsregel, 280, 281, 291, 313, 329, 339
Ereignis, 80, 220
  - unabhängiges, 105
Ergebnis, 78, 79, 220
  - kontinuierliches, 218
Ergebnismenge, 78
  - überabzählbar, 218

erwartungstreu, 251
Erwartungswert
  - Binomialverteilung, 175
  - Definition, 169
  - Definition mit Dichtefunktion, 232
  - Exponentialverteilung, 237
  - Geometrische Verteilung, 177, 178, 229
  - Gleichverteilung, 174, 232
  - Hypergeometrische Verteilung, 176
  - POISSON-Verteilung, 178, 230
  - Rechenregeln, 171
  - Schätzung, 257
  - Standard-Normalverteilung, 233
  - Transformationsformel, 173
  - nicht multiplikativ, 171
  - transformierte Zufallsvariable, 173
  - überabzählbarer Wahrscheinlichkeitsraum, 228
  - unabhängiger Zufallsvariablen, 172
Erzeuger
  - einer $\sigma$-Algebra, 219
Experiment
  - Zufalls-, 78
  - mehrstufiges, 113
Exponentialverteilung, 235, 237

Fakultät, 131
Faltung, 241
Faltungsformel, 126, 210
Fehler
  - 1. Art, 281, 292, 301, 308
  - 2. Art, 281, 301, 308
  - Nachrichtenübertragung, 148, 161, 165
Fehlerniveau, 284, 304
Fehlervektor, 54, 58
File Drawer Problem, 336
Fische im Teich, 248–250, 252
Formel
  - multinomische, 142
  - von STIRLING, 131, 198
  - von BAYES, 96, 98, 101
Fortsetzungssatz
  - für Maße, 221
  - von KOLMOGOROFF, 245
Freiheitsgrad, 153, 324
Funktion
  - messbare, 226

GALTONsches Brett, 146

Γ-Funktion, 331, 343
GAUSS
- Glockenfunktion, 194, 195, 212
- Intervallschätzung, 265
GAUSS-Test, 300, 312
- Fehler 1. Art, 301, 308
- Fehler 2. Art, 301, 308
- Gütefunktion, 302, 308
- Testgröße, 301
- kleinster kritischer Wert, 304
- kritischer Abstand, 308
- kritischer Wert, 301
- minimaler kritischer Abstand, 309
- zweiseitiger, 307
Geburtstagsproblem, 141
Gedächtnislosigkeit
- Exponentialverteilung, 237
- geometrische Verteilung, 236
geometrische Verteilung
- Erwartungswert, 177, 178, 229
- Varianz, 180, 229
- gedächtnislos, 236
Gesamtwahrscheinlichkeit, 113, 114
Gesetz großer Zahlen
- schwaches, 244
- starkes, 246
Gesetz seltener Ereignisse, 165
Glücksrad, 80, 84, 86
Glücksspiel, 169
Gleichgewichtsbedingung, 12
Gleichverteilung, 82, 225
- Dichte, 225
- Erwartungswert, 174, 232
- Varianz, 232
- Verteilungsfunktion, 225
Glockenfunktion, 194, 212
- Eindeutigkeit, 194
- Verteilungsfunktion, 195
- und Binomialverteilung, 195
Grenzwertsatz
- Zentraler, 213
- lokaler, 198
- von DE MOIVRE-LAPLACE, 202, 210, 213
- von PEARSON, 332
Gütefunktion
- Binomialtest, 282, 292
- GAUSS-Test, 302, 308
- Integraldarstellung, 283

- Monotonie, 283
- ideale, 283, 294, 303, 309

Häufigkeit
- absolute, 3
- gemeinsame, 48
- kumulierte, 6
- relative, 3
Häufigkeitstafel, 47, 51, 338
Hintergrundmerkmal, 66
Histogramm, 7, 196
hypergeometrische Verteilung, 156
- Approximationssatz, 157, 158
- Erwartungswert, 176
- Varianz, 187
- und Binomialverteilung, 157
Hypothese, 94
- Nullhypothese, 279, 280, 291, 301, 323, 327

Indikatorfunktion, 90, 243, 245
Individuum, 1
Intervallschätzung, 263
- $\hat{p}$-Korrektur, 269
- eines Anteils, 267
- nach CHEBYSHEV, 264
- nach GAUSS, 265

Kartenspiel, 99
Kausalität, 66
Kenngröße, 251
kleinste Quadrate
- Methode der, 54
KOLMOGOROFF-Axiome, 81, 86
Kombinatorik, 140
Konfidenz, 263
- -bedingung, 264
- -intervall, 264
- -niveau, 264
Kontingenztafel, 47, 51, 338
Konvergenz
- fast-sichere, 246
- relativer Häufigkeiten, 77
Korrekturfaktor, 187
Korrelation, 54, 61
- mittlere, 64
- schwache, 64
- starke, 64
- und Kausalität, 66
Korrelationskoeffizient, 44, 61

- empirischer, 44
- von Zufallsvariablen, 189
Kreisdiagramm, 4
kritische Zahl, 281
  - kleinste, 285, 288
kritischer Abstand, 291, 308
  - kleinster, 295, 309
kritischer Bereich, 327
kritischer Wert, 301, 327
  - kleinster, 304, 334

LAPLACE-Verteilung, 82
Lotto, 79, 156, 170

Maßzahl, 12
Marginalverteilung, 48
Median, 14
  - Extremaleigenschaft, 31
Medizinischer Test, 100
  - zweifacher, 117
Merkmal, 2
  - diskretes, 2
  - kontinuierliches, 2
  - nominales, 2
  - ordinales, 2
  - qualitatives, 2
  - quantitatives, 2
  - und Zufallsvariable, 91
Merkmalsklasse, 7, 51
Messbarkeit, 226
Messreihe, 2
Methode der kleinsten Quadrate, 54
Mittel
  - arithmetisches, 12
  - geometrisches, 24
  - gestutztes, 18
Münzwurf, 75, 78, 106
  - Test auf Fairness, 278, 293
  - dreifacher, 108
  - faire Münze, 78, 80, 144
  - mehrfacher, 122, 124
  - unendlich oft, 218
  - zweifacher, 110
Multinomialkoeffizient, 139, 152
Multinomialverteilung, 138, 139, 153, 326

Nachrichtenübertragung
  - Fehler, 148, 161, 165
Niveau, 284, 304

Norm, 41
Normalabweichung, 33, 42
Normalverteilung, 146, 206
  - Definition, 234
  - Standard-, 206, 225, 233
  - unteres Quantil, 209
Normiertheit, 86, 220
Nullhypothese, 279, 280, 291, 301, 323, 327

Operationscharakteristik, 290

$\hat{p}$-Korrektur, 269
Paradoxon
  - SIMPSON, 103
  - St. Petersberger, 230
Parameter, 156, 248, 278, 324
Parameterbereich, 248, 324
PASCALsches Dreieck, 133
Pfadregel, 97, 116, 120
PISA-Studie, 310
POISSON-Verteilung, 146, 162
  - Approximation durch, 163
  - Erwartungswert, 178, 230
  - Varianz, 180, 230
Produktexperiment, 121
Produktmaß, 121, 243, 245, 280
  - und Unabhängigkeit, 122
Produktregel, 67, 96, 111, 120
Publication Bias, 336
Punktschätzung, 247, 255
Punktschwarm, 47
PYTHAGORAS
  - Satz von, 41

Quantil, 21, 209
  - $\chi^2$-Verteilung, 333, 334, 376
  - $t$-Verteilung, 315, 375
  - unteres der Standardnormalverteilung, 209
Quartil, 23

random walk, 150
Randverteilung, 48
Realisierung, 256
Regression
  - lineare, 61
Regressionsgerade, 55, 59, 63
Residuensatz, 194
Römischer Brunnen, 148
Roulette, 79

Schätzer, 251
- erwartungstreuer, 251
Schätzung, 247
- Intervall-, 263
- Punkt-, 247, 255
- von Erwartungswert und Varianz, 257
Schwaches Gesetz großer Zahlen, 244
Schwerpunkt, 13
Sensitivität, 101
Sicherheit, 284
$\sigma$-Additivität, 85, 86, 220
$\sigma$-Algebra
- Definition, 218
- erzeugte, 219
- kleinste, 219
$\sigma$-Regel, 208
Signi fikanzniveau, 304
Signifikanzniveau, 284
SIMPSON-Paradoxon, 103, 105
Simulation, 151
Skalarprodukt, 41
Spezifität, 101
St. Petersberger Paradoxon, 230
Stabdiagramm, 4, 5
- dreidimensionales, 49
Stamm-Blatt-Diagramm, 4
Stammhalter, 83
Standard-Normalverteilung, 206, 225, 233
- Dichte, 225
- Erwartungswert, 233
- Varianz, 233
- Verteilungsfunktion, 225
- unteres Quantil, 209
Standardabweichung, 42
- empirische, 33
- von Zufallsvariablen, 179
Standardisierung, 312
- der Binomialverteilung, 181, 196
- der Normalverteilung, 234
- einer Zufallsvariablen, 181
- eines Merkmals, 39
Starkes Gesetz großer Zahlen, 246
Stetigkeitskorrektur, 203, 214
Stichprobe, 249
- unabhängige, 256, 280
Stichprobenraum, 248, 249, 300, 325
Stichprobenumfang, 249, 270, 318
Stichprobenvarianz, 33

STIRLING
- Formel von , 131, 198
Streuungsmaß, 33
STUDENT-Test, 312
Summe
- normalverteilter Zufallsvariablen, 241
- von Zufallsvariablen, 126, 210, 240
Summenabweichung
- absolute, 29
- quadratische, 29

$t$-Quantil, 315, 375
$t$-Test, 312
- Entscheidungsregel, 313
- Testgröße, 312
- einseitiger, 316
- zweiseitiger, 316
Taxi-Problem, 248–250, 253
Tea Tasting Lady, 277, 287
Test
- Binomial-, 280
- GAUSS-, 300
- STUDENT-, 312
- $\chi^2$-, 323
- einseitiger, 279, 312
- $t$-, 312
- zweiseitiger, 279, 291, 312
Testgröße, 280, 301, 312, 339
Teufelstreppe, 223, 345, 348
Transformation
- eines Merkmals, 38
Transformationsformel
- Erwartungswert, 173
- für Dichten, 227, 234, 241
- für Integrale, 241
Trefferhäufigkeit
- relative, 268
Trendgerade, 55, 59, 63
Treppenfunktion, 193, 196

Übergangswahrscheinlichkeit, 113–115
Umfang
- von Stichproben, 249, 270, 318
Unabhängigkeit
- paarweise, 112
- und Produktmaß, 122
- von Ereignissen, 105, 108
- von Merkmalen, 67
- von Zufallsvariablen, 110, 111, 210, 238

Ungleichung von CAUCHY-SCHWARZ, 44
Ungleichung von CHEBYSHEV, 182, 207, 244
- Intervallschätzung, 264
- für Messreihen, 34
- und Binomialverteilung, 183
Unkorreliertheit, 186
Urnenmodelle, 135
- Übersicht, 138

Varianz, 33, 178
- Binomialverteilung, 180
- Definition, 178
- Definition mit Dichtefunktion, 232
- Exponentialverteilung, 237
- Geometrische Verteilung, 180, 229
- Gleichverteilung, 232
- Hypergeometrische Verteilung, 187
- Mittelwert von Zufallsvariablen, 186
- POISSON-Verteilung, 180, 230
- Rechenregeln, 179
- Schätzung, 257
- Standard-Normalverteilung, 233
- Stichprobenvarianz, 33
- einer allgemeinen Zufallsvariable, 228
- empirische, 33
Variationskoeffizient, 38
Vektor
- orthogonaler, 41
Verteilung
- Binomial-, 144
- CAUCHY-, 225
- Exponential-, 235, 237
- Geometrische, 160, 229
- Gleich-, 82, 225
- Hypergeometrische, 156
- LAPLACE-, 82
- Multinomial-, 153
- Normal-, 146, 206, 234
- POISSON-, 146, 162, 230
- Standard-Normal-, 206, 233
- WEIBULL-, 238
- $\chi^2$, 330, 332
- identische, 210
- stetige, 218, 227
- von Zufallsvariablen, 90
Verteilungsfunktion, 90, 193, 206, 222, 223, 227, 314
- Glockenfunktion, 195
- Standardnormalverteilung in Tabelle, 374

- $\chi^2$-Verteilung, 331
- empirische, 9
- und Median, 14
Vierfeldertafel, 98
Vierfeldertest, 340

Wachstumsfaktor, 28
Wachstumsrate, 28
Wahl
- 5%-Hürde, 278, 288
- Bundestag 2013, 3
- Bundestagswahl 2002, 272
- Hochrechnung, 272
Wahl
- in Russland, 214
Wahlumfrage, 193, 247–249, 251, 269, 270
Wahrscheinlichkeit
- eines Ereignisses, 81
- Rechenregeln, 87
- bedingte, 93, 94, 114
- eines Ergebnisses, 80
- totale, 95, 96
- umgekehrte bedingte, 96
Wahrscheinlichkeitsfunktion, 80, 85
Wahrscheinlichkeitsmaß, 81, 85, 86
- überabzählbare Menge, 220
Wahrscheinlichkeitsraum, 85, 86
- diskreter, 85
- endlicher, 81
- überabzählbare Menge, 220
Wahrscheinlichkeitsrechnung, 75, 85
Wahrscheinlichkeitstheorie, 85
Wechselwirkungskoeffizient, 44
WEIBULL-Verteilung, 238
Whisker, 23
Würfeln, 75, 78
- Augensumme, 185
- Test auf Fairness, 278, 323, 336
- dreimal, 126
- erste Sechs, 84, 160
- fairer Würfel, 83
- $n$-mal, 213
- zweimal, 90, 125, 136

Zähldichten, 224
Zentraler Grenzwertsatz, 213
Zentralwert, 14
Zentrierung
- einer Zufallsvariablen, 181

- eines Merkmals, 39
Ziegenproblem, 119
Zinsfaktor, 28
Zinssatz, 28
Zufallsexperiment, 78
Zufallsgröße, 89
Zufallsvariable, 89
 - Summe, 126, 210, 240
 - Verteilung einer, 90

- allgemeiner Wahrscheinlichkeitsraum, 226
- identisch verteilt, 210
- standardisierte, 181
- transformierte, 173
- unabhängige, 110, 111, 210, 238
- und Merkmal, 91
- unkorrelierte, 186
- vektorwertige, 239

Printed in the United States
By Bookmasters